TRAITÉ ÉLÉMENTAIRE

DE

MÉCANIQUE CÉLESTE.

PARIS. — IMPRIMERIE DE GAUTHIER-VILLARS,
Rue de Seine-Saint-Germain, 10, près l'Institut.

TRAITÉ ÉLÉMENTAIRE

DE

MÉCANIQUE CÉLESTE,

Par H. RESAL,

Ingénieur au Corps impérial des Mines, Docteur ès Sciences.

PARIS,

GAUTHIER-VILLARS, IMPRIMEUR-LIBRAIRE

DU BUREAU DES LONGITUDES, DE L'ÉCOLE IMPÉRIALE POLYTECHNIQUE,

SUCCESSEUR DE MALLET-BACHELIER,

Quai des Augustins, 55.

1865.

AVERTISSEMENT.

Exposer les principes fondamentaux de la Mécanique céleste à l'aide de démonstrations assez simples pour être introduites dans l'enseignement supérieur, tel est le but que je me suis proposé dans cet Ouvrage, dont l'idée première m'a été suggérée par les leçons que j'ai professées à la Faculté des Sciences de Besançon, de 1855 à 1860.

Les deux premiers chapitres sont consacrés à l'étude du mouvement des centres de gravité des corps qui constituent le système solaire. Dans la première approximation de ce mouvement, les seules choses saillantes que j'aie à mentionner sont les méthodes de Gauss pour le calcul des éléments elliptiques des planètes et des comètes, méthodes qui, malgré leur fréquente application, ne sont indiquées ni dans la *Mécanique céleste* de Laplace, ni dans l'*Exposition analytique du système du monde* de M. de Pontécoulant. Quant à la question des perturbations, qui, par sa nature même, est essentiellement un problème d'Analyse, où la Géométrie ne peut pas intervenir d'une manière bien utile, je l'ai traitée, comme on le fait habituellement, en faisant l'application de la méthode de la variation des constantes arbitraires. C'est surtout dans ce cas spécial que l'on reconnaît la haute importance de cette méthode, due à l'illustre Lagrange. J'ai cru devoir en outre indiquer en Note, à la fin du volume, l'application que l'on peut faire du théorème d'Hamilton et de Jacobi pour arriver au même résultat.

Dans le chapitre relatif aux attractions des sphéroïdes, j'ai pu introduire quelques démonstrations géométriques qui, je pense, apporteront un peu de clarté sur différents points importants de cette partie de la Mécanique céleste. Deux intégrations par parties m'ont permis de démontrer *à priori* la convergence du développement en fonctions sphériques dans les cas douteux auxquels Laplace ne s'est pas arrêté. Pour la détermination de la forme de ces fonctions, j'ai employé la méthode de Jacobi, qui est l'une des plus élégantes et des plus simples.

Parmi les questions traitées dans le chapitre relatif à la figure des planètes, je citerai l'ellipsoïde à trois axes inégaux de Jacobi; la discussion des équations qui en résultent, de M. Meyer, complétée et modifiée par M. Liouville; l'hypothèse de M. Roche sur la variation de la densité dans l'intérieur de la Terre; enfin le théorème de M. Liouville sur la stabilité de l'équilibre d'une masse fluide animée d'un mouvement de rotation, dont j'ai donné une démonstration géométrique et que j'ai ensuite appliqué à la stabilité de l'équilibre des mers.

Les propriétés, dues à Laplace, des lignes géodésiques tracées sur la surface des sphéroïdes, ont été déduites de considérations géométriques sur le mouvement d'un point.

Dans le chapitre où je m'occupe des atmosphères des corps célestes, j'ai cru devoir emprunter à M. Roche

des considérations qui, en tenant compte de l'hypothèse de la force répulsive imaginée par M. Faye, permettent d'expliquer la forme des comètes.

Je suis parvenu à simplifier notablement la mise en
équations du mouvement oscillatoire de la mer et de
l'atmosphère, la théorie du mouvement des corps célestes autour de leur centre de gravité. Je termine
enfin par deux études intéressantes au point de vue
de la partie philosophique de la géologie, l'une sur
la chaleur centrale de la Terre, et l'autre sur l'équilibre d'élasticité d'une croûte planétaire, question
pour laquelle j'ai fait usage de la belle méthode d'intégration de M. Lamé.

Tel est l'exposé sommaire des parties caractéris-
tiques de cet Ouvrage qui, j'ose l'espérer, atteindra le
but que je me suis proposé.

TABLE DES MATIÈRES.

CHAPITRE III.

CALCUL DE L'ATTRACTION DES CORPS.

CHAPITRE IV.

DE LA FIGURE DES CORPS CÉLESTES.

CHAPITRE V.

DE LA FORME DE LA TERRE DÉDUITE DES MESURES GÉODÉSIQUES.

CHAPITRE VI.

DE LA FIGURE DES MASSES GAZEUZES QUI ENVIRONNENT LES CORPS CÉLESTES.

CHAPITRE VII.

DES OSCILLATIONS DE LA MER ET DE L'ATMOSPHÈRE.

CHAPITRE VIII.

DU MOUVEMENT DES CORPS CÉLESTES AUTOUR DE LÉUR CENTRE DE GRAVITÉ.

CHAPITRE IX.

DE LA CHALEUR TERRESTRE.

CHAPITRE X.

ÉQUILIBRE D'ÉLASTICITÉ D'UNE CROUTE PLANÉTAIRE.

NOTES.

ERRATA.

Page 64, 8ᵉ ligne, *au lieu de* (v, l), *lisez* $(v_{,}, l)$.

Page 160, fin de la 9ᵉ ligne, *au lieu de* U_n, *lisez* U_v.

Page 265, 1ʳᵉ et 7ᵉ ligne en remontant, *au lieu de* $\dfrac{M'r^2}{2a^2}$, *lisez* $\dfrac{M'r^2}{2a^3}$.

1ʳᵉ ligne en remontant, *au lieu de* $\dfrac{M}{r^2}$, *lisez* $\dfrac{M}{r}$ *et supprimez* $\dfrac{M'}{a}$, *que l'on comprend dans la constante C.*

Page 362, 11ᵉ ligne, au lieu de *mouvement de l'équateur,* lisez *mouvement des nœuds de l'équateur.*

TRAITÉ ÉLÉMENTAIRE

DE

MÉCANIQUE CÉLESTE.

CHAPITRE PREMIER.

PREMIÈRE APPROXIMATION DU MOUVEMENT DES PLANÈTES.

---

§ I. — Du mouvement elliptique des planètes.

1. — *Lois de Képler. — Accélération des planètes.* — Les planètes dans leur mouvement autour du Soleil obéissent aux lois suivantes que Képler a déduites de l'observation :

1re loi. — *Chaque planète parcourt dans un plan passant par le centre du Soleil et autour de cet astre une orbite dans laquelle le rayon vecteur qui joint les centres des deux astres décrit des aires proportionnelles aux temps.*

2e loi. — *La courbe décrite par le centre d'une planète est une ellipse dont le centre du Soleil occupe un des foyers.*

3e loi. — *Les carrés des durées des révolutions des planètes autour du Soleil sont proportionnels aux cubes des grands axes de leurs orbites.*

Nous rappellerons que le point de l'orbite le plus rapproché du Soleil se nomme le *périhélie*, et le point le plus éloigné l'*aphélie*.

On déduit d'abord de la première loi et du principe des aires en Mécanique, que *la direction de l'accélération de chaque planète passe par le centre du Soleil.*

Soient à un instant quelconque :

r la distance du centre m d'une planète à celui M du Soleil ;

v l'angle formé par r avec une droite fixe Mx passant par le point M et comprise dans le plan de l'orbite ; cet angle est appelé l'*anomalie vraie de la planète* ;

a le demi grand axe de l'orbite ou *la distance moyenne* de la planète au Soleil, dont la direction est ce que l'on nomme la *ligne des apsides ;*

e l'excentricité de l'orbite ;

ω l'angle formé par la ligne des apsides avec Mx, ou la *longitude du périhélie ;*

T la durée d'une révolution complète de la planète ;

φ l'accélération du centre de la planète, considérée comme positive ou négative selon qu'elle sera dirigée vers le centre du Soleil ou en sens inverse ;

k le double de l'aire décrite par le rayon vecteur dans l'unité de temps.

On a

$$(1) \qquad k.T = 2\pi a^2 \sqrt{1-e^2},$$

et d'après la première loi de Képler,

$$(2) \qquad r^2 dv = k.dt.$$

Le carré de l'élément de chemin parcouru dans le temps dt étant $r^2 dv^2 + dr^2$, le principe des forces vives donne, en désignant par h une constante,

$$(3) \qquad \frac{r^2 dv^2 + dr^2}{dt^2} = h - 2 \int \varphi \, dr,$$

ou, en éliminant dt au moyen de l'équation (2),

$$(4) \qquad k^2 \left[\frac{1}{r^2} + \left(\frac{d \frac{1}{r}}{d\varphi} \right)^2 \right] = h - 2 \int \varphi \, dr;$$

or l'ellipse décrite a pour équation

$$(5) \qquad \frac{1}{r} = \frac{1 + e\cos(v - \omega)}{a(1 - e^2)};$$

en exprimant $\left(\dfrac{d \frac{1}{r}}{d\varphi} \right)^2$ au moyen de r et réduisant, l'équation (4) devient

$$\frac{2k}{a(1 - e^2)} \frac{1}{r} = \frac{k}{a^2(1 - e^2)} + h - 2 \int \varphi \, dr,$$

d'où, par la différentiation,

$$(6) \qquad \varphi = \frac{k^2}{a(1 - e^2)} \cdot \frac{1}{r^2},$$

et comme e est plus petit que l'unité, cette valeur est positive. Donc, *dans son mouvement elliptique autour du Soleil, le centre de chaque planète obéit à une accélération dirigée vers le centre du Soleil, et qui varie en raison inverse du carré de la distance de la planète à cet astre* (*).

En remplaçant dans la formule (6) k par sa valeur tirée de l'équation (1), il vient

$$(7) \qquad \varphi = 4\pi^2 \frac{a^3}{T^2} \cdot \frac{1}{r^2},$$

expression dans laquelle, d'après la troisième loi de Képler, le coefficient de $\frac{1}{r^2}$ est constant ; par conséquent, *l'accélération planétaire rapportée à l'unité de distance a la même valeur pour toutes les planètes.*

(*) On trouvera dans mon *Traité de Cinématique pure*, p. 29, une démonstration géométrique de cette proposition.

Ces considérations sont évidemment applicables à la parabole qui est aussi représentée par l'équation (5) en y supposant $a = \infty$, $e = 1$, et $a(1 - e^2)$ égal au demi-paramètre, et à l'hyperbole dont l'équation s'obtiendra en changeant le signe de $a(1 - e^2)$, e devenant supérieur à l'unité.

2. Supposons maintenant que réciproquement un point matériel possède constamment une accélération dirigée vers un centre fixe et inversement proportionnelle au carré de la distance à ce centre, et proposons-nous de déterminer la nature de la courbe qu'il décrit. Posons à cet effet $\varphi = \dfrac{\mu}{r^2}$, μ étant une constante ; l'équation (4) devient

$$k^2 \left[\frac{1}{r^2} + \left(\frac{d\frac{1}{r}}{dv} \right)^2 \right] = h + \frac{2\mu}{r},$$

d'où

$$dv = \frac{\pm d\frac{1}{r}}{\sqrt{-\dfrac{1}{r^2} + \dfrac{2\mu}{k^2 r} + \dfrac{h}{k^2}}}.$$

En considérant toujours dv comme positif, on devra prendre le signe $+$ ou le signe $-$ selon que r décroîtra ou croîtra ; les changements de signes auront lieu pour les valeurs maximum et minimum de r données par

$$\frac{d\frac{1}{r}}{dv} = 0, \quad \text{d'où} \quad \frac{1}{r} = \frac{\mu}{k^2} \pm \sqrt{\frac{\mu^2}{k^4} + \frac{h}{k^2}}.$$

Si nous supposons que r commence à croître à partir de la position initiale du mobile, on devra prendre le signe $-$, et l'équation ci-dessus donnera en intégrant, ω étant une constante arbitraire,

$$v - \omega = \text{arc cos} \frac{\dfrac{k^2}{r} - \mu}{\sqrt{\mu^2 + hk^2}},$$

d'où

$$(8) \qquad r = \dfrac{\dfrac{k^2}{\mu}}{1 + \sqrt{1 + \dfrac{hk^2}{\mu^2}}\cos(v - \omega)},$$

équation polaire d'une section conique rapportée à l'un des foyers. Cette section sera une ellipse, une parabole ou une hyperbole selon que l'on aura $h \lessgtr 0$, ou, en vertu de l'équation (3) qui donne la signification de h,

$$w_0^2 - \frac{2\mu}{r_0} \lessgtr 0,$$

w_0 et r_0 étant la vitesse et le rayon vecteur correspondant à l'instant initial. On voit ainsi que la nature de la courbe dépend seulement de la grandeur de la vitesse initiale et non de sa direction.

De la comparaison des équations (5) et (8) on déduit, dans le cas d'un mouvement elliptique,

$$(9) \qquad \begin{cases} k = \sqrt{a(1 - e^2)\mu}, \\[2mm] h = -\dfrac{\mu}{a}, \end{cases}$$

et, en désignant par w la vitesse du mobile au bout du temps t, le principe des forces vives ou l'équation (3) donne

$$(10) \qquad w^2 = \frac{2\mu}{r} - \frac{\mu}{a}.$$

3. *Principe de la gravitation universelle.* — Soient M la masse du Soleil; m, m', m'',...., celles des planètes; r, r', r'',...., les distances de leurs centres à celui du Soleil.

Les dimensions du Soleil et des planètes étant très-petites par rapport à leurs distances mutuelles, on peut, dans une première approximation, en faire abstraction, et supposer que ces astres sont réduits à l'état de simples points matériels ayant respectivement les mêmes masses, et nous dirons que le point matériel M exerce sur les masses m, m', m'', les forces attractives $\alpha \frac{m}{r^2}$, $\alpha \frac{m'}{r'^2}$, ..., α étant une constante indépendante de m, m', m''.

Si l'on considère cette attraction comme inhérente à l'essence même de la matière, il faut admettre qu'inversement les masses m, m', m'' attirent de la même manière la masse M, et avec une énergie égale et contraire à celle des forces précédentes d'après le principe de l'égalité entre l'action et la réaction. Par analogie avec ce qui précède, l'attraction de m sur M sera de la forme $\alpha' \frac{M}{r'^2}$, α' ne pouvant dépendre que de m, et comme $\alpha' \frac{M}{r^2} = \alpha \frac{m}{r^2}$, et que α est indépendant de m, il faut que l'on ait $\alpha' = f.m$, $\alpha = f'.M$, f étant une constante indépendante de la valeur des masses attirantes et de leurs distances. On est donc conduit à admettre que *deux particules matérielles s'attirent mutuellement suivant la droite qui les joint, proportionnellement à leurs masses et en raison inverse du carré de leur distance* (*). Tel est le *principe de la gravitation universelle* dû à Newton, basé, comme tous les principes

---

(*) Ces actions mutuelles ne sont pas les seules qui s'exercent entre les éléments de la matière; il en existe d'autres appelées spécialement *actions moléculaires*, dont l'intensité devient très-considérable à des distances extrêmement faibles et du même ordre de grandeur que les distances intermoléculaires, mais qui décroissent avec une extrême rapidité quand la distance augmente. Ces forces, auxquelles sont dues la cohésion, l'élasticité des solides, etc., sont les unes attractives, inhérentes à l'essence même de la matière, les autres répulsives, dues au calorique. Mais les forces de ces deux systèmes, dont les relations de grandeur définissent les trois états d'un corps, n'étant appréciables qu'entre les particules d'un même corps, ne jouent aucun rôle dans les phénomènes astronomiques. En ce qui concerne l'équilibre ou le mouvement des corps solides ou fluides, elles ne sont re-

élémentaires de la Physique, sur une extension théorique d'une loi observée, et que pour ce motif il était important de vérifier ultérieurement. Nous avons supposé en effet que le Soleil et les planètes sont des points matériels, tandis qu'ils ont des dimensions appréciables, quoique très-petites par rapport à leurs distances mutuelles, et qu'ils sont composés d'un très-grand nombre de ces points qui devraient exercer entre eux, de l'un à l'autre corps, des attractions suivant la loi ci-dessus. Or nous verrons plus loin que, en raison de la presque sphéricité de ces astres, et de leur grand éloignement, les résultantes de ces attractions élémentaires produisent le même effet que si les masses de ces astres étaient concentrées en leurs centres de gravité respectifs. Le principe de Newton se trouve donc complétement d'accord avec le phénomène plus complexe en lui-même observé par Képler, et auquel il doit son origine.

Le Soleil, se trouvant sollicité par des actions attractives provenant des planètes, ne peut rester fixe dans l'espace, et c'est en effet ce qui paraît résulter de l'observation, quoique son mouvement s'effectue en apparence avec une très-grande lenteur. Si l'on suppose que l'on imprime à tous les corps du système solaire une vitesse et une accélération Ψ égales et contraires à celles du centre du Soleil ramené par suite au repos, on voit que pour une planète,

---

présentées que par des résultantes fictives auxquelles on donne le nom de *pression.*

L'attraction proportionnelle à l'inverse du carré de la distance, due à la gravitation, est très-petite entre les corps de faible masse, tels que nous les observons à la surface de la Terre ; cependant elle est mise en évidence par l'attraction des montagnes sur le fil à plomb, et dans l'expérience de Cavendish pour la détermination de la densité moyenne de la Terre. Mais lorsque deux corps en présence offrent chacun, ou seulement l'un d'eux, une masse considérable, cette attraction se traduit, même à de grandes distances, par des phénomènes parfaitement caractérisés et qui, de tout temps, ont frappé les yeux des observateurs ; et c'est à cette cause notamment que se rattachent la pesanteur, la forme elliptique des orbes planétaires, etc.

cette accélération Ψ viendra se composer avec celle qui est due à l'attraction du Soleil, pour donner l'accélération de la planète dans son mouvement relatif autour du Soleil. A cette résultante viendront encore se joindre les accélérations dues aux attractions des autres parties du système solaire. On voit ainsi qu'une planète dans son mouvement relatif autour du Soleil suit une loi très-compliquée, et que si Képler a trouvé des ellipses pour les orbites planétaires, on ne peut l'attribuer qu'à ce que, en raison de leur petitesse, l'influence des nouvelles forces dont nous venons de parler lui a complétement échappé; il est probable que c'est à cette circonstance que l'on doit les lois fondamentales de l'Astronomie moderne. Mais nous reviendrons plus loin sur les effets produits par ces diverses causes perturbatrices, effets que des moyens plus parfaits d'observation n'ont pas tardé à faire reconnaître, et dont la loi de la gravitation rend parfaitement compte.

Si nous ne considérons qu'une seule planète en présence du Soleil, en faisant abstraction de tous les autres corps du système solaire, l'accélération du Soleil sera $\frac{mf}{r^2}$, dirigée de M vers m; celle de la planète $\frac{Mf}{r^2}$, dirigée en sens inverse de m vers M; en ramenant M au repos ainsi qu'on l'a dit plus haut, l'accélération de m sera $(M+m)\frac{f}{r^2}$, et comme d'autre part elle est représentée par l'expression (7) ou, d'après le n° 2, par $\frac{\mu}{r^2}$, il vient

$$(11) \qquad (M+m)f = 4\pi^2\frac{a^3}{T^2} = \mu.$$

D'après la troisième loi de Képler, cette quantité devrait être indépendante de m; d'où il suit que cette loi n'est qu'approximative et que $\frac{m}{M}$, ou le rapport de la masse d'une planète à celle du Soleil, est dans tous les cas une très-petite fraction.

On suppose ordinairement pour simplifier l'écriture $f = 1$, ce qui revient à prendre pour unité de force l'attraction entre deux masses égales situées à l'unité de distance et $\mu = 1$, en prenant ainsi pour unité de masse la somme $M + m$, ou tout simplement la masse du Soleil, en négligeant la fraction $\dfrac{m}{M}$ devant l'unité. Toutefois, nous laisserons subsister dans nos formules jusqu'à nouvel ordre les facteurs μ et f.

Avant d'avoir démontré la loi de la gravitation, Newton l'avait entrevue en partant des considérations suivantes. Les planètes décrivant des orbites d'excentricités différentes, on peut admettre que les lois de Képler s'appliquent encore au cas d'une orbite circulaire, et cela avec d'autant plus de raison que ces excentricités sont généralement très-petites (*). Dans cette hypothèse appelons φ, φ' les accélérations qui retiennent deux planètes dans leurs orbites; T, T' les durées de leurs révolutions autour du Soleil; R, R' les rayons de ces orbites : on a, d'après l'expression connue de la force centripète,

$$\varphi = \left(\frac{2\pi}{T}\right)^{2} \cdot R, \quad \varphi' = \left(\frac{2\pi}{T'}\right)^{2} \cdot R',$$

(*) Sous le rapport des excentricités des orbites, les planètes peuvent se ranger de la manière suivante :

1º Deux entre la *Terre* ($e = 0,017$) et *Uranus* ($0,047$), savoir : *Concordia* ($0,041$) et *Harmonia* ($0,046$).

2º Neuf entre *Saturne* ($0,056$) et *Mars* ($0,093$). Leurs excentricités sont comprises entre celles $0,066$ et $0,090$ de *Nemausa* et *Vesta*.

3º Quarante-quatre entre *Mars* et *Mercure* ($0,203$) dont les excentricités ont pour limites $0,0976$ (*Parthénope*) et $0,202$ (*Hébé*).

4º Enfin seize qui ont des excentricités supérieures à celle de Mercure et comprises entre les limites $0,209$ (*Isis*) et $0,338$ (*Polymnie*). Celle qui a la plus forte excentricité après Polymnie est *Atalante* ($0,298$).

d'où

$$\frac{\varphi}{\varphi'} = \frac{R}{R'} \cdot \frac{T'^2}{T^2},$$

et, d'après la troisième loi de Képler,

$$\frac{\varphi}{\varphi'} = \frac{R'^2}{R^2},$$

ce qui est conforme au résultat obtenu en partant du mouvement elliptique.

4. *De la pesanteur terrestre.* — Si l'on fait abstraction de la force centrifuge due à la rotation de la Terre, la pesanteur d'un corps à sa surface n'est autre chose que la résultante des attractions exercées par tous les points du sphéroïde terrestre sur chaque point matériel du corps, résultante qui ne dépend que de la position et de la masse de ce corps, conformément à ce que l'expérience nous enseigne. L'intensité de cette force doit diminuer à mesure que l'on s'éloigne du centre de la Terre, et c'est effectivement ce qui résulte des observations du pendule exécutées à différentes hauteurs.

5. *Des satellites.* — Les satellites d'une planète circulent autour de cette dernière, toujours en vertu de la gravitation, et leurs orbites sont elliptiques à quelques inégalités près dues à leurs attractions mutuelles et à celles du Soleil et des autres planètes.

Le mouvement de la Lune autour de la Terre a permis à Newton, à l'aide des considérations suivantes, de vérifier la loi de la gravitation.

Le rayon de l'orbite lunaire qui est très-sensiblement circulaire, étant environ égal à 60 fois le rayon moyen de la Terre, le centre de la Lune décrit en une minute un arc de 61020 mètres dont le sinus verse $4^m,87$ représente la hauteur dont ce centre s'écarte de la tangente à l'origine de l'arc d'un mouvement que l'on peut considérer comme uniformément varié. On a donc, en désignant par φ' l'accélération dans ce mouvement,

$$4,87 = \varphi' \cdot \frac{60^2}{2};$$

or, 4,87 est très-sensiblement égal à la moitié 4,9044 de la pesanteur g à la surface de la Terre; on a donc

$$\frac{g}{\varphi'} = \frac{60^2}{1},$$

c'est-à-dire que g et φ' varient à très-peu près en raison inverse des carrés des distances au centre de la Terre.

On arrive également à ce résultat, en remarquant que, d'après le n° 3, on a,

$$\varphi' = \left(\frac{2\pi}{T'}\right)^2 \cdot R',$$

d'où

$$\frac{\varphi'}{g} = \frac{2\pi \cdot 2\pi R'}{T'^2 \cdot g} = \frac{2\pi \times 40000000}{60(39344)^2 \cdot g} = \frac{1}{3624};$$

soit $\frac{1}{60^2}$ environ.

6. *Des masses des planètes.* — Soient m' la masse d'un satellite de la planète m; $2a'$ le grand axe de son orbite, et T' la durée de sa révolution autour de la planète. La formule (11) appliquée à cette planète et à son satellite donne

$$f(m+m') = 4\pi^2 \frac{a'^3}{T'^2},$$

d'où, en divisant par cette même équation,

$$\frac{m+m'}{M+m} = \frac{a'^3 T^2}{a^3 T'^2},$$

et comme les fractions $\frac{m}{M}$, $\frac{m'}{M}$ sont généralement très-petites, il vient

$$\frac{m}{M} = \frac{a'^3 T^2}{a^3 T'^2}.$$

Les rapports $\dfrac{a'}{a}$, $\dfrac{T'}{T}$ étant supposés donnés par l'observation, cette formule fera connaître la masse de la planète rapportée à celle du Soleil. C'est ainsi que Newton a trouvé $\dfrac{1}{1067}$ pour Jupiter, résultat qui diffère peu de la fraction $\dfrac{1}{1050}$ obtenue par des procédés plus précis.

La masse de la Terre ne peut pas se déterminer par cette méthode, attendu que l'inverse de son rapport à celle de la Lune n'est plus négligeable vis-à-vis l'unité; mais on peut opérer de la manière suivante. Nous verrons plus loin, en nous occupant de la forme des planètes, que pour tous les points du parallèle dont le sinus de la latitude est $\sqrt{\dfrac{1}{3}}$, l'attraction de la Terre est la même que si elle était sphérique. Pour ce parallèle le rayon de la Terre est $r = 6364551$ mètres et la pesanteur $9^{\mathrm{m}},79886$; mais pour égaler cette dernière à l'attraction terrestre G, il faut l'augmenter d'une fraction d'elle-même égale à $\dfrac{2}{3} \cdot \dfrac{1}{289}$, représentant la composante verticale de la force centrifuge aux différents points du même parallèle. On a ainsi

$$G = \frac{fm}{r^2} = 9,81645,$$

d'où, en vertu de l'équation (11),

$$\frac{M}{m} = \frac{4\pi^2 a^3}{G\, r^2 T^2};$$

mais on a, en secondes,

$$T = 86400 \times (365^{\mathrm{j}},256374),$$

et la parallaxe du Soleil correspondant au parallèle ci-dessus est

$$\frac{r}{a} = \operatorname{tang} 8'',60, \quad \text{d'où} \quad a = 29984\,r,$$

par suite,

$$\frac{M}{m} = 354592.$$

Le diamètre du Soleil étant égal à 112 fois celui de la Terre, on déduit de cette relation que sa densité moyenne est à peu près le quart de celle de la Terre.

En appelant R le rayon du Soleil, on obtient pour la gravité à sa surface

$$G' = \frac{fM}{R^3},$$

ou, à cause de $R = 112r$, $G = \frac{fm}{r^2}$,

$$G' = \frac{GM}{(112)^2 . m} \, 29{,}5G.$$

La correction que l'on devait faire subir à cette valeur pour tenir compte de la force centrifuge due au mouvement de rotation du Soleil autour de son axe peut être négligée ; car le Soleil exécutant une révolution en $25^j,5$, la force centrifuge à son équateur n'est guère que $\frac{1}{6}$ de la force pareille à l'équateur de la Terre.

Pour déterminer la masse de la Lune, on part du principe suivant dont nous démontrerons l'exactitude dans l'un des chapitres suivants : pour un point de la mer dont le rayon vecteur, émanant du centre de la Terre, fait le même angle avec les rayons vecteurs de la Lune et du Soleil, les actions de ces deux astres qui produisent les oscillations de la mer sont entre elles comme leurs masses divisées par le cube de leurs distances au centre de la Terre, et ces oscillations sont, toutes choses égales d'ailleurs, proportionnelles aux forces qui les produisent. Si donc on appelle m', M les masses de la Lune et du Soleil; a', a les distances respectives de leurs centres à celui de la Terre; ω le rapport de la marée lunaire à la marée solaire pour les positions semblables des deux astres, on aura

$$\frac{m'}{a'^3} = \omega \cdot \frac{M}{a^3},$$

d'où, en désignant par m la masse de la Terre,

$$\frac{m'}{m} = \omega \cdot \frac{a'^3}{a^3} \cdot \frac{M}{m}.$$

La moyenne d'un grand nombre d'observations exécutées dans le port de Brest a donné

$$\omega = 2,3533 \; (^*),$$

et comme on a à très-peu près

$$a = 400 a' \quad \text{et} \quad \frac{M}{m} = 355000,$$

il vient

$$\frac{m'}{m} = \frac{1}{75}.$$

Les masses des planètes qui n'ont pas de satellites ne peuvent être déterminées que par les perturbations que leurs actions mutuelles introduisent dans leur mouvement autour du Soleil, et dont nous nous occuperons plus loin. Le même procédé peut également s'appliquer aux planètes qui ont des satellites, et c'est ainsi que l'on a trouvé $\dfrac{1}{1050}$ pour la masse de Jupiter.

Les rapports des masses des satellites d'une même planète à celle de cette planète peuvent également se calculer au moyen des perturbations que leurs actions mutuelles apportent dans leur mouvement autour de la planète, et l'on en déduit leur rapport à la masse du Soleil, puisque l'on connaît la masse de la planète rapportée à cette dernière. En appliquant cette méthode au système de la Terre

---

et de la Lune, on trouve 34936 et $\frac{1}{88}$, au lieu des valeurs

ci-dessus $\frac{M}{m} \cdot \frac{m'}{m}$, qui n'en diffèrent d'ailleurs que très-peu.

7. *Des comètes*. — On reconnaît que les lois de Képler se vérifient dans la partie des orbites cométaires que l'on peut observer; mais, comme les grands axes de ces orbites et les durées des révolutions sont généralement inconnus, on calcule les mouvements des comètes dans le voisinage du périhélie comme si leurs orbites étaient paraboliques. En désignant par D la distance du foyer au sommet de la parabole, le paramètre sera $4\,D$, tandis que, dans l'ellipse, il est exprimé par $2\,a\,(1 - e^2)$. La formule (6) devient par suite

$$\varphi = \frac{k^2}{2\,D} \cdot \frac{1}{r^2}.$$

Les comètes, à cause de la petitesse de leur masse, ne produisent aucun effet appréciable sur les planètes; mais leurs mouvements sont troublés par les attractions planétaires qui influent notablement sur les époques de réapparition de chaque comète, c'est-à-dire sur l'intervalle de temps compris entre deux de ses passages consécutifs au périhélie.

En posant

$$\mu = \frac{k^2}{2\,D}, \quad \text{ou} \quad \varphi = \frac{\mu}{r'^2},$$

l'équation (2) devient

$$\sqrt{2\,D\,\mu} \cdot dt = r^2 dv.$$

D'autre part, si nous comptons l'angle v à partir du périhélie, ce qui revient à supposer $\omega = 0$, on a pour représenter la parabole

$$(12) \qquad r = \frac{D}{\cos^2 \dfrac{v}{2}} = D\left(1 + \tan^2 \frac{v}{2}\right).$$

Portant cette valeur dans l'équation précédente, inté-grant et prenant pour origine du temps l'instant du pas-sage au périhélie, on trouve

$$(13) \qquad t = \frac{D^{\frac{3}{2}}\sqrt{2}}{\sqrt{\mu}}\left(\tang\frac{v}{2} + \frac{1}{3}\tang^3\frac{v}{2}\right).$$

Les équations (12) et (13) sont celles dont on se sert dans la théorie des comètes; mais, comme presque toujours l'in-connue de la question est v et qu'elle dépend d'une équation du troisième degré, on a construit, pour éviter la résolution de cette équation, des tables donnant les valeurs de t cor-respondant à celles de v dans l'hypothèse de $D = 1$: ces tables permettent de trouver l'angle v décrit au bout du temps t dans une parabole quelconque, en y cherchant la valeur de v qui correspond au temps $t . D^{-\frac{3}{2}}$.

8. *Relation entre le temps qui sépare deux obser-vations d'une comète et d'autres quantités connues.* — Soient r', t', v' les valeurs de r, t, v qui se rapportent à une seconde observation, c la corde de l'arc parcouru; l'équa-tion (13) donne

$$t' = \frac{D^{\frac{3}{2}}\sqrt{2}}{\sqrt{\mu}}\left(\tang\frac{v'}{2} + \frac{1}{3}\tang^3 v'\right),$$

d'où, en retranchant cette même équation,

$$t' - t = \frac{D^{\frac{3}{2}}\sqrt{2}}{\sqrt{\mu}}(\tang v' - \tang v)$$

$$\times \left[1 + \tang v \tang v' + \frac{1}{3}(\tang v' - \tang v)^2\right].$$

Posant

$$1 + \frac{1}{4}(\tang v + \tang v')^2 = n^2,$$

il vient

$$(\alpha)\begin{cases} t' - t = \dfrac{D^{\frac{3}{2}}\sqrt{2}}{\sqrt{\mu}}(\tang v' - \tang v)\left[n^2 + \dfrac{1}{12}(\tang v' - \tang v)^2\right] \\[2em] \qquad = \dfrac{D^{\frac{3}{2}}\sqrt{2}}{\sqrt{\mu}}\left\{\left[n + \dfrac{1}{2}(\tang v' - \tang v)\right]^3\right. \\[2em] \qquad\qquad \left. - \left[n - \dfrac{1}{2}(\tang v' - \tang v)\right]^3\right\}. \end{cases}$$

En projetant la distance de deux positions considérées de la comète sur l'axe de la parabole et sur une perpendiculaire à sa direction et faisant la somme des carrés, on trouve

$$c^2 = (r'\cos v' - r\cos v)^2 + (r'\sin v' - r\sin v)^2,$$

et en remplaçant r, r' par leurs valeurs déduites de l'équation (12),

$$c^2 = 4\,D^2(\tang v' - \tang v)^2\left[1 + \dfrac{1}{4}(\tang v' + \tang v)^2\right],$$
$$= 4\,D^2(\tang v' - \tang v)^2 . n^2,$$

d'où

$$c = 2D(\tang v' - \tang v)\,n.$$

D'autre part, on a

$$r + r' = 2D\left[n + \dfrac{1}{4}(\tang v' - \tang v)^2\right];$$

par suite

$$r + r' + c = 2D\left[n + \dfrac{1}{2}(\tang v' - \tang v)\right]^2,$$
$$r + r' - c = 2D\left[n - \dfrac{1}{2}(\tang v' - \tang v)\right]^2.$$

Il vient donc enfin

$$(14)\qquad t' - t = \dfrac{1}{6\sqrt{\mu}}\left[(r + r' + c)^{\frac{3}{2}} \mp (r + r' - c)^{\frac{3}{2}}\right].$$

On voit, en se reportant à l'équation (α), que l'on doit prendre le signe — ou le signe +, selon que

$$n - \frac{1}{2}\,(\mathrm{tang}\,v' - \mathrm{tang}\,v) > \text{ou} < 0;$$

or, comme cette quantité est de même signe que

$$n^2 - \frac{1}{4}\,(\mathrm{tang}\,v' - \mathrm{tang}\,v)^2 = \frac{\cos\frac{1}{2}(v' - v)}{\cos\frac{v}{2}\,\cos\frac{v'}{2}},$$

qui sera positive ou négative lorsque $v' - v < \pi$ ou $> \pi$, il ne peut y avoir aucune ambiguïté sur le choix des signes dans l'application de la formule (14).

Cette formule, dans laquelle n'entre pas l'excentricité de l'orbite, constitue ce que l'on appelle le *théorème de Lambert,* quoique Euler l'ait établie le premier dans le septième volume des *Miscellanea Berolinensia.* Nous verrons plus loin comment on peut trouver ses équivalentes pour l'ellipse et l'hyperbole.

9. *Du mouvement relatif de deux points qui s'attirent mutuellement autour de leur centre de gravité.* — Concevons que l'on imprime aux deux points matériels m, m', qui s'attirent suivant la loi de la gravitation, une vitesse, et contraire à la vitesse constante en grandeur et en direction du centre de gravité G de ces deux points. Ce centre étant ramené au repos, les masses mobiles m, m', dès lors mobiles sur la droite $m\,\mathrm{G}\,m'$, qui pivote elle-même autour du point G, décrivent des courbes semblables inversement situées, puisque entre leurs distances respectives x, x' à ce centre, on a

$$mx = m'x' \quad \text{et} \quad (m + m')\,x = m'r,$$

r étant la distance des deux masses.

Le mouvement de m est donc uniquement dû à la vitesse relative initiale par rapport à G et à l'accélération

$$\varphi = \frac{fm'}{r^2} = f\,\frac{m'^3}{(m + m')^3\,x^2}$$

dirigée vers ce centre, et qui varie en raison inverse du carré de la distance r à ce point. D'où il suit que, *dans leur mouvement relatif par rapport à leur centre de gravité, les deux masses m, m' décrivent, dans un même plan et autour de ce point comme foyer commun et centre de similitude, deux sections coniques semblables, mais inversement situées*. Ce cas est notamment celui des étoiles doubles, lorsque les forces d'attraction auxquelles elles sont soumises de la part des autres astres sont négligeables par rapport à leurs actions mutuelles.

10. *Problème de Képler*. — On désigne sous ce nom la détermination des coordonnées polaires d'une planète en fonction du temps.

Supposant que l'angle v soit compté à partir du grand axe de l'ellipse ou que la longitude du périhélie est nulle, l'équation de l'orbite deviendra

$$r = \frac{a\,(1-e^2)}{1+e\cos v},$$

et si l'on observe que v est compris entre $a\,(1+e)$, $a\,(1-e)$, on pourra poser

$$(15) \qquad r = a\,(1-e\cos u).$$

L'angle u, qui passe en même temps que l'anomalie vraie v par les valeurs 0, π, 2π, a reçu le nom d'*anomalie excentrique* de la planète.

De ces deux équations on déduit

$$(16) \qquad \begin{cases} \cos v = -\dfrac{(e-\cos u)}{1-e\cos u}, \\[2mm] \text{d'où} \\[2mm] \tang\dfrac{v}{2} = \sqrt{\dfrac{1+e}{1-e}}\,\tang\dfrac{u}{2}. \end{cases}$$

Désignant par T la durée de la révolution de la planète et

posant

$$n = \frac{2\pi}{T},$$

n sera la *moyenne vitesse angulaire* et nt *le mouvement moyen* ou *l'anomalie moyenne* de la planète, et si l'on prend le jour moyen pour unité de temps, on a relativement à la Terre

$$T = 365^j,256374, \quad \text{d'où} \quad n = 0°59'8'',$$

en remplaçant 2π par 360 degrés. Cette valeur de T est la durée de l'année sidérale ou l'intervalle de temps qui s'écoule entre deux retours consécutifs du Soleil à une même étoile dans son mouvement apparent autour de la Terre.

L'équation (2) donne, eu égard à la relation (1),

$$r^2 dv = na^2 \sqrt{1 - e^2}\, dt,$$

et en y remplaçant r et v par leurs valeurs déduites des équations (15) et (16),

$$ndt = (1 - e\cos u)\, du,$$

d'où, en prenant pour origine du temps un des passages au périhélie,

$$(17) \qquad nt = u - e\sin u \ (^*).$$

Nous remarquerons que, d'après la formule (7) du n° 1, on a

$$n^2 a^3 = \mu,$$

d'où

$$n = \sqrt{\mu a^{-3}}.$$

11. *Cas où on peut négliger les puissances de e supérieures à la première.* — L'équation (17) donne dans cette

---

(*) On trouvera, dans mon *Traité de Cinématique pure*, p. 32, l'interprétation géométrique de l'anomalie excentrique et une démonstration géométrique de la formule (17).

hypothèse, qui est admissible pour la plupart des planètes,

$$(18) \qquad u = nt + e\sin(nt + e\sin u) = nt + e\sin nt,$$

et l'équation (15) devient par suite

$$(19) \qquad r = a(1 - e\cos nt).$$

Posant $v = nt + \delta$, δ étant du même ordre que e, la première équation (16) donne, en continuant la même approximation,

$$\delta = 2e\sin nt,$$

d'où

$$(20) \qquad v = nt + 2e\sin nt.$$

Si nous considérons un astre fictif animé de la vitesse angulaire constante n et partant du péribélie en même temps que la planète, il passera en même temps qu'elle à l'aphélie, puisque pour ce point $\sin nt = 0$, et reviendra au même instant au périhélie, et ainsi de suite indéfiniment. Dans la première moitié de la trajectoire le rayon vecteur de l'astre fictif sera en avant de celui de la planète, et il sera en arrière dans la seconde moitié. La quantité $2e\sin nt$, qui mesure l'écart des deux rayons, est ce que l'on appelle l'*équation du centre*.

On corrige de cette manière par la considération de l'astre fictif l'inégalité du mouvement apparent du Soleil autour de la Terre dans l'écliptique. Pour corriger celle qui résulte de l'inclinaison de l'écliptique sur l'équateur, il suffit de concevoir un second astre fictif circulant dans le plan de l'équateur, passant par l'équinoxe en même temps que le précédent, et animé d'un mouvement angulaire uniforme; il déterminera ce que l'on appelle le *temps moyen*, qui coïncide quatre fois dans l'année avec le *temps vrai*, indiqué par le mouvement réel du Soleil.

12. *Développement des coordonnés polaires d'une orbite elliptique en fonction du temps.* — De l'équation (17)

$$u = nt + e\sin u,$$

on déduit au moyen de la formule de Lagrange (*), en posant $x = nt$,

$$u = x + c\sin u + \frac{e^2}{1.2}\frac{d\sin^2 x}{dx} + \ldots + \frac{e^m}{1.2.3\ldots m}\cdot\frac{d^{m-1}\sin^m x}{dx^{m-1}} + \ldots;$$

or on a

$$2\sin^2 x = -\cos 2x + 1,$$
$$2^2\sin^3 x = -\sin 3x + 3\sin x,$$
$$2^3\sin^4 x = \cos 4x - 4\cos 2x + 3,$$
$$2^4\sin^5 x = \sin 5x - 5\sin 3x + 10\sin x,$$
$$2^5\sin^6 x = -\cos 6x + 6\cos 4x - 15\cos 2x + 10,$$
$$\cdots\cdots\cdots\cdots\cdots\cdots\cdots\cdots\cdots\cdots$$

Faisant les substitutions dans l'équation précédente, effectuant les différentiations, puis remplaçant x par nt, on trouve pour l'anomalie excentrique développée, par rapport au temps,

$$(21)\quad\left\{\begin{aligned}
u ={}& nt + e\sin nt + \frac{e^2}{2}\sin 2nt + \frac{e^3}{3}(3\sin 3nt - \sin nt)^2 \\[4pt]
&+ \frac{e^4}{2.3}(2\sin 4nt - \sin 2nt) \\[4pt]
&+ \frac{e^5}{2^1.3}(5^3\sin 5nt - 3^4\sin 3nt + 2\sin nt) \\[4pt]
&+ \frac{e^6}{2^1.3.5}(3^4\sin 6nt - 2^6\sin 4nt + 5\sin 2nt)\ldots
\end{aligned}\right.$$

(*) Si l'on a en général

$$u = x + ef(u),$$

cette formule consiste dans les développements

$$(1)\qquad u = \sum_{m=0}^{m=\infty} \frac{e^m}{1.2.3\ldots m}\cdot\frac{d^{m-1}[f(x)]^m}{dx^{m-1}},$$

$$(2)\qquad F(u) = \sum_{m=0}^{m=\infty} \frac{e^m}{1.2.3\ldots m}\cdot\frac{d^{m-1}[F'(x)f(x)^m]}{dx^{m-1}},$$

m représentant un nombre entier prenant toutes les valeurs possibles depuis zéro jusqu'à l'infini. *Voyez* pour la démonstration de ces formules une Note placée à la fin du volume.

L'équation (15)

$$\frac{r}{a} = 1 - e \cos u$$

donne (*)

$$\frac{r}{a} = 1 - e \cos x + e^2 \sin^2 x + \frac{e^3}{2} \frac{d \sin^3 x}{dx}$$

$$+ \frac{e^4}{2.3} \frac{d^2 \sin^4 x}{dx^2} + \frac{e^5}{2.3.4} \frac{d^3 \sin^5 x}{dx^3} + \frac{e^6}{2.3.4.5} \frac{d^4 \sin^6 x}{dx^4} + \cdots,$$

mais on a

$$\sin^2 x = \frac{-\cos 2x + 1}{2},$$

$$\frac{d \sin^3 x}{dx} = \frac{-3 \cos 3x + 3 \cos x}{2^2},$$

$$\frac{d^2 \sin^4 x}{dx^2} = -2 \cos 4x + 2 \cos 2x,$$

$$\frac{d^3 \sin^5 x}{dx^3} = \frac{-5^2 \cos 5x + 5.3^2 \cos 3x - 5.2 \cos x}{2^4},$$

$$\frac{d^4 \sin^6 x}{dx^4} = \frac{-3^4 \cos 6x + 6.2^4 \cos 4x - 3.5 \cos 2x}{2};$$

$$\cdots\cdots\cdots\cdots\cdots\cdots\cdots\cdots\cdots\cdots\cdots\cdots$$

et en remplaçant x par nt, on a pour le développement du rayon vecteur :

$$(22) \begin{cases} \dfrac{r}{a} = 1 - e \cos nt - \dfrac{e^2}{2}(\cos 2nt - 1) - \dfrac{e^3}{2^3}(3 \cos 3nt - 3 \cos nt) \\[2ex] \quad - \dfrac{e^4}{3}(\cos 4nt - \cos 2nt) \\[2ex] \quad - \dfrac{e^5}{2^2.3}(5^2 \cos nt - 5.3^2 \cos 3nt + 5.2 \cos nt) \\[2ex] \quad - \dfrac{e^6}{2^4.5}(3^2 \cos 6nt - 2^5 \cos 4nt + 5 \cos 2nt)\cdots \end{cases}$$

Pour obtenir le développement de l'anomalie vraie, nous remarquerons que la seconde équation (16) peut se mettre

---

(*) En supposant $F(u) = 1 - \cos u$ dans l'équation (2) de la note précédente.

sous la forme

$$\frac{E^{v\sqrt{-1}} - 1}{E^{v\sqrt{-1}} + 1} = \frac{\sqrt{1 + e}}{\sqrt{1 - e}} \cdot \frac{E^{u\sqrt{-1}} - 1}{E^{u\sqrt{-1}} + 1},$$

E désignant la base du système de logarithmes népériens.
En posant

$$\lambda = \frac{e}{1 + \sqrt{1 - e^2}},$$

on déduit de là

$$E^{v\sqrt{-1}} = E^{u\sqrt{-1}} \cdot \frac{1 - \lambda E^{-u\sqrt{-1}}}{1 - \lambda E^{u\sqrt{-1}}},$$

et, en prenant les logarithmes dans le système népérien,

$$v = u + \frac{\log\left(1 - \lambda E^{-u\sqrt{-1}}\right) - \log\left(1 - \lambda E^{u\sqrt{-1}}\right)}{\sqrt{-1}}.$$

La quantité λ étant plus petite que l'unité, les logarithmes
peuvent se développer suivant ses puissances ascendantes,
et en remplaçant les exponentielles imaginaires par des
sinus et cosinus, on trouve

$$v = u + 2\left(\lambda \sin u + \frac{\lambda^2}{2} \sin 2u + \frac{\lambda^3}{3} \sin 3u + \frac{\lambda^4}{4} \sin^4 u + \ldots\right),$$

Des équations (17) et (21) on tire

$$\sin u = \frac{u - nt}{e} = \sin nt + \frac{e}{2} \sin 2nt + \frac{e^2}{2^3}\left(3 \sin 3nt - \sin nt\right),$$

et la formule de Lagrange donne

$$\sin 2u = \sin 2nt + e\left(\sin 3nt - \sin nt\right) + e^2\left(\sin 4nt - \sin 2nt\right)$$

$$+ \frac{e^3}{2^3.3}\left(4 \sin nt - 27 \sin 3nt + 25 \sin 5nt\right) + \ldots,$$

$$\sin 3u = \sin 3nt + \frac{e}{2}\left(3 \sin 4nt - 3 \sin nt\right)$$

$$+ \frac{e^2}{3}\left(15 \sin 5nt - 18 \sin 3nt + 3 \sin nt\right)$$

$$+ \frac{e^3}{4}\left(9 \sin 6nt - 12 \sin 4 + 3 \sin 2nt\right)$$

Il ne reste plus maintenant qu'à développer les puissances de λ suivant celles de e. Posons à cet effet

$$1 + \sqrt{1 - e^2} = L,$$

d'où

$$L = 2 - \frac{e^2}{L} = e\lambda^{-1}.$$

En développant L^{-p} suivant les puissances de e^2 par la formule de Lagrange (*), on trouve

$$L^{-p} = \frac{1}{2^p} + \frac{p}{2^{p+2}} \cdot e^2 + \frac{p(p+3)}{2 \cdot 2^{p+4}} e^4 + \frac{p(p+4)(p+5)}{2 \cdot 3 \cdot 2^{p+6}} e^6 + \ldots,$$

d'où

$$\lambda^p = \frac{e^p}{2^p} + \frac{p}{2^{p+2}} \cdot e^{p+2} + \frac{p(p+3)}{2 \cdot 2^{p+4}} e^{p+4} + \frac{p(p+4)(p+5)}{2 \cdot 3 \cdot 2^{p+6}} \cdot e^{p+6} + \ldots,$$

et enfin

$$(23) \quad \left\{ \begin{aligned} &\nu + nt + 2e\sin nt + \frac{5}{4}e^2\sin 2nt + \frac{e^3}{2^2 \cdot 3}(13\sin nt - 3\sin nt) \\ &+ \frac{e^4}{2^5 \cdot 2}(103\sin 4nt - 44\sin nt) \\ &+ \frac{e^5}{2^6 \cdot 3 \cdot 5}(1097\sin 5nt - 645\sin 3nt) + 50\sin nt + \ldots \end{aligned} \right.$$

pour le développement cherché.

Si on prend, au lieu du périhélie, pour origine de la longitude une position quelconque de la planète, il faudra remplacer dans la formule (23) ν par $\nu - \omega$, en continuant à désigner par ω la longitude du périhélie ; et si de plus on prend pour origine du temps un instant quelconque après le passage au périhélie, correspondant à la longitude

---

(*) Il suffit de remplacer, dans l'équation (2) de la note du n° 12, u par L, x par 2, e par e^2, $F(u)$ par L^{-p}.

moyenne ε, l'angle nt devra être augmenté de la constante

$$\varepsilon - \omega = nl;$$

ε est ce que l'on nomme la *longitude de l'époque*, et l représente le temps moyen employé par la planète pour aller du périhélie à l'origine du temps. Les formules (17), (22), (23) deviennent alors

$$(17') \qquad n(t+l) = u - e \sin u,$$

$$(22') \quad \frac{r}{a} = 1 - e \cos n(t+l) - \frac{e^2}{2}\left[\cos 2n(t+l) - 1\right]\dots,$$

$$(23') \quad v = nt + \varepsilon + 2e \sin n(t+l) + \frac{5}{4} e^2 \sin 2n(t+l) + \dots.$$

13. *Expression indépendante de l'excentricité du temps qui sépare deux positions d'une planète.* — Appelons pour la seconde position r', u', v', t' les quantités analogues à r, u, v, t, qui se rapportent à la première, c la longueur de la corde qui joint les deux positions, et posons

$$\tau = t' - t, \quad \frac{u'-u}{2} = \beta, \quad \frac{u'+u}{2} = \beta_1.$$

De l'équation (17) on tire

$$(a) \qquad \tau = \frac{2}{n}(\beta - e \cos \beta_1 \sin \beta),$$

et de l'équation (15)

$$(b) \qquad r + r' = 2a(1 - e \cos \beta_1 \cos \beta).$$

D'un autre côté on a

$$c^2 = r^2 + r'^2 - 2rr' \cos(v' - v)$$

et, en vertu de la première formule (16), eu égard à l'équation (15),

$$\cos v = a\,\frac{\cos u - e}{r}, \quad \sin v = \frac{a\sqrt{1-e^2}\sin u}{r},$$

par suite,

$$c^2 = a^2 (1 - e \cos u)^2 + a^2 (1 - e \cos u')^2$$
$$- 2a^2 (e - \cos u)(e - \cos u') - 2a^2 (1 - e^2) \sin u \sin u',$$
$$= 2a^2 (1 - e^2)(1 - \sin u \sin u') + a^2 e^2 (\cos^2 u + \cos^2 u')$$
$$- 2a^2 \cos u \cos u',$$
$$= 2a^2 (1 - e^2)(1 - \sin u \sin u' - \cos u \cos u')$$
$$+ a^2 e^2 (\cos u - \cos u')^2,$$
$$= 2a^2 (1 - e^2)(2 - 2\cos^2 \beta) + a^2 e^2 (2 \sin \beta \sin \beta_1)^2,$$

et enfin

$$(c) \qquad\qquad c^2 = 4a^2 \sin^2 \beta (1 - e^2 \cos^2 \beta_1).$$

Les équations (a) et (c) donnent, par l'élimination de β_1 à l'aide de l'équation (b),

$$\tau = \frac{2}{n} \left(\beta + \frac{r + r' - 2a}{2a} \operatorname{tang} \beta \right),$$
$$c^2 = 4a^2 \operatorname{tang}^2 \beta \left\{ \cos^2 \beta - \left[\frac{2a - (r + r')}{2a} \right]^2 \right\}.$$

Posant maintenant

$$z = \frac{2a - c - (r + r')}{2a}, \quad z_1 + \frac{2a + c - (r + r')}{2a},$$

nous aurons

$$(z_1 - z)^2 = \frac{c^2}{a^2} = 4 \operatorname{tang}^2 \beta \left[\cos^2 \beta - \frac{1}{4} (z_1 + z)^2 \right],$$

d'où

$$\cos 2\beta = z z_1 + \sqrt{(1 - z^2)(1 - z_1^2)}$$

et

$$2\beta = \operatorname{arc} \cos z - \operatorname{arc} \cos z_1,$$
$$\operatorname{tang} \beta = \frac{\sin (\operatorname{arc} \cos z) - \sin (\operatorname{arc} \cos z_1)}{z + z_1};$$

il vient donc pour la relation cherchée

$$(d) \quad \tau = \frac{1}{n} [\operatorname{arc} \cos z - \operatorname{arc} \cos z_1 - \sin (\operatorname{arc} \cos z) + \sin (\operatorname{arc} \cos z_1)].$$

Dans le cas d'une orbite hyperbolique, z, z_1 étant plus grands que l'unité, la formule (d) se trouve compliquée d'imaginaires que l'on fera disparaître en remplaçant arc cos z et arc cos z_1 par leurs expressions logarithmiques

$$\text{arc cos } z = \frac{1}{\sqrt{-1}} \log(z + \sqrt{z^2 - 1}),$$

$$\text{arc cos } z_1 = \frac{1}{\sqrt{-1}} \log(z_1 + \sqrt{z_1^2 - 1}),$$

et a par $-a$, ce qui donne

$$(d') \quad \left\{ \begin{aligned} \tau = \frac{1}{n} \Big[\sqrt{z^2 - 1} \mp \sqrt{z_1^2 - 1} - \log(z + \sqrt{z^2 - 1}) \\ \pm \log(z_1 + \sqrt{z_1^2 - 1}) \Big]. \end{aligned} \right.$$

On n'affecte d'un double signe que les termes en z_1, dans l'hypothèse $z > z_1$, puisque τ doit être positif. Les signes supérieurs correspondent à $v' - v < \pi$, et les signes inférieurs à $v' - v > \pi$; car, pour $v' - v = 0$, τ doit être nul et $z = z_1$, et l'on doit par suite prendre les signes supérieurs, et comme τ est une fonction continue de $v' - v$, les termes en z_1 ne peuvent changer de signes qu'autant qu'ils s'annulent, ce qui a lieu pour $v' - v = \pi$, et quand $v' - v$ vient à surpasser π, les signes doivent changer pour que τ continue à croître.

La formule (d) qui donne le temps, indépendamment de l'excentricité dans le mouvement elliptique, doit encore s'appliquer quand l'ellipse, s'aplatissant indéfiniment, se change en une ligne droite ; elle donne alors le temps qu'un corps en mouvement sur le grand axe mettrait à s'avancer vers le foyer placé vers l'autre extrémité. Ainsi on peut dire qu'une planète décrira un arc de son orbite dont la corde est c et dont les extrémités sont à des distances du Soleil égales à r, r' dans le même temps qu'il mettrait à arriver directement vers le Soleil de la distance $\dfrac{r + r' + c}{2}$ à la distance $\dfrac{r + r' - c}{2}$, si elle était partie sans vitesse initiale d'une distance égale au grand axe de son orbite.

De ce qui précède on déduira sans peine, en supposant $a = \infty$, le théorème d'Euler démontré au n° 8.

§ II. — Détermination des constantes arbitraires qui entrent dans les formules du mouvement elliptique.

14. Proposons-nous de déterminer complétement l'orbite d'une planète, connaissant l'une de ses positions et la vitesse correspondante en grandeur et en direction.

La formule (10) du n° 2 ne renferme comme inconnue que le demi grand axe a de l'ellipse et que l'on pourra ainsi déterminer.

Soient x, y, z les coordonnées du mobile m par rapport à trois axes rectangulaires passant par le centre d'attraction M supposé fixe. En posant

$$x\frac{dy}{dt} - y\frac{dx}{dt} = c, \quad z\frac{dx}{dt} - x\frac{dz}{dt} = c', \quad y\frac{dz}{dt} - z\frac{dy}{dt} = c'',$$

c, c', c'', d'après le principe des aires, seront pendant toute la durée du mouvement des constantes représentant le double de l'aire k décrite pendant l'unité de temps, en projection sur les trois plans coordonnés $x\mathrm{M}y$, $x\mathrm{M}z$, $y\mathrm{M}z$, et elles se trouveront déterminées par les données de la question. On obtiendra ainsi la valeur de $k = \sqrt{c^2 + c'^2 + c''^2}$ et la première formule (9) du n° 2 permettra par suite de calculer l'excentricité.

Si l'on prend pour origine du temps l'instant de l'observation, la formule (17') du n° 12 donne

$$n(t + l) = u - e\sin u,$$

ou, d'après le n° 10,

$$t + l = \frac{a^{\frac{3}{2}}}{\sqrt{\mu}}(u - e\sin u).$$

En appelant u_0 la valeur de u pour $t = 0$, on a

$$nl = u_0 - e \sin u_0,$$

et comme

$$r = a(1 - e \sin u_0),$$

on a deux équations pour déterminer l et u_0.

Supposons que l'on compte l'angle ν à partir de l'intersection du plan de l'orbite avec le plan fixe ou ligne des nœuds, et soient φ l'angle compris sous ces deux plans, α la longitude, comptée dans le plan fixe, de la ligne des nœuds ; υ la longitude du rayon vecteur projeté sur le plan fixe ; ν_0, υ_0 les valeurs de ν, υ correspondant à l'origine du temps.

Une application très-simple de la Trigonométrie sphérique donne

$$-\sin\varphi\cos\alpha, \quad \sin\varphi\sin\alpha,$$

pour les cosinus des angles déterminés par le plan de l'orbite avec les plans $x\mathrm{M}z$, $y\mathrm{M}z$, et il vient par suite

$$c = k\cos\varphi, \quad c' = -k\sin\varphi\cos\alpha, \quad c'' = k\sin\varphi\sin\alpha,$$

d'où l'on déduira les inconnues α et φ.

D'autre part, on a, par la considération d'un triangle sphérique,

$$\mathrm{tang}\,\nu_0 = \frac{\mathrm{tang}(\upsilon_0 - \alpha)}{\cos\varphi};$$

et comme

$$\mathrm{tang}\,\upsilon_0 = \frac{y}{x},$$

on pourra déterminer υ_0.

Enfin on calculera la longitude du périhélie ω au moyen de l'équation (5) du n° 2 qui donne

$$\frac{1}{r} = \frac{1 + e\cos(\nu_0 - \omega)}{a(1 - e^2)},$$

et les six éléments a, e, α, φ, l, ω de l'orbite elliptique seront entièrement connus.

15. *Méthode de Gauss.* — Généralement on détermine les éléments de l'orbite d'une planète, en l'observant dans deux de ses positions séparées par un intervalle de temps déterminé. Cette recherche, qui, envisagée à un point de vue général, présente de grandes difficultés de calcul, se simplifie notablement lorsque l'on suppose que les deux observations sont très-rapprochées l'une de l'autre; et l'on emploie alors une méthode donnée par Gauss dans l'ouvrage intitulé *Theoria motus corporum cœlestium* et que nous allons reproduire.

Soient :

r, r', r'' les rayons vecteurs émanant du centre du Soleil
    correspondant à trois positions d'une planète ;
$v < v' < v''$ les anomalies vraies relatives à ces positions
    comptées à partir du périhélie ;
$2p$ le paramètre de l'ellipse ;
e son excentricité.

L'équation polaire de l'ellipse donne

$$\frac{p}{r} - 1 = e \cos v,$$

$$\frac{p}{r'} - 1 = e \cos v',$$

$$\frac{p}{r''} - 1 = e \cos v'' ;$$

si l'on ajoute ces trois égalités multipliées respectivement par

$$\sin(v'' - v'), \ \sin(v - v''), \ \sin(v' - v),$$

on reconnaîtra, en remplaçant les produits des lignes trigonométriques par des sommes, que le second membre du résultat s'annule, et l'on obtient, après une réduction de la somme de trois sinus en un produit,

$$p = -\frac{4 rr'r'' \sin\frac{1}{2}(v''-v') \sin\frac{1}{2}(v-v'') \sin\frac{1}{2}(v'-v)}{r'r'' \sin(v''-v') + rr'' \sin(v-v'') + rr' \sin(v'-v)}.$$

On s'assurera facilement que le dénominateur de cette expression changé de signe, représente l'aire du triangle formé par les cordes qui joignent les trois positions considérées de la planète.

Cela posé, admettons que l'on détermine par l'observation deux positions de la planète, ou les rayons r, r'', l'angle $v'' - v$, le temps t qui sépare les deux observations, et que r' représente le rayon vecteur qui divise en deux parties égales l'angle formé par r, r''; on a

$$v' = \frac{v + v''}{2},$$

et la formule précédente se réduit à

$$(1) \quad \begin{cases} p = \dfrac{4\,rr'\,r''\sin^2\frac{1}{4}(v'' - v)}{r'(r + r'') - 2\,rr''\cos\frac{1}{2}(v'' - v)} \\[3mm] \quad = \dfrac{4\,r'\sin^2\frac{1}{4}(v'' - v)}{r'\left(\dfrac{1}{r} + \dfrac{1}{r''}\right) - 2\cos\frac{1}{2}(v'' - v)}, \end{cases}$$

équation qui renferme les inconnues r' et p.

La formule de Simpson appliquée à l'intégrale $\frac{1}{2}\int r^2 dv$ donne pour l'aire du segment elliptique limité par les rayons r, r'', la valeur approchée

$$\frac{1}{6}(v'' - v)(r^2 + 4r'^2 + r''^2),$$

en supposant que l'angle $v'' - v$ soit assez petit pour qu'on puisse approximativement se contenter de le diviser en deux parties égales. Or, d'après la formule (9) du n° 2, en remarquant que $p = a(1 - e^2)$, l'aire décrite par le rayon vecteur dans l'unité de temps est égale à $\sqrt{p}$; il vient donc

$$(2) \quad t\sqrt{\mu p} = \frac{1}{6}(v'' - v)(r^2 + 4r'^2 + r''^2).$$

En remplaçant dans cette formule r' par sa valeur tirée

de la relation (1), on aura une équation qui fera connaître p, par suite les autres éléments de l'orbite. Mais
comme cette équation est du cinquième degré en $\sqrt{p}$, pour
en éviter la résolution dans chaque cas particulier, on pro-
cède par approximation, en vue d'arriver à des formules
d'une application facile.

Posons à cet effet

$$\sqrt{p} = q, \qquad \frac{r''}{r} = \tan(45° + \lambda);$$

on aura

$$(3) \quad
\begin{cases}
\dfrac{1}{r} + \dfrac{1}{r''} = \dfrac{1}{\sqrt{rr''}} \dfrac{1 + \dfrac{r''}{r}}{\sqrt{\dfrac{r''}{r}}} \\[2ex]
\qquad = \dfrac{1}{\sqrt{rr''}} \dfrac{1 + \tan(45° + \lambda)}{\sqrt{\tan(45° + \lambda)}} = \dfrac{2\cos\lambda}{\sqrt{rr''\cos 2\lambda}},
\end{cases}$$

$$(4) \quad
\begin{cases}
r^2 + r''^2 = rr''\left(\dfrac{r}{r''} + \dfrac{r''}{r}\right) \\[2ex]
\qquad = rr''[\cot(45° + \lambda) + \tan(45° + \lambda)] = \dfrac{2rr''}{\cos 2\lambda}.
\end{cases}$$

D'autre part, l'équation (1) résolue par rapport à r' donne

$$(5) \qquad r' = \frac{\cos^2\frac{1}{2}(v'' - v)\,(rr''\cos 2\lambda)^{\frac{1}{2}}}{\cos\lambda\left[1 - \dfrac{2\sin^2\frac{1}{4}(v'' - v)\sqrt{rr''\cos 2\lambda}}{q^2\cos\lambda}\right]},$$

et l'équation (2), en y substituant cette valeur de r',

$$(6) \quad
\begin{cases}
q = \dfrac{1}{3}\dfrac{(v'' - v)\,rr''}{\sqrt{\mu t}.\cos 2\lambda} \\[3ex]
+\ \dfrac{2}{3}\dfrac{(v'' - v)\cos^2\frac{1}{2}(v'' - v)\,rr''\cos^2 2\lambda}{t\sqrt{\mu}\cos 2\lambda\cos^2\lambda\left[1 - \dfrac{2\sin^2\frac{1}{4}(v'' - v)\sqrt{rr''\cos\lambda}}{q^2\cos\lambda}\right]}.
\end{cases}$$

On obtiendra une première valeur approchée q_0 de
$q = \sqrt{p}$, si les deux observations sont suffisamment voi-

sines l'une de l'autre, en supposant $r'' = \dfrac{r^2 + r''^2}{2}$ dans l'é-
quation (2), ce qui donne, eu égard à la relation (4),

$$q_0 = \frac{(v'' - v)\, rr''}{t\sqrt{\mu}\cos 2\lambda}.$$

Si l'on fait $q = q_0 + x$, x étant une quantité supposée assez petite pour que l'on puisse en négliger les puissances supérieures à la première, l'équation (6) permettra de calculer x et par suite une seconde valeur approchée de q. Mais nous n'entrerons pas dans ces détails de calcul, qui ne présentent aucune difficulté, et nous nous bornerons à donner le résultat auquel on arrive et qui se trouve compris dans la formule

$$(7) \qquad q = \sqrt{p} = \frac{(v'' - v)\, rr''}{3\sqrt{\mu t}\cos 2\lambda} \times \frac{(1 + \gamma + 21\beta)}{1 + 5\beta},$$

dans laquelle on suppose

$$\beta = \frac{2\sin^2 \tfrac{1}{4}(v'' - v) \cdot \sqrt{rr''\cos 2\lambda}}{3\left[\dfrac{(v'' - v)\, rr''}{\sqrt{\mu t}\cos 2\lambda}\right]^2 \cos\lambda},$$

$$\gamma = \frac{2\cos^2 2\lambda \cos^2 \tfrac{1}{2}(v'' - v)}{(1 - 3\beta)\cos 2\lambda},$$

et la valeur de p obtenue de cette manière sera d'autant plus exacte que les observations seront plus rapprochées.

Gauss a donné dans l'ouvrage précité une autre méthode de calcul que nous ne reproduirons pas, et pour laquelle nous renverrons soit à cet ouvrage, soit à l'*Astronomie* de Delambre.

16. On peut également déterminer les éléments de l'orbite d'une planète en se donnant les rayons vecteurs correspondant à trois positions de la planète, et les temps employés à parcourir les arcs qu'ils déterminent. On est alors

conduit à des équations dont quelques-unes ne sont pas résolubles algébriquement; mais cet inconvénient disparaît lorsque les observations sont assez rapprochées pour que l'on puisse développer les coordonnées des positions correspondantes en séries ordonnées suivant les puissances ascendantes des intervalles de temps écoulés, et c'est maintenant ce qui va nous occuper.

17. *Développements en série des coordonnées d'une planète.* — Soient :

x_0, y_0, z_0, les coordonnées d'une planète dans une position déterminée, par rapport à trois axes de direction fixe passant par le centre du Soleil;

x, y, z, les coordonnées de la planète dans une position quelconque;

t, le temps qui sépare ces deux positions, considéré comme positif ou négatif, selon que la seconde position est postérieure ou antérieure à la seconde;

$x'_0 = \left(\dfrac{dx}{dt}\right)_0$, $y'_0 = \left(\dfrac{dy}{dt}\right)_0$, $z'_0 = \left(\dfrac{dz}{dt}\right)_0$, les composantes de la vitesse à l'origine du temps t, parallèles aux trois axes coordonnés.

On a, en supposant t suffisamment petit,

$$x = x_0 + \left(\frac{dx}{dt}\right)_0 t + \left(\frac{d^2 x}{dt^2}\right)_0 \frac{t^2}{1.2} + \left(\frac{d^3 x}{dt^3}\right)_0 \frac{t^3}{1.2.3} + \dots$$

L'accélération du mobile étant $\dfrac{\mu}{r^2}$ et dirigée vers le centre d'attraction, il vient

$$(\alpha) \qquad \frac{d^2 x}{dt^2} + \frac{\mu}{r^2} \cdot \frac{x}{r} = 0,$$

et si l'on pose

$$s = r \frac{dr}{dt} = x \frac{dx}{dt} + y \frac{dy}{dt} + z \frac{dz}{dt},$$

on déduit de cette équation par la différentiation

$$\frac{d^3x}{dt^3} = -\frac{3s}{r^5}\, x - \frac{1}{r^3}\cdot\frac{dx}{dt},$$

$$\frac{d^4x}{dt^4} = \left(\frac{3}{r^5}\cdot\frac{ds}{dt} - \frac{3.5}{r^7}\cdot s^2 + \frac{1}{r^6}\right)x + \frac{2.3.5}{r^5}\cdot\frac{dx}{dt}.$$

$$\dotfill$$

On obtiendra ainsi, en supposant $t = 0$ dans ces formules, les valeurs des coefficients des puissances de t supérieures à la première du développement ci-dessus de x, en fonction de

$$x_0, \quad x'_0, \quad r_0, \quad s_0 = x_0 x'_0 + y_0 y'_0 + z_0 z'_0, \quad s'_0 = \left(\frac{ds}{dt}\right)_0 \dots,$$

et en posant

$$(8)\quad\begin{cases} T = 1 - \dfrac{\mu}{r_0^3}\cdot\dfrac{t^2}{1.2} + \dfrac{3\mu s_0}{r_0^5}\cdot\dfrac{t^3}{1.2.3} \\[2ex] \quad + \left(\dfrac{3s'_0}{r_0^5} - \dfrac{3.5.\mu.s_0^2}{r_0^7} + \dfrac{\mu}{r_0^6}\right)\dfrac{t^4}{1.2.3.4} + \dots, \\[2ex] U = t - \dfrac{\mu}{r_0^3}\cdot\dfrac{t^3}{1.2\ 3} + \dfrac{2.3.\mu s_0}{r_0^5}\cdot\dfrac{t^4}{1.2.3.4} + \dots, \end{cases}$$

on trouve

$$(9)\quad\begin{cases} \text{et de même} & x = x_0 T + x'_0 U, \\[1ex] & y = y_0 T + y'_0 U, \\[1ex] & z = z_0 T + z'_0 U. \end{cases}$$

18. Si nous supposons que l'on connaisse deux positions de la planète ou x_0, y_0, z_0, x, y, z, et le temps écoulé t supposé assez petit pour que l'on puisse en négliger les puissances supérieures à la troisième, les équations (9) sont linéaires en x'_0, y'_0, z'_0, que l'on pourra ainsi calculer, et l'on sera ramené pour la détermination des éléments de l'orbite au cas étudié au n° 14.

On remarquera que l'on a

$$s'_0 = \left(\frac{ds}{dt}\right)_0 = x_0\left(\frac{d^2x}{dt^2}\right)_0 + y_0\left(\frac{d^2y}{dt^3}\right)_0 + z_0\left(\frac{d^2z}{dt^2}\right)_0 + x'^2_0 + y'^2_0 + z'^2_0,$$

ou, en vertu des trois équations déduites de la formule (α), en représentant, pour abréger, par w_0 la vitesse correspondant à la première observation,

$$s'_0 = -\frac{\mu}{r_0} + w^2_0.$$

quantité qui se trouvera ainsi déterminée.

On peut calculer immédiatement a et e au moyen de s_0, s'_0; en effet, en éliminant $\frac{dv}{dt}$ entre les équations (2) et (3) du n° **1**, remplaçant φ par $\frac{\mu}{r}$ et k, h par leurs valeurs du n° **2**, on obtient

$$2r - \frac{r^2}{a} - \frac{s^2}{\mu} = a(1 - e^2),$$

d'où, en différentiant, eu égard à la valeur $r\frac{dr}{dt}$ de s,

$$\frac{1}{r} - \frac{1}{a} = \frac{1}{\mu}\frac{ds}{dt};$$

et enfin

$$(10) \qquad \begin{cases} \dfrac{1}{r_0} - \dfrac{1}{a} = \dfrac{s'_0}{\mu}, \\[2mm] 2r_0 - r^2_0 - \dfrac{s_0}{\mu} = a(1 - e^2). \end{cases}$$

On voit aussi que les quantités s_0 et s'_0, qui entrent dans T et U, ne dépendent que de la forme de l'orbite et non de sa position.

19. Admettons maintenant que l'on connaisse trois rayons vecteurs r_0, r_1, r_2, et les temps t, t' employés à parcourir les intervalles qui séparent les deux derniers du premier; les équations (9) donnent, en faisant la somme de leurs carrés,

$$r_1^2 = r_0^2 \mathrm{T}^2 + 2s_0 \mathrm{TU} + (x'^2_0 + y'^2_0 + z'^2_0)\,\mathrm{U}^2;$$

mais des équations (10) des n°s 2 et 18 on tire

$$x'^2_0 + y'^2_0 + z'^2_0 = \frac{2\mu}{r_0} - \frac{\mu}{a} = \frac{\mu}{r_0} + s'_0;$$

il vient donc

$$r_1^2 = r_0^2 \mathrm{T}^2 + 2s_0 \mathrm{TU} + \left(\frac{\mu}{r_0} + s'_0\right)\mathrm{U}^2.$$

On a de même, en désignant par T', U' ce que deviennent T et U en y remplaçant t par t',

$$r_2^2 = r_0^2 \mathrm{T}'^2 + 2s_0 \mathrm{T}'\mathrm{U}' + \left(\frac{\mu}{r_0} + s'_0\right)\mathrm{U}'^2,$$

et en s'arrêtant aux termes du quatrième ordre en t, t', on aura deux équations qui permettront de déterminer s_0, s'_0, par suite a, et e, et enfin les autres éléments de l'orbite.

§ III. — DÉTERMINATION DES ÉLÉMENTS D'UNE ORBITE COMÉTAIRE.

20. Le problème de la détermination des éléments d'une orbite cométaire au moyen de trois observations, sur lequel Newton s'est exercé le premier, et dont il n'a laissé que des solutions imparfaites, a occupé depuis plusieurs grands géomètres : Euler, Lambert, Olbers, Lagrange, Laplace, Legendre, qui ont proposé des formules approximatives d'une application plus ou moins facile.

La méthode qui se prête le mieux au calcul est celle d'Olbers, telle qu'elle a été perfectionné par Gauss, à l'occasion de la seconde comète de 1813, et c'est la seule que nous exposerons.

Soient (*fig.* 1) :

T, le centre de la Terre;

N, le nœud descendant de l'écliptique;

S, C, deux positions contemporaines du Soleil et de la
comète;

$R = ST$, $\theta = \widehat{NTS}$, la distance du Soleil à la Terre et la
longitude du Soleil;

$\rho = TI$, la distance de la comète à la Terre en projection
sur l'écliptique;

$\alpha = \widehat{NTP}$, $\beta = \widehat{CTP}$, la longitude et la latitude de la
comète;

$r = SC$, la distance de la comète au Soleil.

On a

$$r = CS = \sqrt{\overline{CI}^2 + \overline{SI}^2} = \sqrt{\rho^2 \tan^2\beta + R^4 + \rho^2 - 2R\rho\cos(\alpha - \theta)}$$
$$= \sqrt{\frac{\rho^2}{\cos^2\beta} - 2R\rho\cos(\alpha - \theta) + R^2}.$$

En affectant des indices 0, 1, 2 les lettres qui se rapportent à la première, la seconde et la troisième observation, et posant

$$\rho_2 = M\rho_0, \quad \cos(\alpha_0 - \theta_0)\cos\beta_0 = \cos\psi_0, \quad \cos(\alpha_2 - \theta_2)\cos\beta_2 = \cos\psi_2,$$

il vient

$$(1) \quad \left\{ \begin{aligned}
r_0 &= \sqrt{\frac{\rho_0^2}{\cos^2\beta_0} - 2R_0\rho_0\cos(\alpha_0 - \theta_0) + R_0^2} \\
&= \sqrt{\left(\frac{\rho_0}{\cos\beta_0} - R_0\cos\psi_0\right)^2 + R_0^2\sin^2\psi_0}, \\
r_2 &= \sqrt{\frac{M^2\rho_0^2}{\cos\beta_1} - 2R_0 M\rho_0\cos(\alpha_2 - \theta_2) + R_2^2} \\
&= \sqrt{\left(\frac{M\rho_0}{\cos\beta_2} - R_2\cos\psi_2\right)^2 + R_2^2\sin^2\psi_2}.
\end{aligned} \right.$$

Concevons que l'on rapporte la comète à trois axes rectangulaires Sx, Sy, Sz passant par le centre du Soleil, l'un

parallèle à TN, le second perpendiculaire à cette direction et compris dans le plan de l'écliptique, et le troisième perpendiculaire à ce plan. Les coordonnées du point C par rapport à ces trois axes étant respectivement

$$(x) \qquad x = \rho \cos\alpha - \mathrm{R}\cos\theta, \qquad y = \rho \sin\alpha - \mathrm{R}\sin\theta, \qquad z = \rho \tan\beta,$$

il vient, en désignant par c la longueur de la corde de l'orbite qui joint la première position observée à la troisième,

$$c = \sqrt{(\mathrm{M}\rho_0 \cos\alpha_2 - \mathrm{R}_2 \cos\theta_2 - \rho_0 \cos\alpha_0 + \mathrm{R}_0 \cos\theta_0)^2 + (\mathrm{M}\rho_0 \sin\alpha_2 - \mathrm{R}_0 \sin\theta_2 - \rho_0 \sin\alpha_2 + \mathrm{R}_0 \sin\theta_0)^2 + (\mathrm{M}\rho_0 \tan\beta_2 - \rho_0 \tan\beta_0)^2}.$$

Si nous introduisons les quantités auxiliaires g, G, h, H, ζ, déterminées par les relations

$$\mathrm{R}_2 \cos\theta_2 - \mathrm{R}_0 \cos\theta_0 = g \cos\mathrm{G}, \qquad \mathrm{R}_2 \sin\theta_2 - \mathrm{R}_0 \sin\theta_0 = g \sin\mathrm{G},$$
$$\mathrm{M} \cos\alpha_2 - \cos\alpha_0 = h \cos\zeta \cos\mathrm{H}, \qquad \mathrm{M} \sin\alpha_2 - \sin\alpha_0 = h \cos\zeta \sin\mathrm{H},$$
$$\mathrm{M} \tan\beta_2 - \tan\beta_0 = h \sin\zeta, \qquad \cos\zeta \cos(\mathrm{G} - \mathrm{H}) = \cos\varphi,$$

on aura

$$(2) \qquad c = \sqrt{\rho_0^2 h^2 - 2\rho_0 h \cos\varphi \cos(\mathrm{G} - \mathrm{H}) + g^2} = \sqrt{(\rho_0 h - g\cos\varphi)^2 + g^2 \sin^2\varphi}.$$

Enfin, si l'on pose

$$g \cos\varphi - h \cos\beta_0 \mathrm{R}_0 \cos\psi_0 = \gamma_0, \qquad g \cos\varphi - h \cos\beta_2 \mathrm{R}_2 \cos\psi_2 = \gamma_2,$$

et si l'on substitue à l'inconnue ρ_0 l'auxiliaire

$$u = \rho_0 h - g \cos\varphi,$$

l'équation (2) devient

$$(3) \qquad c = \sqrt{u^2 + g^2 \sin^2 \varphi},$$

et les équations (1)

$$(4) \qquad \begin{cases} r_0 = \sqrt{\left(\dfrac{u + \gamma_0}{h \cos \beta_0}\right)^2 + R_0^2 \sin^2 \psi_0,} \\[2em] r_2 = \sqrt{\left(\dfrac{u + \gamma_2}{\dfrac{h}{M} \cos \beta_2}\right)^2 + R_2^2 \sin^2 \psi_2.} \end{cases}$$

Nous allons maintenant chercher à calculer approximativement la valeur de M.

Les formules (9) du n° 17 donnent, en conservant les notations du n° 19,

$$x_1 = x_0 T + x'_0 U,$$
$$x_2 = x_0 T' + x'_0 U',$$

d'où l'on tire, par l'élimination de x'_0, .

$$(\beta) \qquad U'' x_0 - U' x_1 + U x_2 = 0,$$

en posant

$$U'' = TU' - UT',$$

et l'on aura deux équations pareilles entre les coordonnées de la comète, parallèles aux deux autres axes.

En remplaçant les coordonnées de la comète par leurs valeurs déduites des équations (α), on trouve

$$(5) \qquad \begin{cases} U'' \rho_0 \cos \alpha_0 - U' \rho_1 \cos \alpha_1 + U \rho_2 \cos \alpha_2 \\ = U'' R_0 \cos \theta_0 - U' R_1 \cos \theta_1 + U R_2 \cos \theta_2, \\ U'' \rho_0 \sin \alpha_0 - U' \rho_1 \sin \alpha_1 + U \rho_2 \sin \alpha_2 \\ = U'' R_0 \sin \theta_0 - U' R_1 \sin \theta_1 + U R_2 \sin \theta_2, \\ U'' \rho_0 \tang \beta_0 - U' \rho_1 \tang \beta_1 + U'' \rho_2 \tang \beta_2 = 0. \end{cases}$$

Désignons par X, Y les coordonnées de la Terre parallèles aux axes Sx, Sy, lesquelles sont égales à $- R \cos \theta,$ $- R \sin \theta,$ et par X', Y' leurs dérivées par rapport au temps ; elles satisferont à des équations de la même forme que les équations (9) du n° 17, et, en représentant par Θ et Υ ce que deviennent alors les fonctions T et U, on a

$$X_1 = X_0 \Theta + X'_0 . \Upsilon, \quad Y_1 = Y_0 \Theta + Y'_0 . \Upsilon,$$

$$X_2 = X_2 \Theta' + X'_2 . \Upsilon', \quad Y_2 = Y_2 \Theta + Y'_2 . \Upsilon,$$

et les seconds membres des deux premières équations (5) deviennent respectivement

$$X_0 \left(- U'' + U' \Theta - U'' \Theta' \right) + X'_0 \left(U' \Upsilon - U'' \Upsilon' \right) = L,$$

$$Y_0 \left(- U'' + U' \Theta - U'' \Theta' \right) + Y'_0 \left(U' \Upsilon - U'' \Upsilon' \right) = L';$$

or on a, en s'arrêtant aux termes du quatrième ordre (17),

$$T = 1 - \frac{t^2}{3 r_0^3} + \frac{s_0 t^2}{2 r_0^4} + \left(s'_0 - 5 \frac{s_0^2}{r_0^2} + \frac{1}{3 r_0} \right) \frac{t^4}{8 r_0^5},$$

$$T' = 1 - \frac{t'}{3 r_0^3} + \frac{s_0 t'^2}{r_0^4} + \left(s'_0 - 5 \frac{s_0^2}{r_0^2} + \frac{1}{3 r_0} \right) \frac{t'^4}{8 r_0^5},$$

$$U = t - \frac{t^3}{6 r_0^3} + \frac{s_0 t^4}{4 r_0^5},$$

$$U' = t' - \frac{t'^3}{6 r_0^3} + \frac{s_0 t'^4}{4 r_0^5};$$

d'où

$$U'' = t' - t - \frac{(t' - t)^3}{6 r_0^3} + s_0 \frac{(t' - t)(t' + t)^2}{4 r_0^3},$$

et de même, en appelant S l'équivalent de s pour la Terre,

$$\Theta = 1 - \frac{t^2}{4 R_0^3} + \frac{S_0 t^3}{2 R_0^5}, \quad \Upsilon = t - \frac{t^3}{4 R_0^3} + \frac{S_0 t^4}{4 R_0^5},$$

$$\Theta' = 1 - \frac{t'^2}{4 R_0^3} + \frac{S_0 t'^3}{2 R_0^5}, \quad \Upsilon' = t' - \frac{t'^3}{4 R_0^3} + \frac{S_0 t'^3}{4 R_0^5}.$$

Substituant ces différentes valeurs dans L et L', négligeant les termes du cinquième ordre et posant

$$W = \frac{t t' (t' - t)}{2} \left[\frac{1}{r_0^3} - \frac{1}{R_0^3} - (t' + t) \left(\frac{s_0}{r_0^3} + \frac{S_0}{R_0^3} \right) \right],$$

on trouve

$$L = -W \left(X_0 + \frac{t'+t}{3} \cdot X'_0 \right),$$

$$L' = -W \left(Y_0 + \frac{t'+t}{3} \cdot Y'_0 \right);$$

or $X_0 + \frac{t'+t}{3} \cdot X'_0$, $Y_0 + \frac{t'+t}{3} \cdot Y'_0$ représentent, aux termes du second ordre près, les coordonnées de la Terre au bout du temps $\frac{t+t'}{3}$ compté à partir de la première observation. Si donc on désigne par R' et θ' le rayon vecteur du Soleil et sa longitude à cet instant, et qui seront donnés par les tables, les formules (5) deviendront

$$(6) \begin{cases} U''\rho_0 \ \cos\alpha_0 - U'\rho_1 \ \cos\alpha_1 + U\rho_2 \ \cos\alpha_2 = -WR'\cos\theta', \\ U''\rho_0 \ \sin\alpha_0 - U'\rho_1 \ \sin\alpha_1 + U\rho_2 \ \sin\alpha_2 = -WR'\sin\theta', \\ U''\rho_0 \ \tang\beta_0 - U'\rho_1 \ \tang\beta_1 + U\rho_2 \ \tang\beta_2 = 0. \end{cases}$$

En divisant l'une par l'autre les valeurs de $U\rho_2$, $U''\rho_0$ que l'on tire de ces équations, on trouve

$$(7) \quad \frac{\rho_2}{\rho_0} = M = \frac{\tang\beta_1 \sin(\theta'-\alpha_0) - \tang\beta_0 \sin(\theta'-\alpha_1)}{\tang\beta_2 \sin(\theta'-\alpha_1) - \tang\beta_1 \sin(\theta'-\alpha_2)} \times \frac{U''}{U}.$$

Si les observations sont suffisamment rapprochées, on pourra prendre approximativement $\frac{U''}{U} = \frac{t'-t}{t}$; M se trouvant déterminé, les équations (3) et (4) ne renfermeront plus que l'inconnue u.

Cette inconnue se déterminera par tâtonnements, en cherchant à faire satisfaire les valeurs (3) et (4) de c et r_0, r_2 à l'équation (4) du n° 8, qui devient, dans le cas actuel,

$$t'' = \frac{1}{6\sqrt{\mu}} \left[(r+r_2+c)^{\frac{3}{2}} - (r+r_2-c)^{\frac{3}{2}} \right],$$

en employant le signe — pour le second terme du second

membre, attendu que, d'après l'hypothèse sur laquelle est basée la détermination de l'orbite, t'' correspond à un espace angulaire moindre que 180°.

La quantité u étant connue, on en déduira la valeur de ρ_0, par suite celle de ρ_2.

21. Soient maintenant

λ_0, λ_2 les longitudes *héliocentriques* (*) de la comète dans la première et la troisième observation;

δ_0, δ_2 les latitudes héliocentriques correspondantes;

ν_0, ν_2 les longitudes dans l'orbite;

i l'inclinaison de l'orbite sur l'écliptique pouvant prendre les valeurs comprises entre o et 90°, en distinguant les mouvements direct et rétrograde;

ω la longitude du périhélie;

D la distance du Soleil au périhélie.

On trouvera les coordonnées héliocentriques de la comète au moyen des formules suivantes :

$$\rho_0 \cos(\alpha_0 - \theta_0) - R_0 = r_0 \cos\delta_0 \cos(\lambda_0 - \theta_0),$$
$$\rho_0 \sin(\alpha_0 - \theta_0) = r_0 \cos\delta_0 \sin(\lambda_0 - \theta_0),$$
$$\rho_0 \tang\beta_0 = r_0 \sin\delta_0;$$
$$\rho_2 \cos(\alpha_2 - \theta_2) - R_2 = r_2 \cos\delta_2 \cos(\lambda_2 - \theta_2),$$
$$\rho_2 \cos(\alpha_2 - \theta_2) = r_2 \cos\delta_2 \sin(\lambda_2 - \theta_2),$$
$$\rho_2 \tang\beta_2 = r_2 \sin\delta_2.$$

On déterminera la longitude Ω du nœud et l'inclinaison de l'orbite à l'aide des formules

$$\pm \tang\delta_0 = \tang i \sin(\lambda_0 - \Omega),$$
$$\pm \frac{\tang\delta_2 - \tang\delta_0 \cos(\lambda_2 - \lambda_0)}{\sin(\lambda_2 - \lambda_0)} = \tang i \cos(\lambda_0 - \Omega);$$

(*) Nous rappellerons que le mouvement d'une planète ou d'une comète est dit *héliocentrique* ou *géocentrique* selon qu'il est rapporté au Soleil ou au globe terrestre, chacun d'eux étant considéré comme fixe.

le signe supérieur est pour le mouvement direct, et le signe inférieur pour le mouvement rétrograde.

On aura, pour calculer les longitudes dans l'orbite,

$$\frac{\tang(\lambda_0 - \Omega)}{\cos i} = \tang(v_0 - \Omega),$$

$$\frac{\tang(\lambda_2 - \Omega)}{\cos i} = \tang(v_2 - \Omega),$$

et, pour déterminer ω et D,

$$\frac{1}{\sqrt{r_0}} = \frac{1}{\sqrt{D}} \cos \frac{1}{2}(v_0 - \omega),$$

$$\frac{\cos \frac{1}{2}(v_2 - v_0)}{\sqrt{r_0}} - \frac{1}{\sin \frac{1}{2}(v_2 - v_0)\sqrt{r_2}} = \frac{1}{\sqrt{D}} \sin \frac{1}{2}(v_2 - \omega),$$

équations qui se déduisent de celle de la parabole.

Nous ne nous arrêterons pas aux démonstrations de ces différentes formules, en raison de leur simplicité même.

CHAPITRE II.

DES PERTURBATIONS DES PLANÈTES.

§ I. — ÉQUATIONS DIFFÉRENTIELLES DU MOUVEMENT D'UN SYSTÈME DE POINTS MATÉRIELS SOUMIS A LEURS ACTIONS MUTUELLES.

22. Soient M, m, m', m'',..., les masses de plusieurs points matériels qui s'attirent mutuellement, proportionnellement à leurs masses et en raison inverse du carré des distances, et proposons-nous de déterminer les équations du mouvement relatif des masses m, m', m'',..., par rapport à trois axes rectangulaires de directions fixes Mx, My, Mz passant par le point M.

Soient x, y, z les coordonnées du point m, et r sa distance à l'origine M; pour une autre masse nous emploierons les mêmes lettres, mais accentuées de la même manière que la lettre m qui représente cette masse. La distance de deux des masses m, m', m'',..., sera indiquée par la lettre ρ affectée respectivement en haut et en bas de l'accentuation de ces deux masses.

Pour arriver au mouvement relatif cherché des masses m, m', m'',..., il faut concevoir qu'on leur imprime ainsi qu'à M une vitesse et une accélération égales et contraires à celles de ce dernier point qui se trouvera ainsi ramené au repos. Or, en supposant $f = 1$ conformément à ce que nous avons dit au n° 3, l'accélération de M est la résultante des accélérations $\dfrac{m}{r^2}$, $\dfrac{m'}{r'^2}$,...., dirigées de M vers m, m',...; celle de m se compose de $\dfrac{M}{r^2}$, $\dfrac{m'}{\rho'^2}$, $\dfrac{m''}{\rho''^2}$,...., dirigées respectivement de m vers M, m', m'',...; on a donc

$$(1) \begin{cases} \dfrac{d^2x}{dt^2} = -\dfrac{M}{r^3}\cdot\dfrac{x}{r} - \dfrac{m}{r^2}\cdot\dfrac{x}{r} \\[2mm] \qquad\qquad -\dfrac{m'}{r'^2}\cdot\dfrac{x'}{r'} + \dfrac{m'}{\rho'^2}\cdot\dfrac{x''-x}{\rho''} \\[2mm] \qquad\qquad -\dfrac{m''}{r''^2}\cdot\dfrac{x''}{r''} + \dfrac{m''}{\rho''^2}\cdot\dfrac{x''-x}{\rho''} \\[2mm] \qquad \cdots\cdots\cdots\cdots\cdots\cdots\cdots\cdots\cdots \end{cases}$$

Si l'on donne au signe $\sum$ la signification connue de *somme*, que l'on pose

$$(2) \qquad R = \sum m'\left(\frac{1}{\rho'} - \frac{xx'+yy'+zz'}{r'^2}\right),$$

et comme aux deux n°s 2 et 3

$$\mu = M + m,$$

il vient

$$(3) \begin{cases} \text{et de même} & \dfrac{d^2x}{dt^2} + \dfrac{\mu x}{r^3} = \dfrac{dR}{dx}, \\[2mm] & \dfrac{d^2y}{dt^2} + \dfrac{\mu y}{r^3} = \dfrac{dR}{dy}, \\[2mm] & \dfrac{d^2y}{dt^2} + \dfrac{\mu z}{r^3} = \dfrac{dR}{dz}. \end{cases}$$

Pour obtenir les équations relatives à m', m'', m''',..., il suffira d'accentuer convenablement ρ, r et les coordonnées x, y, z dans les précédentes, et c'est sous cette forme que ces équations permettent d'aborder le problème des perturbations des planètes.

Si l'on pouvait intégrer ces diverses équations, elles donneraient les coordonnées des points m, m', m'',..., en fonction du temps, et l'on pourrait ainsi déterminer à chaque instant la position de ces points; mais malheureusement, dans l'état actuel de la science, cette intégration est impossible (*), même dans le cas simple où l'on ne considère que trois corps M, m, m', et l'on ne connaît qu'un petit nombre d'intégrales de ces équations fournies par les principes du mouvement du centre de gravité, des aires et des forces vives, intégrales que l'on peut par conséquent établir directement, et c'est ce que l'on a de mieux à faire au point de vue de la simplicité.

23. Soient ξ, η, ζ les coordonnées de M rapportées à trois axes fixes dans l'espace, parallèles à Mx, My, Mz; les coordonnées de M étant $x + \xi$, $y + \eta$, $z + \zeta$, on a, d'après le principe de la conservation du mouvement du centre de gravité d'un système matériel uniquement soumis à ses actions mutuelles,

$$\mathrm{M}\,\frac{d^2\xi}{dt^2} + \sum m\,\frac{d'(x+\xi)}{dt^2} = 0,$$

d'où

$$(\alpha) \qquad \frac{d^2\xi}{dt^2} = -\frac{\sum m\,\dfrac{d^2x}{dt^2}}{\mathrm{M} + \sum m},$$

et en intégrant,

$$\xi = a + bt - \frac{\sum mx}{\mathrm{M} + \sum m},$$

(*) En suivant à très-peu près la méthode d'exposition adoptée par M. Hoüel dans sa thèse pour le doctorat, nous avons reproduit dans une Note placée à la fin du volume les théorèmes remarquables auxquels sont parvenus MM. Hamilton et Jacobi en cherchant à réduire les difficultés que présente l'intégration des équations de la dynamique. Nous avons terminé cette Note en indiquant l'application que l'on peut faire de ces théorèmes au calcul des perturbations des planètes.

Nous regrettons que les limites que nous avons assignées à cet ouvrage ne nous permettent pas de reproduire le beau travail de M. Bour sur le problème des trois corps, et pour lequel nous renverrons aux 36e et 37e cahiers du *Journal de l'École Polytechnique*.

a et b étant deux constantes arbitraires; on a de même, en représentant également par a', b', a'', b'' quatre autres constantes arbitraires,

$$\eta = a' + b't - \frac{\sum my}{M + \sum m},$$

$$\zeta = a'' + b''t - \frac{\sum mz}{M + \sum m}.$$

24. Le principe des aires appliqué au mouvement relatif de m, m',..., par rapport à M donne, en remarquant que les forces dues à l'accélération de M prise en sens contraire fournissent seules une somme de moments qui ne s'annule pas,

$$\sum m\left(z\frac{d^2x}{dt^2} - x\frac{d^2z}{dt^2}\right) = -\sum m\left(z\frac{d^2\xi}{dt^2} - x\frac{d^2\zeta}{dt^2}\right)$$

$$= -\frac{d^2\xi}{dt^2}\sum mz + \frac{d^2\zeta}{dt^2}\sum mx,$$

ou, en remplaçant $\frac{d^2\xi}{dt^2}$, $\frac{d^2\zeta}{dt^2}$ par leurs valeurs tirées de l'équation (α) et de son analogue relative à ζ,

$$\sum m\left(z\frac{d^2x}{dt^2} - x\frac{d^2z}{dt^2}\right) + \frac{\sum mx}{M + \sum m}\cdot\sum m\frac{d^2z}{dt^2} - \frac{\sum mz}{M + \sum m}\cdot\sum m\frac{d^2x}{dt^2} = 0,$$

d'où, en appelant C une constante,

$$\sum m\left(z\frac{dx}{dt} - x\frac{dz}{dt}\right) + \frac{\sum mx}{M + \sum m}\cdot\sum m\frac{dz}{dt} - \frac{\sum mz}{M + \sum m}\cdot\sum m\frac{dx}{dt} = C,$$

équation qui peut s'écrire ainsi :

$$(4) \quad \left\{ \begin{aligned} & \mathrm{M} \sum m \left(z \frac{dx}{dt} - x \frac{dz}{dt} \right) \\ & + \sum mm' \left[\frac{(z'-z)d(x'-x) - (x'-x)d(z'-z)}{dt} \right] \\ & = \mathrm{C}\left(\mathrm{M} + \sum m \right). \end{aligned} \right.$$

On obtient deux équations analogues en prenant $\mathrm{M}x$, $\mathrm{M}z$ pour axe des moments.

25. Le principe des forces vives donne, en appelant w la vitesse de m dans son mouvement relatif par rapport à M, et h une constante,

$$(5) \quad \left\{ \begin{aligned} & \frac{1}{2} \sum mw^2 - \frac{h}{2} = \sum \frac{mm'}{\rho} + \mathrm{M} \sum \frac{m}{r} \\ & \quad - \int \sum m \left(\frac{d^2\xi}{dt^2} dx + \frac{d^2\eta}{dt^2} dy + \frac{d^2\zeta}{dt^2} dz \right), \end{aligned} \right.$$

et en remplaçant $\frac{d^2\xi}{dt^2}$, $\frac{d^2\eta}{dt^2}$, $\frac{d^2\zeta}{dt^2}$ par leurs valeurs en fonctions de x, y, z déduites des équations telles que (α), et effectuant l'intégration,

$$\sum mw^2 - h = 2 \sum \frac{mm'}{\rho'} + 2\mathrm{M} \sum \frac{m}{r}$$
$$+ \frac{\left(\sum mdx \right)^2 + \left(\sum mdy \right)^2 + \left(\sum mdz \right)^2}{\left(\mathrm{M} + \sum m \right) dt^2},$$

et enfin

$$\sum m \frac{dx^2 + dy^2 + dz^2}{dt^2}$$
$$+ \sum mm' \left[\frac{(dx - dx')^2 + (dy - dy')^2 + (dz - dz')^2}{dt^2} \right]$$
$$- 2 \left(\mathrm{M} + \sum m \right) \left[\mathrm{M} \sum \frac{m}{r} + \sum \frac{mm'}{\rho'} \right] = h.$$

Cette intégrale première et les six autres que nous avons obtenues aux n°s 22 et 23 sont les seules que l'on ait pu tirer des équations (3) réunies aux équations semblables relatives aux masses m, m', m'',..., et dans cet état de choses on est obligé, pour arriver à des résultats utiles pour l'Astronomie, d'avoir recours à la méthode d'approximation due à Lagrange, basée sur la variation des constantes arbitraires, et que nous allons maintenant exposer.

§ II. — THÉORIE DES PERTURBATIONS DES PLANÈTES.

26. Le problème que nous nous proposons maintenant de résoudre ne consiste pas à déterminer, même approximativement pour une certaine période, la forme de la trajectoire de la planète troublée, mais les éléments des ellipses que tendrait à décrire successivement la planète si, à chaque instant, les forces perturbatrices venaient subitement à s'annuler. La trajectoire n'est alors autre chose que l'enveloppe de ces ellipses, ou encore, si l'on veut, une ellipse qui se déforme à chaque instant en changeant de position.

27. *Méthode de la variation des constantes arbitraires.* — Reprenons les équations (3) du numéro précédent

$$(1) \quad \begin{cases} \dfrac{d^2 x}{dt^2} + \dfrac{\mu x}{r^3} = \dfrac{dR}{dx}, \\[2mm] \dfrac{d^2 y}{dt^2} + \dfrac{\mu y}{r^3} = \dfrac{dR}{dy}, \\[2mm] \dfrac{d^2 z}{dt^2} + \dfrac{\mu z}{r^3} = \dfrac{dR}{dz}, \end{cases}$$

et soient

$$w_x = \frac{dx}{dt}, \quad w_y = \frac{dy}{dt}, \quad w_z = \frac{dz}{dt}$$

les composantes de la vitesse w du mobile estimée suivant les trois axes coordonnés.

4.

Les équations précédentes sans seconds membres, et par conséquent relatives au mouvement elliptique, donneront six intégrales premières et complètes que l'on pourra combiner entre elles de manière à en obtenir six autres qui ne renfermeront chacune qu'une constante arbitraire. Soit

$$(a) \qquad a_0 = \mathrm{F}(x, y, z, w_x, w_y, w'_z)$$

l'une de ces dernières intégrales supposée résolue par rapport à sa constante arbitraire a_0.

L'élément wdt de chemin, décrit pendant le temps dt, sera commun à l'orbite troublée et à l'ellipse dans laquelle elle se changerait si la fonction perturbatrice R venait tout à coup à s'annuler, ellipse à laquelle est censée correspondre l'équation (a), et pendant cette durée la même équation sera satisfaite par les deux trajectoires. Mais au bout du temps dt, la vitesse estimée dans le mouvement elliptique a reçu, pour devenir la vitesse réelle, un accroissement géométrique mesuré par l'accélération élémentaire due aux forces perturbatrices, ce qui correspond aux accroissements $\frac{d\mathrm{R}}{dx}\, dt, \frac{d\mathrm{R}}{dy}\, dt, \frac{d\mathrm{R}}{dz}\, dt$ donnés aux composantes w_x, w_y, w_z de la vitesse. Il suit de là que la quantité a_0 ne peut plus être considérée comme constante quand il s'agit du mouvement troublé, et qu'au bout du temps dt, elle a subi la variation,

$$(a') \qquad da_0 = \left(\frac{da_0}{dw_x} \frac{d\mathrm{R}}{dx} + \frac{da_0}{dw_y} \frac{d\mathrm{R}}{dy} + \frac{da_0}{dw_z} \frac{d\mathrm{R}}{dz} \right) dt.$$

On peut mettre cette équation sous une autre forme qui permet d'exprimer très-simplement les variations des éléments elliptiques. A cet effet on substitue aux dérivées partielles de R par rapport aux variables x, y, z, ses dérivées relatives aux six constantes arbitraires a_0, a_1, a_2, a_3, a_4, a_5, a_6, introduites par l'intégration des équations (1) sans

second membre, et en fonction desquelles on peut concevoir que l'on ait exprimé ces trois variables ainsi que w_x,
w_y, w_z.

On a

$$\frac{d\mathrm{R}}{dx} = \mathrm{S} \cdot \frac{d\mathrm{R}}{da_i}\frac{da_i}{dx}, \quad \frac{d\mathrm{R}}{dy} = \mathrm{S} \cdot \frac{d\mathrm{R}}{da_i}\frac{da_i}{dy}, \quad \frac{d\mathrm{R}}{dz} = \mathrm{S} \cdot \frac{d\mathrm{R}}{da_i}\frac{da_i}{dz},$$

en représentant, pour abréger, par a_i l'une quelconque des
six constantes et par la notation symbolique S la somme
des termes obtenus en donnant successivement à l'indice i
ses six valeurs.

Si l'on substitue ces expressions dans l'équation (a'), on
trouve

$$da_0 = \mathrm{S} \left(\frac{da_0}{dw_x}\frac{da_i}{dx} + \frac{da_0}{dw_y}\frac{da_i}{dy} + \frac{da_0}{dw_z}\frac{da_i}{dz} \right) \frac{d\mathrm{R}}{da_i} dt.$$

Or, la fonction R étant indépendante de w_x, w_y, w_z, ses
dérivées par rapport à ces trois variables sont nulles, ce
qui donne

$$\mathrm{S} \cdot \frac{d\mathrm{R}}{da_i}\frac{da_i}{dw_x} = 0, \quad \mathrm{S} \cdot \frac{d\mathrm{R}}{da_i}\frac{da_i}{dw_y} = 0, \quad \mathrm{S} \cdot \frac{d\mathrm{R}}{da_i}\frac{da_i}{dw_z} = 0.$$

Multipliant la première de ces équations par $\dfrac{da_0}{dx} dt$, la
seconde par $\dfrac{da_0}{dy} dt$, la troisième par $\dfrac{da_0}{dz} dt$, et retranchant
la somme des résultats obtenus de la valeur précédente
de da_0, on trouve

$$(2) \qquad da_0 = \mathrm{S} \cdot (a_0, a_i) \frac{d\mathrm{R}}{da_i} dt,$$

en employant la notation symbolique

$$(\mathrm{A}) \quad \left\{ \begin{aligned} (a_0, a_i) &= \frac{da_0}{dw_x}\frac{da_i}{dx} - \frac{da_0}{dx}\frac{da_i}{dw_x} + \frac{da_0}{dw_y}\frac{da_i}{dy} - \frac{da_0}{dy}\frac{da_i}{dw_y} \\ &\quad + \frac{da_0}{dw_z}\frac{da_i}{dz} - \frac{da_0}{dz}\frac{da_i}{dw_z}, \end{aligned} \right.$$

en vertu de laquelle on a

$$(A') \qquad (a_i, a_i) = 0, \quad (a_0, a_i) = -(a_i, a_0).$$

L'expression ci-dessus de da_0 est remarquable en ce sens que *les coefficients des dérivées partielles de* R *y deviennent indépendants du temps après la substitution des valeurs de* x, y, z, w_x, w_y, w_z *relatives au mouvement elliptique exprimées en fonction des constantes* a_i *et de* t. En effet, on a, en différentiant par rapport au temps,

$$d(a_0 a_i) = \frac{da_0}{dw_x} d\frac{da_i}{dx} - \frac{da_i}{dw_x} d\frac{da_0}{dx} + \frac{da_i}{dx} d\frac{da_0}{dw_x} - \frac{da_0}{dx} d\frac{da_i}{dw_x}$$

$$\frac{da_0}{dw_y} d\frac{da_i}{dy} - \frac{da_i}{dw_y} d\frac{da_0}{dy} + \frac{da_i}{dy} d\frac{da_0}{dw_y} - \frac{da_0}{dy} d\frac{da_i}{dw_y}$$

$$\frac{da_0}{dw_z} d\frac{da_i}{dz} - \frac{da_i}{dw_z} d\frac{da_0}{dz} + \frac{da_i}{dz} d\frac{da_0}{dw_z} - \frac{da_0}{dz} d\frac{da_i}{dw_z}.$$

Or, en posant $\frac{\mu}{r} = V$, on a, dans le mouvement elliptique ou d'après les équations (1) sans second membre,

$$(\alpha) \qquad \frac{dw_x}{dt} = \frac{dV}{dx}, \quad \frac{dw_y}{dt} = \frac{dV}{dy}, \quad \frac{dw_z}{dt} = \frac{dV}{dz}.$$

D'autre part, a_0 est une fonction de t, x, y, z, w_x, w_y, w_z; les coordonnées x, y, z varient avec t en satisfaisant aux conditions $w_x = \frac{dx}{dt}$, $w_y = \frac{dy}{dt}$, $w_z = \frac{dz}{dt}$, et les vitesses w_x, w_y, w_z varient aussi de manière à satisfaire aux équations (α). Il vient donc, en différentiant par rapport au temps,

$$d\frac{da_0}{dx} = \frac{d^2a_0}{dx\,dt} + \frac{d^2a_0}{dx^2} w_x + \frac{d^2a_0}{dx\,dy} w_y + \frac{d^2a_0}{dx\,dz} w_z$$

$$+ \frac{d^2a_0}{dx\,dw_x} \frac{dV}{dx} + \frac{d^2a_0}{dx\,dw_y} \frac{dV}{dy} + \frac{d^2a_0}{dx\,dw_z} \frac{dV}{dz}.$$

Mais a_0 étant l'une des constantes arbitraires introduites par l'intégration des équations (1) sans second membre, sa dérivée doit être identiquement nulle pour les valeurs (α) de $\dfrac{dw_x}{dt}, \dfrac{dw_y}{dt}, \dfrac{dw_z}{dt}$, ce qui donne

$$(\beta) \quad \begin{cases} \dfrac{da_0}{dt} + \dfrac{da_0}{dx}\, w_x + \dfrac{da_0}{dy}\, w_y + \dfrac{da_0}{dz}\, w_z \\[2mm] \quad + \dfrac{da_0}{dw_x}\, \dfrac{dV}{dx} + \dfrac{da_0}{dw'_y}\, \dfrac{dV}{dy} + \dfrac{da_0}{dw_z}\, \dfrac{dV}{dz} = 0, \end{cases}$$

et, en y faisant varier x,

$$\dfrac{d^2 a}{dx\, dt} + \dfrac{d^2 a_0}{dx^2}\, w_x + \dfrac{d^2 a_0}{dx\, dy}\, w_y + \dfrac{d^2 a_0}{dx\, dz}\, w_z$$
$$+ \dfrac{d^2 a_0}{dx\, dw_x}\, \dfrac{dV}{dx} + \dfrac{d^2 a_0}{dx\, dw_y}\, \dfrac{dV}{dy} + \dfrac{d^2 a_0}{dx\, dw_z}\, \dfrac{dV}{dz}$$
$$+ \dfrac{da_0}{dw_x}\, \dfrac{d^2 V}{dx^2} + \dfrac{da_0}{dw_y}\, \dfrac{d^2 V}{dx\, dy} + \dfrac{da_0}{dw_z}\, \dfrac{d^2 V}{dx\, dz} = 0;$$

par suite la valeur ci-dessus de $d\,\dfrac{da_0}{dx}$ devient

$$(\gamma) \quad d\,\dfrac{da_0}{dx} = -\left(\dfrac{da_0}{dw_x}\, \dfrac{d^2 V}{dx^2} + \dfrac{da_0}{dw_y}\, \dfrac{d^2 V}{dx\, dy} + \dfrac{da_0}{dw_z}\, \dfrac{d^2 V}{dx\, dz} \right) dt.$$

Si maintenant on différentie $\dfrac{da}{dw_x}$ par rapport au temps, on trouve

$$d\,\dfrac{da_0}{dw_x} = \left(\dfrac{d^2 a_0}{dt\, dw_x} + \dfrac{d^2 a_0}{dx\, dw_x}\, w_x + \dfrac{d^2 a_0}{dy\, dw_y}\, w_y + \dfrac{d^2 a_0}{dz\, dw_x}\, w_z \right.$$
$$\left. + \dfrac{d^2 a_0}{dw_x^2}\, \dfrac{dV}{dx} + \dfrac{d^2 a_0}{dw_y\, dw_x}\, \dfrac{dV}{dy} + \dfrac{d^2 a_0}{dw_z\, dw_x}\, \dfrac{dV}{dz} \right) dt.$$

Mais l'identité (β) donne, en la différentiant par rapport à w_x et en remarquant que V est indépendant de cette variable,

$$\dfrac{d^2 a_0}{dw_x\, dt} + \dfrac{da_0}{dx} + \dfrac{d^2 a_0}{dx\, dw_x}\, w_x + \dfrac{d^2 a_0}{dy\, dw_x}\, w_y + \dfrac{d^2 a_0}{dz\, dw_x}\, w_z$$
$$+ \dfrac{d^2 a_0}{dw_x^2}\, \dfrac{dV}{dx} + \dfrac{d^2 a_0}{dw_y\, dw_x}\, \dfrac{dV}{dy} + \dfrac{d^2 a_0}{dw_z\, dw_x}\, \dfrac{dV}{dz} = 0;$$

par suite,

$$(\delta) \qquad\qquad d\,\frac{da_0}{dw_z} = -\,\frac{da_0}{dt}\,dt.$$

En substituant dans l'expression ci-dessus de $d\,(a_0,\,a_i)$, les valeurs (γ) et (δ) et celles qui en dérivent, soit en y changeant a_0 en a_i, soit en y permutant les lettres x, y, z, on trouve que cette différentielle est identiquement nulle, ce qui démontre la propriété énoncée.

Avant d'aller plus loin, nous allons établir une formule ayant pour objet de donner les expressions des quantités $(a_0,\,a_i)$ sans qu'on soit obligé d'exprimer chacune des arbitraires a_i en fonction des variables x, y, z, w_x, w_y, w_z, ce qui pourrait entraîner des éliminations compliquées.

Supposons par exemple que l'on ait

$$a_i = \mathrm{F}\,(x,\,y,\,z,\,w_x,\,w_y,\,w_z,\,a_1,\,a_2,\,a_3);$$

il vient, en distinguant par des parenthèses, quand il y a lieu de le faire, les dérivées partielles des dérivées totales,

$$\frac{da_i}{dx} = \left(\frac{da_i}{dx}\right) + \frac{da_i}{da_1}\frac{da_1}{dx} + \frac{da_i}{da_2}\frac{da_2}{dx} + \frac{da_i}{da_3}\frac{da_3}{dx},$$

$$\frac{da_i}{dw_z} = \left(\frac{da_i}{dw_z}\right) + \frac{da_i}{da_1}\frac{da_1}{dw_z} + \frac{da_i}{da_2}\frac{da_2}{dw_z} + \frac{da_i}{da_3}\frac{da_3}{dw_z},$$

et en substituant dans l'équation (A) ces valeurs et celles qui en résultent en changeant x en y et z, et a_i en a_0, on trouve

$$(\mathrm{B}) \quad (a_0,\,a_i) = \overline{(a_0,\,a_i)} + (a_0,\,a_1)\frac{da_i}{da_1} + (a_0,\,a_2)\frac{da_i}{da_2} + (a_0,\,a_3)\frac{da_i}{da_3},$$

formule dans laquelle $\overline{(a_0,\,a_i)}$ représente la valeur de $(a_0,\,a_i)$ obtenue sans égard à la variation des arbitraires a_1, a_2, a_3, considérées comme constantes absolues, et qui permettra de calculer facilement $(a_0,\,a_i)$ lorsque les arbitraires seront immédiatement données en fonction des variables x, y, z, w_x, w_y, w_z.

28. *Application de la méthode de la variation des constantes arbitraires aux perturbations des planètes.* — En supposant (n° 3), pour simplifier, $\mu = 1$, nous avons trouvé aux n°s 2 et 14, pour les intégrales du mouvement elliptique,

$$(3) \begin{cases} x w_y - w_x y = c, \quad z w_x - w_s x = c', \quad y w_s - w_y z = c'', \\[2mm] w_x^2 + w_y^2 + w_s^2 - \dfrac{2}{r} + \dfrac{1}{a} = 0, \quad r^2 \dfrac{dv}{dt} = \sqrt{a(1 - e^2)}, \\[2mm] r = a(1 - e \cos u), \quad t + l = a^{\frac{3}{2}}(u - e \sin u), \\[2mm] r = \dfrac{a(1 - e^2)}{1 + e \cos(v - v_1)}. \end{cases}$$

Dans la dernière de ces équations, v_1 désigne la longitude du périhélie, relativement à la ligne des nœuds prise pour origine des angles v; nous réservons la lettre ω pour représenter la longitude du périhélie, par rapport à une autre droite comprise dans le plan mobile de l'ellipse, et que nous définirons plus loin.

On a de plus les relations

$$(4) \begin{cases} \tan g \varphi = \dfrac{\sqrt{c'^2 + c''^2}}{c}, \quad \tan g \alpha = -\dfrac{c''}{c'}, \\[2mm] k^2 = c^2 + c'^2 + c''^2 = a^2(1 - e^2). \end{cases}$$

Nous choisirons provisoirement pour les six arbitraires introduites par l'intégration des équations du mouvement elliptique, a, l, v_1, et les quantités k, φ, α substituées aux constantes c, c', c'', auxquelles elles sont liées par les équations (4), mais que nous conserverons transitoirement pour faciliter le calcul des quinze combinaisons (a_0, a_i) entre les six arbitraires ci-dessus.

Pour rendre plus claire l'exposition de ce calcul, nous allons établir sous la forme de *lemmes* quelques propriétés relatives à c, c', c'', qu'il nous est utile de connaître.

LEMME I. — *Toute fonction a_i des constantes c, c', c'' satisfait à l'équation*

$$x \frac{da_i}{dw_x} + y \frac{da_i}{dw_y} + z \frac{da_i}{dw_z} = 0.$$

On a en effet, en vertu des deux premières équations (3),

$$\frac{da_i}{dw_z} = \frac{da_i}{dc}\frac{dc}{dw_z} + \frac{da_i}{dc'}\frac{dc'}{dw_z} + \frac{da_i}{dc''}\frac{dc''}{dw_z} = -y\frac{da_i}{dc} + z\frac{da_i}{dc'},$$

et en substituant cette valeur et celles qui en dérivent pour $\frac{da_i}{dw_y}$, $\frac{da_i}{dw_z}$, dans le premier membre de l'équation ci-dessus, on trouve qu'il devient identiquement nul.

LEMME II. — *Valeurs de quelques-unes des combinaisons qui renferment les constantes c, c', c''.*

La détermination des combinaisons suivantes ne présentant aucune difficulté, il nous a paru suffisant de désigner les équations qui, en outre de (A) et des trois premières (3), ont servi à les former,

Formules employées.

$$(c,\ c) = c'', \quad (c, c'') = -c', \quad (c', c'') = c,$$
$$(a, c) = 0, \quad (a, c') = 0, \quad (a, c'') = 0,$$
$$(c, k) = (c, c')\frac{c'}{k} + (c, c'')\frac{c''}{k} = 0, \qquad \text{(B), (A'), 3}^{\text{e}}\text{ équat. (4)}$$
$$(c', k) = (c', c)\frac{c}{k} + (c', c'')\frac{c''}{k} = 0, \qquad \text{»} \quad\quad \text{»} \quad\quad\quad\quad \text{»}$$
$$(c'', k) = (c'', c)\frac{c}{k} + (c'', c')\frac{c'}{k} = 0, \qquad \text{»} \quad\quad \text{»} \quad\quad\quad\quad \text{»}$$
$$(a, c) = (c', c)\frac{dx}{dc'} + (c'', c)\frac{dx}{dc''} = -1, \qquad \text{»} \quad\quad \text{»} \quad\quad 2^{\text{e}}\text{ équat. (4)}$$
$$(c, \varphi) = (c, c')\frac{d\varphi}{dc'} + (c, c'')\frac{d\varphi}{dc''} = 0, \qquad \text{»} \quad\quad \text{»} \quad\quad 1^{\text{re}}\text{ équat. (4).}$$

Nous déterminerons plus loin les valeurs des combinaisons dans lesquelles entrent c, c', c'' avec v_1.

29. *Combinaisons qui ne renferment ni l ni v_1.* — Si l'on applique la formule (B) à la dernière équation (4), en ayant égard au second lemme ci-dessus, on trouve

$$(5) \begin{cases} (a, k) = (a, c)\dfrac{dk}{dc} + (a, c')\dfrac{dk}{dc'} + (a, c'')\dfrac{dk}{dc''} = 0, \\[2mm] \text{et l'on obtient de même} \\[1mm] (a, \varphi) = 0, \\ (a, \alpha) = 0, \\ (\varphi, k) = (c, k)\dfrac{d\varphi}{dc} + (c', k)\dfrac{d\varphi}{dc'} + (c'', k)\dfrac{d\varphi}{dc''} = 0, \\[2mm] (\alpha, k) = (c', k)\dfrac{d\alpha}{dc'} + (c'', k)\dfrac{d\alpha}{dc''} = 0, \\[2mm] (\alpha, \varphi) = (\alpha, k)\dfrac{d\varphi}{dk} + (\alpha, c)\dfrac{d\varphi}{dc} = \dfrac{1}{k\sin\varphi}. \end{cases}$$

30. *Combinaisons entre l et a, k, φ, α.* — En remplaçant dans la septième équation (3) u par sa valeur tirée de la précédente, on obtient un résultat de la forme

$$(\varepsilon) \qquad l = -t + \mathrm{F}(a, k, r),$$

d'où, en considérant a et k comme constantes et en observant que $r^2 = x^2 + y^2 + z^2$,

$$\frac{dl}{dx} = \frac{dl}{dr}\frac{dr}{dx} = \frac{x}{r}\frac{dl}{dr},$$

et l'on a deux équations pareilles par rapport à y et z.

La formule (B) appliquée à l'équation (ε) donne, par suite, relativement à l'une quelconque a_i des quatre constantes a, k, φ, α,

$$(\zeta) \qquad (l, a_i) = -\left(x\frac{da_i}{dw_x} + y\frac{da_i}{dw_y} + z\frac{da_i}{dw_z} \right)\frac{1}{r}\frac{dl}{dr},$$

en remarquant que l est indépendant de w_x, w_y, w_z, et que le terme $(a, a_i)\dfrac{dl}{da} + (k, a_i)\dfrac{dl}{dk}$ est nul en vertu des équations (5).

Le premier lemme du n° **28** étant applicable à φ, α, k, qui ne dépendent que de c, c', c'', la formule ci-dessus donne immédiatement

$$(6)\qquad \begin{cases} (l,\ \varphi) = 0, \\ (l,\ \alpha) = 0, \\ (l,\ k) = 0. \end{cases}$$

De la quatrième équation (3) on tire

$$(\eta)\qquad \frac{da}{dw_x} = 2a^2 w_x, \quad \frac{da}{dw'_y} = 2a^2 w_y, \quad \frac{da}{dw_z} = 2a^2 w'_z,$$

d'où, en supposant $a_i = a$ dans la formule (ζ),

$$(l,a) = -\frac{2a^2}{r}\left(xw'_x + yw_y + zw_z\right)\frac{dl}{dr} = -2a^2\frac{dr}{dt}\frac{dl}{dr},$$

et comme l'équation (ε) donne

$$\frac{dl}{dr} = \frac{dt}{dr},$$

il vient

$$(7)\qquad (l,a) = -2a^2.$$

31. *Combinaisons qui renferment ν_1.* — En remplaçant e par sa valeur tirée de la troisième équation (4), la dernière équation (3), résolue par rapport à ν_1, donne une expression de la forme

$$(\theta)\qquad \nu_1 = \nu - f(a,\ k,\ r),$$

dans laquelle on devra considérer ν comme une fonction de φ, en vertu de la relation

$$(\iota)\qquad \sin\nu = \frac{z}{r\sin\varphi},$$

obtenue en projetant r sur l'axe des z.

Des deux équations précédentes on déduit, en remarquant que $r^2 = x^2 + y^2 + z^2$,

$$(\varkappa) \begin{cases} \dfrac{dv_1}{d\varphi} = -\dfrac{dv}{d\varphi}, \\[2ex] \dfrac{dv}{dx} = -\dfrac{xz}{r^3 \sin\varphi \cos v}, \quad \dfrac{dv}{dy} = -\dfrac{yz}{r^3 \sin\varphi \cos v}, \quad \dfrac{dv}{dz} = \dfrac{r^2 - z^2}{r^3 \sin\varphi \cos v}, \\[2ex] \dfrac{dv}{d\varphi} = -\dfrac{z\cos\varphi}{r \sin^2\varphi \cos v}, \quad \dfrac{dv}{dt} = \left(r\dfrac{dz}{dt} - z\dfrac{dr}{dt} \right) \dfrac{1}{r^3 \sin\varphi \cos v}. \end{cases}$$

LEMME. — *Des combinaisons dans lesquelles entrent c, c', c'' et ν_1.*

La formule (B), appliquée à l'équation (θ), donne, en ayant égard à la formule (1) et à celles des n°s 28 (lemme II) et 29,

$$(\nu_1, c) = (\overline{\nu_1, c}),$$
$$(\nu_1, c') = (\overline{\nu_1, c'}) + (\varphi, c') \frac{dv}{d\varphi},$$
$$(\nu_1, c'') = (\overline{\nu_1, c''}) + (\varphi, c'') \frac{dv}{d\varphi}.$$

On calculera les premiers termes des seconds membres de ces équations en appliquant la formule (A) à la dernière des équations (3), résolue par rapport à $\cos(\nu - \nu_1)$, dans laquelle on devra considérer les arbitraires comme des constantes absolues, et l'on trouvera de cette manière

$$(\lambda) \begin{cases} (\nu_1, c) = 0, \\[2ex] (\nu_1, c') = \dfrac{x}{r \sin\varphi \cos v} + (\varphi, c') \dfrac{dv}{d\varphi}, \\[2ex] (\nu_1, c'') = \dfrac{y}{r \sin\varphi \cos v} + (\varphi, c'') \dfrac{dv}{d\varphi}. \end{cases}$$

Il est inutile de développer davantage ces formules pour l'usage que nous devons en faire.

Cela posé, pour calculer (ν_1, α), nous remarquerons que α étant uniquement fonction de c', c'', l'expression $(\overline{\nu_1, \alpha})$ obtenue en considérant ces deux arbitraires comme des constantes absolues est nulle; on a donc, en ayant égard à la seconde équation (4) et aux formules (λ),

$$(v_1, \alpha) = (v_1, c') \frac{d\alpha}{dc'} + (v_1, c'') \frac{d\alpha}{dc''} = \frac{\cos^2\alpha}{r\sin\varphi\cos v} \left(\frac{c''x + c'y}{c^2} \right)$$
$$+ \left[(\varphi, c') \frac{d\alpha}{dc'} + (\varphi, c'') \frac{d\alpha}{dc''} \right] \frac{dv}{d\varphi};$$

mais dans cette expression, d'après le n° 29, le coefficient de $\dfrac{dv}{d\varphi}$ n'est autre chose que

$$(\varphi, \alpha) = - \frac{k}{\sin\varphi};$$

il vient donc, en tenant compte de la première des formules ($\varkappa$),

$$(v_1, \alpha) = \frac{\cos^2\alpha}{r\sin\varphi\cos v} \frac{(c''x + c'y)}{c^2} + \frac{1}{k\sin\varphi} \frac{z\cos\varphi}{r\sin^2\varphi\cos v},$$

ou, en remarquant que

$$\frac{\cos\varphi}{k\sin^2\varphi} = \frac{c\cos^2\alpha}{c'^2},$$

et que l'on a

$$cz + c'y + c''x = 0$$

pour l'équation du plan de l'orbite elliptique,

$$(8) \qquad\qquad (v_1, \alpha) = 0.$$

Considérons maintenant l'une quelconque a_i des deux arbitraires a et k, et appliquons la formule (B) à l'équation (θ), en observant que

$$(k, a_i) \frac{dv_1}{dk} = 0,$$

d'après le n° 29. On a, en opérant comme au n° 30 et considérant v comme une arbitraire fonction de φ,

$$(v_{\shortmid}, a_i) = - \left(x \frac{da_i}{dw'_x} + y \frac{da_i}{dw_y} + z \frac{da_i}{dw_z} \right) \frac{1}{r} \frac{dv_{\shortmid}}{dr} + (a, a_i) \frac{dv_{\shortmid}}{da}$$
$$- \left(\frac{dv}{dx} \frac{da_i}{dw_z} + \frac{dv}{dy} \frac{da_i}{dw_y} + \frac{dv}{dz} \frac{da_i}{dw_z} \right) + (\varphi, a_i) \frac{dv}{d\varphi},$$

ou en vertu des équations $(\varkappa)$,

$$(v_{\shortmid}, a_i) = \left(x \frac{da_i}{dw_x} + y \frac{da_i}{dw_y} + z \frac{da_i}{dw_z} \right) \left(- \frac{1}{r} \frac{dv_{\shortmid}}{dr} + \frac{z}{r^3 \sin \varphi \cos v} \right)$$
$$- \frac{1}{r \sin \varphi \cos v} \cdot \frac{da_i}{dw_z} + (a, a_i) \frac{dv_{\shortmid}}{da} + (\varphi, a_i) \frac{dv}{d\varphi}.$$

Si l'on suppose d'abord $a_i = a$, les équations (η) et $(\varkappa)$ donnent

$$x \frac{da}{dw'_z} + y \frac{da}{dw_y} + z \frac{da}{dw_z} = 2 a^2 r \frac{dr}{dt},$$

$$\frac{z}{r^3 \sin \varphi \cos v} \left(x \frac{da}{dw_x} + y \frac{da}{dw_y} + z \frac{da}{dw_z} \right) - \frac{1}{r \sin \varphi \cos v} \frac{da}{dw_z}$$
$$= - \frac{2 a^2}{r^2 \sin \varphi \cos v} \left(r \frac{dz}{dt} - z \frac{dr}{dt} \right) = - 2 a^2 \frac{dv}{dt},$$

et comme $(\varphi, \alpha) = 0$, on a

$$(v_{\shortmid}, a) = - 2 a^2 \left(\frac{dv}{dt} + \frac{dv_{\shortmid}}{dt} \right),$$

ou, d'après la première équation $(\varkappa)$,

$$(9) \qquad\qquad (v_{\shortmid}, a) = 0.$$

Si nous supposons maintenant $a_i = k$, en ayant égard au premier lemme du n° **28** et aux valeurs $(a, k) = 0$, $(\varphi, k) = 0$ obtenues plus haut, on trouve

$$(10) \qquad\qquad (v_{\shortmid}, k) = - 1$$

De la relation

$$\cos \varphi = \frac{c}{k}$$

on tire

$$(\nu_1, \varphi) = (\nu_1, k)\frac{d\varphi}{dk} + (\nu_1, c)\frac{d\varphi}{dc},$$

d'où, en vertu des équations (λ) et (10),

$$(11) \qquad\qquad (\nu_1, \varphi) = -\frac{\cos \varphi}{k}.$$

Il ne nous reste plus maintenant qu'à déterminer la valeur de (y, l). D'après l'équation (ε), l est une fonction de t, a, k, et de la variable ν, que l'on peut considérer elle-même comme une arbitraire, et l'on a par suite

$$(\nu_1, l) = (\nu_1, r)\frac{dl}{dr} + (\nu_1, a)\frac{dl}{da} + (\nu_1, k)\frac{dl}{dk'},$$

ou, d'après les équations (9) et (10),

$$(\nu_1, l) = (\nu_1, r)\frac{dl}{dr} - \frac{dl}{dk}.$$

D'autre part, l'équation (θ) donne $1°$:

$$(\nu_1, r) = (a, r)\frac{d\nu_1}{da} + (\varphi, r)\frac{d\nu_1}{d\varphi} = (a, r)\frac{d\nu_1}{da},$$

en remarquant que

$$(\varphi, r) = \frac{1}{r}\left(x\frac{d\varphi}{dw_x} + y\frac{d\varphi}{dw_y} + z\frac{d\varphi}{dw_z}\right),$$

dont la valeur est nulle $(28, 1^{er}$ lemme$)$; $2°$ en ayant égard aux équations (η),

$$(a, r) = \frac{da}{dw_x}\frac{dr}{dx} + \frac{da}{dw_y}\frac{dr}{dy} + \frac{da}{dw_z}\frac{dr}{dz}$$
$$= \frac{2a^2}{r}(xw_x + yw_y + zw_z) = 2a^2\frac{dr}{dt};$$

il vient donc

$$(v_{\scriptscriptstyle 1}, r) = 2\,a^2\,\frac{dr}{dt}\,\frac{dv_{\scriptscriptstyle 1}}{da},$$

et

$$(v_{\scriptscriptstyle 1}, l) = 2\,a^2\,\frac{dr}{dt}\,\frac{dl}{dr}\,\frac{dv_{\scriptscriptstyle 1}}{da} - \frac{dl}{dk} = 2\,a^2\,\frac{dv_{\scriptscriptstyle 1}}{da} - \frac{dl}{dk},$$

en remarquant que l'équation (e) donne

$$\frac{dl}{dr} = \frac{dt}{dr}.$$

Si pour $\dfrac{dl}{dk}$, $\dfrac{da}{dv_{\scriptscriptstyle 1}}$ on substitue leurs valeurs tirées de la septième et de la huitième équation (3) mise sous la forme

$$\cos(v - v_{\scriptscriptstyle 1}) = \frac{k^2 - r}{er},$$

en y regardant e comme une fonction de a et k, on trouve

$$(12) \qquad\qquad (v_{\scriptscriptstyle 1}, l) = 0.$$

32. *Expressions des variations des constantes arbitraires.* — Si dans l'équation (2) on substitue successivement à a_0 et $a_{\scriptscriptstyle i}$ les quantités $a, l, k, v_{\scriptscriptstyle 1}, \alpha, \varphi$ en ayant égard aux valeurs (5), (6), (7), (8), (9), (10), (11), (12) ci-dessus, on trouve

$$(13)\quad
\left\{
\begin{aligned}
da &= 2\,a^2\,\frac{dR}{dl}\,dt,\\[2mm]
dl &= -2\,a^2\,\frac{dR}{da}\,dt,\\[2mm]
dk &= \frac{dR}{dv_{\scriptscriptstyle 1}}\,dt,\\[2mm]
dv_{\scriptscriptstyle 1} &= -\left(\frac{dR}{dk} - \frac{\cot\varphi}{k}\,\frac{dR}{d\varphi}\right)dt,\\[2mm]
d\alpha &= \frac{1}{k\sin\varphi}\,\frac{dR}{d\varphi}\,dt,\\[2mm]
d\varphi &= \frac{\cot\varphi}{k}\,\frac{dR}{dv_{\scriptscriptstyle 1}}\,dt - \frac{1}{k\sin\varphi}\,\frac{dR}{d\alpha}\,dt.
\end{aligned}
\right.$$

33. *Formules qui expriment les variations des éléments elliptiques.* — Soient (*fig.* 2), sur une sphère d'un rayon égal à l'unité ayant pour centre celui S du soleil :

N, N′ deux positions consécutives du nœud ascendant de l'orbite,

P, P′ les périhélies correspondants,

I l'intersection des deux plans consécutifs de l'orbite,

ω la longitude du périhélie comptée à partir du point I.

On a

$$(\mu) \quad d\omega = \mathrm{IP}' - \mathrm{IP} = \mathrm{N}'\mathrm{P}' - \mathrm{NP} + \mathrm{IN}' - \mathrm{IN} = dv_1 + \cos\varphi\, d\alpha.$$

Cette formule subsistera encore en prenant, au lieu du point I, pour origine des angles ω, un point quelconque de l'orbite assujetti à cette condition que deux positions consécutives de ce point coïncident, en rabattant l'un sur l'autre, autour de leur commune intersection, les plans correspondants de l'orbite.

Maintenant, si l'on fixe l'origine du temps à un instant quelconque après le passage au périhélie, correspondant à la longitude moyenne ε, on a (12)

$$nl = \varepsilon - \omega,$$

et en remarquant (10) que $n = a^{-\frac{3}{2}}$,

$$(\nu) \qquad d\varepsilon = d\omega + ndl - \frac{3}{2}\frac{(\varepsilon - \omega)}{a}\, da.$$

Enfin, de la relation $k = \sqrt{a(1 - e^2)}$ on tire

$$(\xi) \qquad de = -\frac{an\sqrt{1 - e^2}}{e}\, dk + \frac{1 - e^2}{2ae}\, da.$$

Cela posé, on peut substituer aux arbitraires l, k, v_1, celles ε, e, ω, que l'on considère dans le mouvement elliptique, et nous allons chercher ce que deviennent alors les formules (13). En représentant provisoirement par $\left[\dfrac{dR}{da}\right]$, $\left[\dfrac{dR}{d\alpha}\right]$ les dérivées partielles, par rapport à a et α (*), qui se rapportent au second choix d'arbitraires, pour les distinguer de celles qui se rapportent au premier, on a l'identité

$$dR = \frac{dR}{da}\,da + \frac{dR}{dl}\,dl + \frac{dR}{dk}\,dk + \frac{dR}{dv_1}\,dv_1 + \frac{dR}{d\alpha}\,d\alpha + \frac{dR}{d\varphi}\,d\varphi$$

$$= \left[\frac{dR}{da}\right]da + \frac{dR}{d\varepsilon}\,d\varepsilon + \frac{dR}{de}\,de + \frac{dR}{d\omega}\,d\omega + \left[\frac{dR}{d\alpha}\right]d\alpha + \frac{dR}{d\varphi}\,d\varphi,$$

et en y substituant les valeurs (μ), (ν), (ξ), puis identifiant les deux membres, on obtient

$$\frac{dR}{da} = \left[\frac{dR}{da}\right] + \frac{1-e^2}{2\,ae}\frac{dR}{de} - \frac{3}{2}\frac{(\varepsilon-\omega)}{a}\frac{dR}{d\varepsilon},$$

$$\frac{dR}{dl} = n\,\frac{dR}{d\varepsilon},$$

$$\frac{dR}{de} = -\,\frac{an\sqrt{1-e^2}}{e}\frac{dR}{dv},$$

$$\frac{dR}{dv_1} = \frac{dR}{d\varepsilon} + \frac{dR}{d\omega},$$

$$\frac{dR}{d\alpha} = \left[\frac{dR}{d\alpha}\right] + \cos\varphi\left(\frac{dR}{d\varepsilon} + \frac{dR}{d\omega}\right).$$

Si l'on remarque que $n^2 = a^{-3}$, $k = \sqrt{a(1-e^2)}$, et que l'on supprime le signe [ ], devenu maintenant inutile, les

---

(*) On est obligé de faire cette distinction en raison de ce que parmi les anciennes arbitraires que l'on conserve, a et α sont les seules qui entrent dans $d\omega$, $d\varepsilon$ et de.

équations (13) deviennent

$$(14)\begin{cases} da = 2a^2 n \dfrac{dR}{d\varepsilon}\, dt, \\[2ex] d\varepsilon = \dfrac{an\sqrt{1-e^2}}{e}\left(1 - \sqrt{1-e^2}\right)\dfrac{dR}{de}\,dt - 2a^2 n\dfrac{dR}{da}\,dt, \\[2ex] de = -\dfrac{an\sqrt{1-e^2}}{e}\left(1-\sqrt{1-e^2}\right)\dfrac{dR}{d\varepsilon}\,dt - \dfrac{an\sqrt{1-e^2}}{e}\dfrac{dR}{d\omega}\,dt, \\[2ex] d\omega = \dfrac{an\sqrt{1-e^2}}{e}\dfrac{dR}{de}\,dt, \\[2ex] d\alpha = \dfrac{an}{\sin\varphi\,\sqrt{1-e^2}}\dfrac{dR}{d\varphi}\,dt, \\[2ex] d\varphi = -\dfrac{an}{\sin\varphi\,\sqrt{1-e^2}}\dfrac{dR}{d\alpha}. \end{cases}$$

Nous verrons plus loin, après avoir donné le développement de R en série, l'avantage que présentent sous cette forme les expressions des différentielles des éléments de l'orbite elliptique, pour obtenir les variations de ces éléments.

34. *Variation du mouvement moyen.* — La constante arbitraire ε se trouvant toujours ajoutée à nt (**12**, éq. 23′), on a

$$\frac{dR}{d\varepsilon} = \frac{dR}{dnt},$$

d'où

$$\frac{dR}{d\varepsilon}\,dt = \frac{dR}{d(nt)}\,dt = \frac{1}{n}\,dR,$$

en représentant par la caractéristique d la différentielle relative au temps, prise en ne faisant varier t qu'autant qu'il est multiplié par n. Par suite de cette notation, les valeurs de da et de de deviennent

$$(15)\begin{cases} da = 2a^2\, dR, \\[2ex] de = -\dfrac{a\sqrt{1-e^2}}{e}\left(1-\sqrt{1-e^2}\right)dR - \dfrac{an\sqrt{1-e^2}}{e}\dfrac{dR}{d\omega}\,dt. \end{cases}$$

De la relation $n = a^{-\frac{3}{2}}$ et de l'expression ci-dessus de da on tire

$$(16) \qquad dn = -\,3\,an\,d\mathrm{R},$$

d'où l'on déduira la valeur qu'il faut substituer à n dans les formules du mouvement elliptique.

Soit $\xi = nt + \varepsilon$ la longitude moyenne que l'on a principalement en vue de déterminer en calculant n; on a

$$d\xi = n\,dt + t\,dn + d\varepsilon.$$

Or, en désignant par $\left(\dfrac{d\mathrm{R}}{da}\right)$ la dérivée partielle de R, par rapport à a, obtenue sans faire varier n qui est fonction de cette arbitraire, on a

$$\frac{d\mathrm{R}}{da} = \left(\frac{d\mathrm{R}}{da}\right) + \frac{dn}{da}\frac{d\mathrm{R}}{dn} = \left(\frac{d\mathrm{R}}{da}\right) - \frac{3\,n^2 t\,d\mathrm{R}}{2\,a} = \left(\frac{d\mathrm{R}}{da}\right) + nt\,\frac{dn}{2\,a^2}.$$

Portant cette valeur dans la seconde équation (14) qui donne $d\varepsilon$, on verra que le terme fourni dans $t\,dn + d\varepsilon$ par la variation de a dans R se réduit à $-\,2a^2 n\left(\dfrac{d\mathrm{R}}{da}\right)$, absolument comme si n était une constante absolue. Donc, *pour calculer la longitude moyenne, il suffira d'employer la formule*

$$(17) \qquad d\xi = n\,dt + d\varepsilon,$$

dans laquelle on substituera à $d\varepsilon$ sa valeur obtenue en considérant n comme une constante.

En posant $\zeta = \int n\,dt$, et remplaçant n par l'intégrale de l'équation (16), on trouve pour la variation $\delta\zeta$ du mouvement moyen

$$(18) \qquad \delta\zeta = -\,3 \int\!\int an\,dt\,d\mathrm{R}.$$

35. *Expressions de $d\alpha$ et $d\varphi$ lorsque l'inclinaison de l'orbite sur le plan fixe est très-petite.* — Les orbites des planètes de notre système sont généralement peu inclinées sur le plan mobile de l'écliptique qui lui-même se déplace avec une grande lenteur. Il est donc permis de choisir un plan fixe qui, pour une longue période, fasse avec les plans de ces orbites des angles très-petits. Mais alors les dénominateurs des formules (16), qui renferment $\sin\varphi$ en facteur, sont eux-mêmes très-petits, ce qui est un inconvénient que l'on évite en substituant à φ et α deux autres arbitraires p et q données par

$$p = \tang\varphi\sin\alpha, \quad q = \tang\varphi\cos\alpha,$$

d'où

$$(o) \qquad dp = \frac{\sin\alpha}{\cos^2\varphi}\,d\varphi + q\,d\alpha, \quad dq = \frac{\cos\alpha}{\cos^2\varphi}\,d\varphi - p\,d\alpha.$$

Mais si l'on considère R comme une fonction de α et φ, ou de p et q, on a dans les deux cas la même valeur pour sa différentielle totale, ou

$$\frac{d\mathrm{R}}{d\alpha}\,d\alpha + \frac{d\mathrm{R}}{d\varphi}\,d\varphi = \frac{d\mathrm{R}}{dp}\,dp + \frac{d\mathrm{R}}{dq}\,dq,$$

et en substituant dans cette identité les valeurs ci-dessus de dp et dq et égalant les coefficients de $d\alpha$ et $d\varphi$ dans les deux membres, on trouve

$$\frac{d\mathrm{R}}{d\alpha} = q\,\frac{d\mathrm{R}}{dp} - p\,\frac{d\mathrm{R}}{dq}, \quad \frac{d\mathrm{R}}{d\varphi} = \frac{\sin\alpha}{\cos^2\varphi}\frac{d\mathrm{R}}{dr} + \frac{\cos\alpha}{\cos^2\varphi}\frac{d\mathrm{R}}{dq}.$$

En portant ces valeurs dans les deux dernières équations (14), puis les valeurs résultantes de $d\alpha$ et $d\varphi$ dans les formules (o), on aura dp et dq; et si l'on néglige les puissances de φ supérieures à la première, on trouve

$$(19) \qquad \begin{cases} dp = \dfrac{an}{\sqrt{1 - e^2}}\,\dfrac{d\mathrm{R}}{dq}\,dt, \\[3mm] dq = -\dfrac{an}{\sqrt{1 - e^2}}\,\dfrac{d\mathrm{R}}{dp}\,dt, \end{cases}$$

formules que l'on substituera aux deux dernières équations (14), et qui offrent l'avantage, comme nous le verrons plus loin, de réduire à la forme linéaire avec des coefficients constants les équations différentielles qui déterminent les inclinaisons et les longitudes d'un certain nombre d'orbites, ce qui est très-avantageux au point de vue de l'intégration.

La formule (μ) du n° 33 donne avec la même approximation

$$d\omega = dv_1 + d\alpha,$$

et en prenant pour l'intégrale de cette équation

$$\omega = v_1 + \alpha,$$

on choisit par cela même pour origine de l'angle ω la droite avec laquelle coïnciderait l'origine de α si l'on rabattait autour de la ligne des nœuds le plan de l'orbite sur le plan fixe, ou encore, si l'on veut, la projection, sur le plan de l'orbite, de la droite formant l'origine de α.

La seconde et la troisième des équations (14) offrent l'inconvénient d'avoir en facteur, au dénominateur, la quantité généralement très-petite c; c'est pourquoi nous les remplacerons par les suivantes :

$$(20) \quad \begin{cases} db = an\sqrt{1 - b^2 - c^2}\,\dfrac{d\mathrm{R}}{dc}\,dt, \\[2ex] dc = -an\sqrt{1 - b^2 - c^2}\,\dfrac{d\mathrm{R}}{db}\,dt, \end{cases}$$

dans lesquelles on suppose

$$b = e\sin\omega, \quad c = e\cos\omega.$$

Pour calculer les variations éprouvées par les éléments elliptiques d'une planète, il ne nous reste plus qu'à déterminer la forme de la fonction perturbatrice R: c'est ce qui va maintenant nous occuper.

§ III. — DÉVELOPPEMENT EN SÉRIE TRIGONOMÉTRIQUE DE LA FONCTION PERTURBATRICE.

36. *Lemme.* — *Digression sur le développement en série trigonométrique de la fonction* $(a^2 - 2aa'\cos\varphi - a'^2)^{-\nu}$.

On a, en se rappelant que $\cos\varphi = \dfrac{E^{\varphi\sqrt{-1}} + E^{-\varphi\sqrt{-1}}}{2}$,

E étant la base du système de logarithmes népériens,

$$(a^2 - 2aa\cos\varphi + a'^2)^{-\nu} = \left(a' - a\,E^{\varphi\sqrt{-1}}\right)^{-\nu}\left(a' - a\,E^{-\varphi\sqrt{-1}}\right)^{-\nu}.$$

Si $a' > a$, chacun des facteurs de ce produit sera développable en série convergente ordonnée suivant les puissances ascendantes de son exponentielle ; et c'est ce que l'on peut supposer, puisque la fonction non développée est symétrique en a et a', et que si a' était $< a$, il suffirait de permuter entre elles ces deux lettres.

En faisant le produit des deux séries et repassant des exponentielles aux cosinus des arcs multiples, on trouve

$$(a)\quad \begin{cases} (a^2 - 2aa'\cos\varphi + a'^2)^{-\nu} \\[4pt] = P_0 + P_1\cos\varphi + P_2\cos2\varphi + \ldots = \displaystyle\sum_{i=0}^{i=\infty} P_i\cos i\varphi, \end{cases}$$

série dans laquelle on a

$$(b)\quad \begin{cases} P_0 = \dfrac{1}{a'^{2\nu}}\left[1 + \nu^2\left(\dfrac{a}{a'}\right)^2 + \nu'^2\left(\dfrac{a}{a'}\right)^4 + \nu''^2\left(\dfrac{a}{a'}\right)^6 + \ldots \right], \\[10pt] P_1 = \dfrac{2}{a'^{2\nu}}\left[\nu\dfrac{a}{a'} + \nu\nu'\left(\dfrac{a}{a'}\right)^3 + \nu'\nu''\left(\dfrac{a}{a'}\right)^5 + \ldots \right], \\[10pt] P_2 = \dfrac{3}{a'^{2\nu}}\left[\nu'\left(\dfrac{a}{a'}\right)^2 + \nu\nu''\left(\dfrac{a}{a'}\right)^4 + \nu'\nu'''\left(\dfrac{a}{a'}\right)^6 + \ldots \right], \end{cases}$$

en posant, pour abréger,

$$\nu' = \frac{\nu(\nu+1)}{1.2}, \quad \nu'' = \frac{\nu(\nu+1)(\nu+2)}{1.2.3}, \ldots$$

Il suffit de calculer directement les coefficients P_0, P_1 au moyen de ces formules, car les autres peuvent s'en déduire successivement. En effet, en divisant membre à membre la dérivée relative à φ de l'équation (a) par cette même équation, on trouve

$$2\nu aa'\sin\varphi \sum_{i=0}^{i=\infty} P_i\cos i\varphi = (a^2 - 2aa'\cos\varphi + a'^2)\sum_{i=0}^{i=\infty} iP_i\sin i\varphi,$$

d'où l'on tire en développant, remplaçant les produits de lignes trigonométriques par des sommes, et identifiant les termes semblables des deux membres,

$$(c)\qquad P_i = \frac{(i-1)(a^2+a'^2)P_{i-1} - (i+\nu-2)aa'P_{i-2}}{(i-\nu)aa'},$$

formule au moyen de laquelle on calculera chaque coefficient au moyen des deux précédents, et par suite tous les coefficients, de proche en proche, lorsque l'on connaîtra les deux premiers.

Représentons par Q ce que devient P lorsque l'on change ν en $\nu + 1$, ou posons

$$(a^2 - 2aa'\cos\varphi + a'^2)^{-(\nu+1)} = \sum_{i=0}^{i=\infty} Q_i\cos i\varphi.$$

Au lieu de calculer directement les coefficients Q, on peut les déduire des coefficients P, si ces derniers sont connus. En effet, en multipliant l'égalité précédente par

$$(a^2 - 2aa'\cos\varphi + a'^2),$$

et ayant égard à l'équation (a), on trouve

$$\sum_{i=0}^{i=\infty} P_i\cos i\varphi = (a^2 - 2aa'\cos\varphi + a'^2)\sum_{i=0}^{i=\infty} Q_i\cos i\varphi,$$

d'où, en développant et comparant les termes semblables,

$$P_i = (a^2 + a'^2) Q_i - aa' Q_{i-1} - aa' Q_{i+1}.$$

Mais de l'équation (e) on tire, en y changeant P en Q, ν en $\nu + 1$ et i en $i + 1$,

$$Q_{i+1} = \frac{i(a^2 + a'^2)Q_i - (i + \nu)aa' Q_{i-1}}{(i - \nu)aa'};$$

par suite,

$$P_i = \frac{2\nu aa' Q_{i-1} - \nu(a^2 + a'^2)Q_i}{i - \nu},$$

et en changeant dans cette expression i en $i + 1$,

$$P_{i+1} = \frac{2\nu aa' Q_i - \nu(a^2 + a'^2)Q_{i+1}}{i - \nu + 1}.$$

Enfin l'élimination de Q_{i-1}, Q_{i+1} entre les trois dernières équations ci-dessus donne pour la formule cherchée

$$(d) \quad Q_i = \frac{\dfrac{(i + \nu)}{\nu}(a^2 + a'^2)P_i - 2\dfrac{(i - \nu + 1)}{\nu}aa' P_{i+1}}{(a'^2 - a^2)^2}.$$

En remplaçant dans cette expression P_{i+1} par sa valeur déduite de l'équation (e), elle prend la forme

$$(e) \quad Q_i = \frac{\dfrac{(\nu - i)}{\nu}(a^2 + a'^2)P_i + 2\dfrac{(i + \nu - 1)}{\nu}aa' P_{i-1}}{(a'^2 - a^2)^2}.$$

Nous aurons encore besoin, dans ce qui suit, des valeurs des dérivées successives des coefficients P par rapport à a, a'; or ces dérivées se déduisent facilement de ces mêmes coefficients, et c'est ce que nous allons maintenant faire voir.

En différentiant l'équation (a) par rapport à a, on

trouve

$$-2\nu(a - a'\cos\varphi)(a^2 - 2aa'\cos\varphi + a'^2)^{-(\nu+1)} = \sum_{i=0}^{i=\infty} \frac{dP_i}{da}\cos i\varphi,$$

ou

$$(a^2 - 2aa'\cos\varphi + a'^2)^{-\nu} + (a^2 - a'^2)(a^2 - 2aa'\cos\varphi + a'^2)^{-(\nu+1)}$$
$$= -\frac{a}{2\nu}\sum_{i=0}^{i=\infty} \frac{dP_i}{da}\cos i\varphi,$$

ou encore

$$\sum_{i=0}^{i=\infty} P_i\cos i\varphi + (a^2 - a'^2)\sum_{i=0}^{i=\infty} Q_i\cos i\varphi = -\frac{a}{\nu}\sum_{i=0}^{i=\infty} \frac{dP_i}{da}\cos i\varphi,$$

et en identifiant les termes semblables,

$$\frac{dP_i}{da} = \frac{\nu(a'^2 - a^2)}{a}Q_i - \frac{\nu}{a}P_i.$$

Enfin, si on remplace Q_i par sa valeur (d) on trouve

$$(f) \quad \frac{dP_i}{da} = \left[\frac{ia'^2 + (i + 2\nu)a^2}{a(a'^2 - a^2)}\right]P_i - \frac{2(i - \nu + 1)}{a'^2 - a^2}P_{i+1}.$$

On obtiendra $\dfrac{d^2P_i}{da^2}$ en différentiant cette équation par rapport à a et remplaçant dans le résultat $\dfrac{dP_i}{da}$, $\dfrac{dP_{i+1}}{da}$ par leurs valeurs déduites de la même équation, et ainsi de suite $\dfrac{d^3P_i}{da^3}\ldots$

Pour calculer les dérivées par rapport à a' on remarquera que a, a' entrent de la même manière dans P_i qui est par suite une fonction homogène du degré -1 de ces deux quantités, ce qui donne

$$(g) \qquad a\frac{dP_i}{da} + a'\frac{dP_i}{da'} = -P_i,$$

d'où l'on déduira $\dfrac{d\mathrm{P}_i}{da'}$, et par la différentiation, $\dfrac{d^2\mathrm{P}_i}{da\,da'}$, $\dfrac{d^2\mathrm{P}}{da'^2}\cdots$

37. *Développement de la fonction perturbatrice dans l'hypothèse d'orbites peu inclinées et d'une faible excentricité.* — Considérons l'un des termes de la fonction perturbatrice R ou posons (22)

$$R = m' \left[\frac{1}{\rho'} - \frac{xx' + yy' + zz'}{r'^3} \right].$$

Soient

$\iota,\ \iota'$ les projections de $r,\ r'$ sur le plan xy;

$v,\ v'$ les angles qu'elles forment avec l'axe des x. Il est visible que

$$\rho' = \sqrt{\iota^2 - 2\iota\iota'\cos(v'-v) + \iota'^2 + (z'-z)^2}, \quad y = \iota\sin v, \quad y' = \iota'\sin v',$$

$$r' = \sqrt{\iota'^2 + z'^2}, \qquad\qquad\qquad x = \iota\cos v, \quad x' = \iota'\cos v';$$

par suite,

$$R = m' \left[\frac{1}{\sqrt{\iota^2 - 2\iota\iota'\cos(v'-v) + \iota'^2 + (z'-z)^2}} - \frac{\iota\iota'\cos(v'-v) + z'z}{(\iota'^2 + z'^2)^{\frac{3}{2}}} \right].$$

Les valeurs de $\iota,\ \iota',\ v,\ v',\ z,\ z'$ ne diffèrent de celles qui résultent du mouvement elliptique ou qui seraient uniquement dues à l'action du Soleil que par des quantités de l'ordre des masses $m',\ m'',\ldots$, puisque ces quantités seraient nulles si l'on faisait abstraction de ces masses. Mais comme R est du premier ordre en m', et que l'on peut en général négliger les termes du second ordre par rapport aux masses perturbatrices, nous supposerons, dans ce qui suit, que $\iota,\ \iota'$; $v,\ v'$; $z,\ z'$ se rapportent au mouvement elliptique.

Comme nous l'avons fait remarquer au n° 35, on peut

choisir le plan des xy de manière qu'il comprenne avec ceux de ces orbites des angles très-petits; on peut alors développer l'expression ci-dessus de R en série ordonnée suivant les puissances ascendantes des petites quantités z, z', ce qui donne

$$\frac{R}{m'} = \frac{1}{\sqrt{\iota^2 - 2\iota\iota'\cos(\upsilon'-\upsilon) + \iota'^2}} - \frac{\iota\cos(\upsilon'-\upsilon)}{\iota'^2}$$

$$- \frac{zz'}{\iota'^3} + \frac{3}{2}\frac{\iota z'^2\cos(\upsilon'-\upsilon)}{\iota'^4} - \frac{(z-z')^2}{2[\iota^2 - 2\iota\iota'\cos(\upsilon'-\upsilon) + \iota'^2]^{\frac{3}{2}}} \cdots$$

Soient maintenant a, a' les distances moyennes au Soleil des planètes m, m'; $\varepsilon, \varepsilon'$ leurs longitudes de l'époque comptées à partir de l'axe des x, en supposant (35) que les plans des orbites se trouvent rabattus sur celui des xy; n, n' les vitesses angulaires moyennes des deux planètes.

Posons

$$(\alpha) \quad \begin{cases} \iota = a(1+\sigma), \qquad \iota' = a'(1+\sigma'), \\ \upsilon = nt + \varepsilon + \chi, \quad \upsilon' = n't + \varepsilon' + \chi', \\ (a^2 - 2aa'\cos\varphi + a'^2)^{-\frac{1}{2}} = \sum_{i=0}^{i=\infty} A_i \cos i\varphi, \\ (a^2 - 2aa'\cos\varphi + a'^2)^{-\frac{3}{2}} = \sum_{i=0}^{i=\infty} B_i \cos i\varphi, \\ \varphi = n't - nt + \varepsilon' - \varepsilon. \end{cases}$$

Les quantités $\sigma, \sigma', \chi, \chi'$, dépendant des excentricités et des inclinaisons des orbites, seront généralement de petites quantités, suivant les puissances ascendantes desquelles on pourra par conséquent développer R, et les coefficients A et B ne sont autre chose que ce que deviennent les coefficients P et Q du numéro précédent dans l'hypothèse $\nu = \frac{1}{2}$. On trouve facilement en partant de là que le développement de R a pour expression

$$(1)\quad \frac{R}{m'} = \left\{ \begin{aligned}
& -\frac{zz'}{a'^3}\cdots \\[1ex]
& +\frac{a}{a'^2}\left\{ \begin{aligned} & 1-\sigma+2\sigma'-3\sigma'^2+\ldots \\ & +\frac{(\chi'-\chi)^2}{2}+\ldots+\frac{3}{2}\frac{z'^2}{a'^2}+\ldots \end{aligned} \right\}\cos(n't-nt+\varepsilon'-\varepsilon) \\[1ex]
& +\frac{a}{a'^2}(\chi'-\chi)(1+\sigma-2\sigma'+\ldots)\sin(n't-nt+\varepsilon'-\varepsilon) \\[1ex]
& +\sum_{i=0}^{i=\infty}\left\{ \begin{aligned} & A_i+a\frac{dA_i}{da}\sigma+a'\frac{dA_i}{da'}\sigma'+\frac{a^2}{2}\frac{d^2A_i}{da^2}\sigma^2 \\ & +aa'\frac{d^2A_i}{da\,da'}\sigma\sigma'+\frac{a'^2}{2}\frac{d^2A_i}{da'^2}\sigma'^2+\ldots \\ & -\frac{(\chi'-\chi)^2}{2}i^2A_i\ldots-\frac{B_i}{2}(z'-z)^2\ldots \end{aligned} \right\}\cos i(n't-n+\varepsilon'-\varepsilon) \\[1ex]
& -\sum_{i=0}^{i=\infty} i(\chi'-\chi)\left(A_i+a\frac{dA_i}{da}\sigma+a'\frac{dA_i}{da'}\sigma'+\ldots\right)\sin i(n't-nt+\varepsilon'-\varepsilon).
\end{aligned} \right.$$

En remplaçant dans les formules précédentes σ, χ, z et σ', x', z' par leurs valeurs en séries de termes périodiques respectivement en nt, $n't$, déduites du mouvement elliptique la fonction R se trouvera développée en une suite de termes de la forme

$$m'J\cos(i'n't-int+j),$$

où J et j sont des fonctions des éléments elliptiques de m, m' indépendantes du temps, et i, i' deux nombres entiers qui peuvent prendre toutes les valeurs possibles entre o et ∞.

38. Nous allons maintenant compléter ce calcul en négligeant les termes d'un ordre supérieur au deuxième par rapport aux excentricités et aux inclinaisons. On a, dans cette hypothèse, en remarquant que r fait l'angle $v-\alpha$ avec la ligne des nœuds et que la projection de cet angle sur le

plan fixe est $v - \alpha$,

$$\iota = r\left[1 - \frac{1}{2}\tang^2\varphi\sin^2(v - \alpha)\right],$$

$$v = v - \tang^2\frac{\varphi}{2}\sin 2(v - \alpha),$$

ou, en vertu des équations $(22')$ et $(23')$ du n° 12,

$$\iota = a\left\{1 - e\cos(nt + \varepsilon - \omega)\right.$$
$$\left. + \frac{e^2}{2}[1 - \cos 2(nt + \varepsilon - \omega)]\right\}\left[1 - \frac{\tang^2\varphi}{2}\sin^2(nt + \varepsilon - \alpha)\right],$$

$$v = nt + \varepsilon + 2e\sin(nt + \varepsilon - \omega)$$
$$+ \frac{5}{4}e^2\sin 2(nt + \varepsilon - \omega) - \tang^2\frac{\varphi}{2}\sin 2(nt + \varepsilon - \omega).$$

En comparant ces valeurs avec celles qui sont fournies par les formules (α), on trouve

$$(\beta)\quad\begin{cases} \sigma = -e\cos(nt + \varepsilon - \omega) + \dfrac{e^2}{2}[1 - \cos 2(nt + \varepsilon - \omega)] \\[2mm] \qquad - \dfrac{\tang^2\varphi}{2}\sin^2(nt + \varepsilon - \alpha), \\[4mm] \chi = 2e\sin(nt + \varepsilon - \omega) + \dfrac{5}{4}e^2\sin 2(nt + \varepsilon - \omega) \\[2mm] \qquad - \tang^2\dfrac{\varphi}{2}\sin^2(nt + \varepsilon - \alpha). \end{cases}$$

Au lieu de φ et α on peut introduire les variables du n° 35,

$$p = \tang\varphi\sin\alpha, \quad q = \tang\varphi\cos\alpha,$$

d'où

$$\tang\varphi = \sqrt{p^2 + q^2}, \quad \tang\alpha = \frac{p}{q}.$$

L'équation du plan de l'orbite elliptique peut se mettre sous la forme (*)

$$z = qy - px;$$

(*) Soit en effet P la perpendiculaire abaissée du pied de l'ordonnée z sur la ligne des nœuds ; on a

$$z = P\tang\varphi, \quad P = y\sin\alpha - x\cos\alpha,$$

d'où

$$z = \tang\varphi\sin\alpha, \quad y - x\tang\varphi\cos\alpha = qy - px.$$

mais comme R ne renferme que des termes du second ordre en z et z', on peut remplacer dans cette expression y et x par les parties de leurs valeurs indépendantes de l'excentricité et de l'inclinaison ou par

$$(\gamma) \quad \begin{cases} x = a\cos(nt+\varepsilon), \quad y = a\sin(nt+\varepsilon), \\[2mm] \dfrac{z}{a} = q\sin(nt+\varepsilon) - p\cos(nt+\varepsilon). \end{cases}$$

Il ne reste plus maintenant qu'à substituer les valeurs (β) et (γ) et leurs analogues relatives à m', en ayant égard au mode d'approximation adopté, puis à remplacer les coefficients A et B et ceux qui en dérivent par leurs valeurs déduites du n° 36. Nous nous bornerons à calculer le terme R_0 de R indépendant du temps et qui nous sera surtout utile dans ce qui suit.

On trouve d'abord sans difficulté

$$\begin{aligned}
\frac{R_0}{m'} = A_0 &+ \left(a\frac{dA_0}{da} + \frac{1}{2}a^2\frac{d^2A_0}{da^2} \right)\frac{e^2}{2} + \left(a'\frac{dA_0}{da'} + \frac{1}{2}a'^2\frac{d^2A_0}{da'^2} \right)\frac{e'^2}{2} \\
&+ \left(2A_1 + a\frac{dA_1}{da} + a'\frac{dA_1}{da'} + \frac{aa'}{2}\frac{d^2A_1}{da\,da'} \right)\frac{ee'}{2}\cos(\omega'-\omega) \\
&- \frac{1}{8}\left(a\frac{dA_0}{da} + a^2B_0 \right)(p^2+q^2) - \frac{1}{8}\left(a'\frac{dA_0}{da'} + a'^2B_0 \right)(p'^2+q'^2) \\
&+ \frac{aa'}{4}B_1(pp'+qq').
\end{aligned}$$

Désignons par (a, a'), $(a, a')'$, $(a, a')''$,..., ce que deviennent les coefficients P_0, P_1, P_2,... du n° 36 lorsque l'on y suppose $\nu = -\frac{1}{2}$. Les formules (b) de ce numéro donnent

$$(a,\,a') = a'\left[1 + \left(\frac{1}{2}\right)^2\frac{a^2}{a'^2} + \left(\frac{1}{2}\cdot\frac{1}{4}\right)^2\frac{a^2}{a'^4} + \left(\frac{1}{2}\cdot\frac{1}{4}\cdot\frac{3}{6}\right)^2\frac{a^6}{a'^6} + \cdots \right]$$

$$\begin{aligned}
(a,\,a')' = -a'\Bigg[&\frac{a}{a'} - \frac{1}{2}\cdot\frac{1}{4}\frac{a^3}{a'^3} - \frac{1}{4}\cdot\frac{1}{2}\cdot\frac{1}{4}\cdot\frac{3}{6}\frac{a^5}{a'^5} \\
&- \frac{1}{4}\cdot\frac{3}{6}\cdot\frac{5}{8}\cdot\frac{1}{2}\cdot\frac{1}{4}\cdot\frac{3}{6}\cdot\frac{5}{8}\cdot\frac{7}{10}\cdot\frac{a'}{a'^7}\cdots \Bigg].
\end{aligned}$$

Ces séries sont plus convergentes que celles que l'on obtient directement au moyen des mêmes formules (6) pour $P_0 = A_0$, $P_1 = A_1$ dans l'hypothèse $v = \frac{1}{2}$, et exigent par conséquent la considération d'un moins grand nombre de termes pour arriver à la même approximation. Il y a donc avantage à exprimer A_0 et A_1 en fonction de ces séries au moyen des formules (d) et (c), en y supposant $Q_0 = A_0$, $Q_1 = A_1$, $P_0 = (a, a')$, $P_1 = (a, a')'$; on obtiendra ensuite les valeurs de B_0, B_1 ou de Q_0, Q_1 pour $P_0 = A_0$, $P_1 = A_1$ au moyen des mêmes formules. On trouve de cette manière

$$A_0 = \frac{(a^2 + a'^2)(a, a') + 3aa'(a, a')'}{(a'^2 - a^2)^2},$$

$$A_1 = \frac{4aa'(a, a') + 3(a^2 + a'^2)(a, a')'}{(a'^2 - a^2)^2},$$

$$B_0 = \frac{(a, a')}{(a'^2 - a^2)^2}, \quad B_1 = \frac{-3(a, a')}{(a'^2 - a^2)^2}.$$

Les dérivées de ces coefficients qui entrent dans l'expression de R_0 se déterminent, comme on l'a dit au n° 36, par l'application des formules (f) et (g). A la suite de ces substitutions, on obtient

$$(2) \quad \begin{cases} \dfrac{R_0}{m'} = \dfrac{(a^2 + a'^2)(a, a') + 3aa'(a, a')'}{(a'^2 - a^2)^2} \\[2ex] \quad - \dfrac{3aa'}{2.4} \dfrac{(a, a')'}{(a'^2 - a^2)^2} [e^2 + e'^2 - (p' - \dot{p})^2 - (q' - q)^2] \\[2ex] \quad + \dfrac{3}{2} \left[\dfrac{aa'(a, a') + (a^2 + a'^2)(a, a')'}{(a'^2 - a^2)^2} \right] ee' \cos(\omega' - \omega), \end{cases}$$

ou, en posant $b = e \sin\omega$, $c = e \cos \omega$, $b' = e' \sin \omega'$, $c' = e' \cos \omega'$, comme au n° 35,

$$(2') \quad \begin{cases} \dfrac{R_0}{m'} = \dfrac{(a^2 + a'^2)(a, a') + 3aa'(a, a')'}{(a'^2 - a^2)^2} \\[2ex] \quad - \dfrac{3aa'}{2.4} \dfrac{(a, a')'}{(a'^2 - a^2)^2} [b^2 + c^2 + b'^2 + c'^2 - (p' - p)^2 - (q' - q)^2] \\[2ex] \quad + \dfrac{3}{2} \left[\dfrac{aa'(a, a') + (a^2 + a'^2)(a, a')'}{(a'^2 - a^2)^2} \right] (bb' - cc'). \end{cases}$$

Si l'on considère plusieurs planètes perturbatrices m', m'', m''', ..., la valeur totale de R_0 se composera de la valeur précédente ajoutée à celles qui s'en déduisent en augmentant d'une unité, de deux, etc., l'accentuation des lettres a', b', c'.

39. *Des inégalités séculaires et périodiques*. — Si l'on conçoit que dans les formules (14), (15), (16), (19), (20) du n° 33 on substitue à R son développement du n° 37 en série de cosinus d'arcs augmentant proportionnellement au temps, on voit tout de suite que R_0 donnera par l'intégration, dans les variations des éléments elliptiques, des termes indépendants de la position des planètes, croissant avec le temps, et qui constituent ce que l'on nomme *les inégalités séculaires*, parce qu'elles croissent avec une extrême lenteur. Ces inégalités sont fournies par les équations

$$(3)\begin{cases} da = 0, \\[2mm] d\varepsilon = \dfrac{an\sqrt{1-e^2}}{e}\left(1 - \sqrt{1-e^2}\right)\cdot\dfrac{dR_0}{de}\,dt - 2a^2n\cdot\dfrac{dR_0}{da}\,dt, \\[2mm] db = an\sqrt{1-b^2-c^2}\cdot\dfrac{dR_0}{dc}\,dt, \\[2mm] dc = -an\sqrt{1-b^2-c^2}\cdot\dfrac{dR_0}{db}\,dt, \\[2mm] dp = \dfrac{an}{\sqrt{1-e^2}}\cdot\dfrac{dR_0}{dq}\,dt, \\[2mm] dq = -\dfrac{an\,dt}{\sqrt{1-e^2}}\cdot\dfrac{dR_0}{dp}\,dt; \end{cases}$$

et l'on voit, de cette manière, que le *grand axe de l'orbite* n'est *soumis à aucune inégalité séculaire*.

Les inégalités provenant des autres termes du développement de R sont périodiques comme ces mêmes termes, et ont reçu pour ce motif le nom d'*inégalités périodiques*.

Nous allons maintenant étudier les propriétés générales des équations (3) ou de celles qui en dérivent.

§ IV. — Des inégalités séculaires.

40. — Posons

$$\Phi = \sum mm' \left\{ \frac{(a^2 + a'^2) + 3\,aa'\,(a,\,a')}{(a'^2 - a^2)^2} \right.$$

$$- \frac{3\,aa'}{2.4}\,\frac{(a,\,a')'}{(a'^2 - a^2)^2}\,[b^2 + c^2 + b'^2 + c'^2 - (p'-p)^2 - (q'-q)^2]$$

$$\left. + \frac{3}{2}\left[\frac{aa'\,(a,\,a') + (a^2 + a'^2)\,(a,\,a')'}{(a'^2 - a^2)}\right](bb' + cc')\right\},$$

la lettre Σ désignant la somme de toutes les expressions semblables à celle qu'elle précède, obtenues en combinant entre elles, deux à deux, les masses m, m', m'', ..., et les quantités qui s'y rapportent. On reconnaîtra sans difficulté que les dérivées partielles de R_0 qui entrent dans les équations (3) sont égales à celle de la fonction Φ, divisée par la masse de la planète troublée. Si l'on observe que, dans notre système planétaire, les vitesses angulaires $n = a^{-\frac{3}{2}}\ldots$ sont toutes de même sens ou de même signe, et si on néglige les termes des ordres supérieurs au premier par rapport aux excentricités et aux inclinaisons, sauf dans l'expression de $d\varepsilon$ (pour un motif que nous ferons connaître ultérieurement), les équations (3) donnent, en ayant égard à la quatrième équation (14) du n° 33,

$$(1) \quad \left\{ \begin{aligned}
& d\varepsilon = \left(1 - \sqrt{1 - e^2}\right) d\omega - \frac{2\,a^2 n}{m}\,\frac{d\Phi}{da}, \\[2mm]
& db = \frac{1}{m\sqrt{a}}\,\frac{d\Phi}{dc}\,dt, \qquad dp = \frac{1}{m\sqrt{a}}\,\frac{d\Psi}{dq}\,dt, \\[2mm]
& dc = -\frac{1}{m\sqrt{a}}\,\frac{d\Phi}{db}\,dt, \quad dq = -\frac{1}{m\sqrt{a}}\,\frac{d\Phi}{dp}\,dt;
\end{aligned} \right.$$

6.

et de même

$$ds' = \left(1 - \sqrt{1 - e'^2}\right) d\omega - \frac{2a'^2 n'}{m'} \frac{d\Phi}{da'} dt,$$

$$db' = \frac{1}{m'\sqrt{a}} \frac{d\Phi}{dc'} dt, \quad dp' = \frac{1}{m'\sqrt{a}} \frac{d\Phi}{dq'} dt,$$

$$dc' = \frac{1}{m'\sqrt{a}} \frac{d\Phi}{db'} dt, \quad dq' = \frac{1}{m'\sqrt{a}} \frac{d\Phi}{dp'} dt.$$

41. *Théorèmes généraux relatifs aux inégalités séculaires.* — 1° *La fonction* Φ *conserve une valeur constante.* — En effet, on tire des équations précédentes

$$\frac{d\Phi}{db} db + \frac{d\Phi}{dc} dc = 0, \quad \frac{d\Phi}{dp} dp + \frac{d\Phi}{dq} dq = 0,$$

$$\frac{d\Phi}{db'} db' + \frac{d\Phi}{dc'} dc' = 0, \quad \frac{d\Phi}{dp'} dp' + \frac{d\Phi'}{dq'} dq' = 0,$$

et, comme Φ est une fonction de a, b, c, p, q, a', b', c', $\ldots$, indépendante de t, et que les grands axes n'éprouvent pas d'inégalités séculaires, on a $d\Phi = 0$, ou $\Phi = $ constante.

Il est facile de s'assurer que cette proposition a lieu rigoureusement ou indépendamment du degré auquel on pousse l'approximation ; car, en substituant les valeurs de da, db, dc, dp, dq, da', $\ldots$, déduites des formules (3) du n° 39, dans la différentielle

$$d\Phi = \frac{d\Phi}{da} da + \frac{d\Phi}{db} db + \frac{d\Phi}{dc} dc + \frac{d\Phi}{dp} dp + \frac{d\Phi}{dq} dq + \frac{d\Phi}{da'} da' \ldots,$$

on trouve qu'elle est identiquement nulle.

2° *La somme des produits des masses des planètes par les racines carrées des demi grands axes et les carrés des excentricités est constante.* — Les équations (1) donnent, en effet, la suivante :

$$m\sqrt{a}\,(b\,db + c\,dc) + m'\sqrt{a'}\,(b'\,db' + c'\,dc') + \ldots$$

$$= b\frac{d\Phi}{dc} - c\frac{d\Phi}{db} + b'\frac{d\Phi}{dc'} - \ldots,$$

dont le second membre est nul, puisque Φ est symétrique en b et c, b' et c', ...; mais on a

$$b^2 + c^2 = e^2, \quad b'^2 + c'^2 = e'^2, \ldots;$$

il vient donc, en intégrant,

$$(2) \qquad \sum m\sqrt{a} \cdot e^2 = \text{constante.}$$

Si donc cette somme est très-petite à une époque déterminée, elle restera toujours très-petite dans la suite des siècles, et, par suite, les excentricités des orbites planétaires ne pourront pas croître indéfiniment.

3° *La somme des produits des masses par les racines carrées des demi grands axes et les carrés des tangentes des inclinaisons est constante.* — On trouve, de la même manière que ci-dessus,

$$\sum m\sqrt{a}\,(p\,dp + q\,dq) = \sum \left(p\,\frac{d\Phi}{dq} - q\,\frac{d\Phi}{dp} \right) dt = 0,$$

d'où

$$(3) \quad \sum m\sqrt{a}\,(p^2 + q^2) = \sum m\sqrt{a}\,\text{tang}^2\varphi = \text{constante,}$$

équation qui conduit, relativement aux inclinaisons, aux mêmes conséquences que celles que nous avons déduites de l'équation (2) pour les excentricités.

4° Des équations (1) on tire

$$\sum m\sqrt{a}\,dp = dt \sum \frac{d\Phi}{dq};$$

or il est facile de s'assurer que le second membre de cette équation est nul; il vient donc, par suite,

$$(4) \left\{ \begin{array}{c} \sum m\sqrt{a} \cdot p = \text{constante,} \\[1ex] \text{et l'on trouve de la même manière} \\[1ex] \sum m\sqrt{a} \cdot q = \text{constante.} \end{array} \right.$$

5° *Relations entre les vitesses angulaires des périhélies et des nœuds des orbites.* — Des équations (1) on déduit facilement

$$\sum m \sqrt{a} \left(\frac{cdb - bdc}{dt} + \frac{qdp - pdq}{dt} \right)$$

$$= \sum \left(b \frac{d\Phi}{db} + c \frac{d\Phi}{dc} + p \frac{d\Phi}{dp} + q \frac{d\Phi}{dq} \right).$$

La fonction Φ étant homogène et du second ordre, relativement à b, c, p, q, b', c',..., le second membre de cette équation est égal à 2Φ, qui conserve une valeur constante, ainsi que nous l'avons vu plus haut. D'autre part, on a, d'après les valeurs de b, c, p, q,...,

$$cdb - bdc = e^2 d\omega, \qquad qdp - pdq = \tang^2\varphi \, d\alpha;$$

par suite,

$$(5) \qquad \sum m \sqrt{a} \cdot e^2 \frac{d\omega}{dt} + \sum m \sqrt{a} \tang^2\varphi \frac{d\alpha}{dt} = 2\Phi.$$

Mais comme les variations séculaires des excentricités et des inclinaisons, en ne conservant que les termes du premier ordre par rapport à ces quantités, sont données par des formules complétement indépendantes entre elles, on peut considérer les excentricités et les inclinaisons comme indépendantes, et l'équation (5) se décompose dans les deux suivantes :

$$(6) \qquad \begin{cases} \sum m \sqrt{a} \cdot e^2 \dfrac{d\omega}{dt} = \text{constante}, \\[2ex] \sum m \sqrt{a} \tang^2\varphi \dfrac{d\alpha}{dt} = \text{constante}, \end{cases}$$

qui montrent que les vitesses angulaires des périhélies $\frac{d\omega}{dt}$... et celles $\frac{d\alpha}{dt}$... des nœuds des orbites ne pourront croître indéfiniment lorsqu'elles seront toutes de même signe.

6° *Relations entre les variations des longitudes de l'époque.* — On a, d'après la première des formules (1),

$$\sum m \sqrt{a}\, \frac{d\varepsilon}{dt} = \sum m \sqrt{a}\left(1 - \sqrt{1-e^2}\right) \frac{d\omega}{dt} - 2 \sum a \frac{d\Phi}{da};$$

or, Φ étant une fonction homogène du degré -1 en a, a', a'', on a

$$\sum a \frac{d\Phi}{da} = - \Phi,$$

qui est une constante ; d'autre part, en négligeant les puissances de l'excentricité supérieures à la seconde, et ayant égard à la première des équations (6), on a

$$\sum m \sqrt{a}\left(1 - \sqrt{1-e^2}\right) \frac{d\omega}{dt} = \sum m \sqrt{a}\, e^2\, \frac{d\omega}{dt} = \text{constante} ;$$

par suite,

$$(7) \qquad \sum m \sqrt{a}\, \frac{d\varepsilon}{dt} = \text{constante},$$

et l'on voit pourquoi nous avons dû conserver le carré de e dans $d\varepsilon$; car autrement cette formule ne serait pas exacte aux termes du troisième ordre près, approximation avec laquelle nous avons établi les précédentes.

Si, dans l'équation que nous venons d'écrire, on ne considère que les termes de $\dfrac{d\varepsilon}{dt}$, $\dfrac{d\varepsilon'}{dt}\cdots$, qui dépendent du temps, ou ceux de ε, ε', qui ne contiennent le temps qu'à des puissances supérieures à la première, on peut faire abstraction de la constante du second membre, et l'on obtient, en intégrant,

$$(8) \qquad \sum m \sqrt{a} \cdot \varepsilon = \text{constante}.$$

42. Les formules (2), (3), (4) peuvent se déduire directement et avec la plus grande facilité du principe des aires. En effet, en négligeant les masses des planètes vis-à-vis de

celle du Soleil, ou continuant à supposer $\mu = 1$, l'équation (4) du n° 24, appliquée aux trois plans coordonnés, donne

$$(A) \begin{cases} \sum m \left(\dfrac{y\,dx - x\,dz}{dt} \right) + \sum mm' \left(\dfrac{x\,dy' - y'\,dx + x'\,dy - y\,dx'}{dt} \right) = C, \\[2ex] \sum m \left(\dfrac{x\,dz - z\,dx}{dt} \right) + \sum mm' \left(\dfrac{z\,dx' - x'\,dz + z'\,dx - x\,dz'}{dt} \right) = C', \\[2ex] \sum m \left(\dfrac{z\,dy - y\,dz}{dt} \right) + \sum mm' \left(\dfrac{y\,dz' - z'\,dy + y'\,dz - z\,dy'}{dt} \right) = C''. \end{cases}$$

En égalant deux expressions de l'aire élémentaire décrite dans le mouvement elliptique, en projection sur le plan fixe xy, on a

$$y\,dx - x\,dy = \sqrt{a(1 - e^2)}\,\cos\varphi\,dt,$$

relation qui s'applique aussi au mouvement troublé, en considérant a, e, φ comme variables, en vertu des inégalités séculaires. La première des équations (A) donne, par suite, en négligeant les termes du second ordre par rapport aux masses,

$$(B) \qquad \sum m \sqrt{a(1 - e^2)}\,\cos\varphi = C,$$

d'où, en ne conservant que les termes du second ordre relativement aux excentricités et aux inclinaisons,

$$\sum m \sqrt{a}\,(e^2 + \tang^2\varphi) = \text{constante},$$

et cette équation se décompose dans les équations (2) et (3), en ayant égard à l'observation faite à l'occasion du théorème 5 du numéro précédent.

Les deux autres équations (A) donnent de la même manière

$$\sum m \sqrt{a(1 - e^2)}\,\sin\varphi\,\cos\alpha = C',$$

$$\sum m \sqrt{a(1 - e^2)}\,\sin\varphi\,\cos\alpha = C'';$$

et l'on retombe sur les formules (4) en négligeant les carrés des inclinaisons et des excentricités et on se reportant aux valeurs p et q du n° 35.

On reconnaîtra facilement que le *plan invariable* ou du maximum des aires est déterminé par les formules

$$\operatorname{tang}\theta \sin \varpi = \frac{C''}{C} = \frac{\sum m\,\sqrt{a\,(1-e^2)}\sin\varphi\sin\alpha}{\sum m\,\sqrt{a\,(1-e^2)}\cos\varphi},$$

$$\operatorname{tang}\theta \sin \varpi = \frac{C'}{C} = \frac{\sum m\,\sqrt{a\,(1-e^2)}\sin\varphi\cos\alpha}{\sum m\,\sqrt{a\,(1-e^2)}\cos\varphi};$$

θ étant son inclinaison sur le plan xy et ϖ la longitude de son nœud comptée à partir de l'axe des x.

43. *Propriétés des inégalités séculaires dans le cas particulier de deux planètes agissant l'une sur l'autre.* — Supposons que deux planètes soient assez éloignées des autres corps du système solaire pour que ces derniers n'aient sur elles aucune influence sensible, ce qui a lieu à très-peu près pour Jupiter et Saturne.

Si l'on ne considère que les inclinaisons, on pourra, comme nous l'avons fait remarquer au n° 41 (théor. 5), faire abstraction des excentricités; et comme a, a' sont constants, la condition $\Phi =$ constante se réduit à

$$\text{constante} = (p-p')^2 + (q-q')^2$$
$$= \operatorname{tang}^2\varphi' + \operatorname{tang}^2\varphi - 2pp' - 2qq'.$$

Soit à une époque déterminée γ l'inclinaison de l'orbite de m' sur l'orbite de m, choisi pour plan fixe, et prenons pour origine de l'angle α l'intersection de ces deux plans. À un instant quelconque, on aura

$$\varphi' = \gamma + \delta\varphi', \quad \varphi = \delta\varphi, \quad \alpha = \delta\alpha, \quad \alpha' = \delta\alpha';$$

la caractéristique δ indiquant des termes de l'ordre des masses m, m', et dont nous négligerons les puissances supérieures à la première. L'équation ci-dessus devient

$$\frac{\delta\varphi'}{\cos^2\gamma} - \delta\varphi = 0,$$

ou, en supposant γ assez petit pour que l'on puisse en négliger le carré,

$$\delta\varphi' - \delta\varphi = \delta\,(\varphi' - \varphi) = 0,$$

ce qui exprime, en raison du mode d'approximation adopté, que *l'inclinaison mutuelle γ des deux orbites reste constante.*

La cinquième des formules (14) du n° 33 donne avec la même approximation

$$\frac{d\alpha'}{dt} = \frac{3\,maa'\,(a,\,a')}{4\,\sqrt{a'}\,(a'^2 - a''^2)},$$

et *l'on voit ainsi que le mouvement angulaire des nœuds de l'orbite de m' sur le plan de l'orbite de m est uniforme.*

Supposons maintenant que l'on prenne pour plan fixe un plan intermédiaire entre ceux des deux orbites, et passant par leur intersection à une époque déterminée. On a

$$\varphi + \varphi' = \gamma,$$

$$\frac{d\alpha}{dt} = \frac{1}{m\,\sqrt{a\,(1-e^2)}\,\sin\varphi}\,\frac{d\Phi}{d\varphi},$$

$$\frac{d\alpha'}{dt} = \frac{1}{m'\,\sqrt{a'\,(1-e'^2)}\,\sin\varphi'}\,\frac{d\Phi}{d\varphi'};$$

or, en remplaçant dans Φ les quantités p, q, p', q' par leurs valeurs tirées du n° 35, on trouve, aux termes du second ordre près en φ et φ',

$$\frac{d\Phi}{d\varphi} + \frac{d\Phi}{d\varphi'} = 0,$$

ce qui montre déjà que les rotations $\dfrac{d\alpha}{dt}$, $\dfrac{d\alpha'}{dt}$ des nœuds des deux orbites sur le plan fixe sont de sens contraire.

Maintenant, si on choisit pour plan fixe celui du maximum des aires, on aura

$$(C) \qquad m \sqrt{a\,(1 - e^2)} \sin\varphi = m' \sqrt{a'\,(1 - e'^2)} \sin\varphi',$$

d'où

$$\frac{d\alpha}{dt} = - \frac{d\alpha'}{dt},$$

et, par suite, l'intersection des deux orbites restera toujours dans ce plan.

L'équation (C) et l'équation (B) du numéro précédent font voir que, aux quantités près du second ordre, les inclinaisons des deux orbites sur le plan du maximum des aires restent constantes.

44. *De la stabilité du système solaire.* — 1° *Les grands axes des orbites n'éprouvent pas de variations séculaires du second ordre par rapport aux masses.*

Nous avons déjà vu que les grands axes ne sont pas soumis à des inégalités non périodiques, en ne tenant compte que de la première puissance des masses $m, m',\dots$ Sans être censé connaître cette propriété, nous allons la démontrer en ayant égard à la fois aux termes du premier ordre et du second ordre, par rapport à ces masses.

Supposons que R représente l'ensemble des termes du premier ordre de la fonction perturbatrice que nous désignerons par R_1, et soit ∂R l'ensemble des termes du second ordre, nous aurons

$$R_1 = R + \partial R.$$

Pour plus de simplicité nous ne considérerons que deux planètes, le raisonnement relatif à ce cas pouvant également s'étendre à un nombre quelconque de planètes perturbatrices.

On peut supposer que dans R les coordonnées de m sont exprimées en fonction de $a, e, \varepsilon, \omega, p, q$ et ζ substitué à t et que celles de m' dépendent des mêmes éléments relatifs à cette planète, et alors δR ne sera autre chose que l'accroissement que prendra R lorsque l'on fera subir à ces qnatorze quantités des variations du premier ordre par rapport aux masses m, m',..., et que nous désignerons également par la caractéristique δ.

La première des équations (15) du n° 34 donne, en négligeant les termes du quatrième ordre,

$$(a) \quad \begin{cases} \delta a = 2 \int (a + \delta a)^2 dR_1 = 2a^2 \int dR_1 + 4 \int \delta a\, dR \\ \qquad = 2a^2 \int dR + 2a^2 \int d\delta R + 8a^2 \int dR \int dR. \end{cases}$$

Soit

$$m'J \cos(i'n't - int + j)$$

l'un des termes de la série dans laquelle nous avons vu (37) que la fonction R peut se réduire. Si nous considérons δa comme représentant la variation du demi grand axe correspondant à ce terme, il suffira de supposer dans la formule précédente

$$R = m'J \cos(i'n't - int + j),$$

d'où l'on tire,

$$dR = n\frac{dR}{d(nt)}\, dt = m'J\, in \sin(i'n't - int + j)\, dt,$$

et

$$\int dR = -\frac{m'J \cdot in}{i'n' - in} \cos(i'n't - int + j),$$

$$\int dR \int dR = \frac{m'^2 J^2 i^2 n^2}{2(i'n' - in)^2} \sin 2(i'n't - int + j).$$

Ces deux intégrales ne renfermeront pas de termes proportionnels au temps, si $i'n' - in$ est différent de zéro, ou si, comme cela a lieu dans notre système planétaire, les mouvements moyens de m, m' sont incommensurables. Le premier et le troisième terme de δa ne constituent donc que des inégalités périodiques. Mais si le rapport de n à n', sans être incommensurable, diffère très-peu de $\frac{i'}{i}$, $i'n' - in$ devenant très-petit, ces deux inégalités seront considérables, varieront avec une grande lenteur, et seront de la nature de celles que nous avons nommées *inégalités séculaires*. Les irrégularités considérables que présentent les mouvements de Saturne et de Jupiter, et qui pendant longtemps sont restées inexpliquées, sont dues à cette cause ou à ce que cinq fois le moyen mouvement de la première de ces planètes étant sensiblement égal à deux fois celui de la seconde, la quantité $5\,n' - 2\,n$ est inférieure à $\dfrac{n}{74}$.

En laissant de côté ces inégalités périodiques, la valeur de δa se réduit à

$$\delta a = 2\,a^2 \int \mathrm{d}.\delta \mathrm{R},$$

et l'on a, en remarquant (34) que $d\zeta = ndt$,

$$\delta \mathrm{R} = \frac{d\mathrm{R}}{ndt}\,\delta\zeta + \frac{d\mathrm{R}}{da}\,\delta a + \frac{d\mathrm{R}}{d\varepsilon}\,\delta\varepsilon + \frac{d\mathrm{R}}{dc}\,\delta e + \frac{d\mathrm{R}}{dp}\,dp + \frac{d\mathrm{R}}{dq}\,dq,$$

$$+ \frac{d\mathrm{R}}{n'\,dt}\,\delta\zeta' + \frac{d\mathrm{R}}{da'}\,\delta a' + \frac{d\mathrm{R}}{d\varepsilon'}\,\delta\varepsilon' + \frac{d\mathrm{R}}{de'}\,\delta e' + \frac{d\mathrm{R}}{dp'}\,dp' + \frac{d\mathrm{R}}{dq'}\,dq'.$$

En ne tenant compte d'abord dans l'expression de δa que du premier terme de cette valeur, on a, eu égard à l'équation (18) du n° 34,

$$d\delta \mathrm{R} = \frac{d^2\mathrm{R}}{n^2\,dt^2}\,(ndt)\delta\zeta + \frac{d\mathrm{R}}{ndt}\,d\delta\zeta$$

$$= -\,3\,an\left(\frac{d^2\mathrm{R}}{ndt} \int dt \int d\mathrm{R} + \frac{d\mathrm{R}}{ndt}\,dt \int d\mathrm{R} \right),$$

quantité qui n'est composée que de termes périodiques, car en y substituant à la place de R le terme

$$m'\,\mathrm{J}\,\cos(i'n't - int + j),$$

on trouve pour résultat

$$\frac{3}{2}\,m'\,\frac{ani^2\mathrm{J}^2}{i'n' - in}\left(\frac{in}{i'n' - in} - 1 \right)\sin 2\,(i'n't - int + j).$$

Considérons maintenant la somme des cinq autres termes

de R qui renferment les variations des mouvements elliptiques de m, abstraction faite des autres termes ; on obtient,
en remplaçant les variations par leurs valeurs déduites de
l'intégration des équations (14) et (19) des n°s 33 et 34,

$$\delta R = 2a^2 n \left(\frac{dR}{da} \int \frac{dR}{d\varepsilon} dt - \frac{dR}{d\varepsilon} \int \frac{dR}{da} dt \right)$$
$$+ an \frac{\sqrt{1-e^2}}{e} \left(1 - \sqrt{1-e^2} \right) \left(\frac{dR}{d\varepsilon} \int \frac{dR}{de} dt - \frac{dR}{de} \int \frac{dR}{d\varepsilon} dt \right)$$
$$+ an \frac{\sqrt{1-e^2}}{e} \left(\frac{dR}{d\omega} \int \frac{dR}{de} dt - \frac{dR}{de} \int \frac{dR}{d\omega} dt \right)$$
$$+ \frac{an}{\sqrt{1-e^2}} \left(\frac{dR}{dp} \int \frac{dR}{dq} dt - \frac{dR}{dq} \int \frac{dR}{dp} dt \right),$$

en se rappelant (34) que la dérivée $\frac{dR}{da}$ doit être prise sans
faire varier n.

Cette expression se trouve ainsi composée de quatre
termes de la forme $\left(X \int Y dt - Y \int_a X dt \right)$, X et Y étant
une suite de termes de la forme $m' J \cos (i'n't - int + j)$;
mais si

$$d \left(X \int Y dt - Y \int X dt \right)$$

renferme des termes non périodiques, ils ne peuvent résulter que de l'association de termes de X et Y tels que

$$m' J \cos(i'n't - int + j), \quad m' J' \cos(i'n't - int + j')$$

ayant le même argument $i''n' - in$. Or, en substituant respectivement ces deux termes à la place de X et Y dans cette
expression, et effectuant l'intégration, on obtient un résultat identiquement nul. Ainsi donc le grand axe de l'orbite
n'éprouve pas de variations séculaires provenant des inégalités mêmes des éléments de cette orbite.

Il nous reste maintenant à voir ce que donnent dans δR
ou δa les variations des éléments elliptiques de m'. Si l'on

élimine l'action mutuelle de $m.m'$ entre la fonction R_1 et la fonction perturbatrice R'_1 de m', exprimées toutes deux en fonction des coordonnées des planètes (21), on trouve

$$R_1 = \frac{m'}{m}\, R'_1 + m'(xx' + yy' + zz')\left(\frac{1}{r^3} - \frac{1}{r'^3}\right).$$

On démontrera, en suivant la marche adoptée plus haut relativement aux termes de ∂R dépendant des éléments elliptiques de m, que la portion $\dfrac{m'}{m}\,\partial R'$ de cette variation due aux inégalités du mouvement elliptique de m' ne donne que des termes périodiques dans ∂a; de sorte que l'on est ramené à supposer

$$R_1 = m'(xx' + yy' + zz')\left(\frac{1}{r^3} - \frac{1}{r'^3}\right).$$

Or les équations (3) du n° 21 donnent

$$m'\,\frac{x}{r^3} = -\,\frac{m'}{M}\frac{d^2x}{dt^2} - \frac{mm'}{M}\frac{x}{r^3} + \frac{m'}{M}\frac{dR_1}{dx},$$

$$m'\,\frac{x'}{r^3} = -\,\frac{m'}{M}\frac{d^2x}{dt^2} - \frac{m'^2}{M}\frac{x'}{r'^3} + \frac{m'}{M}\frac{dR'_1}{dx'},$$

et l'on aura des équations pareilles pour les deux autres coordonnées de m, m'. Si l'on fait la somme des équations en x, y, z ainsi obtenues, multipliées respectivement par x', y', z' et que l'on en retranche la somme des équations en x', y', z' multipliées par x, y, z, on trouve

$$R_1 = \frac{m'}{M}\frac{d}{dt}\left(\frac{xd'x - x'dx + ydy' - y'dy + zdz' - z'dz}{dt}\right) + F,$$

en posant

$$F = \frac{m'^2}{M}\frac{(xx' + yy' + zz')}{r'^3} - \frac{mm'}{M}\frac{(xx' + yy' + zz')}{r^3},$$

$$+ \frac{m'}{M}\left(x'\frac{dR_1}{dx} - x\frac{dR'_1}{dx} + y'\frac{dR_1}{dy} - y\frac{dR'_1}{dy'} + z'\frac{dR_1}{dz} - z\frac{dR_1}{dz'}\right).$$

Si l'on fait d'abord abstraction de F, on a

$$\int d\mathbf{R}_1 = \frac{m'}{\mathbf{M}} \, d\left(\frac{xdx' - x'dx + ydy' - y'dy + zdz' - z'dz}{dt^2}\right),$$

et cette intégrale, par suite son terme du second ordre $\int d\partial \mathbf{R}_1$, ne peut renfermer que des termes périodiques, de sorte qu'aucun de ces termes ne pourra acquérir une valeur sensible au bout d'un temps plus ou moins long.

Nous n'avons donc plus qu'à supposer $\mathbf{R}_1 = \mathbf{F}$ ou $\partial \mathbf{R} = \mathbf{F}$, puisque $\mathbf{F}$ est du second ordre par rapport aux masses; mais on peut remplacer dans cette fonction les coordonnées des planètes par leurs valeurs qui résultent du mouvement elliptique, et les équations de ce mouvement donnent

$$\frac{xx' + yy' + zz'}{r^3} = -\frac{x'd^2x + y'd^2y + z'd^2z}{(\mathbf{M} + m)dt^2},$$

$$\frac{xx' + yy' + zz'}{r'^3} = -\frac{xd^2x' + yd^2y' + zd^2z'}{(\mathbf{M} + m)dt^2},$$

équations dont les seconds membres ne peuvent renfermer de termes non périodiques, puisque, les coordonnées de m et de m' ne dépendant respectivement que des angles nt, $n't$, il est impossible que les moyens mouvements disparaissent dans les produits tels que $x\dfrac{d^2x'}{dt^2}$, $x'\dfrac{d^2x}{dt^2}$,.... Nous sommes donc ramené à poser

$$\partial \mathbf{R} = \mathbf{F} = \frac{m'}{\mathbf{M}}\left(x'\frac{d\mathbf{R}_1}{dx} - x\frac{d\mathbf{R}'_1}{dx'} + y'\frac{d\mathbf{R}_1}{dy} - y\frac{d\mathbf{R}'_1}{dy'} + z'\frac{d\mathbf{R}_1}{dz} - z\frac{d\mathbf{R}'_1}{dz'}\right).$$

La dérivée $\dfrac{d\mathbf{R}_1}{dx}$ étant supposée développée en une suite de sinus et cosinus d'arcs multiples de $n't$, nt, et x' ne renfermant que des termes périodiques dépendant de $n't$, pour obtenir dans le produit $x'\dfrac{d\mathbf{R}_1}{dx}$ des termes non périodiques, il ne faut considérer dans $\frac{d\mathrm{R}}{dx}$ que des termes indépendants de nt. Mais alors les résultats obtenus disparaissent par la différentiation d; il n'y a donc pas lieu de tenir compte de $x'\frac{d\mathrm{R}}{dx}$, ni, par le même motif, de $y'\frac{d\mathrm{R}}{dy}$, $z'\frac{d\mathrm{R}}{dz}$. Un raisonnement analogue fera voir que les trois autres termes de $\partial\mathrm{R}$ ne donneront également dans ∂a que des termes périodiques, et le principe énoncé se trouve enfin démontré.

Avant de terminer, nous remarquerons que les moyens mouvements des planètes ne sont pas non plus soumis à des inégalités séculaires du premier et du second ordre, par rapport aux masses des planètes; c'est ce qui résulte de la formule

$$n = a^{-\frac{3}{2}}.$$

2° En ayant égard aux termes du second ordre par rapport aux masses, les excentricités et les inclinaisons mutuelles des orbites planétaires resteront toujours très-petites, quelque loin que l'on pousse les approximations relatives à ces quantités.

Si nous nous reportons au n° 42, nous aurons

$$\sum m\sqrt{a(1-e^2)}\cos\varphi = \mathrm{C} + \sum\frac{mm'(\,y\,dx' - y\,dy' + y'\,dx - x'\,dy)}{dt};$$

or, en négligeant les termes du quatrième ordre par rapport aux masses, ainsi que les inégalités périodiques, le second membre de cette équation est constant; car, par exemple, les coordonnées y et x', estimées dans le mouvement elliptique, ne dépendant respectivement que de nt, $n't$, le produit $y\frac{dx'}{dt}$ ne peut pas renfermer de termes où les moyens mouvements se détruisent. Il vient donc

$$\sum m\sqrt{a(1-e^2)}\cos\varphi = \text{constante};$$

les deux dernières équations (A) du n° 42 donnent de même

$$\sum m \sqrt{a(1 - e^2)} \sin\varphi \cos\alpha = \text{constante},$$

$$\sum m \sqrt{a(1 - e^2)} \sin\varphi \sin\alpha = \text{constante}.$$

Si, pour simplifier, nous ne considérons d'abord que deux planètes m, m' dont les orbites fassent entre elles l'angle γ, on a

$$\cos\gamma = \cos\varphi \cos\varphi' + \sin\varphi \sin\varphi' \cos(\alpha - \alpha'),$$

et en ajoutant membre à membre les carrés des trois équations ci-dessus,

$$\text{(D)} \quad \left\{ \begin{array}{l} m^2 a(1 - e^2) + m'^2 a(1 - e'^2) \\ + 2mm' \sqrt{aa'(1 - e^2)(1 - e'^2)} \cos\gamma = \text{constante};\end{array} \right.$$

mais on a

$$\sqrt{1 - e^2} = 1 - \frac{e^2}{1 + \sqrt{1 - e^2}}, \quad \sqrt{1 - e'^2} = 1 - \frac{e'^2}{1 + \sqrt{1 - e'^2}},$$

$$\cos\gamma = 1 - \frac{\sin^2\gamma}{1 + \cos\gamma}, \qquad a^{\frac{1}{2}} = na^2;$$

par suite, en faisant passer toutes les constantes de l'équation (D) dans le second membre,

$$\text{(E)} \left\{ \begin{array}{l} m^2 ae^2 + m'^2 ae'^2 + 2mm' a^2 a'^2 nn' \\ \times \left[\dfrac{e^2 \sqrt{1 - e^2}}{1 + \sqrt{1 - e^2}} \cos\gamma + \dfrac{e'^2 \sqrt{1 - e'^2}}{1 + \sqrt{1 - e'^2}} \cos\gamma + \dfrac{\sin^2\gamma}{1 + \cos\gamma} \right] = \text{const.} \end{array} \right.$$

La constante, qui est du quatrième ordre en e, e', γ, m, m', est très-petite, d'après les valeurs mêmes de ces éléments qui résultent des observations actuelles; et comme les vitesses angulaires n, n' sont de même sens ou de même signe, tous les termes du premier membre de l'équation sont positifs; d'où il suit que les quantités e, e', γ resteront toujours de petites quantités comme elles le sont maintenant. On arriverait au même résultat en considérant un nombre quelconque de planètes m, m', m'',...., puisque chacune d'elles ne fait qu'ajouter au premier membre de l'équation (E) des termes semblables à ceux qui le composent. Ainsi donc, la stabilité du système planétaire est assurée par rapport aux grands axes, aux excentricités et aux inclinaisons des orbites, en ayant égard aux termes du second ordre par rapport aux masses perturbatrices.

45. *Calcul des inégalités séculaires des excentricités et des longitudes des périhélies.* — Dans ce qui suit nous ne tiendrons compte que des termes du premier ordre par rapport aux masses perturbatrices, aux excentricités et aux inclinaisons. Si l'on adopte les notations symboliques

$$[a', a''] = - \frac{3\,m''\,a'^2\,a''\,n'\,(a', a'')'}{4(a''^2 - a'^2)},$$

$$\boxed{a', a''} = - 3\,m''\,a'\,n'\,\frac{[a'a''(a', a'')' + (a'^2 + a'')^2\,(a'\,a'')]}{2(a''^2 - a'^2)^2},$$

et si l'on substitue dans les troisième et quatrième équations du n° 39 la valeur de R_0, déduite du n° 38, on trouve

$$(9) \quad \begin{cases} \dfrac{db}{dt} = \big\{ [a, a'] + [a, a''] + \ldots \big\}\, c - \boxed{a,\ a'}\, c' - \boxed{a,\ a''}\, c'' - \ldots, \\[2mm] \dfrac{dc}{dt} = - \big\{ [a, a'] + [a', a''] + \ldots \big\}\, b + \boxed{a,\ a'}\, b + \boxed{a,\ a'}\, b'' + \ldots, \\[2mm] \text{et, de même,} \\[2mm] \dfrac{db'}{dt} = \big\{ [a', a] + [a', a''] + \ldots \big\}\, c' - \boxed{a',\ a}\, c - \boxed{a', a''}\, c'' - \ldots, \\[2mm] \dfrac{dc'}{dt} = - \big\{ [a', a] + [a', a''] + \ldots \big\}\, b' - \boxed{a',\ a}\, b + \boxed{a', a''}\, b'' + \ldots. \end{cases}$$

Ces équations sont linéaires, et c'est là l'avantage de la transformation au moyen de laquelle nous y sommes arrivés et qui est due à Lagrange. On y satisfera en posant

$$\begin{aligned} b &= A \sin(ht + k), & c &= A \cos(ht + k), \\ b' &= A\alpha' \sin(ht + k), & c' &= A\alpha' \cos(ht + k), \\ b'' &= A\alpha'' \sin(ht + k), & c'' &= A\alpha'' \cos(ht + k), \ldots, \end{aligned}$$

h, k, A, α', α'', ..., étant des constantes, et l'on trouve, en substituant ces valeurs,

$$h = \big\{ [a, a'] + [a, a''] + \ldots \big\} - \boxed{a, a'} - \boxed{a, a''}\, \alpha'',$$

$$\alpha' h = \big\{ [a', a] + [a', a''] + \ldots \big\}\, \alpha' - \boxed{a', a} - \boxed{a', a''}\, \alpha'', \ldots.$$

Le nombre de ces équations est égal à celui n des planètes ou des constantes h, α', α'',..., dont elles détermineront les valeurs. L'équation finale en h sera du $n^{\text{ième}}$ degré et donnera, par conséquent, n racines h_1, h_2,..., à chacune desquelles correspondront les systèmes de valeurs $(\alpha_1, \alpha'_1, \alpha''_1 \ldots)$, $(\alpha_2, \alpha'_2, \alpha''_2, \ldots)$ de α, α', α'',..., mais A reste indéterminé ainsi que k.

Les $2n$ équations différentielles (9) seront donc vérifiées par

$$b = A_1 \sin(h_1 t + k_1) \quad + A_2 \sin(h_2 t + k_2) + \ldots,$$
$$c = A_1 \cos(h_1 t + k_1) \quad + A_2 \cos(h_2 t + k_1) + \ldots,$$
$$b' = A_1 \alpha'_1 \sin(h_1 t + k_1) + A_2 \alpha'_2 \sin(h_2 t + k_2) + \ldots,$$
$$c' = A_1 \alpha'_1 \cos(h_1 t + k_1) + A_2 \alpha'_2 \cos(h_2 t + k_2) + \ldots,$$

$$\ldots\ldots\ldots\ldots\ldots\ldots\ldots\ldots\ldots\ldots\ldots\ldots\ldots$$

et ces expressions en sont les intégrales générales, puisqu'elles renferment $2n$ constantes arbitraires A_1, A_2,..., k_1, k_2,..., qui ne pourront se déterminer que par l'observation.

Les valeurs de b et c étant supposées connues, on en déduit celle de e de la formule

$$e^2 = b^2 + c^2 = A_1^2 + A_2^2 + \ldots + 2 A_1 A_2 \cos[(h_2 - h_1) t + k_2 - k_1] + \ldots,$$

et l'on aura $\qquad e^2 < (A_1 + A_2 + \ldots)^2$

si les cosinus qui entrent dans le second membre de e^2 sont tous réels; en d'autres termes, les excentricités des orbites pourront, à la longue, éprouver des altérations appréciables, mais qui néanmoins resteront toujours de très-petites quantités, si les racines h_1, h_2,..., sont toutes réelles et inégales, et c'est ce qui a lieu. En effet, si nous supposons que quelques-unes d'entre elles soient imaginaires, b renfermera un nombre fini de termes de la forme $B.E^{\gamma t}$, E étant la base du système de logarithmes népériens, B et γ des constantes réelles ; soient $CE^{\gamma t}$, $B'E^{\gamma t}$, $C'E^{\gamma t}$,..., les termes correspondants de c, b', c',..., les coefficients C, B', C',..., étant aussi des quantités réelles; c^2, c'^2,..., contiendront respectivement les termes $E^{2\gamma t}(B^2+C^2)$, $E^{2\gamma t}(B'^2+C'^2)$,...; le premier membre de l'équation (2) du n° 41 renfermera par suite le terme

$$E^{2\gamma t}\left[m\sqrt{a}\,(B'^2+C'^2)+m'\sqrt{a'}(B'^2+C'^2)+\ldots\right],$$

qui ne se réduira avec aucun autre, si γ est le plus grand des exposants de E; par conséquent, pour que le premier membre de cette équation soit égal à une constante, il faut que

$$m\sqrt{a}(B^2+C^2)+m'\sqrt{a'}(B'^2+C'^2)+\ldots=0,$$

ce qui exige que

$$B=0,\quad C=0,\quad B'=0,\quad C'=0,\ldots;$$

l'équation en h n'a donc point de racines imaginaires.

Si cette équation avait des racines égales, b contiendrait un nombre fini de termes de la forme Bt^γ, et si Ct^γ, $B't^\gamma$ $C't^\gamma$,..., sont les termes correspondants de c, b', c',..., le premier membre de l'équation (2) du n° 41 renfermerait le terme

$$t^{2\gamma}\left[m\sqrt{a}\,(B^2+C^2)+m'\sqrt{a'}(B'^2+C'^2)+\ldots\right],$$

et l'on prouverait, comme plus haut, que $B=0$, $C=0$,.... L'équation en h ne peut donc avoir que des racines réelles et inégales.

Pour calculer la longitude du périhélie, on a

$$\tan\omega=\frac{b}{c}=\frac{A_1\sin(h_1t+k_1)+A_2\sin(h_2t+k_2)+\ldots}{A_1\cos(h_1t+k_1)+A_2\cos(h_2t+k_2)+\ldots}$$

ou

$$\tan(\omega-h_1t-k_1)$$
$$=\frac{A_1\sin[(h_2-h_1)t+k_2-k_1]+A_3\sin[(h_3-h_1)t+k_3-k_2]+\ldots}{A_1\cos[(h_2-h_1)t+k_2-k_1]+A_3\cos[(h_3-h_1)t+k_3-k_2]+\ldots}.$$

Si, en ne considérant que les valeurs absolues, on a

$A_1 > A_2 + A_3 + \ldots$, le dénominateur de l'expression précédente ne pouvant devenir nul, les oscillations de l'angle $\omega - h_1 t - k_1$ ne pourront dépasser les limites 90 et — 90 degrés, et $h_1 t + k_1$ représentera le mouvement moyen du périhélie. Mais de ce cas particulier on ne peut rien conclure de général, et les périhélies pourront se déplacer d'un mouvement varié mais très-lent (41), sans que l'on puisse assigner des limites à leurs déplacements séculaires.

Dans les applications on opère d'une autre manière pour calculer les inégalités de e et de ω; on emploie à cet effet les troisième et quatrième équations (14) du n° 33 dans lesquelles on substitue à la place de R l'expression (2′) de R_0 donnée au n° 38; on trouve ainsi

$$(10) \quad \begin{cases} \dfrac{de}{dt} = \boxed{a,\ a'}\, e' \sin(\omega' - \omega) + \boxed{a,\ a''}\, e'' \sin(\omega'' - \omega) + \ldots, \\[2mm] \dfrac{de'}{dt} = \boxed{a',\ a}\, e \sin(\omega - \omega') + \boxed{a',\ a''}\, e'' \sin(\omega'' - \omega') + \ldots, \\[1mm] \cdots\cdots\cdots\cdots\cdots\cdots\cdots\cdots\cdots\cdots\cdots \\[2mm] \dfrac{d\omega}{dt} = [a, a'] + [a,\ a''] + \ldots - \boxed{a,\ a'}\, \dfrac{e'}{e} \cos(\omega - \omega') \\[2mm] \qquad\qquad\qquad\qquad - \boxed{a,\ a''}\, \dfrac{e''}{e} \cos(\omega'' - \omega) - \ldots, \\[2mm] \dfrac{d\omega'}{dt} = [a', a] + [a', a''] + \ldots - \boxed{a',\ a}\, \dfrac{e}{e'} \cos(\omega - \omega') \\[2mm] \qquad\qquad\qquad\qquad - \boxed{a',\ a''}\, \dfrac{e''}{e'} \cos(\omega'' - \omega') - \ldots, \\[1mm] \cdots\cdots\cdots\cdots\cdots\cdots\cdots\cdots\cdots\cdots\cdots \end{cases}$$

On pourra, avec une approximation suffisante pour plusieurs siècles avant et après l'époque choisie pour origine du temps, intégrer ces équations en donnant dans les seconds membres à e, e',…, ω, ω',…, les valeurs qui se rapportent à cette époque.

Si l'on veut obtenir des valeurs plus exactes, il suffira de remarquer que e et ω deviennent, au bout du temps t,

$$e + t\, \frac{de}{dt} + \frac{t^2}{1\cdot 2}\, \frac{d^2 e}{dt^2} ; \cdots, \qquad \omega + t\, \frac{d\omega}{dt} + \frac{t^2}{1\cdot 2}\, \frac{d^2\omega}{dt^2} , \cdots,$$

et comme les équations (10) donnent, par la différentiation, les valeurs de $\dfrac{d^2e}{dt^2}, \dfrac{d^3e}{dt^3},\ldots, \dfrac{d^2\omega}{dt^2}, \dfrac{d^3\omega}{dt^3},\ldots$, on pourra étendre, aussi loin que l'on voudra, les deux séries précédentes. Mais il suffit, dans la comparaison des observations les plus anciennes que nous possédons, de s'arrêter au troisième terme de ces séries.

46. *Calcul des inégalités séculaires des inclinaisons et des longitudes des nœuds.* — Si l'on opère comme au numéro précédent, on obtient, selon que l'on emploie les équations du n° 39 ou celles du n° 33,

$$(9')\quad\begin{cases}\dfrac{dp}{dt} = -\left\{[a, a'] + [a, a'']\ldots\right\} q + [a, a']q' + [a, a'']q'' + \ldots, \\[2ex] \dfrac{dq}{dt} = \left\{[a, a'] + [a, a''] + \ldots\right\} p - [a, a']p' - [a, a^v]p'' - \ldots \\[1ex] \cdots\cdots\cdots\cdots\cdots\cdots\cdots\cdots\cdots\cdots\cdots\cdots\cdots\end{cases}$$

avec les relations

$$\operatorname{tang}\varphi = \sqrt{p^2 + q^2}, \quad \operatorname{tang}\alpha = \frac{p}{q},$$

ou

$$(10')\quad\begin{cases}\dfrac{d\varphi}{dt} = [a, a']\operatorname{tang}\varphi' \sin(\alpha - \alpha') + [a, a'']\operatorname{tang}\varphi'' \sin(\alpha - \alpha'') + \ldots, \\[2ex] \dfrac{d\alpha}{dt} = -\left\{[a, a'] + [a, a''] + \ldots\right\} + [a, a']\dfrac{\operatorname{tang}\varphi'}{\operatorname{tang}\varphi} + \cos(\alpha - \alpha') + \ldots \\[1ex] \cdots\cdots\cdots\cdots\cdots\cdots\cdots\cdots\cdots\cdots\cdots\cdots\cdots\end{cases}$$

Les équations $(9')$ s'intégreront comme les équations (10) et conduiront respectivement pour φ et α aux conséquences auxquelles nous sommes arrivé pour e et ω.

Les équations $(10')$, traitées comme les équations (10), permettront de calculer par approximation les valeurs de φ et α.

Pour rendre immédiatement applicables aux usages astronomiques les formules qui donnent les inclinaisons et les longitudes des nœuds, il faut leur faire subir une modification, en raison de ce que les astronomes ont coutume de substituer le plan mobile de l'écliptique au plan fixe auquel nous avons rapporté jusqu'ici les orbites planétaires. Supposons donc que m représente la Terre, et soient z', x', y' les coordonnées de m' par rapport à un plan fixe supposé peu incliné sur les orbites du système planétaire, et z l'ordonnée du point de l'écliptique correspondant aux abscisses x', y'. On a (38)

$$z' = q'y' - p'x', \quad z = qy' - px'$$

et, pour la hauteur z'_1 de m' au-dessus de l'écliptique,

$$z'_1 = z' - z = (q' - q)y' - (p' - p)x$$

en négligeant les termes du troisième ordre par rapport aux inclinaisons; mais si φ'_1, α'_1 désignent l'inclinaison et la longitude des nœuds de m' sur l'écliptique, on a aussi

$$z'_1 = y' \tang\varphi'_1 \cos\alpha'_1 - x' \tang\varphi'_1 \sin\alpha'_1,$$

d'où

$$\tang\varphi'_1 \cos\alpha'_1 = q' - q, \quad \tang\varphi'_1 \sin\alpha'_1 = p' - p,$$

et

$$\tang\varphi'_1 = \sqrt{(p' - p)^2 + (q' - q)^2}, \quad \tang\alpha'_1 = \frac{p' - p}{q' - q},$$

formules au moyen desquelles on calculera φ'_1 et α'_1, dès que l'on aura obtenu p, p', q, q'.

Si nous prenons maintenant pour le plan fixe celui de l'écliptique à une époque déterminée, on a

$$p = 0, \quad q = 0;$$

par suite,

$$\tang\alpha'_1 = \frac{p'}{q'} = \tang\alpha',$$

et

$$d\varphi'_1 = (dp' - dp)\sin\alpha' + (dq' - dq)\cos\alpha',$$

$$d\alpha'_1 = \frac{(dp' - dp)\cos\alpha' - (dq' - dq)\sin\alpha'}{\tang\alpha'};$$

en substituant à dp, dq, dp', dq' leurs valeurs fournies par l'équation (10'), on trouve

$$\frac{d\varphi'_1}{dt} = \{[a', a''] - [a, a'']\}\, \mathrm{tang}\,\varphi'' \sin(\alpha' - \alpha'')$$
$$+ \{[a', a'''] - [a, a''']\}\, \mathrm{tang}\,\varphi''' \sin(\alpha' - \alpha'') + \ldots,$$

$$\frac{d\alpha'_1}{dt} = -\{[a', a] + [a', a''] + \ldots\} - [a, a']$$
$$+ \{[a', a''] - [a, a'']\}\, \frac{\mathrm{tang}\,\varphi''}{\mathrm{tang}\,\varphi'} \cos(\alpha' - \alpha'') + \ldots.$$

On aura pour les masses m'', m''',..., des formules analogues, exactes, comme nous l'avons fait observer plus haut, aux termes du troisième ordre près par rapport aux inclinaisons.

47. *Calcul des inégalités séculaires de la longitude de l'époque.* — Pour calculer ces inégalités, nous reprendrons la seconde équation du nº 33, dans laquelle nous remplacerons R_0 par sa valeur (2') du nº 38. Si l'on adopte les notations symboliques .

$$\overline{(a, a')} = \frac{m'an[2a^2(a, a') + 3aa'(a, a')']}{(a'^2 - a^2)^2},$$

$$\overline{(a, a')}_1 = -\frac{m'an[12a^2a'^2(a, a') - 3(3a^3a' - aa'^3)(a, a')'}{2,4(a'^2 - a^2)^3},$$

$$\overline{(a, a')}_2 = -\frac{m'an[3(a^2 - 5a'^2)aa'(a, a') + 3(a^4 + 6a^2a'^2 - 5a'^4)(a, a')']}{4(a'^2 - a^2)^3},$$

$$\overline{(a, a')}_3 = \frac{man[6a^2a'^2(a, a') - 3a^3a'(a, a')']}{4(a'^2 - a^2)^3},$$

et si l'on néglige les puissances de $e = \sqrt{b^2 + c^2}$ supérieures à la seconde, on trouve

$$(11)\ \begin{cases} \dfrac{d\varepsilon}{dt} = \overline{(a, a')} + \overline{(a, a')}_1(b^2 + c^2) + \overline{(a, a')}_2(bb' + cc') \\[2ex] \qquad + \overline{(a, a')}_3[(p' - p)^2 + (q' - q)^2 - b'^2 - c'^2], \end{cases}$$

en ne considérant pour simplifier que deux planètes, tout

ce que nous dirons dans cette hypothèse pouvant facilement s'étendre à un nombre quelconque de planètes.

Si, comme dans le calcul des inégalités des autres éléments de l'orbite de m, on n'avait eu égard qu'aux premières puissances des excentricités et des inclinaisons, l'équation (11) n'aurait donné, par l'intégration, qu'un terme proportionnel au temps qui, dans l'expression de la longitude moyenne, ne ferait que modifier le mouvement moyen; $d\varepsilon$ ou $\delta\varepsilon$ ne peut donc dépendre, par suite, que des termes en e^2 et φ^2, que nous avons dû dès lors conserver.

En remplaçant, dans l'équation (11), les quantités b, b', c, c' par leurs valeurs approximatives limitées à la première puissance du temps, et calculées conformément à la méthode indiquée au n° 45, on obtient un résultat de la forme

$$d\varepsilon = A\,ndt + 2\,B\,tdt,$$

A et B étant deux constantes dont les valeurs sont connues; on tire de là, en intégrant,

$$\delta\varepsilon = A\,nt + B\,t^2;$$

et l'on a, pour la longitude moyenne corrigée,

$$nt + \varepsilon + \delta\varepsilon = n(1 + A)t + Bt^2.$$

Le terme $A\,nt$ ne fait qu'augmenter le moyen mouvement primitif dans le rapport de $1+A$ à 1, et le moyen mouvement corrigé semblera répondre à la distance moyenne corrigée

$$\frac{a}{(1+A)^{\frac{2}{3}}};$$ mais comme A est une très-petite quantité, puisqu'elle est de l'ordre des masses m, m',…, il ne résultera de là qu'une correction insensible, dont il est inutile de tenir compte dans les distances moyennes.

Il faudra au contraire tenir compte du terme Bt^2, qui constitue une véritable inégalité séculaire dans ε, par suite dans la longitude moyenne; toutefois, comme le coefficient B est du second ordre par rapport à m, m', il y a tout lieu de croire qu'il sera toujours peu considérable. Ainsi, dans la théorie de Jupiter et de Saturne, qui sont les deux planètes dont les perturbations sont les plus considérables, on a pour Jupiter, t étant évalué en années juliennes,

$$\delta\varepsilon = -0'',000000\,3250\,t^2,$$

d'où l'on tire pour Saturne, au moyen de l'équation (8) du n° 41 mise sous la forme $m\sqrt{a}\,\delta\varepsilon + m'\sqrt{a'}\,\delta\varepsilon' = 0$, la valeur

$$\delta\varepsilon' = 0'',00000\,15114\,t^2;$$

ces deux inégalités ne s'élevant pas à $\frac{1}{60}$ de seconde par siècle, sont insensibles pour les plus anciennes observations qui nous sont parvenues.

Mais le même terme $B t^2$ devient très-sensible pour la Lune troublée par le Soleil dans son mouvement autour de la Terre; on a en effet

$$\delta\varepsilon = 0'',00102066\,t^2,$$

soit environ 10 secondes par siècle, ce qui s'accorde assez bien avec l'observation, qui donne à peu près 9 secondes.

On peut obtenir l'intégrale exacte de l'équation (11) dans le cas de deux planètes; on a en effet, d'après les valeurs de b, b', c, c' données au n° 45,

$$b^2 + c^2 = A_1^2 + A_2^2 + 2A_1 A_2\cos[(h_1 - h_2)t + k_1 - k_2],$$
$$b'^2 + c'^2 = A_1^2\alpha_1'^2 + A_2^2\alpha_2'^2 + 2A_1 A_2\alpha_1'\alpha_2'\cos[(h_1 - h_2)t + k_1 - k_2],$$
$$bb' + cc' = A_1^2\alpha_1' + A_2^2\alpha_2' + A_1 A_2(\alpha_1' + \alpha_2')\cos[(h_1 - h_2)t + k_1 - k_2];$$

en substituant ces valeurs dans l'équation précitée, on obtient un résultat de la forme

$$d\varepsilon = M n dt + N\cos[(h_1 - h_2)t + k_1 - k_2],$$

M et N étant deux constantes dont les valeurs sont connues; d'où, en faisant abstraction du terme $M n t$ conformément à ce que nous avons dit plus haut,

$$\delta\varepsilon = \frac{N}{h_1 - h_2}\sin[(h_1 - h_2)t + k_1 - k_2].$$

Cette inégalité séculaire est périodique comme celle des autres éléments elliptiques ; mais sa période qui dépend de l'argument $h_1 - h_2$ est extrêmement longue et est égale notamment à 70414 années pour Jupiter et Saturne. .

48. *Remarque relative aux inégalités périodiques.* — Ces inégalités, qui correspondent aux termes périodiques de R dans les formules du n° 33, étant toujours très-faibles, et n'étant en quelque sorte que passagères, sont de peu d'importance en Astronomie ; c'est pourquoi nous ne nous en occuperons pas. Nous nous bornerons à faire remarquer qu'on les détermine en intégrant les équations précitées dans les seconds membres desquelles on regarde les éléments elliptiques comme constants. Cette approximation est d'ailleurs suffisante pour un grand nombre de siècles, avant ou après l'époque prise pour origine du temps.

§ V. — Des perturbations du mouvement elliptique des comètes.

49. Les excentricités et les inclinaisons sur l'écliptique des orbites des comètes étant considérables, on ne peut plus appliquer, pour calculer leurs perturbations, le procédé que nous avons adopté pour les planètes, et qui est essentiellement basé sur le développement en série de la fonction perturbatrice, ordonné suivant les puissances ascendantes des excentricités et des inclinaisons.

La méthode dont on fait alors usage consiste à partager l'orbite en portions suffisamment petites pour chacune desquelles on calcule, à l'aide des formules connues de quadratures par approximation, les altérations produites par les forces perturbatrices, exprimées en fonction des coordonnées de la comète et des planètes perturbatrices.

50. *Variations des éléments du mouvement elliptique des comètes.* — En négligeant les carrés des forces pertur-

batrices, comme nous le ferons dans ce qui suit, on est ramené à déterminer les variations des éléments elliptiques de l'orbite cométaire, dues à chacune des planètes perturbatrices, comme si elle agissait seule.

On a dans le mouvement elliptique

$$(1) \quad \left\{ \begin{array}{l} nt + \varepsilon - \omega = u - e \sin u, \\ \\ r = \dfrac{a\,(1 - e^2)}{1 + e \cos(v - \omega)} = a\,(1 - e \cos u), \end{array} \right.$$

d'où

$$(2) \quad \left\{ \begin{array}{l} dt = \dfrac{1 - e \cos u}{n}\, du = \dfrac{r\,du}{an} = ra^{\frac{1}{2}}\, du, \\ \\ x = r \sin(v - \omega) = a\,(\cos u - e), \\ \\ y = r \sin(v - \omega) = a\sqrt{1 - e^2}\, \sin u, \\ \\ dx = -\,a \sin u\,du = -\dfrac{y}{\sqrt{1 - e^2}}\, du, \\ \\ dy = a\sqrt{1 - e^2}\, \cos u\,du = \sqrt{1 - e^2}\,(x + ae)\,du, \end{array} \right.$$

formules qui sont encore applicables au mouvement troublé.

Nous choisirons pour plan des xy celui de l'orbite de la comète à une certaine époque prise pour origine du temps, de sorte que z, c', c'' et φ sont de l'ordre de la force perturbatrice.

Désignons par

$$m'\,\mathrm{X} = \frac{d\mathrm{R}}{dx}, \quad m'\,\mathrm{Y} = \frac{d\mathrm{R}}{dy}, \quad m'\,\mathrm{Z} = \frac{d\mathrm{R}}{dz},$$

les composantes parallèles aux trois axes coordonnés de la force perturbatrice, X, Y, Z étant des fonctions des coordonnées de la comète m et de la planète perturbatrice m'.

Dans le mouvement troublé, les aires décrites en projection sur les plans coordonnés ne sont plus constants et (14) c, c', c'' renferment respectivement comme parties variables les moments de l'impulsion de la force perturbatrice par rapport aux axes des z, des y et des x; de même, le terme $\dfrac{1}{a}$ et l'équation des forces vives (4ᵉ équation (3) du nᵒ 28) renferme comme partie variable le double du travail de la même force pris en signe contraire. On a donc, d'après le mode d'approximation adopté,

$$(3) \quad \begin{cases} dc = m'\,(\mathbf{Y}x - \mathbf{X}y)\,dt = m'ra^{\frac{1}{2}}(\mathbf{Y}x - \mathbf{X}y)\,du, \\[2mm] dc' = -\,m'\mathbf{Z}x\,dt = -\,m'ra^{\frac{1}{2}}\mathbf{Z}x\,du, \\[2mm] dc'' = m'\mathbf{Z}y\,dt = m'ra^{\frac{1}{2}}\mathbf{Z}y\,du, \end{cases}$$

$$(A) \quad \begin{cases} -\,d\dfrac{1}{a} = 2m'\,(\mathbf{X}\,dx + \mathbf{Y}\,dy), \\[3mm] \text{ou} \\[3mm] da = 2m'a^{2}(\mathbf{X}\,dx + \mathbf{Y}\,dy) = \dfrac{2m'a^{2}}{\sqrt{1-e^{2}}}\,[-\mathbf{X}y + \mathbf{Y}(x + ae)(1 - e^{2})]\,du, \\[3mm] = 2m'a^{3}\,(-\,\mathbf{X}\sin u + \mathbf{Y}\sqrt{1-e^{2}}\cos u)\,du, \end{cases}$$

d'où l'on déduit, au moyen de la relation $n^{2} = a^{-3}$,

$$(A_1) \qquad dn = 3m'a^{2}n\,(\mathbf{X}\sin u - \mathbf{Y}\sqrt{1-e^{2}}\cos u)\,du.$$

On a (28)

$$\tan \varphi = \frac{\sqrt{c'^{2} + c''^{2}}}{c}, \quad \tan \alpha = -\,\frac{c''}{c'},$$

et, en négligeant c'^{2} et c''^{2} devant c,

$$(4) \qquad k = c = \sqrt{a\,(1 - e^{2})},$$

et si l'on pose, comme au nᵒ 35,

$$\tan \varphi \sin \alpha = p, \quad \tan \varphi \cos \alpha = q,$$

on trouve pour déterminer les variations de p et q

$$(A') \quad \begin{cases} dp = \dfrac{dc''}{\sqrt{a(1-e^{2})}} = \dfrac{m'ry\,\mathbf{Z}\,du}{\sqrt{1-e^{2}}}, \\[4mm] dq = \dfrac{-\,dc'}{\sqrt{a(1-e^{2})}} = -\,\dfrac{m'rx\,\mathbf{Z}\,du}{\sqrt{1-e^{2}}}. \end{cases}$$

L'équation (4) donne par la différentiation, en ayant égard à la première des formules (3),

$$(1-e^2)\, da - ae\, de = 2\sqrt{a\,(1-e^2)}\,(Y x - X y)\, dt$$
$$= 2a\sqrt{1-e^2}\,(Y x - X y)\, r\, du,$$

et, en remplaçant da par sa valeur, on obtient

$$(A'')\qquad de = m'a\,\sqrt{1-e^2}\,[(Y x - X y)\cos u + Y r]\, du.$$

Si l'on différentie l'équation $r = a\,(1 - e\cos u)$ dans le mouvement troublé et dans le mouvement elliptique, et que l'on fasse la différence, on arrive au même résultat que si on l'avait différentiée en faisant uniquement varier les constantes. Il vient donc, en désignant par $\overline{du}$ la portion de la différentielle de u dépendant de da et de,

$$(5)\qquad \overline{du} = \frac{a\,de\cos u - da\,(1-e\cos u)}{ae\sin u}.$$

Si l'on différentie de la même manière, par rapport aux constantes, la valeur de $\sin(\nu - \omega)$ résultant de la seconde équation (1), en ayant égard à celle de $\cos(\nu - \omega)$, on trouve

$$(6)\qquad
\begin{cases}
d\omega = -\left[\dfrac{\sin u\, de + \overline{du}\,.\,(1 - e^2)}{(1 - e\cos u)\sqrt{1 - e^2}}\right]\\[2ex]
\qquad = \dfrac{(1 - e^2)\, da - a\, de\,(e + \cos u)}{ae\sin u\,\sqrt{1 - e^2}}.
\end{cases}$$

et, en substituant à da et de leurs valeurs,

$$(A''')\qquad e\,d\omega = am'\left[(Y x - X y)\sin u - \sqrt{1 - e^2}\,r X\right] du.$$

Il ne nous reste plus maintenant qu'à calculer la longitude de l'époque ε. Si l'on différentie la première des équations (1), par rapport aux constantes, on trouve

$$d\varepsilon - d\omega = (1 - e\cos u)\,\overline{du} - \sin u\, de - t\,dn.$$

expression dans laquelle il est inutile d'avoir égard au terme $-t\,dn$, qui disparaît dans la variation

$$n\,dt + t\,dn + d\varepsilon - d\omega$$

de la longitude moyenne. En éliminant $\overline{du}$ au moyen de l'équation (6) on trouve

$$(\mathrm{A^{iv}}) \quad \begin{cases} d\varepsilon - \left(1 - \sqrt{1 - e^3}\right) d\omega \\[2mm] = -\sin u \frac{(2 - e \cos u - e^2)}{1 - e^2} de + \left[\frac{\cos u \,(2 - e \cos u) - e}{\sqrt{1 - e^2}} \right] e d\omega, \end{cases}$$

et enfin, si on remplace de et $d\omega$ par leurs valeurs ci-dessus, on obtient

$$(\mathrm{A^{iv}_1}) \quad d\varepsilon = \left(1 - \sqrt{1 - e^2}\right) d\omega - 2m' r\,(\mathrm{X}x + \mathrm{Y}y)\,du.$$

On calculera au moyen des formules précédentes (A), (A′), (A″), (A‴), (A$_1^{\mathrm{iv}}$) les altérations des éléments de l'orbite de la comète, par les méthodes connues de quadrature par approximation : 1° lorsque l'on aura exprimé r, x, y au moyen des formules (1) et (2) en fonction de la variable u à laquelle on donnera différentes valeurs numériques ; 2° lorsque l'on aura déterminé les valeurs correspondantes des coordonnées de la planète perturbatrice qui entrent en outre dans les expressions de X, Y, Z, et c'est ce qu'il nous reste à faire.

Soient x', y', z' les coordonnées de la planète, r' son rayon vecteur ; ∂ l'inclinaison de l'orbite de la planète sur le plan de celle de la comète ; λ la longitude de son nœud ascendant comptée sur ce dernier plan à partir de la ligne des apsides ; v' l'angle formé par r' avec la ligne des nœuds. On reconnaît facilement que

$$x' = r' \cos v' \cos \lambda - r' \sin v' \sin \lambda \cos \delta,$$
$$y' = r' \cos v' \sin \lambda + r' \sin v' \cos \lambda \cos \delta,$$
$$z' = r' \sin v' \sin \delta ;$$

avec la relation

$$r' = \frac{a'\,(1 - e'^2)}{1 + e' \cos(v' - \omega')}.$$

Les constantes ∂ et λ se détermineront d'après les positions relatives et connues des orbites de la comète et de la planète ; d'autre part, si l'on prend pour origine du temps l'instant du passage de la comète au périhélie, l'angle $\varepsilon - \omega$ devenant nul, la première formule (1) donnera

$$t = a^{\frac{3}{2}} (u - e \sin u)$$

pour le temps en fonction de u écoulé depuis le passage au périhélie en fonction de u, et les Tables astronomiques feront connaître les valeurs de r' et v' correspondant à celles de t déterminées par cette formule.

51. *Calcul de la variation éprouvée par la durée de la révolution complète d'une comète.* — Désignons par N la valeur de n à l'instant du passage au périhélie pris pour origine du temps, valeur qui représenterait la vitesse angulaire moyenne du rayon vecteur si le mouvement elliptique n'était pas troublé, et appelons $(\partial \zeta)_t$ la variation éprouvée par ζ au bout du temps t : on aura

$$\zeta = N t + \int_0^t \delta n = N t + (\partial \zeta)_t,$$

t étant supposé donné, par suite la valeur correspondante de u; et l'intégrale $(\partial \zeta)_t = \int_0^t \delta n$ s'obtiendra approximativement au moyen de l'équation (A_1) par une double quadrature.

Soient

T, T' les intervalles de temps qui séparent respectivement le premier passage au périhélie pris pour origine du temps, du second passage, et le second du troisième ;

N' la valeur de n au second passage ;

$(\delta n)_t$ la variation éprouvée par n au bout du temps t.

On pourra supposer $(\partial \zeta)_{T+T'} = (\partial \zeta)_{2T}$, en négligeant les termes du second ordre ordre par rapport aux masses m

et m'; et l'on aura

$$2\pi = \mathrm{NT} + (\delta\zeta)_{\mathrm{T}},$$

$$\mathrm{N'} = \mathrm{N} + (\delta n)_{\mathrm{T}},$$

$$2\pi = \mathrm{N'T'} + (\delta\zeta)_{\mathrm{T+T'}} - (\delta\zeta)_{\mathrm{T}} = \mathrm{N'T'} + (\delta\zeta)_{2\mathrm{T}} - (\delta\zeta)_{\mathrm{T}}.$$

La première de ces équations fera connaître N si T est donné par l'observation; la valeur de N' étant fournie par la seconde, la troisième permettra de prédire, par la valeur que l'on en déduira pour T', le troisième passage au périhélie.

52. *Développement en série des perturbations d'une comète lorsqu'elle s'éloigne beaucoup de la planète perturbatrice.* — Si l'on considère une portion de l'orbite cométaire, dont la distance de chaque point au Soleil soit très-grande par rapport à celle de la planète perturbatrice à cet astre, on peut remplacer la méthode précédente, qui dans l'application conduit à de longs calculs, par la suivante, basée sur le développement de R en série.

On a, d'après le n° **22**,

$$\mathrm{R} = m'\left(\frac{1}{\rho'} - \frac{xx' + yy' + zz'}{r'^3}\right).$$

Or, en appelant θ l'angle formé par r, r', on a, aux termes du second ordre près en $\dfrac{r'}{r}$,

$$\rho' = r - r'\cos\theta, \quad \text{ou} \quad \frac{1}{\rho} = \frac{1}{r} + \frac{r'}{r^2}\cos\theta;$$

et comme

$$\cos\theta = \frac{xx' + yy' + zz'}{rr'},$$

il vient

$$\mathrm{R} = m'\left[\frac{1}{r} + (xx' + yy' + zz')\left(\frac{1}{r^3} - \frac{1}{r'^2}\right)\right].$$

Le terme $\dfrac{m'}{r}$ donne lieu à une force $\dfrac{m'}{r^2}$ dirigée de m vers M, qui vient s'ajouter à celle $\dfrac{Mm}{r^2}$ qui est due à l'action mutuelle de la planète et du Soleil. Il est donc inutile d'en tenir compte, puisqu'il ne trouble pas le mouvement elliptique, et qu'il n'a pour effet que d'augmenter d'une petite fraction le coefficient μ que nous continuerons à supposer égal à l'unité. Il nous suffit donc d'écrire

$$(7) \qquad R = m' \left(xx' + yy' + zz' \right) \left(\frac{1}{r^3} - \frac{1}{r'^2} \right),$$

en nous rappelant que $m'z$ est du second ordre par rapport aux masses, et que dans cette expression on peut prendre, comme dans le mouvement elliptique,

$$(\alpha) \quad \begin{cases} \dfrac{x}{r^3} = - \dfrac{d^2 x}{dt^2}, & \dfrac{y}{r^3} = - \dfrac{d^2 y}{dt^2}, & \dfrac{z}{r^3} = - \dfrac{d^2 z}{dt^2}, \\[2ex] \dfrac{x'}{r'^3} = - \dfrac{d^2 x'}{dt^2}, & \dfrac{y'}{r'^3} = - \dfrac{d^2 y'}{dt^2}, & \dfrac{z'}{r'^3} = - \dfrac{d^2 z'}{dt^2}. \end{cases}$$

Cela posé, admettons que les coordonnées x, y, z soient celles de la position que la comète occuperait au bout d'un certain temps si son orbite n'était pas troublée, et soient $x + \delta x$, $y + \delta y$, $z + \delta z$ les coordonnées de sa position réelle, δx, δy, δz étant, de même que la variation δr de r, des quantités de l'ordre de la force perturbatrice. En remplaçant, dans la première des équations (1) du n° 27, respectivement, x, y, z, δr par $x + \delta x$, $y + \delta y$, $z + \delta z$, $r + \delta r$, et R par sa valeur (7), on trouve

$$\frac{d^2 \delta x}{dt^2} + \frac{\delta x}{r^3} - \frac{3 x \delta r}{r^4}$$

$$= m' \left[x' \left(\frac{1}{r^3} - \frac{1}{r'^3} \right) - \frac{3x}{r^5} \left(xx' + yy' + zz' \right) \right].$$

Cette équation, en vertu des valeurs (α) et de la relation

$$\delta r = \frac{x \delta x + y \delta y + z \delta z}{r},$$

8.

devient

$$\frac{d^2 \delta x}{dt^2} - m' \frac{d^2 x'}{dt^2} - m' \frac{d^2 x}{dt^2} = (\delta x - m' x') \left(\frac{3 x^2}{r^5} - \frac{1}{r^3} \right)$$

$$+ 3 (\delta y - m' y') \frac{xy}{r^5} + 3 (\delta z - m' z') \frac{xz}{r^5}.$$

On obtiendra deux équations différentielles pareilles en δy et δz, et l'on reconnaîtra que les trois équations ainsi obtenues sont satisfaites par les valeurs

$$(8) \qquad \begin{cases} \delta x = m' \left(x' + \dfrac{x}{3} \right), \\[2mm] \delta y = m' \left(y' + \dfrac{y}{3} \right), \\[2mm] \delta z = m' \left(z' + \dfrac{z}{3} \right) = m' z', \end{cases}$$

dont nous aurons besoin un peu plus loin et d'où l'on déduit

$$\delta r = m' \left(\frac{x'x + y'y + z'z}{r} + \frac{r}{3} \right).$$

L'expression (7) de R donne, en ayant égard aux valeurs de $\dfrac{x}{r^3} \cdot \dfrac{y}{r^3}$, $\dfrac{x'}{r'^3} \cdot \dfrac{y'}{r'^3}$ fournies par les formules (α),

$$\frac{d R}{dx} dx + \frac{d R}{dy} = m' (X dx + Y dy)$$

$$= m' \left[(x' dx + y' dy) \left(\frac{1}{r^3} - \frac{1}{r'^3} \right) + (xx' + yy') d\frac{1}{r^3} \right]$$

$$= m' d \left(\frac{xx' + yy'}{r^3} + \frac{dx\, dx' + dy\, dy'}{dt^2} \right),$$

et de la première des équations (A) on déduit, par suite,

$$(B) \qquad \delta a = 2 m' a^2 \left(\frac{xx' + yy'}{r^3} + \frac{dx\, dx' + dy\, dy'}{dt^2} \right) + \text{const.},$$

δa étant la variation éprouvée par le demi grand axe, à partir d'une position déterminée de la comète, et l'on fixera la valeur de la constante par la condition que δa soit nulle pour cette position.

On déduira de là la valeur de δn au moyen de l'équation $n^2 = a^{-3}$, qui donne

$$(\text{B}_1) \quad \delta n = -3m'an\left(\frac{xx'+yy'}{r^3} + \frac{dx\,dx'+dy\,dy'}{dt^2}\right) + \text{const.}$$

Les équations (3) deviennent, en continuant à négliger les termes du second ordre par rapport aux forces perturbatrices,

$$dc = m'(y'x - x'y)\left(\frac{1}{r^3} - \frac{1}{r'^3}\right)dt,$$

$$dc' = -m'xz'\left(\frac{1}{r^3} - \frac{1}{r'^3}\right)dt,$$

$$dc'' = myz'\left(\frac{1}{r^3} - \frac{1}{r'^3}\right)dt,$$

d'où, en vertu des formules (α),

$$(\beta) \quad \begin{cases} \delta c = m'\left(\dfrac{x\,dy' - y\,dx' + x'\,dy - y'\,dx}{dt}\right), \\[2mm] \delta c' = m\,\dfrac{(z'\,dx - x\,dz')}{dt}, \\[2mm] \delta c'' = m'\,\dfrac{(y\,dz' - z'\,dy)}{dt}, \end{cases}$$

et l'on calculera les variations de p et q au moyen des relations

$$(\text{B}') \quad \delta p = \frac{\delta c''}{\sqrt{a(1-c^2)}}, \quad \delta q = -\frac{\delta c'}{\sqrt{a(1-c^2)}},$$

Supposons que, le plan de l'orbite étant rabattu sur le plan fixe, on prenne pour origine de l'angle ω la position du grand axe de l'orbite elliptique correspondant à ce plan fixe, ω étant une quantité de l'ordre de m', dont on peut négliger le carré : l'équation de l'orbite peut se mettre sous la forme

$$ex + e\omega y = c^2 - r;$$

par suite,

$$v\,\frac{dx}{dt} + v\,\omega\,\frac{dy}{dt} = -\left(\frac{x\,dx}{dt} + \frac{y\,dy}{dt}\right)\frac{1}{r};$$

mais on a

$$x\,\frac{dy}{dt} - y\,\frac{dx}{dt} = c = \sqrt{a(1-e^2)},$$

d'où

$$(\gamma) \qquad\qquad \begin{cases} e = -\dfrac{x}{r} + c\,\dfrac{dy}{dt}, \\[2mm] e\,\omega = -\dfrac{y}{r} - c\,\dfrac{dx}{dt}. \end{cases}$$

Avant d'aller plus loin, nous ferons remarquer que la valeur initiale de ω étant nulle, on a

$$\delta e\,\omega = e\,\delta\omega.$$

De la première des équations (γ) on tire

$$\delta c = \frac{x\,\delta r - r\,\delta x}{r^2} + \frac{cd\,\delta y}{dt} + \frac{dy}{dt}\,\delta e,$$

ou, en vertu des premières équations (β) et (γ) et des valeurs (11),

$$(\mathrm{B}'') \quad \begin{cases} \delta e = m'\left[c + \dfrac{x}{r} + y\,\dfrac{(xy'-yx')}{r^3} + \dfrac{dy'}{dt}\,\dfrac{(x\,dy - y\,dx)}{dt}\right] \\[3mm] \qquad\qquad + \dfrac{dy}{dt}\left[\dfrac{x\,dy' - y'\,dx + x'\,dy - y\,dx'}{dt}\right], \\[3mm] \text{et l'on trouve de même} \\[3mm] e\,\delta\omega = m'\left[\dfrac{y}{r} - x\,\dfrac{(xy'-yx')}{r^3} - \dfrac{dx'}{dt}\,\dfrac{(x\,dy - y\,dx)}{dt}\right. \\[3mm] \qquad\qquad \left. - \dfrac{dx}{dt}\,\dfrac{(x\,dy' - y'\,dx + x'\,dy - y\,dx')}{dt}\right]. \end{cases}$$

Il ne nous reste plus maintenant qu'à calculer l'altération de l'anomalie moyenne ζ. Nous supposerons d'abord que l'origine du temps est l'instant du passage de la comète au point de l'orbite à partir duquel on peut commencer à prendre la valeur approchée de R obtenue au n° 52, et nous représenterons par $\delta'n$ la variation éprouvée par n à partir de cet instant. Nous aurons

$$\delta\zeta = \int \delta'n\,dt + \delta\varepsilon - \delta\omega,$$

et en différentiant, puis remplaçant dans le résultat $d\delta\varepsilon$ par sa valeur fournie par l'équation (A^{iv}),

$$(\delta)\quad d\delta\zeta = \delta'n\,dt - \frac{d\delta e\sin u(2-e^2-e\cos u)}{1-e^2} \cdot \frac{d\delta\omega(1-e\cos u)^2}{\sqrt{1-e^2}},$$

ou, en remarquant que $n\,dt = du\,(1-e\cos u)$,

$$d\delta\zeta = -d\left[\frac{\delta e\sin u\,(2-e^2-e\cos u)}{1-e^2} + \frac{\delta\omega(1-e\cos u)^2}{\sqrt{1-e^2}}\right]$$
$$+ \left[\frac{\delta'n}{n} + \frac{(2\cos u+e)}{1-e^2}\,\delta e + 2e\frac{\sin u\,\delta\omega}{\sqrt{1-e^2}}\right]n\,dt.$$

Soit $m'\nu$ la valeur de δn donnée par la formule (B_1) au point de l'orbite à partir duquel nous comptons actuellement le temps, on a

$$\delta'n = \delta n - m'\nu;$$

mais les valeurs ci-dessus de δn, δe, $\delta\omega$ sont liées entre elles par la relation

$$\frac{\delta n}{n} + \frac{2\cos u+e}{1-e^2}\cdot\delta e + \frac{2\sin u}{\sqrt{1-e^2}}\,e\,\delta\omega$$
$$= \frac{m'}{a^2n\sqrt{1-e^2}}\cdot\frac{(x\,dy'-y\,dx'+y'\,dx-x'\,dy)}{dt}$$

que l'on vérifiera facilement en remplaçant par leurs valeurs en fonction de u les variations de x', y', $\dfrac{dx'}{dt}$, $\dfrac{dy'}{dt}$, et qui permettra de calculer $\delta'n$. Il vient donc enfin, en intégrant l'équation (δ) et ayant égard aux valeurs (B'')

$$(C)\quad \left\{ \begin{aligned} \delta\zeta = {}&-m'\nu t + m'\frac{(xy'-x'y)}{a^2(1-e^2)} - \delta e\,\frac{\sin u(2-e^2-e\cos u)}{1-e^2} \\ &- e\,\delta\omega\frac{(1-e\cos u)^2}{e\sqrt{1-e^2}} + \text{const.}, \end{aligned} \right.$$

formule due à Lagrange.

53. Supposons maintenant que l'on veuille pousser plus loin l'approximation et déterminer les altérations des constantes dues à la partie complémentaire de R que nous avons négligée au n° 52. On reconnaît facilement que cette partie a pour valeur

$$R = \frac{m'}{2}\left[-\frac{r'^2}{r^2} + \frac{3\left(xx' + yy' + zz' - \frac{r'^2}{2}\right)^2}{r^3} + \frac{5\left(xx' + yy' + zz' - \frac{r'^2}{2}\right)^3}{r^7} + \ldots \right].$$

En posant

$$P = \frac{3}{2}\frac{r'^2}{r^5} - \frac{15}{2}\frac{\left(xx' + yy' + zz' - \frac{r'^2}{2}\right)}{r^7} - \frac{35}{2}\frac{\left(xx' + yy' + zz' - \frac{r'^2}{2}\right)^2}{r^9},$$

$$P' = 3\frac{(xx' + yy' + zz')}{r^5} + \frac{15}{2}\frac{\left(xx' + yy' + zz' - \frac{r'^2}{2}\right)^2}{r^7}\ldots,$$

on voit que

$$\frac{dR}{dx} = m'X = m'(Px + P'x'),$$

$$\frac{dR}{dy} = m'Y = m'(Py + P'y'),$$

$$\frac{dR}{dz} = m'Z = m'(Pz + P'z'),$$

et les équations (6) et (7) et (11) donnent, par suite,

$$da = -2m'a^2[P(x\,dx + y\,dy) + m'(x'\,dx + y'\,dy)],$$

$$de = m'P'(x'y - xy')dy + m'(x\,dy - y\,dx)(Py + P'y'),$$

$$\omega de = m'P'(x'y - xy')dx + m'(y\,dx - x\,dy)(Py + P'y'),$$

$$d\epsilon = \frac{\left(1 - \sqrt{1 - e^2}\right)}{e}\,ed\omega - 2an\,dt[P(x^2 + y^2) + P'(xx' + yy')],$$

$$dp = \frac{m'}{\sqrt{a(1 - e^2)}}\,P'yz'\,dt, \qquad dq = \frac{m'}{\sqrt{a(1 - e^2)}}\,P'xz'\,dt.$$

Si maintenant on fait dans ces formules

$$x = r \cos v, \quad y = r \sin v, \quad z = 0,$$

$$r = \frac{a(1 - e^2)}{1 + e \cos v}, \quad r' = \frac{a'(1 - e'^2)}{1 + e' \cos(v' - \omega')},$$

puis que l'on remplace x', y', z' par leurs valeurs en fonction de v' résultant du n° 50, en observant que le mouvement elliptique donne

$$(9) \qquad r^2 dv = \sqrt{a(1 - e^2)}\, dt, \quad r'^2 dv' = \sqrt{a'(1 - e'^2)}\, dt,$$

on voit que chacune des expressions précédentes pourra se développer en une suite de termes de la forme

$$m' \, \mathrm{J} \cos(iv + i'v' + j)\, dv,$$

que l'on ne pourra intégrer que si l'on peut négliger $i'v'$ devant iv, ce qui a généralement lieu pour la portion de l'orbite dont nous nous occupons. Toutefois, on peut approximativement tenir compte de $i'v'$ en opérant comme il suit.

En remplaçant dv par sa valeur

$$dv = \frac{r'^2}{r^2} \, dv' \frac{\sqrt{a(1 - e^2)}}{\sqrt{a'(1 - e'^2)}},$$

déduite de l'élimination de dt entre les équations (9), l'intégrale qu'il s'agit de trouver devient

$$\int \frac{r'^2}{r^2} \cos(iv + i'v' + j);$$

mais on a

$$\frac{r'^2}{r^2} = \frac{a'^2(1 - e'^2)(1 + e \cos v)^2}{a^2(1 - e^2)[1 + e' \cos(v' - \omega')]^2},$$

et si l'on remarque que e' est une petite quantité, l'intégrale ci-dessus pourra se développer en une suite de termes de la forme

$$J_1 \int \cos(i_1 v + i_1 v' + j_1)\,dv'$$

$$= \frac{J_1}{i'_1} \int \cos(i_1 v + i'_1 v' + j_1)(i'_1\,dv' + i_1\,dv - i_1\,dv)$$

$$= \frac{J_1}{i'_1} \sin(l_1 v + i'_1 v' + j_1) - \frac{J_1 l_1}{i'_1} \int \cos(i_1 v + i'_1 v' + j_1)\,dv.$$

Le dernier terme, eu égard à la valeur ci-dessus de dv, équivaut à

$$- \frac{J\,i'}{i'_1}\,\frac{\sqrt{a(1 - e^2)}}{\sqrt{a'(1 - e^2)}} \int \frac{r'^2}{r^2} \cos(i_1 v + i'_1 v' + j')\,dv',$$

et est beaucoup plus petit que

$$J' \int \cos(i_1 v + i'_1 v' + j'_1)\,dv',$$

en raison de la petitesse des rapports $\dfrac{r'}{r}$ et $\dfrac{a}{a'}$. On peut donc considérer l'intégrale précédente comme approximativement égale à

$$\frac{J'}{i'_1} \sin(i_1 v + i'_1 v' + j'_1).$$

CHAPITRE III.

CALCUL DE L'ATTRACTION DES CORPS.

§ I. — GÉNÉRALITÉS SUR L'ATTRACTION DES SYSTÈMES MATÉRIELS.

54. Si l'on veut rattacher à la gravitation la forme particulière et pour ainsi dire géométrique qu'affectent les corps célestes lancés dans l'espace, les phénomènes qu'ils présentent soit dans leur mouvement propre, soit dans celui des fluides qui en recouvrent la surface, on voit que l'on doit chercher d'abord à calculer les résultantes des attractions exercées par les particules d'un même corps sur les différents éléments matériels d'un autre corps, ou plus simplement encore la résultante des actions qui émanent du premier corps sur chacune des molécules du second, et c'est ce qui fait l'objet de ce chapitre.

55. *Expressions des composantes parallèles à trois axes rectangulaires de l'attraction d'un système matériel sur un point matériel.* — Soient

m', m'_1, m'_2,... les masses élémentaires du système dont nous représenterons la masse totale par M';

r, r_1, r_2,... leurs distances respectives au point matériel de masse m sur lequel elles exercent leur attraction;

x, y, z les coordonnées du point m rapporté à trois axes rectangulaires Ox, Oy, Oz fixes dans l'espace.

Si nous supposons que la loi de l'attraction soit représentée par une fonction quelconque $\varphi(r)$ de la distance, l'attraction exercée par m' sur m sera $mm'\varphi(r)$. On peut concevoir que m change de position par rapport au système M' considéré comme fixe et invariable; et dans cette hypothèse l'attraction ci-dessus donnera lieu, pour un déplacement fini, à un travail total représenté par

$$ -mm' \int \varphi(r)dr. $$

En désignant par V la somme des travaux semblables résultant des attractions de toutes les parties de M' sur m, nous aurons

$$ V = -m \left[m' \int \varphi(r)dr + m'_1 \int \varphi(r_1) dr_1 + m'_2 \int \varphi(r_2) dr_2 + \ldots \right], $$

ou, pour abréger,

$$ V = -m\, S.m' \int \varphi(r)dr, $$

le symbole S ayant la signification ordinaire de *somme*.

Soient X, Y, Z les composantes parallèles aux axes Ox, Oy, Oz de l'attraction totale de M' sur m; le travail élémentaire de cette attraction, représenté par l'accroissement infiniment petit dV de V, est aussi égal à la somme des travaux élémentaires particls des composantes; on a donc

$$ dV = X\,dx + Y\,dy + Z\,dz. $$

Mais comme V est une fonction de r, r_1, r_2, ..., et par suite des trois variables x, y, z, on a aussi

$$ dV = \frac{dV}{dx}\,dx + \frac{dV}{dy}\,dy + \frac{dV}{dz}\,dz, $$

et par suite

$$ X = \frac{dV}{dx}, \quad Y = \frac{dV}{dy}, \quad Z = \frac{dV}{dz}. $$

On voit ainsi que les composantes de l'attraction s'expriment très-simplement au moyen des dérivées partielles de la fonction V du travail, à laquelle on a donné le nom de *potentiel,* et que le tout se réduit à déterminer cette fonction.

La fonction V de x, y, z égalée à une constante arbitraire C, ou l'équation

$$V = C,$$

représente une famille de surfaces dites *surfaces de niveau* jouissant de cette propriété que l'attraction exercée par M' sur chacun des points de l'une de ces surfaces est dirigée suivant la normale correspondante de cette surface; et en effet le travail élémentaire dV est nul pour tous les déplacements que l'on peut concevoir sur la surface.

Dans le cas de la nature ou de la gravité, on a

$$\varphi(r) = \frac{1}{r^2},$$

et, par suite,

$$V = m\,S \cdot \frac{m'}{r}.$$

Si x', y', z' sont les coordonnées de m', on a

$$\frac{1}{r} = \left[(x - x')^2 + (y - y')^2 + (z - z')^2 \right]^{-\frac{1}{2}},$$

d'où

$$X = \frac{dV}{dx} = -m\,S \cdot \frac{m'(x - x')}{r^3},$$

$$Y = \frac{dV}{dy} = -m\,S \cdot \frac{m'(y - y')}{r^3},$$

$$Z = \frac{dV}{dz} = -m\,S \cdot \frac{m'(z - z')}{r^3},$$

expressions que l'on aurait pu écrire *à priori* en remarquant que la composante suivant Ox de l'attraction de m' sur m, par exemple, est égale à $\dfrac{mm'}{r^2}$ multiplié par le cosinus de l'angle que fait cette force avec l'axe ci-dessus, c'est-à-dire par $\dfrac{x' - x}{r}$.

Admettons maintenant que m fasse partie d'un système

matériel M dont nous désignerons par m_1, m_2, m_3,...
les autres éléments, et par (x_1, y_1, z_1), (x_2, y_2, z_2),
(x_3, y_3, z_3),... les coordonnées correspondantes; soit U
la somme des fonctions telles que V, relatives à toutes les
molécules de ce système : U est égale à la somme des produits deux à deux des masses des molécules de l'un et
l'autre système par l'inverse de leurs distances. La somme
des composantes suivant Ox des attractions exercées par
M' sur les différents points de m sera donnée par

$$\frac{dU}{dx} + \frac{dU}{dx_1} + \frac{dU}{du_2} + \cdots,$$

attendu que V, par exemple, étant la seule partie de U
qui renferme x, la composante de l'attraction de m' sur m
est $\frac{dV}{dx}$ ou $\frac{dU}{dx}$. On voit ainsi que les composantes de l'attraction entre les deux systèmes s'expriment encore facile-
ment à l'aide des dérivées partielles du potentiel U.

56. *Attraction d'un système matériel sur un point
matériel qui en est très-éloigné par rapport aux propres
dimensions du système.* — Supposons que l'on prenne
respectivement pour origine et pour axes coordonnés le
centre de gravité O et les trois axes principaux d'inertie
correspondants du système M', et soient (*fig.* 3) :

a la distance Om du centre de gravité O au point attiré;
a', a'_1, a'_2,... les distances Om', Om'_1, Om'_2,... du
    même centre aux différents éléments matériels m',
    m'_1, m'_2,... de M';
α, β, γ les angles formés par Om avec Ox, Oy, Oz;
A, B, C les moments principaux d'inertie de M' par rap-
    port à Ox, Oy, Oz;
m'P la perpendiculaire abaissée du point m' sur Om;
r, r_1, r_2,... les distances mm', mm'_1, mm'_2,...;
(x', y', z'), (x'_1, y'_1, z'_1),... les coordonnées des points
    m', m'_1,....

On a
$$S.m' = M',$$
puis, d'après le théorème des moments,
$$S.m'.OP = o,$$
et, en exprimant que Ox, Oy, Oz sont trois axes principaux d'inertie,
$$S.m'x'y' = o, \quad S.m'x'z' = o, \quad S.m'y'z' = o;$$
de plus, la figure donne
$$OP = x'\cos\alpha + y'\cos\beta + \cos\gamma,$$
$$r = \sqrt{a^2 + a'^2 - 2a'.OP}.$$

En appliquant à l'inverse de r la formule du binôme limitée aux termes du second ordre en $\dfrac{a'}{a}$, $\dfrac{OP'}{a}$, il vient

$$\frac{1}{r} = \frac{1}{a}\left(1 + \frac{a'^2}{a^2} - 2\frac{OP}{a}\right)^{-\frac{1}{2}} = \frac{1}{a}\left[1 - \frac{1}{2}\left(\frac{a'^2}{a^2} - \frac{2OP}{a}\right) + \frac{3}{2}.\frac{\overline{OP}^2}{a^2}\right];$$

par suite, eu égard à ce qui précède,

$$V = mS.\frac{m'}{r} = \frac{mM'}{a} + \frac{1}{2}\frac{m}{a^3}S.m'\left(3\overline{OP}^2 - a'^2\right).$$

Or on a
$$A = S.m'y'^2 + S.m'z'^2,$$
$$B = S.m'x'^2 + S.m'z'^2,$$
$$C = S.m'x'^2 + S.m'y'^2,$$
$$S.m'a'^2 = S.m'(x'^2 + y'^2 + z'^2) = \frac{A + B + C}{2},$$
$$S.m'\overline{OP}^2 = \cos^2\alpha\, S.m'x'^2 + \cos^2\beta\, S.m'y'^2 + \cos^2\gamma\, S.m'z'^2,$$
et enfin

$$V = \frac{mM'}{a} + \frac{1}{2}\frac{m}{a^3}\left[\cos^2\alpha\,(B + C - 2A) + \cos^2\beta\,(C + A - 2B) + \cos^2\gamma\,(A + B - 2C)\right].$$

Si l'on néglige le second terme de cette expression ou le

carré du rapport des dimensions de M′ à la distance a supposée beaucoup plus grande, il vient

$$V = \frac{m\,M'}{a},$$

expression qui est identiquement la même que si le corps M′ était remplacé par un point matériel de même masse placé à son centre de gravité. Donc :

L'attraction d'un système matériel sur un point qui en est fort éloigné est à peu près la même que si toute la masse de ce système était concentrée en son centre de gravité.

En supposant que m fasse partie d'un système matériel M, fort éloigné de M′, l'attraction exercée par le second de ces systèmes sur le premier, égale et contraire à celle de M sur la masse M′ considérée comme concentrée en O, sera par conséquent la même que si ces deux masses se trouvaient concentrées en leurs centres de gravité respectifs, et l'on a ce théorème, indépendant d'ailleurs de la loi de l'attraction, comme il est facile de s'en assurer :

Les centres de gravité de deux systèmes matériels fort éloignés l'un de l'autre s'attirent comme si les masses totales de ces systèmes s'y trouvaient respectivement concentrées.

Le système d'une planète agit donc à très-peu près sur les autres corps du système solaire comme si la planète et ses satellites étaient réunis à leur centre commun de gravité, et ce centre est attiré de la même manière par les différents corps du système solaire.

Chaque corps céleste étant un assemblage de molécules douées d'un pouvoir attractif, et ses dimensions étant très-petites relativement à sa distance aux autres corps du système du monde, son centre de gravité est à très-peu près attiré comme si toute sa masse y était réunie, et il agit de la même manière sur ces différents corps. C'est ainsi qu'il nous a été permis, dans la recherche du mouvement du centre de gravité d'un corps céleste, de considérer ce dernier comme un simple point matériel de même masse concentrée en ce centre, hypothèse que rend plus exacte encore la sphéricité des planètes et de leurs satellites, comme nous le verrons plus loin, et qui admise *à priori*, sauf justification ultérieure, a conduit Newton au principe de la gravitation.

Revenons au sujet qui nous occupe : si l'on veut pousser plus loin l'approximation et tenir compte des termes du second ordre, il suffira de considérer le second terme de V ou de poser tout simplement

$$V = \frac{1}{2} \cdot \frac{m}{a^3} \left[\cos^2 \alpha \, (B + C - 2A) + \cos^2 \beta \, (C + A - 2B) \right.$$
$$\left. + \cos^2 \gamma \, (A + B - 2C) \right],$$

en ajoutant aux composantes parallèles aux axes, résultant de cette valeur, celles qui proviennent de l'attraction sur le point m de la masse M' concentrée au point O.

Pour obtenir X ou $\frac{dV}{dx}$, on remplacera, dans V, $\cos^2 \alpha$ par sa valeur

$$1 - \cos^2 \beta - \cos^2 \gamma = 1 - \frac{y^2 + z^2}{a^2},$$

et l'on aura

$$V = \frac{1}{2} m \left[\frac{B + C - 2A}{a^3} + 3 \frac{y^2(A - B) + z^2 (A - C)}{a^5} \right].$$

En différentiant par rapport à x et remarquant que

$$a = \sqrt{x^2 + y^2 + z^2}, \quad \frac{da}{dx} = \frac{x}{a},$$

on trouve

$$X = -\frac{3}{2} \frac{mx}{a^5} \left\{ B + C - 2A + \frac{5}{a^2} [y^2(A - B) + z^2(A - C)] \right\},$$

et de même

$$Y = -\frac{3}{2}\frac{my}{a^5}\left\{C + A - 2B + \frac{5}{a^2}\left[x^2(B - A) + z^2(B - C)\right]\right\},$$

$$Z = -\frac{3}{2}\frac{mz}{a^5}\left\{A + B - 2C + \frac{5}{a^2}\left[x^2(C - A) + y^2(C - B)\right]\right\}.$$

Dans ce qui suit, nous aurons moins besoin de ces formules que de celles qui donnent les valeurs des moments $\mathfrak{M}_x$, $\mathfrak{M}_y$, $\mathfrak{M}_z$ de l'attraction exercée par M' sur m ou inversement, par rapport aux axes Ox, Oy, Oz, et l'on trouve, en laissant de côté la composante $\dfrac{mM'}{a^2}$ dirigée de m vers O, qui ne donne aucun terme,

$$\mathfrak{M}_x = Zy - Yz = \frac{3m}{a^3}(B - C)zy,$$

et de même

$$\mathfrak{M}_y = \frac{3m}{a^3}(C - A)xz,$$

$$\mathfrak{M}_z = \frac{3m}{a^3}(A - B)yx.$$

Ces formules nous seront fort utiles lorsque nous nous occuperons du mouvement des corps célestes autour de leur centre de gravité.

§ II. — ATTRACTION DES CORPS TERMINÉS PAR DES SURFACES SPHÉRIQUES.

57. *Considérations générales sur la constitution des corps célestes.* — Les corps célestes ont une forme à très-peu près sphérique, et, d'après ce que nous connaissons sur la constitution physique et l'origine ignée de notre globe, nous sommes conduit à croire qu'à une certaine époque ils se trouvaient à l'état fluide. Ainsi, avant la formation de la première couche solide, ils ont dû affecter la forme d'équilibre d'une masse fluide soumise à ses actions mutuelles et animée d'un mouvement uniforme de rotation autour d'un axe, forme que le retrait dû au refroidissement n'a pu modifier d'une manière notable ; et il y a tout lieu de présumer que, dans de pareilles circonstances, les matières de même densité se sont groupées symétriquement autour de l'axe de rotation.

La force centrifuge développée par le mouvement de rotation a dû modifier la forme sphérique que la masse fluide aurait naturellement prise sous l'action de ses attractions mutuelles, si cette rotation n'avait pas existé ; mais, comme d'après l'observation les mouvements de cette nature sont généralement très-lents, les déformations qu'ils ont produites sont très-faibles ; nous pourrons donc, dans une première approximation, en faire abstraction, et admettre que chaque corps céleste est composé de couches sphériques concentriques et homogènes, dont la densité varie avec la distance au centre.

Nous sommes ainsi conduit à calculer l'attraction d'une couche sphérique homogène sur un point matériel.

58. *Attraction d'une couche sphérique homogène sur un point extérieur.* — Quelle que soit l'épaisseur de la couche, on peut toujours la supposer décomposée en couches extrêmement minces, et il suffira de considérer chacune d'elles en particulier, puis de faire la somme de leurs attractions, dirigées évidemment du point attiré m vers leur centre commun, pour avoir l'attraction de la couche totale.

Soient

a' le rayon d'une couche infiniment mince ;

e son épaisseur ;

ρ sa densité ;

a la distance de son centre au point attiré m.

Concevons un cône ayant pour sommet le centre O (*fig.* 4), aboutissant à un point m' de la surface extérieure de la couche, d'une ouverture infiniment petite mesurée par l'*élément sphérique* $d\omega$, c'est-à-dire par la portion de surface qu'il intercepte sur la sphère ayant O pour centre, et l'unité pour rayon ; ce cône déterminera, dans la couche, l'élément de volume $a'^2 e\, d\omega$. Si l'on fait abstraction de la discontinuité de la matière de la couche, ou si l'on conçoit que l'on y substitue une matière fictive continue, occupant le même volume fini sous la même masse, nous pourrons considérer le volume $a'^2 e\, d\omega$ comme ayant la masse $\rho a'^2 e\, d\omega$. Cette conception théorique paraîtra suffisamment exacte si l'on observe qu'un volume fini, assez petit pour être regardé, sans erreur sensible, comme une différentielle, renferme un très-grand nombre de molécules matérielles.

La masse élémentaire $\rho a'^2 e\, d\omega$ donnant lieu à l'attraction $\dfrac{m \cdot \rho\, a'^2 e\, d\omega}{\overline{mm'}^2}$, on a pour le potentiel

$$V = \rho\, m a'^2 e \int \frac{d\omega}{\overline{mm'}},$$

l'intégrale étant relative à la surface entière 4π de la sphère ayant l'unité pour rayon. Quant à la masse entière de la couche sphérique, elle a pour expression

$$M' = \rho \cdot 4\pi a'^2 e.$$

Soient p le cosinus de l'angle formé par Om' avec Om, angle qui doit varier de o à π, et q l'angle compris sous le plan mOm' et un plan fixe passant par Om. Portons sur Om', à partir du point O, une longueur On égale à l'unité, projetée en Os sur Om. Si le plan nOm tourne de l'angle dq autour de Om, l'arc décrit par n est

$$dq \times \overline{Os} = dq \sin \widehat{nOs},$$

et si, dans ces deux positions, on fait varier l'angle nOm d'une quantité infiniment petite, on détermine un élément sphérique mesuré par

$$dq \sin \widehat{nOs}\, d\widehat{nOs} = -\, dq\, dp,$$

et que l'on peut prendre pour $d\omega$. D'autre part, on a, dans le triangle $Om'm$,

$$mm' = \sqrt{a^2 - 2aa'p + a'^2};$$

il vient donc

$$(a) \quad V = \rho ma'^2 c \int_{+1}^{-1} dp \int_0^{2\pi} \frac{dq}{\sqrt{a^2 - 2aa'p + a'^2}} = \frac{mM'}{a},$$

d'où résulte que la couche attire le point m, comme si toute sa masse était concentrée en son centre. De là on déduit facilement ce théorème :

59. *Une sphère pleine ou creuse homogène, ou composée de couches concentriques homogènes dont la densité varie avec la distance au centre suivant une loi quelconque, exerce sur un point extérieur la même attraction que si toute sa masse était réunie en son centre;* et comme conséquence, en raisonnant comme au n° 56 : *Deux sphères composées de couches concentriques homogènes s'attirent comme si leurs masses étaient concentrées en leurs centres respectifs.*

60. *Attraction d'une couche homogène sphérique ou terminée par deux ellipsoïdes semblables sur un point intérieur.* — On conçoit facilement que pour trouver la loi de l'attraction d'une sphère semblable à celles du numéro précédent, il suffit de déterminer la résultante des attractions exercées par une couche sphérique homogène sur un point m placé dans le vide intérieur.

Concevons un cône d'ouverture infiniment petite, mesurée par l'élément sphérique $d\omega$, ayant pour sommet le point m; il déterminera dans la couche deux segments exerçant sur le point m deux actions directement opposées. Soit r la distance du point m à un point quelconque de l'un de ces segments; on pourra décomposer ce dernier en éléments de volume tels que $r^2\,d\omega\,dr$ dont la masse donnera lieu à l'attraction

$$m \cdot \rho \frac{r^2 d\omega dr}{r^2} = m \cdot \rho d\omega dr.$$

En intégrant par rapport à r, et appelant u l'épaisseur du segment dans le sens de r, on trouve, pour l'attraction qu'il exerce sur m, $m\rho u d\omega$; et comme l'épaisseur u est la même pour les deux segments, on voit que leurs actions sur m se neutralisent, et que par suite le point m se trouve en équilibre dans l'intérieur de la couche. La même chose a lieu pour une couche homogène terminée par deux ellipsoïdes semblables, puisque les deux portions d'une corde comprise entre deux ellipses semblables de même centre et semblablement placées sont égales entre elles. Donc :

Une couche homogène sphérique ou terminée par deux ellipsoïdes semblables n'exerce aucune attraction sur un point, et par suite sur un corps ou système de points matériels, placé dans son intérieur.

L'attraction d'une sphère composée de couches homogènes concentriques sur un point se réduit donc à celle des couches intérieures à la surface sphérique passant par ce point.

La valeur de V pour le cas d'une couche sphérique et d'un point placé dans son intérieur étant constante, peut facilement s'obtenir; il suffit pour cela de supposer le point m placé au centre, et alors on a

$$V = m\rho \int_{0}^{4\pi} d\omega \int_{a}^{a'} r dr = 2\pi m\rho \, (a'^2 - a^2),$$

a, a' étant les rayons des sphères qui limitent la couche.

61. *Application à la pesanteur.* — Le poids d'un corps à la surface de la terre n'est autre chose que la résultante des actions attractives qu'elle exerce sur les différents points de ce corps, combinée avec la force centrifuge due à sa rotation sur elle-même. Si dans une première approximation

on néglige cette force dont il sera toujours facile de tenir compte, ainsi que l'aplatissement aux pôles, on peut tirer des théorèmes précédents l'expression de l'accélération g de la pesanteur terrestre; on a, en effet, en supposant que a' représente le rayon de la terre et ρ sa densité moyenne,

$$M' = \frac{4}{3}\pi\rho a'^3, \qquad g = \frac{M'}{a'^2} = \frac{4}{3}\pi\rho a'.$$

D'après le numéro précédent, cette formule est également applicable à un point compris dans l'intérieur de la Terre, située à une distance a' de son centre de gravité; et l'on voit ainsi que dans l'intérieur de la Terre la pesanteur croît comme la distance au centre. Mais il ne faut pas perdre de vue que cette conclusion est subordonnée à l'hypothèse d'une densité uniforme pour la Terre, ce qui n'a pas lieu en réalité, comme nous le reconnaîtrons plus loin.

62. Le Soleil, les planètes et les satellites pouvant être considérés à peu près comme formés de couches sphériques homogènes concentriques, attirent les corps extérieurs sensiblement de la même manière que si leurs masses se trouvaient concentrées en leurs centres. L'erreur commise est du même ordre de grandeur que la différence entre la surface de l'astre considéré et celle de la sphère, pour un point attiré voisin de cette surface, et pour un point plus éloigné elle est du même ordre que le produit de la différence ci-dessus par le carré du rapport du rayon du corps attirant à la distance de son centre au point attiré; car on a vu au n° 56 que l'éloignement d'un corps attiré rend l'erreur résultant de la supposition précédente du même ordre que le carré de ce rapport. Les corps célestes s'attirent donc très-sensiblement comme si leur masse était concentrée en leur centre, non-seulement parce qu'ils sont fort éloignés relativement à leurs propres dimensions, mais encore parce que leur figure diffère peu de celle de la sphère.

63. *Recherche des lois de l'attraction pour lesquelles les sphères s'attirent comme si leurs masses étaient concentrées en leur centre.* — La propriété des sphères, composées de couches sphériques homogènes, d'attirer comme si leur masse était concentrée en leur centre de gravité est très-remarquable, et il n'est pas sans intérêt de rechercher si elle n'existe pas pour d'autre lois de l'attraction.

Cette propriété ayant lieu par hypothèse pour une sphère et celle que l'on obtiendrait en lui enlevant une couche sphérique superficielle infiniment mince, subsiste nécessairement pour cette couche. Il suffit donc de déterminer les lois de l'attraction pour lesquelles une couche sphérique infiniment mince attire un point extérieur comme si toute sa masse était concentrée en son centre.

Soient $\varphi(r)$ la loi inconnue de l'attraction et

$$\mathrm{F}(r) = -\int \varphi(r)dr;$$

le potentiel V relatif à cette loi s'obtiendra en remplaçant, dans la formule (a) du n° 58,

$$\frac{1}{r} = \frac{1}{\sqrt{a^2 - 2aa'p + a'^2}}$$

par $\mathrm{F}(r)$. Or il faut, d'après l'hypothèse admise, que V soit égal à $\mathrm{M}'m\mathrm{F}(a)$ augmenté d'une constante indépendante de a et que nous représenterons par $\mathrm{M}'m\mathrm{U}$, U pouvant renfermer a'. On a ainsi, en faisant quelques simplifications,

$$\int_{-1}^{+1} \mathrm{F}(r)dp = 2\mathrm{F}(a) + 2\mathrm{U},$$

et comme de la relation

$$r^2 = a^2 - 2aa'p + a'^2$$

on tire

$$dp = -\frac{rdr}{aa'},$$

il vient, en remplaçant la variable p par r,

$$\int_{a-a'}^{a+a'} r\,\mathrm{F}(r)dr = 2aa'\,\mathrm{F}(a) + 2aa'\mathrm{U},$$

et en posant

$$\int r\,\mathrm{F}(r)dr = \psi(r),$$

on obtient

$$\psi(a+a') - \psi(a-a') = 2aa'\,\mathrm{F}(a) + 2aa'\mathrm{U}.$$

Si l'on différentie deux fois cette équation par rapport à a, puis par rapport à a', on a

$$\psi''(a+a') - \psi''(a-a') = 2a'[\mathrm{F}''(a)\,a + 2\mathrm{F}'(a)]$$
$$= -2a'[\varphi'(a)\,a + 2\varphi(a)],$$
$$\psi''(a+a') - \psi''(a-a') = 2a\left(a'\frac{d^2\mathrm{U}}{da'^2} + \frac{2d\mathrm{U}}{du'}\right),$$

d'où

$$\varphi'(a) + \frac{2\varphi(a)}{a} = -\left(\frac{d^2\mathrm{U}}{da'^2} + \frac{2}{a'}\frac{d\mathrm{U}}{da'}\right).$$

Or le premier membre de cette équation est uniquement fonction de a, et le second de a', ce qui ne peut avoir lieu qu'autant que chacun d'eux est égal à une constante A. Il vient donc, en changeant a en r,

$$\frac{d\varphi(r)}{dr} + \frac{2\varphi(r)}{r} = \mathrm{A},$$

d'où

$$\varphi(r) = \frac{\mathrm{A}r}{3} + \frac{\mathrm{B}}{r^2},$$

B étant une constante arbitraire ; telle est la loi cherchée. Si $\mathrm{A} = 0$, on retombe sur la loi de la nature, et l'on voit que c'est la seule qui, rendant l'attraction très-petite à de grandes distances, donne aux sphères la propriété d'attirer comme si leur masse était concentrée en leur centre.

On démontrerait par une analyse semblable à la précédente que la loi naturelle est aussi la seule pour laquelle un corps placé dans l'intérieur d'une couche sphérique homogène est également attiré de toute part ; mais nous ne nous arrêterons pas à ce calcul, qui ne présente aucune difficulté.

§ III. — Attraction des ellipsoïdes homogènes.

64. Les recherches analytiques relatives à la forme des corps célestes s'appuient essentiellement sur la considération des ellipsoïdes, et nous allons en conséquence chercher à déterminer l'attraction exercée par un ellipsoïde homogène sur un point extérieur ; c'est d'ailleurs le seul cas que nous ayons à examiner, puisque, d'après le n° 60, l'attraction d'un pareil corps sur un point de sa masse se ramène à celle de l'ellipsoïde semblable passant par ce point.

Ce problème, l'un des plus difficiles de l'analyse, a occupé les plus grands géomètres ; Newton, Maclaurin, Lagrange, Legendre en donnèrent des solutions, mais dans des cas particuliers. Laplace, le premier, le résolut dans toute sa généralité en employant une analyse très-compliquée ; plus tard, Ivory et Gauss en donnèrent chacun une solution plus simple. Enfin, M. Chasles, en 1838 et 1840, arriva au même résultat par une méthode géométrique extrêmement remarquable sous le rapport de la simplicité, et nous nous bornerons à la reproduire, en établissant auparavant les quelques lemmes sur lesquels elle repose.

65. *Digression sur quelques propriétés des ellipsoïdes homofocaux.* — On appelle *points correspondants* sur les surfaces de deux ellipsoïdes, ceux dont les coordonnées sont proportionnelles aux axes qui leur sont parallèles.

Les points correspondants de deux ellipsoïdes homofocaux jouissent des propriétés suivantes :

1° *La différence des carrés des distances du centre à deux points correspondants de deux ellipsoïdes homofocaux est constante.*

Soient

$$\frac{x^2}{\alpha^2} + \frac{y^2}{\beta^2} + \frac{z^2}{\gamma^2} = 1,$$

$$\frac{x'^2}{\alpha'^2} + \frac{y'^2}{\beta'^2} + \frac{z'^2}{\gamma'^2} = 1,$$

les équations des deux ellipsoïdes, les variables étant supposées représenter les coordonnées de deux points correspondants. On a, par hypothèse,

$$\frac{x}{\alpha} = \frac{x'}{\alpha'}, \quad \frac{y}{\beta} = \frac{y'}{\beta'}, \quad \frac{z}{\gamma} = \frac{z'}{\gamma'},$$

et, si $\alpha > \beta > \gamma$, $\alpha' > \beta' > \gamma'$,

$$\alpha^2 - \alpha'^2 = \beta^2 - \beta'^2 = \gamma^2 - \gamma'^2;$$

puis

$$x^2 + y^2 + z^2 - (x'^2 + y'^2 + z'^2)$$

$$= \frac{x^2}{\alpha^2}(\alpha^2 - \alpha'^2) + \frac{y^2}{\beta^2}(\beta^2 - \beta'^2) + \frac{z^2}{\gamma^2}(\gamma^2 - \gamma'^2) = \alpha^2 - \alpha'^2,$$

ce qu'il fallait établir.

2° *Les produits de deux rayons quelconques pris respectivement dans deux ellipsoïdes, par le cosinus de leur angle, est le même pour les rayons menés aux points correspondants.*

Soient R, R_1 les deux rayons aboutissant aux points (x, y, z), (x_1, y_1, z_1) des deux ellipsoïdes, et accentuons les mêmes lettres pour représenter leurs équivalentes, relatives aux points correspondants; on a

$$RR_1 \cos\left(\widehat{R, R_1}\right) = xx_1 + yy_1 + zz_1$$

$$= \frac{\alpha}{\alpha'} x' \cdot \frac{\alpha'}{\alpha} x_1' + \frac{\beta}{\beta'} y' \cdot \frac{\beta'}{\beta} y_1' + \frac{\gamma}{\gamma'} z' \cdot \frac{\gamma'}{\gamma} z_1'$$

$$= x'x_1' + y'y_1' + z'z_1' = R'R_1' \cos\left(\widehat{R', R_1'}\right).$$

3° *La distance de deux points appartenant respectivement à deux ellipsoïdes homofocaux est égale à celle de leurs correspondants.*

En effet, d'après le premier théorème, on a

$$R^2 - R'^2 = R_1'^2 - R_1^2, \quad \text{d'où} \quad R^2 + R_1^2 = R'^2 + R_1'^2,$$

et, par suite, en vertu du second,

$$R^2 + R_1^2 - 2RR_1 \cos \widehat{(R, R_1)} = R'^2 + R_1'^2 - 2R'R_1' \cos \widehat{(R', R_1')}.$$

Remarque. — Concevons une couche infiniment mince terminée par deux ellipsoïdes semblables, et une seconde couche ellipsoïdale dont les surfaces soient respectivement homofocales de celles de la première; on reconnaîtra sans peine que ces dernières surfaces sont semblables entre elles, et que le rapport de similitude est le même pour les deux couches. Si l'on considère dans la première couche une surface ellipsoïdale intermédiaire, semblable à celles qui la terminent, il existera dans l'intérieur de la seconde une surface homofocale avec elle, et semblable à celles qui limitent cette seconde couche. On conçoit dès lors ce que l'on doit entendre en disant que tout point pris dans l'une des couches a son correspondant dans l'autre.

4° *Les portions de volume de deux couches homofocales infiniment minces à surfaces respectivement semblables, limitées par des contours dont les points sont correspondants, sont entre elles comme les volumes de ces couches.*

Car en décomposant les portions de volume en parallélipipèdes élémentaires, dont les sommets soient des points correspondants, le rapport de deux parallélipipèdes élémentaires est exprimé par

$$\frac{dx\,dy\,dz}{dx'\,dy'\,dz'} = \frac{\alpha\beta\gamma}{\alpha'\beta'\gamma'}.$$

66. *Le problème de l'attraction d'un ellipsoïde homogène sur un point extérieur se ramène au cas où le point est situé sur la surface extérieure d'une couche infiniment mince, terminée par deux ellipsoïdes semblables.*

Comme on peut supposer l'ellipsoïde décomposé en couches infiniment minces, terminées par des surfaces semblables à celle qui limite le corps, il suffit de chercher à quoi se réduit l'attraction de l'une de ces couches sur le point attiré.

Concevons que l'on fasse passer par le point attiré m un ellipsoïde limitant extérieurement une couche homofocale avec la proposée, et de même densité ρ. Soient m' le point correspondant de m sur la couche proposée; dv, dv' deux éléments de volume correspondants pris respectivement dans cette couche et dans son homofocale; r la distance de m à dv, égale à celle de m' à dv' (65); on a

$$\frac{dv'}{dv} = \frac{\alpha\beta\gamma}{\alpha'\beta'\gamma'},$$

et pour le potentiel relatif au point m et à la couche proposée, en laissant de côté le facteur constant $m\rho$,

$$V = \int \frac{dv}{r} = \frac{\alpha\beta\gamma}{\alpha'\beta'\gamma'} \int \frac{dv'}{r} = \frac{\alpha\beta\gamma}{\alpha'\beta'\gamma'} V',$$

V' étant le potentiel relatif au point m' et à la couche passant par le point m. Or, si le point m' se déplace sur la couche proposée, m se déplace sur l'homofocale considérée; mais V' reste constant puisque m' est en équilibre sous l'action de la couche passant par le point m (60). Donc, lorsque m se déplace sur la couche homofocale à la proposée passant par ce point, V reste constant, ou, enfin, l'*attraction de la couche proposée est normale à son homofocale passant par le point attiré.*

Pour une couche intermédiaire entre celles que nous venons de considérer, dont α'', β'', γ'' représenteraient les demi-axes, V'' le potentiel correspondant au point m, on aurait de même

$$\frac{V''}{V'} = \frac{\alpha''\beta''\gamma''}{\alpha'\beta'\gamma'};$$

par suite,

$$\frac{V}{\alpha\beta\gamma} = \frac{V'}{\alpha'\beta'\gamma'} = \frac{V''}{\alpha''\beta''\gamma''}.$$

Soient

$$X = \frac{dV}{dx}, \quad X'' = \frac{dV''}{dx},$$

les composantes parallèles à l'axe Ox de l'attraction de la couche proposée et de la couche intermédiaire sur le point m, x, y, z étant les coordonnées de ce point : on tire de l'équation précédente

$$\frac{X}{X''} = \frac{\alpha\beta\gamma}{\alpha''\beta''\gamma''};$$

et comme cette proportion doit avoir lieu quelle que soit la position de la couche intermédiaire, et par suite lorsqu'elle se confond avec celle qui passe par le point m, il vient, en désignant par X' l'attraction exercée par cette dernière, estimée suivant Ox,

$$\frac{X}{X'} = \frac{\alpha\beta\gamma}{\alpha'\beta'\gamma'}.$$

Le tout revient donc à calculer X', Y', Z', ou l'attraction exercée par une couche ellipsoïdale infiniment mince à surfaces semblables sur un point de sa surface extérieure ; mais auparavant nous ferons remarquer que les différentes propriétés que nous venons d'énumérer sont indépendantes de la fonction de la distance qui entre dans l'expression de l'attraction.

67. *Attraction d'une couche homogène infiniment mince sur un point de la surface. — Application à une couche terminée par deux ellipsoïdes semblables. — 1° Attraction d'une couche infiniment mince sur un point de sa surface extérieure.* — Soient (*fig.* 5) m un

point de la surface extérieure d'une pareille couche sur lequel elle exerce son attraction; mn la normale abaissée de ce point sur la surface intérieure; $e = mn$ l'épaisseur de la couche en m.

Nous supposerons que la figure résulte d'une section faite dans la couche par un plan quelconque passant par mn; soient ma', mb' les génératrices comprises dans ce plan, du cône de sommet m, circonscrit à la surface intérieure, ces génératrices rencontrant la surface extérieure en a', b' et touchant en a et b la surface intérieure.

L'attraction cherchée sera la résultante des attractions dues aux segments $aa'bb'$, $ambn$, (msa', mtb').

Considérons en premier lieu le segment $ambn$, et concevons dans l'intérieur du cône $a'mb'$ un cône de même sommet, d'une ouverture infiniment petite mesurée par l'élément sphérique $d\omega$. Nous pouvons supposer que le plan de la figure passe par l'axe de ce cône élémentaire; soient mq', $m'q'_1$, celles de ses génératrices qui sont comprises dans ce plan; p, q et p_1, q_1 leurs points de rencontre avec la surface intérieure; q', q'_1 leurs points d'intersection avec la surface extérieure; pj la perpendiculaire abaissée de p sur la direction de mn. En suivant la même marche qu'au n° 58, on trouvera que l'attraction de l'élément mp_1p sur m est $mp\, d\omega . mp$ dont la composante suivant mn est $mp\, d\omega . mj$. La longueur $mn = e$ étant un infiniment petit du premier ordre par rapport à ma, mb, valeurs limites de mp, il faudra et il suffira de conserver les secondes puissances de ma, mb, mp, pj, qui sont de l'ordre e. Il nous sera donc permis de remplacer l'arc an par celui de son cercle osculateur en n; soient c le centre de ce cercle, $R = pc = ac = nc$ son rayon, ∂ l'angle pmc, α l'angle pcn dont nous négligerons les puissances supérieures à la seconde. On peut prendre (58) $d\omega = \sin\partial\, d\partial\, dq$, q étant l'angle formé par le plan de la figure avec un plan fixe passant par mn.

Posons

$$(\alpha) \qquad mj \cdot \sin \delta \, d\delta = d \cdot \mathrm{F},$$

F étant une fonction de δ qu'il s'agit de déterminer, et appelons δ' la valeur limite $\widehat{amn}$ de δ, laquelle est fonction de q; l'attraction du segment $ambn$ sur m, estimée suivant mn, sera

$$(\beta) \qquad m\rho \int_{0}^{2\pi} [\mathrm{F}(\delta') - \mathrm{F}(\delta)] \, dq \,;$$

or, on a d'après la figure

$$mj = \mathrm{R} + e - \mathrm{R}\cos\alpha = e + \frac{\mathrm{R}\,\alpha^2}{2},$$

$$mj = mp\cos\delta = \frac{\mathrm{R}\sin\alpha}{\sin\delta} \cdot \cos\delta = \mathrm{R}\,\alpha\cot\delta,$$

d'où

$$d\mathrm{F} = \mathrm{R}\,\alpha\cos\delta \, d\delta,$$

$$\mathrm{R}^2\alpha^2 - 2\mathrm{R}\,\alpha . \mathrm{R}\cot\delta + 2\mathrm{R}e = 0.$$

La racine de cette dernière équation qui s'annule avec δ étant

$$\mathrm{R}\,\alpha = \frac{\mathrm{R} - \sqrt{\mathrm{R}^2 - 2\,\mathrm{R}\,e\tan^2\delta}}{\tan\delta},$$

il vient, en portant cette valeur dans l'expression de $d\mathrm{F}$,

$$d\mathrm{F} = \mathrm{R}\left(1 - \sqrt{1 - \frac{2e}{\mathrm{R}}\tan^2\delta}\right)\frac{\cos^2\delta}{\sin\delta} \cdot d\delta \quad (*),$$

ou, en posant $z = \cos\delta$,

$$d\mathrm{F} = -\mathrm{R}\left[z - \left(1 + \frac{e}{\mathrm{R}}\right)\sqrt{z^2 - \frac{2e}{\mathrm{R}}}\right]\frac{z\,dz}{1 - z^2},$$

(*) On donne dans quelques Traités de Mécanique, en considérant une couche ellipsoïdale, une démonstration qui paraît très-simple, mais qui est inexacte, car elle consiste à supposer $mj = mn$, tandis que pour le point a la première de ces longueurs est double de l'autre, et l'on trouve ainsi

$$d\mathrm{F} = e\sin\delta \, d\delta \,;$$

or, pour que cette formule puisse coïncider avec celle du texte, il faudrait

et l'on devra prendre l'intégrale entre les limites $z = 1$, $z = \sqrt{\dfrac{2e}{R}}$, cette dernière valeur qui annule le radical représentant le cosinus de l'angle amn. L'intégrale de cette expression est (*)

$$(\gamma) \quad \left\{ F = -R \left\{ -z + \left(1 + \frac{e}{R}\right) \sqrt{z^2 - \frac{2e}{R}} + \frac{1}{2} \log \frac{(1+z)}{(1-z)} \frac{\sqrt{1 - \dfrac{2e}{R}} - \sqrt{z^2 - \dfrac{2e}{R}}}{\sqrt{1 - \dfrac{2e}{R}} + \sqrt{z^2 - \dfrac{2e}{R}}} \right\} + \text{const.} \right.$$

Il suit de là, en continuant l'approximation adoptée, que

$$F(\delta') - F(\delta) = e$$

et que l'attraction (β) du segment $mabn$ sur m, estimée suivant mn, a pour expression

$$(\delta) \qquad\qquad 2\pi m \rho e.$$

---

que $\dfrac{2e}{R}$ tang δ restât infiniment petit, de manière que, en développant le radical, on pût s'arrêter au second terme du développement; mais il n'en est pas ainsi, car aux environs du point a cette quantité est très-voisine de l'unité.

(*) On a en effet

$$\int \frac{z^2\, dz}{1 - z^2} = -z + \int \frac{dz}{1 - z^2} = -z + \frac{1}{2} \log \frac{1+z}{1-z}.$$

Posant $z^2 - \dfrac{2e}{R} = u^2$, il vient, en négligeant toujours le carré de $\dfrac{e}{R}$,

$$\int \sqrt{z^2 - \frac{2e}{R}} \cdot \frac{z\, dz}{1 - z^2} = \int \frac{u^2\, du}{1 - \dfrac{2e}{R} - u^2}$$

$$= -u + \frac{1}{2}\left(1 - \frac{e}{R}\right) \log \frac{\sqrt{1 - \dfrac{2e}{R}} + u}{\sqrt{1 - \dfrac{2e}{R}} - u}.$$

d'où l'on déduit l'intégrale donnée dans le texte, en remplaçant u par sa valeur.

Il est facile de voir que le même segment ne donne aucune composante de l'attraction, perpendiculaire à mn; il suffit pour cela de remarquer qu'il peut être considéré, à un infiniment petit du second ordre près, comme un cône du second degré tangent suivant l'indicatrice à la surface intérieure et dont par conséquent mn est un axe de symétrie.

Considérons maintenant le segment (msa', mtb'), et soit st le plan tangent en n à la surface intérieure; les normales aux différents points de la calotte smt de la surface extérieure feront avec mn des angles infiniment petits dont le carré sera de l'ordre mn; si donc mn' est la normale en m à cette surface, limitée en n' à la surface intérieure, l'angle nmn' sera du même ordre que l'angle α introduit dans la question précédente. Cela posé, supposons que le plan de la *fig.* 6 soit l'un quelconque de ceux qui passent par mn', et soient c', $R' = c'm$ le centre et le rayon de courbure de l'arc $a'm$; μ un point quelconque de cet arc; α', δ' les angles $\mu c'm$, $\mu mc'$; q' l'angle compris sous le plan de la figure et un plan fixe passant par mn'; on a

$$\delta' = 90^\circ - \frac{\alpha'}{2},$$

et nous devrons négliger les puissances de α' supérieures à la seconde. L'attraction sur m du cône élémentaire ayant ce point pour sommet et aboutissant au point μ est, abstraction faite du facteur $m\rho$,

$$\overline{m\mu}\,\sin\delta'\,d\delta'\,dq' = -\frac{R'\alpha'}{2}\,d\alpha'\,dq',$$

et sa composante suivant mc'

$$-\frac{R'}{2}\alpha'\cos\delta'\,d\alpha'\,dq' = -R'\frac{\alpha'^2}{4}\,d\alpha'\,dq',$$

dont l'intégrale par rapport à α' est du troisième ordre et négligeable. Ainsi donc le segment considéré ne donne pas de composante suivant mn'.

La composante de l'attraction du cône élémentaire ci-dessus suivant la tangente en m à l'arc ma' est

$$ - \frac{R'}{2} \alpha' \sin \delta' \, d\alpha' \, dq' = - \frac{R'}{2} \alpha' \, d\alpha' \, dq, $$

et pour l'onglet $m\mu a$

$$ - R \frac{\alpha'^2}{4} dq' ; $$

mais comme sa direction est infiniment peu différente de celle d'une perpendiculaire à mn, cette attraction ne donne suivant cette droite qu'une composante négligeable.

Ainsi donc l'attraction du segment $na'mb'n$ sur m, estimée suivant mn, se réduit à celle du segment $ambn$, et a (δ) pour expression.

Remarque. — Désignons par α'_1 l'angle $b'mc'$; la composante de l'attraction suivant la tangente en m, due aux deux onglets msa', mtb', est

$$ R' \frac{(\alpha'^2 - \alpha'^2_1)}{2} dq' = R \frac{(\alpha' + \alpha'_1)}{2} \cdot (\alpha' - \alpha'_1) dq'. $$

Si la droite mn était rigoureusement normale aux deux surfaces ou si les points n et n' se confondaient, on aurait $\alpha' = \alpha'_1$, et cette composante serait nulle. Elle sera également nulle ou négligeable, lorsque l'angle nmn' sera du même ordre que e, et alors la composante de l'attraction de la couche entière, normale à mn, ne pourra provenir que du segment $aa'bb'$.

2° *Application à une couche terminée par deux ellipsoïdes semblables.* — Revenons maintenant à la couche ellipsoïdale à laquelle la remarque ci-dessus est applicable. On a (*fig.* 5)

$$ mp = qq', $$

et par suite la somme des attractions des éléments p_1mp, $q'qq_1q'$ sera double de celle du premier d'entre eux ; il suit de là et de ce qui précède que mn est la direction de l'attraction totale de la couche, ce qui est conforme à ce que nous avons vu au n° 66, et que cette attraction est représentée par le double de l'expression (∂) ou par

$$(\varepsilon) \qquad\qquad 4\pi m p e.$$

3° *Attraction d'une couche homogène infiniment mince sur un point de sa surface intérieure.* — Supposons que l'on veuille calculer l'attraction d'une couche homogène infiniment mince et quelconque sur un point n' de sa surface intérieure (*fig.* 6); soit $s't'$ le plan tangent en ce point de la surface, et désignons par $s''t''$ le plan perpendiculaire au même point à la normale $n'm$ abaissée de n' sur la surface extérieure. L'angle compris sous ces deux plans étant infiniment petit, on pourra, dans le calcul de l'attraction, remplacer le segment $s'mt'$ par le segment $s''mt''$. Or, pour obtenir l'attraction due à ce dernier, estimée suivant mn', il suffit de changer dans la formule (γ) R en $-$R, puisque la courbure a changé de sens par rapport au point attiré, et d'intégrer F$d\partial$ entre les limites $\partial = 0$, $\partial = \dfrac{\pi}{2}$; on obtient e pour résultat, par suite l'attraction du segment est toujours représentée par l'expression (∂), et il est facile de voir qu'elle est la même, aux termes du second ordre près, que celle qui est due au segment $(a's'mna,\ b's'mnb)$; enfin, l'attraction du segment $ab\ a'b'$ a la même valeur pour les points m et n supposés de même masse m. Les attractions sur ces deux points estimées suivant mn', dues à $(a's'm'na,\ b's'mnb)$ étant égales à $2\pi m p e$ et de sens contraire, on voit que *la différence des attractions de la couche totale sur deux points correspondants de même masse de la surface extérieure et de la surface intérieure de la couche, estimées suivant la ligne qui joint ces points, est représentée par* $4\pi m p e$.

On voit de plus que si la couche jouit de cette propriété de n'exercer aucune attraction sur tout point de son intérieur, l'attraction normale à sa surface extérieure sur le point correspondant de cette surface sera représentée par $4\pi m p e$, ce qui est une généralisation du théorème précédent, relatif à la couche ellipsoïdale, eu égard à la propriété démontrée au n° 60.

68. *Calcul de l'attraction d'un ellipsoïde homogène sur un point extérieur.* — Supposons que la couche dont nous nous sommes occupé au numéro précédent représente l'homofocale passant par le point attiré m de l'une des couches à surfaces semblables, dans lesquelles on peut supposer l'ellipsoïde décomposé. Soient $OQ = P'$ (*fig.* 5) la perpendiculaire abaissée du centre O de l'ellipsoïde sur le plan tangent en m; i le point d'intersection du rayon Om avec la surface intérieure de la couche passant par m; γ', β', α' les demi-axes de cette surface, dirigés suivant Oz, Oy, Ox; γ, β, α les demi-axes correspondants de la couche de l'ellipsoïde, ayant les mêmes foyers que la précédente; $d\gamma'$, $d\gamma$ seront les épaisseurs de ces deux couches suivant Oz. Les triangles semblables min, OQm donnent

$$e = \frac{OQ \cdot mi}{Om} = \frac{P'd\gamma'}{\gamma'};$$

on a d'ailleurs, x, y, z étant les coordonnées de m,

$$P'^2 = \frac{1}{\dfrac{x^2}{\alpha'^4} + \dfrac{y^2}{\beta'^4} + \dfrac{z^2}{\gamma'^4}},$$

$$\cos(P', z') = -\frac{P'z}{\gamma'^2}, \quad \cos(P', y) = -\frac{P'y}{\beta'^2}, \quad \cos(P', x) = -\frac{P'x}{\alpha'^2}.$$

Les composantes de l'attraction de la couche passant par m, sur ce point, estimées suivant Oz, Oy, Oz, sont donc, d'après le numéro précédent,

$$-4\pi\rho mz\,\frac{P'^2 d\gamma'}{\gamma'^3}, \quad -4\pi\rho my\,\frac{P'^2 d\gamma'}{\gamma'\beta'^2}, \quad -4\pi\rho mx\,\frac{P'^2 d\gamma'}{\gamma'\alpha'^2}.$$

Si on les multiplie par $\dfrac{\alpha\beta\gamma}{\alpha'\beta'\gamma'}$, on aura (66) les composantes dZ, dY, dX de la couche homofocale de l'ellipsoïde sur le point m, et il vient ainsi, en remplaçant de plus le rapport $\dfrac{d\gamma'}{\gamma'}$ par son égal $\dfrac{d\gamma}{\gamma}$,

$$dZ = -4\pi\rho m \, \frac{x\, P'^2 \beta\alpha\, d\gamma}{\gamma'^3 \beta' \alpha'},$$

$$dY = -4\pi\rho m \, \frac{y\, P'^2 \beta\alpha\, d\gamma}{\beta'^3 \gamma' \alpha'},$$

$$dX = -4\pi\rho m \, \frac{z\, P'^2 \beta\alpha\, d\gamma}{\alpha'^3 \beta' \gamma'}.$$

Soient c, b, a les demi-axes de la surface de l'ellipsoïde, parallèles à Oz, Oy, Ox, c étant le plus petit; posons

$$\frac{b^2 - c^2}{c^2} = \lambda^2, \qquad \frac{a^2 - c^2}{c^2} = \lambda'^2, \qquad \frac{\gamma}{\gamma'} = u;$$

des relations

$$\alpha'^2 - \alpha^2 = \beta'^2 - \beta^2 = \gamma'^2 - \gamma^2,$$

$$\frac{\alpha}{a} = \frac{\beta}{b} = \frac{\gamma}{c},$$

$$\frac{x^2}{\alpha'^2} + \frac{y^2}{\beta'^2} + \frac{z^2}{\gamma'^2} = 1,$$

on tire

$$\beta' = \gamma\sqrt{u^{-2} + \lambda^2}, \quad \alpha' = \gamma\sqrt{u^{-2} + \lambda'^2}, \quad \beta = \frac{\gamma b}{c}, \quad \alpha = \frac{\gamma a}{c};$$

$$(i) \qquad z^2 u^2 + \frac{y^2}{u^{-2} + \lambda^2} + \frac{x^2}{u^{-2} + \lambda'^2} = \gamma^2,$$

équations qui permettent d'exprimer γ, par suite β, α, α', β', γ' en fonction de u. Enfin on a

$$P'^2 = \frac{\gamma^4}{z^2 u^4 + \dfrac{y^2}{(u^{-2} + \lambda^2)^2} + \dfrac{x^2}{(u^{-2} + \lambda'^2)^2}}.$$

En différentiant l'équation (i) par rapport à u, pour exprimer $d\gamma$ au moyen de du, on obtient

$$P'^2 d\gamma = \gamma'^2 du.$$

A l'aide de ces différentes relations, et en introduisant la masse $M = \frac{4}{3}\pi\rho abc$ de l'ellipsoïde, on trouve facilement

$$dZ = -3\,M\,m\cdot\frac{z}{c^3}\,\frac{u^2\,du}{\left(1+\lambda^2 u^2\right)^{\frac{1}{2}}\left(1+\lambda'^2 u^2\right)^{\frac{1}{2}}},$$

$$dY = -3\,M\,m\cdot\frac{y}{a^3}\,\frac{u^2\,du}{\left(1+\lambda^2 u^2\right)^{\frac{3}{2}}\left(1+\lambda'^2 u^2\right)^{\frac{1}{2}}},$$

$$dX = -3\,M\,m\cdot\frac{x}{a^3}\,\frac{u^2\,du}{\left(1+\lambda^2 u^2\right)^{\frac{1}{2}}\left(1+\lambda'^2 u^2\right)^{\frac{3}{2}}}.$$

Le demi-axe c', déterminé par Oz, de l'ellipsoïde homofocal avec le proposé passant par le point m, sera donné par l'équation

$$\frac{z^2}{c'^2} + \frac{y^2}{c'^2 + b^2 - c^2} + \frac{x^2}{c'^2 + a^2 - c^2} = 1,$$

qui ne peut fournir qu'une seule valeur positive pour c'^2, les valeurs négatives se rapportant aux hyperboloïdes homofocaux. Les limites de u étant 0 et $\frac{c}{c'}$, on a, en définitive,

$$(1)\quad\begin{cases}Z = -\dfrac{3\,M\,mz}{c^3}\displaystyle\int_0^{\frac{c}{c'}}\dfrac{u^2\,du}{\left(1+\lambda^2 u^2\right)^{\frac{1}{2}}\left(1+\lambda'^2 u^2\right)^{\frac{1}{2}}},\\[2em] Y = -\dfrac{3\,M\,my}{c^3}\displaystyle\int_0^{\frac{c}{c'}}\dfrac{u^2\,du}{\left(1+\lambda^2 u^2\right)^{\frac{3}{2}}\left(1+\lambda'^2 u^2\right)^{\frac{1}{2}}},\\[2em] X = -\dfrac{3\,M\,mx}{c^3}\displaystyle\int_0^{\frac{c}{c'}}\dfrac{u^2\,du}{\left(1+\lambda^2 u^2\right)^{\frac{1}{2}}\left(1+\lambda'^2 u^2\right)^{\frac{3}{2}}}.\end{cases}$$

La recherche de ces trois intégrales se ramène à celle de la suivante,

$$L = \frac{3\,M\,m}{c^3}\int_0^{\frac{c}{c'}}\frac{u^2\,du}{\left(1+\lambda^2 u^2\right)^{\frac{1}{2}}\left(1+\lambda'^2 u^2\right)^{\frac{1}{2}}},$$

qui ne peut, en général, s'exprimer qu'au moyen des fonctions elliptiques ; car on reconnait sans peine que

$$Z = - L, \quad Y = - \frac{d\lambda \, L}{d\lambda}, \quad X = - \frac{d\lambda' L}{d\lambda'}.$$

Lorsque l'on aura $\lambda = \lambda'$, il ne faudra faire cette supposition qu'après avoir effectué les différentiations par rapport à λ et λ'.

Si le point attiré se trouve à la surface de l'ellipsoïde, on a $\frac{c}{c'} = 1$, et les limites des intégrales (1) sont zéro et l'unité.

Ellipsoïde de révolution aplati. — On a $b = a$ ou $\lambda' = \lambda$; les intégrales s'expriment alors, par l'intégration par parties, au moyen d'arc tang, et l'on trouve

$$(2) \quad \begin{cases} Z = -3\dfrac{M\,mz}{\lambda^3 c^3}\left(\dfrac{\lambda c}{c'} - \operatorname{arc\,tang}\dfrac{\lambda c}{c'}\right), \\[2ex] Y = -\dfrac{3}{2}\dfrac{M\,my}{\lambda^3 c^3}\left(\operatorname{arc\,tang}\dfrac{\lambda c}{c'} - \dfrac{\lambda cc'}{c'^2 + \lambda^2 c^2}\right), \\[2ex] X = -\dfrac{3}{2}\dfrac{M\,mx}{\lambda^3 c^3}\left(\operatorname{arc\,tang}\dfrac{\lambda c}{c'} - \dfrac{\lambda cc'}{c'^2 + \lambda^2 c^2}\right), \end{cases}$$

formules dans lesquelles on devra supposer $c' = c$ quand le point se trouvera à la surface même de l'ellipsoïde.

Ellipsoïde de révolution allongé. — On a $c = b$, d'où $\lambda = 0$; l'intégration par parties conduit aux valeurs suivantes, dans lesquelles le signe log se rapporte aux logarithmes népériens :

$$(3) \quad \begin{cases} Z = -\dfrac{3}{2}\dfrac{M\,mz}{\lambda'^3 c^3}\left[\dfrac{\lambda' c}{c'}\sqrt{1+\dfrac{\lambda'^2 c^2}{c'^2}} - \log\left(\dfrac{\lambda' c}{c'} + \sqrt{1+\dfrac{\lambda'^2 c^2}{c'^2}}\right)\right], \\[2.5ex] Y = -\dfrac{3}{2}\dfrac{M\,my}{\lambda'^3 c^3}\left[\dfrac{\lambda' c}{c'}\sqrt{1+\dfrac{\lambda'^2 c^2}{c'^2}} - \log\left(\dfrac{\lambda' c}{c'} + \sqrt{1+\dfrac{\lambda'^2 c^2}{c'^2}}\right)\right], \\[2.5ex] X = -\dfrac{3}{2}\dfrac{M\,mx}{\lambda'^3 c^3}\left[\log\left(\dfrac{\lambda' c}{c'} + \sqrt{1+\dfrac{\lambda'^2 c^2}{c'^2}}\right) - \dfrac{\dfrac{\lambda' c}{c'}}{\sqrt{1+\dfrac{\lambda'^2 c^2}{c'^2}}}\right]. \end{cases}$$

69. *Attraction, sur un point de sa surface, d'un ellip-soïde de révolution assez peu aplati pour que l'on puisse négliger la quatrième puissance de son aplatissement.* — Supposons que l'on fasse passer le plan yOz par le point attiré, ou que $x = 0$; les deux premières formules (2) donnent, en y faisant $a = a'$ et en négligeant la quatrième puissance de λ,

$$Z = -\frac{Mmz}{c^3}\left(1 - \frac{3}{5}\lambda^2\right),$$

$$Y = -\frac{Mmy}{c^3}\left(1 - \frac{6}{5}\lambda^2\right),$$

dont la résultante G a pour valeur

$$G = \sqrt{X^2 + Y^2} = \frac{Mm}{a^3}\sqrt{z^2 + y^2}\left[1 - \frac{3}{5}\frac{\lambda^2(z^2 + 2y^2)}{z^2 + y^2}\right].$$

L'équation de la courbe méridienne est

$$(1 + \lambda^2)z^2 + y^2 = c^2(1 + \lambda^2),$$

et l'on a, en appelant l la latitude du point attiré ou l'angle aigu que la normale à la surface en ce point fait avec Oy, et

$$\sin l = \frac{z}{\sqrt{z^2 + y^2}};$$

d'où, en négligeant les termes en λ^4,

$$G = \frac{3Mm}{c^3}\sqrt{z^2 + y^2}\left[1 - \frac{3}{5}\lambda^2(2 - \sin^2 l)\right];$$

or

$$z^2 + y^2 = c^2(1 + \lambda^2) - \lambda^2 z^2 = c^2(1 + \lambda^2) - \lambda^2\sin^2 l(z^2 + y^2),$$

d'où

$$z^2 + y^2 = c^2(1 + \lambda^2)(1 - \lambda^2\sin^2 l),$$

et enfin

$$G = \frac{Mm}{c^2}\left(1 - \frac{7}{10}\lambda^2 + \frac{\lambda^2}{10}\sin^2 l\right) = \frac{Mm}{c^2}\left(1 - \frac{7}{10}\lambda^2\right)\left(1 + \frac{\lambda^2}{10}\sin^2 l\right),$$

et l'accroissement de la pesanteur à la surface de l'ellipsoïde, en allant de l'équateur aux pôles, est proportionnel au carré du sinus de la latitude.

Ce résultat peut s'appliquer à la Terre, considérée comme une masse fluide homogène, pour trouver la loi de la variation de la gravité, résultant de l'aplatissement aux pôles.

70. *Remarque relative à l'attraction des ellipsoïdes hétérogènes.* — Considérons un ellipsoïde composé de couches semblables homogènes, mais dont la densité varie de l'une à l'autre suivant une loi déterminée que l'on pourra représenter par

$$\rho = \mathrm{F}\left(\frac{\gamma}{c}\right).$$

On a, d'après ce qui précède,

$$\frac{\gamma}{c} = \frac{1}{c}\left(z^2 u^2 + \frac{y^2}{u^{-2}+\lambda^2} + \frac{x^2}{u^{-2}+\lambda'^2}\right)^{\frac{1}{2}};$$

il sera donc possible d'exprimer ρ en fonction de u, et il suffira, pour obtenir les composantes de l'attraction, de faire passer cette valeur de ρ sous le signe $\int$ dans les formules (1).

71. *Attraction d'un cylindre ellipsoïdal homogène indéfini sur un point extérieur.* — Pour obtenir les composantes de cette attraction, il suffit de remplacer, dans les formules (1), M par sa valeur $\frac{4}{3}\pi a^3 \rho (1+\lambda^2)^{\frac{1}{2}}(1+\lambda'^2)^{\frac{1}{2}}$, puis de supposer infini λ' ou a; on trouve alors $\mathrm{X}=0$, ce que l'on devait prévoir, et

$$Z = -4\pi m \rho z (1+\lambda^2)^{\frac{1}{2}} \int_0^{\frac{c}{c'}} \frac{u\,du}{(1+\lambda^2 u^2)^{\frac{1}{2}}},$$

$$Y = -4\pi m \rho y (1+\lambda^2)^{\frac{1}{2}} \int_0^{\frac{c}{c'}} \frac{u\,du}{(1+\lambda'^2 u^2)^{\frac{3}{2}}},$$

formules qui s'intègrent facilement.

Supposons que le point attiré se trouve à la surface du cylindre, ou que $\dfrac{c}{c'} = 1$; on trouve

$$Z = -4\pi m\rho z \left[\frac{1 + \lambda^2 - (1+\lambda^2)^{\frac{1}{2}}}{\lambda^2} \right],$$

$$Y = -4\pi m\rho y \left[\frac{1 - (1+\lambda^2)^{-\frac{1}{2}}}{\lambda^2} \right];$$

et si l'on pose

$$\frac{b}{c} = \gamma \quad \text{ou} \quad \lambda^2 + 1 = \gamma^2,$$

il vient

$$(4) \qquad \begin{cases} Z = -4\pi m\rho z \,\dfrac{\gamma}{\gamma + 1}, \\[2mm] Y = -4\pi m\rho y \,\dfrac{1}{\gamma + 1}, \end{cases}$$

formules auxquelles Laplace est arrivé directement dans ses recherches sur la figure des anneaux de Saturne.

§ IV. — Attraction des sphéroïdes.

72. *Équation aux différentielles partielles à laquelle satisfait le potentiel.* — La fonction V de x, y, z jouit d'une propriété remarquable, exprimée par une équation aux différentielles partielles, qu'il est fort utile de connaître dans l'étude de l'attraction des sphéroïdes.

En conservant les notations du n° 55, on a

$$r = \sqrt{(x - x')^2 + (y - y')^2 + (z - z')^2},$$

$$\frac{d\frac{1}{r}}{dx} = -\frac{x' - x}{r^3}, \qquad \frac{d\frac{1}{r}}{dy} = -\frac{y' - y}{r^3}, \qquad \frac{d\frac{1}{r}}{dz} = -\frac{z' - z}{r^3},$$

et

$$\frac{d^2 \frac{1}{r}}{dx^2} = 3 \frac{(x - x')^2}{r^5} - \frac{1}{r^3},$$

$$\frac{d^2 \frac{1}{r}}{dy^2} = 3 \frac{(y - y')^2}{r^5} - \frac{1}{r^3},$$

$$\frac{d^2 \frac{1}{r}}{dz^2} = 3 \frac{(z - z')^2}{r^5} - \frac{1}{r^3},$$

d'où

$$\frac{d^2 \frac{1}{r}}{dx^2} + \frac{d^2 \frac{1}{r}}{dy^2} + \frac{d^2 \frac{1}{r}}{dz^2} = 0.$$

Or, on a

$$V = m\, S\, \frac{m'}{r},$$

c'est-à-dire que V se compose d'une somme de termes satisfaisant tous à l'équation linéaire ci-dessus aux différentielles partielles; il vient donc

$$(1) \qquad \frac{d^2 V}{dx^2} + \frac{d^2 V}{dy^2} + \frac{d^2 V}{dz^2} = 0.$$

Telle est l'équation cherchée, qui sera applicable à tout point ne faisant pas partie du corps attirant, puisque, la distance des molécules ne pouvant devenir nulle, les différentielles premières et secondes de $\frac{1}{r}$ sont toujours finies et déterminées.

Mais si l'on considère la matière comme continue, c'est-à-dire comme remplissant complétement toute portion de volume d'un corps, quelque petite qu'elle soit, la formule (1) ne peut plus s'appliquer au cas d'un point faisant partie du corps, puisque pour les molécules contiguës on a $r = 0$, $x = x'$, $y = y'$, $z = z'$, et qu'alors les différentielles ci-dessus de $\frac{1}{r}$ se présentent sous une forme indéterminée.

En considérant ce cas, concevons une sphère enveloppant le point attiré m, et dont le rayon soit assez petit pour que la matière qu'elle renferme puisse être regardée comme homogène. La portion de V relative à la masse du corps extérieure à la sphère satisfera à l'équation (1). En désignant par α, β, γ les coordonnées du centre de la sphère, on a (60), pour les composantes de l'attraction qu'elle exerce sur m,

$$-\frac{4}{3}\pi m\rho(x-\alpha), \quad -\frac{4}{3}\pi m\rho(y-\beta), \quad -\frac{4}{3}\pi m\rho(z-\gamma),$$

dont la somme des dérivées partielles prises respectivement par rapport à x, y, z est $-4\pi m\rho$. On conclut de là que V satisfait dans l'hypothèse actuelle à l'équation aux différentielles partielles

$$\frac{d^2V}{dx^2} + \frac{d^2V}{dy^2} + \frac{d^2V}{dz^2} = -4\pi m\rho.$$

Substituons maintenant aux coordonnées rectangulaires des coordonnées polaires, et soient (*fig.* 3)

a la distance du point attiré m à l'origine O, choisie dans l'intérieur du sphéroïde;

θ l'angle formé avec Oz par le rayon vecteur a;

ϖ l'angle formé par le plan mené par a et Oz avec le plan yOz;

a', θ', ϖ' les grandeurs analogues à a, θ, ϖ pour un point m' du sphéroïde.

Posons de plus

$$\mu = \cos\theta, \quad \mu' = \cos\theta'.$$

L'élément sphérique correspondant à m' (58) sera

$$d\omega = \sin\theta'\,d\theta'\,d\varpi',$$

de sorte qu'en appelant ρ la densité du corps au point m', on peut prendre

$$m' = \rho a'^2 d\varpi da' = -\rho a'^2 da' d\mu' d\varpi'.$$

Pour tout le volume du corps, on devra intégrer par rapport à θ entre les limites o et π ou entre $\mu = 1$, $\mu = -1$, et par rapport à ϖ entre les limites o et 2π.

Si l'on remarque que le cosinus de l'angle formé par a avec a' est donné par

$$p = \cos\theta \cos\theta' + \sin\theta \sin\theta' \cos(\varpi - \varpi'),$$

on a, pour la distance mm',

$$r = \sqrt{a^2 - 2\,aa'\left[\cos\theta\cos\theta' + \sin\theta\sin\theta'\cos(\varpi - \varpi')\right] + a'^2}.$$

Enfin, si on laisse de côté le facteur m de V, pour simplifier l'écriture, ce qui revient à ne considérer que l'accélération due à l'attraction, il vient

$$(2) \quad V = \int_0^{2\pi} d\varpi' \int_{-1}^{1} d\mu' \int \frac{\rho a'^2 da'}{\sqrt{a^2 - 2aa'\left[\cos\theta\cos\theta' + \sin\theta\sin\theta'\cos(\varpi - \varpi')\right] + a'^2}}$$

et comme on a

$$(\alpha) \quad z = a\cos\theta, \quad x = a\sin\theta\cos\varpi, \quad y = a\sin\theta\sin\varpi,$$

l'équation (1) devient (*)

$$(3) \quad \begin{cases} \dfrac{d^2V}{d\theta^2} + \cos\theta \dfrac{dV}{d\theta} + \dfrac{1}{\sin^2\theta}\dfrac{d^2V}{d\varpi^2} + a\dfrac{d^2 aV}{da^2} = 0 \\[2mm] \text{ou} \\[2mm] \dfrac{d}{d\mu}\left[(1 - \mu^2)\dfrac{dV}{d\mu}\right] + \dfrac{1}{1 - \mu^2}\dfrac{d^2V}{d\varpi^2} + a\dfrac{d^2 aV}{da^2} = 0. \end{cases}$$

(*) On a

$$\frac{dV}{dx} = \frac{dV}{dr}\cdot\frac{dr}{dx} + \frac{dV}{d\theta}\frac{d\theta}{dx} + \frac{dV}{d\varpi}\frac{d\varpi}{dx}.$$

Pour avoir les différentielles partielles $\dfrac{dr}{dx}, \dfrac{d\theta}{dx}, \dfrac{d\varpi}{dx}$, il ne faut faire varier

73. *Développement en série de l'attraction d'un sphé-roïde sur un point.* — Si nous supposons que le sphéroïde est entièrement compris dans la sphère décrite du point O comme centre avec le rayon $Om = a$, ou si, dans le cas contraire, nous ne considérons que la portion de sa masse comprise dans cette sphère, a' sera plus petit que a ou lui sera au plus égal. Dans cette hypothèse de $a > a'$, on pourra développer

$$ar^{-1} = \left\{ 1 - 2\frac{a'}{a}\left[\mu\mu' + \sqrt{1-\mu^2}\sqrt{1-\mu'^2}\cos(\varpi - \varpi')\right] + \frac{a'^2}{a^2} \right\}^{-\frac{1}{2}}$$

en série convergente suivant les puissances ascendantes de $\dfrac{a'}{a}$. Le coefficient Y_ν de $\left(\dfrac{a'}{a}\right)^\nu$ sera une fonction entière et rationnelle de

$$p = \mu\mu' + \sqrt{1-\mu^2}\sqrt{1-\mu'^2}\cos(\varpi - \varpi'),$$

et l'on aura

$$r^{-1} = \sum_{\nu=0}^{\nu=\infty} Y_\nu \frac{a'^\nu}{a^{\nu+1}},$$

$$V = \sum_{0}^{\infty} \frac{1}{a^{\nu+1}} \int_0^{2\pi} d\varpi' \int_{-1}^{+1} Y_\nu\, d\mu' \int \rho\, a'^{\nu+2}\, da'.$$

Si l'on représente par U_ν le coefficient de $\dfrac{1}{a^{\nu+1}}$ dans la sé-

---

que x dans les expressions de r, $\cos\theta$, $\tang\varpi$ résultant des équations (α), ce qui donne

$$\frac{dr}{dx} = \cos\theta, \qquad \frac{d\theta}{dx} = -\frac{\sin\theta}{r}, \qquad \frac{d\varpi}{dx} = 0,$$

et

$$\frac{dV}{dx} = \cos\theta\,\frac{dV}{dr} - \frac{\sin\theta}{r}\frac{dV}{d\theta}.$$

En différentiant de nouveau, on aura $\dfrac{d^2V}{dx^2}$, et de la même manière $\dfrac{d^2V}{dy^2}$, $\dfrac{d^2V}{dz^2}$.

rie V, on aura

$$(4) \quad \begin{cases} U_\nu = \displaystyle\int_0^{2\pi} d\varpi' \int_{-1}^{+1} Y_\nu\, d\mu' \int \rho a'^{\nu+2} da', \\[2ex] V = \displaystyle\sum_0^\infty \frac{U_\nu}{a^{\nu+1}}. \end{cases}$$

En substituant dans la seconde équation (3) le développement de V, et égalant à zéro les coefficients des différentes puissances de $\frac{1}{a}$, on trouve que U_ν, fonction entière et rationnelle de μ, $\sqrt{1-\mu^2}\cos\varpi$, $\sqrt{1-\mu^2}\sin\varpi$ satisfait à l'équation aux différentielles partielles

$$(5) \quad \frac{d}{d\mu}\left[(1-\mu^2)\frac{dU_\nu}{d\mu}\right] + \frac{1}{1-\mu^2}\frac{d^2U_\nu}{d\varpi^2} + \nu(\nu+1)U_\nu = 0,$$

à laquelle satisfera également Y_ν, puisque cette fonction n'est autre chose que ce que devient U_ν quand le corps attirant se réduit à un point.

Nous désignerons sous le nom de *fonctions sphériques* les fonctions telles que U_ν, dont nous déterminerons plus loin la forme générale pour toute valeur de l'indice ν.

Le développement de r^{-1}, suppose que $\frac{a'}{a} < 1$; mais par suite de l'intégration, la série qui en résulte pour V ne cesse pas d'être convergente, lorsque $\frac{a'}{a} = 1$. Pour établir ce théorème, il nous suffit de prouver directement que V est toujours développable suivant les puissances ascendantes de $\frac{1}{a}$, lors même que pour certains points du sphéroïde on a $\frac{a'}{a} = 1$.

Soit q l'angle formé par le plan mOm' avec un plan fixe passant par Om; l'élément sphérique correspondant à p et q étant $- dp\, dq$, V peut se mettre sous la forme

$$(a)\quad V = \frac{1}{a} \int a'^2 da' \int_0^{2\pi} dq \int_{-1}^{+1} \frac{p\, dp}{\sqrt{1 - \dfrac{2a'}{a} p + \dfrac{a'^2}{a^2}}}\cdot$$

Or on a, en intégrant par parties,

$$(b)\quad \left\{ \begin{aligned} &\frac{1}{a} \int \frac{p\, dp}{\sqrt{1 - \dfrac{2a'}{a} p + \dfrac{a'^2}{a^2}}} = - \frac{p}{a'} \sqrt{1 - \dfrac{2a'}{a} p + \dfrac{a'^2}{a^2}} \\ &+ \frac{1}{a'} \int \frac{dp}{dp} \sqrt{1 - \dfrac{2a'}{a} p + \dfrac{a'^2}{a^2}}\, dp, \end{aligned} \right.$$

et en appelant δ l'angle $m'Om$, ou posant $p = \cos\delta$,

$$\sqrt{1 - \frac{2a'}{a} p + \frac{a'^2}{a^2}}$$

$$= \left[1 - \frac{a'}{a} \left(\cos\delta + \sqrt{-1}\, \sin\delta \right) \right]^{\frac{1}{2}} \left[1 - \frac{a'}{a} \left(\cos\delta - \sqrt{-1}\, \sin\delta \right) \right]^{\frac{1}{2}}\cdot$$

Les deux facteurs de cette expression sont développables en séries convergentes, d'après la loi du binôme, lors même que $\dfrac{a'}{a}$ est égal à l'unité (*).

Le produit de ces deux séries, ordonné suivant les puissances ascendantes de $\dfrac{a'}{a}$, sera également, dans les mêmes conditions, une série convergente; car une pareille série ne cesse pas d'être convergente lorsqu'on la multiplie par une somme de termes dont la valeur est finie; et par une raison aussi simple, une double ou une triple intégration ne peut pas altérer la convergence de ce produit. Donc, en définitive, le développement en série de V suivant les puissances ascendantes de $\dfrac{1}{a}$ sera, non-seulement conver-

---

(*) Abel, t. 1, p. 87.

gent lorsque le sphéroïde possédera des points également distants de l'origine que le point attiré, mais encore lorsque le point viendra se placer sur sa surface.

La composante de l'attraction suivant le rayon a, ou

$$-\frac{d\mathrm{V}}{da} = -\frac{1}{a^2} \int \cdot a'^2 da' \int_0^{2\pi} dq \int_{-1}^{+1} \frac{\rho\left(1 - \frac{a'}{a}p\right)dp}{\left(1 - \frac{2a}{a'}p + \frac{a'^2}{a^2}\right)^{\frac{3}{2}}},$$

est également développable en série convergente suivant les puissances ascendantes de $\frac{1}{a}$, dans les mêmes conditions que V. En effet, en intégrant par parties, on a

$$\int \frac{\rho\left(1 - \frac{a'}{a}p\right)dp}{\left(1 - \frac{2a'}{a}p + \frac{a'^2}{a^2}\right)^{\frac{3}{2}}} = \frac{a\rho}{a'}\left(1 - \frac{a'}{a}p\right)\left(1 - \frac{2a'}{a}p + \frac{a'^2}{a^2}\right)^{-\frac{1}{2}}$$

$$-\frac{a}{a'}\int\left(1 - \frac{2a'}{a}p + \frac{a'^2}{a^2}\right)^{-\frac{1}{2}} \frac{d}{dp}\left[\rho\left(1 - \frac{a'}{a}p\right)\right]dp,$$

et, d'après ce qui précède, le développement est possible pour le second terme de cette expression. Or, pour une même valeur de a', les limites de p sont fonction de q, et réciproquement q peut être considéré comme une fonction de l'une ou l'autre de ces limites. Il résulte de là que si p' représente l'une des limites de p, l'intégrale

$$\int \rho\left(1 - \frac{a'}{a}p\right)\left(1 - \frac{2a'}{a}p + \frac{a'^2}{a^2}\right)^{-\frac{1}{2}} dq$$

pourra être remplacée par une autre de la forme

$$\int \varphi(p')\left(1 - \frac{2a'}{a}p' + \frac{a'^2}{a^2}\right)^{-\frac{1}{2}} dp',$$

la fonction $\varphi(p')$ pouvant renfermer a', et une intégration par parties prouvera, de la même manière que tout à l'heure, que cette expression est développable en série convergente suivant les puissances ascendantes de $\frac{a'}{a}$, lors même que le maximum de ce rapport peut atteindre l'unité, ce qu'il fallait établir. Si donc on connaît le développement de V, il suffira de le différentier pour avoir celui de $\frac{dV}{da}$.

Pour la portion du sphéroïde extérieure à la sphère de rayon a, $\frac{a'}{a}$ sera au moins égal à l'unité, et l'on pourra développer r^{-1} en série convergente ordonnée suivant les puissances ascendantes de $\frac{a}{a'}$, et l'on aura

$$a'r^{-1} = \sum_{\nu=0}^{\nu=\infty} Y_\nu \frac{a^\nu}{a'^\nu},$$

Y_ν représentant la même fonction que ci-dessus. Désignant par $U_\nu^{(1)}$ le coefficient de a^ν dans le développement de V, on aura

$$(6) \quad \begin{cases} U_\nu^{(1)} = \int_0^{2\pi} d\varpi' \int_{-1}^{+1} d\mu \int \frac{\rho Y_\nu da'}{a'^{(\nu-1)}}, \\ V = \sum_0^\infty a^\nu U_\nu^{(1)}, \end{cases}$$

$U_\nu^{(1)}$ étant une fonction sphérique d'indice ν. On s'assurera de la même manière que tout à l'heure que la série qui représente V est toujours convergente, ainsi que sa dérivée par rapport à a.

S'il s'agit d'un point intérieur à une couche matérielle, les formules (4) s'appliqueront à la portion de cette couche extérieure à la sphère de rayon a, et les formules (6) à l'autre portion de la masse. La réunion des deux valeurs de V donnera l'expression totale du potentiel pour la masse entière.

Les corps célestes affectant des formes peu différentes de celle de la sphère, nous sommes conduit à chercher ce que deviennent, dans ce cas, les formules précédentes.

74. *Attraction d'une couche homogène infiniment mince, terminée par deux surfaces sensiblement sphériques sur un point de la surface extérieure.* — On peut considérer l'action d'une pareille couche comme la différence des couches qui seraient limitées intérieurement par la sphère inscrite à la surface, et extérieurement, l'une par la surface extérieure de la couche proposée, l'autre par sa surface intérieure.

Supposons, par exemple, que la *fig.* 7 représente la seconde de ces deux couches fictives ; et soient O le centre de la sphère ; A son rayon ; m le point attiré supposé très-voisin de la surface extérieure de cette couche ; n, n' les points où le rayon Om rencontre la surface extérieure et celle de la sphère ; e l'épaisseur très-petite nn' de la couche en n ; ma, ma_1 les tangentes menées du point m à la section déterminée par le plan de la figure, dans la surface extérieure, a, a_1 étant les points de contact ; mb, mb_1, les tangentes analogues menées au cercle intérieur, rencontrant la courbe précédente en α, b et α_1, b_1, les points de contact étant en a' et a'_1 ; ∂ l'angle formé avec Om par un rayon quelconque mq, compris dans le plan de la figure : ce rayon rencontre les surfaces extérieure et intérieure en p, q et p', q'.

D'après ce que nous avons vu (67), le segment (bam, b_1a_1m), et à plus forte raison une fraction de ce segment, n'exerce sur m, suivant mO, aucune attraction. La composante de l'attraction, parallèle à la même direction, du segment $a'\alpha\alpha_1a'_1$ sur m peut être considérée comme la différence de celles que produiraient les segments $a'ma'_1$, $\alpha m\alpha_1$, et l'on a, d'après le numéro précité, pour cette composante,

$$2\pi\rho\,(mn' - mn) = 2\pi\rho e.$$

Considérons maintenant le segment $a'bb_1a'_1$, et appelons u la longueur qq', et $d\omega$ l'élément sphérique mesurant l'ouverture du cône élémentaire issu de m et correspondant à mq; la composante suivant mO de l'attraction de ce segment sera $\rho \int u\,d\omega \cos\delta$, et en désignant par a la distance Om, on a pour la composante de l'attraction totale

$$-\frac{dV}{da} = \rho \int u \cos\delta\, d\omega + 2\pi\rho e.$$

On reconnaît facilement que le potentiel est du second ordre ou négligeable pour le segment $a'\alpha\alpha_1a'_1$, et que pour l'autre segment $a'bb_1a'_1$ il a pour valeur

$$V = \rho \int \left(\frac{mq^2 - mq'^2}{2}\right) d\omega = \rho \int \left(\frac{mq + mq'}{2}\right) u\,d\omega = \rho \int mq'.u\,d\omega,$$

en négligeant le carré de u; et on peut prendre, en continuant la même approximation,

$$mq' = n'q' = 2\mathrm{A}\cos\delta.$$

Ou a donc

$$V = 2\mathrm{A}\rho \int u \cos\delta\, d\omega,$$

et enfin

$$(7) \qquad V + 2\mathrm{A}\,\frac{dV}{da} = -4\pi e\mathrm{A}\rho.$$

Pour la couche formée par la sphère et la surface extérieure de la couche proposée, on aura une équation pareille, et, en la retranchant de la précédente, on retombera sur une relation de la même forme. Donc l'équation (7) s'applique à une couche homogène infiniment mince quelconque, pourvu qu'elle soit peu différente de la forme sphérique, e représentant son épaisseur suivant le rayon mené au point attiré.

75. La même formule s'applique également à la différence des attractions d'un sphéroïde peu différent d'une sphère et de cette sphère, en considérant l'épaisseur e comme positive ou négative, selon qu'elle correspond à un point de la surface, extérieur ou intérieur à la sphère. Pour s'en convaincre, il suffit de retrancher, en négligeant les termes du second ordre, les résultats de l'application de l'équation (7) à deux couches infiniment minces limitées, l'une par la surface du sphéroïde et sa sphère inscrite, et l'autre par cette sphère et celle qui détermine l'excès sphéroïdal proposé. Si l'on fait passer la sphère par le point attiré, on a $e = 0$ et

$$V + 2\Delta \frac{dV}{da} = 0,$$

et comme, pour la sphère entière de rayon Δ, on a

$$V + 2\Delta \frac{dV}{da} = \frac{4}{3}\pi\rho\Delta^3 \left(\frac{1}{\Delta} - \frac{2}{\Delta}\right) = -\frac{4}{3}\pi\rho\Delta^2,$$

la formule

$$V + 2\Delta \frac{dV}{da} = -\frac{4}{3}\pi\rho\Delta^2$$

est applicable à toute la masse du sphéroïde.

76. *Attraction d'une couche homogène très-mince, peu différente de la forme sphérique sur un point de sa surface intérieure.* — En négligeant les termes du second ordre, la valeur de V est la même (*fig.* 5) pour le point n' que pour le point m; l'expression de $-\dfrac{dV}{da}$ relative au point m est égale à la même expression correspondant au point n augmentée de $4\pi\rho e$ (67). Il suffit donc, pour avoir la relation cherchée, de remplacer dans l'équa-

tion (7) $-\dfrac{d\mathrm{V}}{da}$ par $-\dfrac{d\mathrm{V}}{da}+4\pi\rho e$, ce qui donne

$$(8)\qquad \mathrm{V}+2\mathrm{A}\,\frac{d\mathrm{V}}{da}=4\pi\rho e\mathrm{A}.$$

77. *Développement en série de l'attraction d'un sphéroïde homogène peu différent d'une sphère sur un point
extérieur.* — Le tout se réduit à calculer la valeur de V
relative à l'excès du sphéroïde sur la sphère de rayon A.

Si le point est très-voisin du sphéroïde, il pourra se
faire qu'une portion de cet excès soit extérieure à la sphère
de rayon A, portion à laquelle on devra appliquer les formules (6), tandis que pour le reste de la masse, on devra
employer les formules (4).

Soient $a' = \mathrm{A}(1+z')$ le rayon de la surface du sphéroïde correspondant aux angles θ' et ϖ'; $\mathrm{A}(1+z)$ le rayon
déterminé par la direction de a, c'est-à-dire celui pour
lequel on a $\theta' = \theta$, $\varpi' = \varpi$. Nous supposerons que z' et ses
dérivées sont des quantités assez petites pour que l'on
puisse en négliger les puissances supérieures à la première
et les produits entre elles. Nous pourrons ainsi remplacer
dans les premières formules (4) et (6) les puissances de a'
par les mêmes puissances de A, ce qui donne

$$\frac{\mathrm{U}_\nu}{\mathrm{A}^{\nu+1}} = \rho\mathrm{A}\int_0^{2\pi} d\varpi' \int_{-1}^{+1} d\mu' \int \mathrm{Y}_\nu\, da',$$

$$\mathrm{U}_n^{(1)}\mathrm{A}^\nu = \rho\mathrm{A}\int_0^{2\pi} d\varpi' \int_{-1}^{+1} d\mu' \int \mathrm{Y}_\nu\, da'.$$

Si l'on ajoute ces deux expressions, l'intégration, par rapport à a', du second membre de l'équation obtenue devant
s'étendre à l'ensemble des deux portions de l'excès sphéroïdal, ou à son épaisseur totale $\mathrm{A}z'$, il vient

$$(9)\qquad \frac{\mathrm{U}_\nu}{\mathrm{A}^{\nu+1}} + \mathrm{A}^\nu\mathrm{U}_\nu^{(1)} = \rho\mathrm{A}^2 \int_0^{2\pi} d\varpi' \int_{-1}^{+1} \mathrm{Y}_\nu z'\, d\mu'.$$

Or, des secondes formules (4) et (6) on tire respectivement

$$(10) \quad \begin{cases} V + 2A\dfrac{dV}{da} = \displaystyle\sum_{0}^{\infty} \dfrac{U_\nu}{a^{\nu+1}}\left[1 - 2\dfrac{A}{a}(\nu+1)\right], \\[2em] V + 2A\dfrac{dV}{da} = \displaystyle\sum_{0}^{\infty} U_\nu^{(1)}\, a^\nu \left(1 + 2\nu\dfrac{A}{a}\right). \end{cases}$$

Si le point attiré est situé à la surface du sphéroïde, ou si $a = A(1+z)$, la première de ces expressions est égale à $-4\pi\rho A^2 z$ (74), et la seconde est nulle (75). On a donc, en retranchant la seconde de la première et supposant $a = A$ dans le résultat,

$$(c) \qquad 4\pi\rho A^2 z = \sum_{0}^{\infty}\left(\frac{U_\nu}{A^{\nu+1}} + A^\nu U_\nu^{(1)}\right)(2\nu+1);$$

mais la fonction

$$\frac{U_\nu}{A^{\nu+1}} + A^\nu U_\nu^{(1)}$$

satisfait comme chacun de ses termes à l'équation aux différentielles partielles (5)·; d'où *il suit que z et en général une fonction quelconque de μ et de ϖ, pour toutes les valeurs de ces variables comprises respectivement entre -1 et $+1$ et 0 et 2π, pourvu qu'elle reste finie, est développable en une série limitée ou non de fonctions sphériques : z peut* en effet être considéré comme une fonction quelconque de μ et ϖ, qui reste finie entre les limites ci-dessus, multipliée par un facteur constant aussi petit que l'on voudra.

Si l'on pose $z = f(\mu, \varpi)$, on aura, d'après les équations (9) et (c),

$$f(\mu, \varpi) = \frac{1}{4\pi}\sum_{0}^{\infty}\int_{0}^{2\pi} d\varpi'\int_{-1}^{+1} Y_\nu f(\mu', \varpi')\, d\mu',$$

ce qui donnera le moyen de développer la fonction $f(\mu, \varpi)$ sous la forme ci-dessus (*).

On a, pour tout l'excès sphéroïdal, relativement au point considéré de la surface,

$$(d) \qquad V = \sum_{0}^{\infty} \left(\frac{U_\nu}{A^{\nu+1}} + A^\nu U_\nu^{(1)} \right);$$

mais si l'on suppose z développé en fonctions sphériques dont nous désignerons par Z_ν celle d'indice ν, ou si l'on pose

$$(c) \qquad z = \sum_{0}^{\infty} Z_\nu,$$

on déduira de la comparaison de cette formule avec l'équation (c), eu égard à la relation (9),

$$(11) \quad \begin{cases} V = 4\pi A \rho \sum_{0}^{\infty} \dfrac{Z_\nu}{2\nu + 1}, \\[2ex] Z_n = \dfrac{\nu + 1}{4\pi} \displaystyle\int_{0}^{2\pi} d\varpi' \int_{-1}^{+1} z' Y_\nu d\mu'. \end{cases}$$

Ces formules sont également applicables au cas où le point attiré étant extérieur, est cependant assez voisin de la surface du sphéroïde pour que l'excès sphéroïdal soit coupé par la sphère de rayon a; car pour la valeur $\sum a^\nu U_\nu^{(1)}$ de V relative à la partie extérieure de cette sphère, on peut toujours, en négligeant les termes du second ordre, supposer $a = A$, comme pour la partie intérieure, et l'on retombe sur les formules (9) et (d) d'où résultent les relations (11).

(*) M. Lejeune-Dirichlet (*Journal de Crelle*, t. XVII) et M. O. Bonnet ont donné chacun successivement une démonstration directe et synthétique de ce théorème dû à Laplace, à l'abri de toute objection. Mais il est regrettable que ce mode de démonstration ne conserve aucune trace de la marche qui a conduit à cette découverte l'illustre auteur de la *Mécanique céleste*.

Remarque. — Si α, β, γ sont les trois demi-axes principaux d'un ellipsoïde, et r son rayon vecteur, on a pour l'équation polaire de sa surface

$$r^2 \left(\frac{\sin^2\theta \cos^2\varpi}{\alpha^2} + \frac{\sin^2\theta \sin^2\varpi}{\beta^2} + \frac{\cos^2\theta}{\gamma^2} \right) = 1.$$

Si cet ellipsoïde diffère très-peu d'une sphère d'un rayon égal à A, on trouve facilement, en négligeant le carré de la différence, que

$$\frac{r-A}{A} = \varepsilon \sin^2\theta \cos^2\varpi + \varepsilon' \sin^2\theta \sin^2\varpi + \varepsilon'' \cos^2\theta,$$

ε, ε', ε'' étant des constantes de l'ordre $\dfrac{\alpha - A}{A}$, $\dfrac{\beta - A}{A}$, $\dfrac{\gamma - A}{A}$;

on voit ainsi que $\dfrac{r-A}{A}$ ou ε se réduit à la fonction Z_2.

Si l'on a $\varepsilon = \varepsilon'$, l'ellipsoïde est de révolution autour de l'axe Oz, et il vient

$$\frac{r-A}{A} = \varepsilon \sin^2\theta + \varepsilon'' \cos^2\theta = \varepsilon + \mu^2 (\varepsilon'' - \varepsilon).$$

78. *Propriété remarquable des fonctions sphériques.* — Avant d'aller plus loin, nous allons démontrer une propriété importante des fonctions telles que U_ν, qui nous sera fort utile dans la suite et qui consiste en ce que

$$\int_0^{2\pi} d\varpi \int_{-1}^{+1} U_\nu W_{\nu'} d\mu = 0,$$

U_ν, $W_{\nu'}$ étant deux fonctions sphériques d'indices différents ν, ν'. En effet, en multipliant l'équation (5) par $W_{\nu'} d\varpi \, d\mu$, et intégrant par rapport aux variables μ et ϖ, il vient

$$\nu(\nu+1) \int\int U_\nu W_{\nu'} d\varpi \, d\mu$$

$$= -\int\int W_{\nu'} \frac{d\left(1-\mu^2\right)\dfrac{dU_\nu}{d\mu}}{d\mu} d\varpi \, d\mu - \int\int W_{\nu'} \frac{d^2 U_\nu}{d\varpi^2} \frac{d\varpi \, d\mu}{1-\mu^2},$$

et l'on a de même

$$\nu'\,(\nu'+1)\int\int U_\nu W_{\nu'}\,d\varpi\,d\mu$$

$$=-\int\int U_\nu\,\frac{d(1-\mu^2)\dfrac{dW_{\nu'}}{d\mu}}{d\mu}\,d\varpi\,d\mu-\int\int U_\nu\,\frac{d^2 W_{\nu'}}{d\varpi^2}\,\frac{d\varpi\,d\mu}{1-\mu^2};$$

d'où, par différence,

$$(f)\quad\left\{\begin{aligned}&[\nu\,(\nu+1)-\nu'\,(\nu'+1)]\int\int U_\nu W_{\nu'}\,d\varpi\,d\mu\\ &=-\int\int\left(\frac{d(1-\mu^2)\dfrac{dU_\nu}{d\mu}}{d\mu}W_{\nu'}-\frac{d(1-\mu^2)\dfrac{dW_{\nu'}}{d\mu}}{d\mu}U_\nu\right)d\varpi\,d\mu\\ &\quad+\int\int\left(W_{\nu'}\frac{d^2 U_\nu}{d\varpi^2}-U_\nu\frac{d^2 W_{\nu'}}{d\varpi^2}\right)\frac{d\varpi\,d\mu}{1-\mu^2}.\end{aligned}\right.$$

Or, on a

$$\int\left(\frac{d(1-\mu^2)\dfrac{dU_\nu}{d\mu}}{d\mu}\,W_{\nu'}-\frac{d(1-\mu^2)\dfrac{dW_{\nu'}}{d\mu}}{d\mu}\,U_\nu\right)d\mu$$

$$=(1-\mu^2)\left(W_{\nu'}\frac{dU_\nu}{d\mu}-U_\nu\frac{dW_{\nu'}}{d\mu}\right),$$

expression qui s'annule entre les limites $+1$ et -1 de μ, et

$$\int\left(W_{\nu'}\frac{d^2 U_\nu}{d\varpi^2}-U_\nu\frac{d^2 W'_\nu}{d\varpi^2}\right)d\varpi=W_{\nu'}\frac{dU_\nu}{d\varpi}-U_\nu\frac{dW'_{\nu'}}{d\varpi},$$

qui s'annule également entre les limites 0 et 2π de ϖ; car
d'après la forme entière et rationnelle des fonctions U_ν, $W_{\nu'}$,
par rapport à $\cos\varpi$, ces fonctions et leurs dérivées par rapport à ϖ prennent les mêmes valeurs pour ces deux limites,
d'où résulte le théorème énoncé. Si $\nu=\nu'$, le coefficient
de l'intégrale du premier membre de l'équation (f) est nul,
et on ne peut pas conclure de la démonstration précédente
que cette intégrale est nulle. Elle a en effet une valeur déterminée dont nous rechercherons l'expression à la fin de
ce chapitre.

On tire de là cette conséquence

$$(12) \qquad \int_0^{2\pi} d\varpi \int_{-1}^{+1} U_\nu \, d\mu = 0$$

lorsque ν est différent de zéro, puisque l'unité satisfait à l'équation (5) et n'est autre chose que Y_0.

79. On voit aussi, en remplaçant dans la seconde équation (11), z' par son développement $z' = \sum_0^\infty Z'_\nu$, Z'_ν étant ce que devient Z_ν lorsqu'on y change μ en μ' et ϖ en ϖ', que

$$(13) \qquad Z_\nu = \frac{2\nu+1}{4\pi} \int_0^{2\pi} d\varpi' \int_{-1}^{+1} Z'_\nu Y_\nu \, d\mu';$$

car Y_ν étant symétrique par rapport à μ et μ', ϖ et ϖ', est une fonction sphérique de l'ordre ν en μ' et ϖ'.

80. Pour un point attiré extérieur au sphéroïde, on emploiera la formule

$$V = \sum_0^\infty \frac{U_\nu}{a^{\nu+1}}$$

dans laquelle, d'après la formule (9), le théorème (78) et l'équation (13), U_ν a pour valeur

$$U_\nu = \rho A^{\nu+3} \int_0^{2\pi} d\varpi \int_{-1}^{+1} Y_\nu z' \, d\mu'$$

$$= \rho A^{\nu+3} \int_0^{2\pi} d\varpi \int_{-1}^{+1} Y_\nu Z'_\nu \, d\mu' = \rho A^{\nu+3} \frac{4\pi Z_\nu}{2\nu+1}.$$

On a donc enfin, pour l'excès sphéroïdal,

$$(14) \qquad V = 4\pi\rho A^3 \sum_0^\infty \frac{A^\nu}{a^{\nu+1}} \cdot \frac{Z_\nu}{2\nu+1},$$

et pour le sphéroïde entier,

$$(15) \qquad V = \frac{4}{3}\pi\rho \frac{A^3}{a} + 4\pi\rho A^3 \sum_0^\infty \frac{A^\nu}{a^{\nu+1}} \cdot \frac{Z_\nu}{2\nu+1}.$$

81. *Propriété des fonctions* X_ν. — **Si** l'on suppose $\theta' = 0$, on a $r^{-1} = a^{-1} \sqrt{1 - \dfrac{2a'}{a} \cos\theta + \dfrac{a'^2}{a'^2}}$, et nous désignerons par X_ν le coefficient de $\left(\dfrac{a'}{a}\right)^\nu$, dans le développement de ce radical ; cette fonction de θ n'est évidemment autre chose que ce que devient Y_ν en y supprimant tous les termes en $\varpi - \varpi'$, et en y faisant $\theta' = 0$. La fonction X_ν satisfait donc à l'équation différentielle

$$\frac{d\left(1 - \mu^2\right)\dfrac{d X_\nu}{d\mu}}{d\mu} + \nu\left(\nu + 1\right) X_\nu = 0,$$

déduite de l'équation (5) où l'on supposerait Y_ν indépendant de ϖ.

Si $T_{\nu'}$ est une autre fonction semblable à X_ν, d'indice différent de ν, on a

$$\int_{-1}^{+1} X_\nu T_{\nu'}\, d\mu = 0.$$

Cette propriété résulte de l'équation (f), en y supprimant l'intégration et les dérivées relatives à ϖ, et en y remplaçant ensuite U_ν, W_ν par X_ν et $T_{\nu'}$.

82. *Simplifications que l'on peut faire subir au développement en série de l'attraction d'un sphéroïde homogène peu différent d'une sphère sur un point extérieur.* — Supposons que l'on prenne pour origine des coordonnées le centre de gravité O du sphéroïde, et pour la sphère celle qui lui est équivalente en masse ou en volume. Le volume du sphéroïde sera, eu égard à l'équation (12),

$$\frac{4}{3}\pi A^3 + A^3 \int_0^{2\pi} d\varpi' \int_{-1}^{+1} s'd\mu' = \frac{4}{3}\pi A^3 + A^3 \int_0^{2\pi} d\varpi' \int_{-1}^{+1} Z'_0 d\mu'$$

$$= \frac{4}{3}\pi A^3 + 4\pi A^3 Z'_0,$$

d'où $Z'_0 = 0$, d'après l'hypothèse admise.

La fonction Z'_1 est, comme la fonction Y_1, une fonction linéaire de $\sin\theta'\cos\varpi'$, $\sin\theta'\sin\varpi'$, $\cos\theta'$, ou est de la forme

$$Z'_1 = \alpha \sin\theta'\cos\varpi' + \beta \sin\theta'\sin\varpi' + \gamma \cos\theta'$$

$$= \frac{1}{A}\left\{\alpha\xi + \beta\eta + \gamma\zeta\right\},$$

α, β, γ étant des constantes, ξ, η, ζ les coordonnées rectangulaires de l'élément de masse dm de l'excès sphéroïdal, correspondant aux angles θ' et ϖ'.

Pour que le point O soit le centre de gravité du sphéroïde, il suffit qu'il soit celui de l'excès sphéroïdal, ou que l'on ait

$$\int \xi\, dm = 0, \qquad \int \eta\, dm = 0, \qquad \int \zeta\, dm = 0.$$

Il vient donc, en multipliant l'équation ci-dessus par

$$dm = \rho\, A^2 z'\, d\varpi'\, d\mu',$$

et intégrant,

$$A^2 \rho \int_0^{2\pi} d\varpi' \int_{-1}^{+1} Z'_1 z'\, d\mu' = \frac{1}{A}\left(\alpha \int \xi\, dm + \beta \int \eta\, dm + \gamma \int \zeta\, dm \right) = 0.$$

L'intégrale du premier membre se réduisant à (78)

$$A^2 \rho \int_0^{2\pi} d\varpi' \int_{-1}^{+1} Z'^2_1\, d\mu',$$

dont tous les éléments sont essentiellement positifs, il faut, pour qu'elle soit nulle, que $Z'_1 = 0$ pour toutes les valeurs de θ' et ϖ', ou que $\alpha = 0$, $\beta = 0$, $\gamma = 0$, quels que soient d'ailleurs θ et ϖ ou la position du point attiré par rapport à celle du sphéroïde.

Ainsi la double hypothèse que nous avons faite permet de supprimer les deux premiers termes de la série qui représente z.

83. *Attraction d'un sphéroïde très-peu différent d'une sphère sur un point de son intérieur.* — Il suffit, pour déterminer cette attraction, de calculer celle de l'excédant du

sphéroïde sur la sphère. En admettant que le point attiré soit compris dans l'excès sphéroïdal, on emploiera respectivement les deux formules (10) pour les portions intérieure et extérieure à la sphère de rayon a. Or le second membre de la première est nul (74), celui de la seconde est égal à $4\pi A^2 z$. Si donc on y suppose $a = A$, que l'on retranche la seconde de la première, on retombe sur les formules (c), (d) et (11) établies plus haut, et l'on trouve, au lieu de la formule (14),

$$V = 4\pi\rho \sum_{0}^{\infty} \frac{a^\nu}{A^{\nu-2}} \cdot \frac{Z_\nu}{2\nu+1}.$$

Pour avoir la valeur complète de V relative au sphéroïde entier, il faudra tenir compte de l'action de la sphère de rayon a, et de celle de la couche sphérique d'épaisseur $A - a$, ce qui donne la somme $\frac{4}{3}\pi\rho a^2 + 2\pi\rho(A^2 - a^2)$, et l'on a par suite

$$(16) \quad V = \rho\left(2\pi A^2 - \frac{2}{3}\pi a^3 + 4\pi A^2 \sum_{0}^{\infty} \frac{a^\nu}{A^\nu} \cdot \frac{Z_\nu}{2\nu+1} \right).$$

84. *Attraction des sphéroïdes composés de couches homogènes peu différentes de la forme sphérique.* — Soient $A(1+z)$ le rayon d'une couche d'égale densité du sphéroïde, ρ cette densité qui est uniquement fonction de A; z est une fonction de la forme $\sum_{0}^{\infty} Z_\nu$, Z_ν pouvant dépendre de A. L'attraction sur un point extérieur exercée par la couche de rayon $d[A(1+z)]$ s'obtiendra en différentiant par rapport à A la formule (15), en considérant ρ comme constant, ce qui donne

$$\frac{3}{4}\pi\rho \cdot \frac{d.A^3}{a} + \frac{4\pi\rho}{a} \sum_{0}^{\infty} \frac{d(A^{\nu+3}Z_\nu)}{(2\nu+1)a^\nu};$$

il vient par suite, pour le sphéroïde entier, A_1 étant la valeur de A à la surface,

$$(17) \quad V = \frac{4\pi}{a} \int_0^{A_1} \rho A^2 dA + 4\pi \sum_0^\infty \frac{1}{a^{\nu+1}} \int_0^{A_1} \rho \frac{d(Z_\nu A^{\nu+3})}{(2\nu+1)}.$$

Pour avoir la valeur de V relative à un point intérieur, on déterminera d'abord la partie de cette fonction correspondant à toutes les couches auxquelles le point est extérieur, et qui sera donnée par l'équation précédente, en y remplaçant la limite A_1 des intégrales par la valeur A relative à la couche sur laquelle ce point est situé. On obtiendra la seconde partie de V en différentiant l'équation (16) par rapport à A, ρ étant considéré comme constant; puis on intégrera entre les limites A, $A = A_1$, et on aura en définitive, pour l'attraction totale du sphéroïde,

$$(17') \quad \begin{cases} V = \dfrac{4\pi}{3a} \displaystyle\int_0^A \rho \, dA^3 + 4\pi \sum_0^\infty \dfrac{1}{a^{\nu+1}} \int_0^A \rho \dfrac{d(Z_\nu A^{\nu+3})}{(2\nu+1)}, \\[2ex] + 2\pi \displaystyle\int_A^{A_1} \rho \, dA^2 + 4\pi \sum_0^\infty a^\nu \int_A^{A_1} \rho \dfrac{d(A^{2-\nu} Z_\nu)}{2\nu+1}, \end{cases}$$

formule dans laquelle, les différentiations et intégrations étant effectuées, on remplacera a par $A(1+z)$, ou du moins dans le premier et le troisième terme, et tout simplement par A dans les deux autres, puisque l'on néglige le carré de z.

85. *Attraction d'une couche homogène d'une épaisseur quelconque, limitée par deux surfaces sensiblement sphériques sur un point intérieur.* — Soient $A + A \sum_0^\infty Z_\nu$, $A' + A' \sum_0^\infty Z'_\nu$ les rayons des surfaces extérieure et intérieure de la couche; comme nous pouvons supposer que

les constantes Z_0, Z'_0 sont comprises dans A, A', il est inutile de les écrire.

En plaçant l'origine au centre de gravité du sphéroïde limité par la surface extérieure, nous aurons $Z_1 = 0$.

Les valeurs de V relatives aux sphéroïdes limités respectivement par la surface extérieure et la surface intérieure de la couche considérée sont (83)

$$\rho\left(2\pi A^2 - \frac{2}{3}\pi a^2 + 4\pi A^2 \sum_{\nu=2}^{\nu=\infty} \frac{Z_\nu}{2\nu+1}\cdot\frac{a^\nu}{A^\nu}\right),$$

$$\rho\left(2\pi A'^2 - \frac{2}{3}\pi a^2 + 4\pi A'^2 \sum_{\nu=1}^{\nu=\infty} \frac{Z'_\nu}{2\nu+1}\cdot\frac{a^\nu}{A'^\nu}\right),$$

d'où, pour la différence,

$$(18)\quad \left\{\begin{aligned} V &= 2\pi\rho(A^2 - A'^2) + 4\pi\rho \\ &\times\left[-\frac{Z'_1\,a\,A'}{3} + \sum_{\nu=2}^{\nu=\infty} \frac{a^\nu}{2\nu+1}\left(\frac{Z_\nu}{A^{\nu-2}} - \frac{Z'_\nu}{A'^{\nu-2}}\right)\right]. \end{aligned}\right.$$

Pour qu'un point quelconque placé dans l'intérieur de la couche soit également attiré de toute part, il faut que V soit indépendant de a, ϖ, θ, ou que

$$Z'_1 = 0, \qquad \frac{Z_\nu}{Z'_\nu} = \left(\frac{A}{A'}\right)^{\nu-2}.$$

Si la surface extérieure est elliptique, z se réduit à Z_2 (77), et par suite z' à la fonction Z'_2, donnée par la formule

$$\frac{Z_2}{Z'_2} = 1.$$

Les rayons $A(1 + Z_2)$, $A'(1 + Z'_2)$ étant dans un rapport constant, les deux surfaces sont semblables, ce qui est conforme au résultat obtenu au n° 67.

86. *Détermination de la forme générale des fonctions* Y_ν. — Dans tout ce qui précède, nous nous sommes

servi des fonctions Y_ν, sans nous préoccuper de leur détermination. Nous allons maintenant chercher à arriver à la forme sous laquelle elles se présentent, en employant la méthode de Jacobi (*), qui est la plus simple et la plus élégante de celles qui ont été proposées jusqu'à ce jour.

Nous prendrons pour point de départ l'identité

$$(\alpha) \qquad \frac{1}{\sqrt{A^2 + B^2 + C^2}} = \frac{1}{2\pi} \int_0^{2\pi} \frac{d\alpha}{A + i\,B\cos\alpha + i\,C\sin\alpha},$$

i représentant $\sqrt{-1}$, et A, B, C des quantités indépendantes de la variable α. Nous rappellerons de plus que Y_ν est le coefficient de k^ν dans le développement de

$$(\beta) \qquad \frac{1}{\sqrt{1 - 2k[\cos\theta\cos\theta' + \sin\theta\sin\theta'\cos(\varpi - \varpi')] + k^2}} = \sum_0^\infty Y_\nu k^\nu.$$

Si l'on pose

$$A = \cos\theta' - k\cos\theta,$$
$$B = \sin\theta'\cos\varpi' - \sin\theta\cos\varpi,$$
$$C = \sin\theta'\sin\varpi' - k\sin\theta\sin\varpi,$$

les deux expressions (α) et (β) sont identiques et l'on a par suite

$$\sum_0^\infty Y_\nu k^\nu = \frac{1}{2\pi} \int_0^{2\pi} \frac{d\alpha}{\cos\theta' + i\sin\theta'\cos(\varpi' - \alpha) - k[\cos\theta + i\sin\theta\cos(\varpi - \alpha)]}.$$

Développant le second membre de cette égalité suivant les puissances ascendantes de k, et identifiant les termes semblables, on trouve

$$Y_\nu = \frac{1}{2\pi} \int_0^{2\pi} \frac{[\cos\theta + i\sin\theta\cos(\varpi - \alpha)]^\nu \, d\alpha}{[\cos\theta' + i\sin\theta'\cos(\varpi' - \alpha)]^{\nu+1}}.$$

(*) *Journal de Mathématiques pures et appliquées*, t. X, 1845.

Soient

$$(\gamma) \quad \begin{cases} [\cos\theta + i\sin\theta\cos(\varpi - \alpha)]^{\nu} \\ = X_{\nu} + 2iX'_{\nu}\cos(\varpi - \alpha) - 2X''_{\nu}\cos 2(\varpi - \alpha)\ldots, \\ [\cos\theta' + i\sin\theta'\cos(\varpi' - \alpha)]^{-(\nu+1)} \\ = P_{\nu} + 2iP'_{\nu}\cos(\varpi' - \alpha) - 2P''_{\nu}\cos 2(\varpi' - \alpha)\ldots \end{cases}$$

les développements suivant les cosinus des multiples de $\varpi - \alpha$, $\varpi' - \alpha$ des deux facteurs qui se trouvent sous le signe $\int$; il vient, en effectuant l'intégration,

$$(\delta) \quad Y_{\nu} = P_{\nu}X_{\nu} - 2P'_{\nu}X'_{\nu}\cos(\varpi - \varpi') + 2P''_{\nu}X''_{\nu}\cos 2(\varpi - \varpi')\ldots$$

Les fonctions $P_{\nu}^{(m)}$, $X_{\nu}^{(m)}$ de θ' et θ sont identiques, à un facteur numérique près ; car d'après la forme du radical (β), θ et θ' doivent entrer symétriquement dans les coefficients des puissances de $\cos(\varpi - \varpi')$, ou, ce qui revient au même, dans ceux des cosinus des arcs multiples de $\varpi - \varpi'$.

Pour $\theta' = 0$, on a, en ayant égard au premier des développements (γ),

$$Y_{\nu} = \frac{1}{2\pi}\int_{0}^{2\pi}[\cos\theta + i\sin\theta\cos(\varpi - \alpha)]^{\nu}\,d\alpha = X_{\nu};$$

X_{ν} est ainsi le coefficient de k^{ν} dans le développement de $(1 - 2k\cos\theta + k^{2})^{-\frac{1}{2}}$.

En supposant $\theta = 0$, on trouve de même $P_{\nu} = Y_{\nu}$, et P_{ν} est le coefficient de k^{ν} dans le développement de $(1 - 2k\cos\theta' + k^{2})^{-\frac{1}{2}}$, d'où il suit que P_{ν} et X_{ν} sont deux fonctions complétement identiques, l'une en θ', et l'autre en θ.

Posons

$$\cos\theta = \mu, \quad i\sin\theta\, e^{i\alpha} = z;$$

on a

$$2z(\cos\theta + i\sin\theta\cos\alpha) = (\mu + z)^{2} - 1,$$

d'où, d'après la première équation (γ), en y changeant $\varpi - \alpha$ en α,

$$[(\mu + z)^2 - 1]^\nu = 2^\nu z^\nu (\cos\theta + i\sin\theta\cos\alpha)^\nu$$

$$= 2^\nu z^\nu (X_\nu + iX'_\nu e^{i\alpha} - iX''_\nu e^{2i\alpha} - \ldots + iX'_\nu e^{-i\alpha} - iX''_\nu e^{-2i\alpha} - \ldots)$$

$$= 2^\nu z^\nu \left(X_\nu + X'_\nu \frac{z}{\sin\theta} + X''_\nu \frac{z^2}{\sin^2\theta} + \ldots - X'_\nu \frac{\sin\theta}{z} + X''_\nu \frac{\sin^2\theta}{z^2} - \ldots \right).$$

Les fonctions $X_\nu^{(m)}$ ne renferment que μ, et le coefficient de $z^{m+\nu}$ est

$$\frac{2^\nu}{\sin^m\theta} X_\nu^{(m)} = \frac{2^\nu}{\sqrt{(1 - \mu^2)^m}} X_\nu^{(m)}.$$

Or, d'après la formule de Taylor appliquée à $[(\mu+z)^2 - 1]^m$, ce coefficient a aussi pour valeur

$$\frac{d^{\nu+m}(\mu^2 - 1)^\nu}{1.2.3\ldots(\nu + m).d\mu^{\nu+m}}.$$

Il vient donc

$$X^{(m)} = \frac{(1 - \mu^2)^{\frac{m}{2}}}{2^\nu} \cdot \frac{d^{\nu+m}(\mu^2 - 1)^\nu}{1.2.3.\ldots(\nu + m)d\mu^{\nu+m}} ;$$

par suite,

$$X_\nu = \frac{d^\nu(\mu^2 - 1)^\nu}{2^\nu.1.2.3..\ \nu.d\mu^\nu}$$

et

$$X_\nu^{(m)} = \frac{1.2.3\ldots\nu}{1.2.3\ldots(\nu + m)} \cdot (1 - \mu^2)^{\frac{m}{2}} \frac{d^m X_\nu}{d\mu^m}.$$

Il ne nous reste plus maintenant qu'à déterminer la forme des fonctions $P_\nu^{(m)}$. Si l'on pose

$$\cos\theta' = \mu', \quad i\sin\theta' e^{i\alpha} = z',$$

il vient, en vertu de la seconde formule (γ),

$$[(\mu' + z')^2 - 1]^{-(\nu+1)} = (2z')^{-(\nu+1)}(\cos\theta' + i\sin\theta'\cos\alpha)^{-(\nu+1)}$$

$$= (2z')^{-(\nu+1)}\left(P_\nu + P'_\nu \cdot \frac{z'}{\sin\theta'} + P''_\nu \cdot \frac{z'^2}{\sin^2\theta'} + \ldots \right.$$

$$\left. - P'_\nu \sin\theta'.z'^{-1} + P''_\nu \sin^2\theta z'^{-2} - \ldots \right).$$

et le coefficient de $z'^{-(\nu+1)+m}$ du développement est

$$(\varepsilon) \qquad \frac{2^{-(\nu+1)}}{\sin^m\theta'}\, \mathrm{P}_\nu^{(m)}.$$

Mais si une fonction de $(z'+\mu')$ est développable en série ordonnée suivant les puissances entières, positives et négatives de z', $u_{-(\nu+1)}$ étant le coefficient de $z'^{-(\nu+1)}$, celui de $z'^{-(\nu+1)+m}$ est (*)

$$(-1)^m \frac{1.2.3\ldots(\nu-m)}{1.2.3\ldots\nu}\left(\frac{d^m u_{-(\nu+1)}}{d\mu'^m}\right).$$

Or le coefficient de $z'^{-(\nu+1)}$ est $2^{-(\nu+1)}\mathrm{P}_\nu$; par suite, celui de $z'^{-(\nu+1)+m}$ a pour valeur

$$(-1)^m \frac{1.2.3\ldots(\nu-m)}{1.2.3\ldots\nu}\, 2^{-(\nu+1)}\frac{d^m \mathrm{P}_\nu}{d\mu'^\nu},$$

et en l'égalant à celle (ε) que nous avons trouvée plus

(*) En effet, soit

$$f(z'+\mu') = u_0 + u_1 z' + u_2 z'^2 + \ldots + u_\nu z'^\nu + \ldots$$
$$+ u_{-1}z'^{-1} + u_{-2}z'^{-2} + \ldots + u_{-\nu}z'^{-\nu} + \ldots$$

Différentiant par rapport à μ', puis par rapport à z', et identifiant les résultats, on trouve

$$u_{-\nu} = -\nu\, \frac{du_{-(\nu+1)}}{d\mu'};$$

de même,

$$u_{-(\nu+1)} = -(\nu+1)\frac{du_{-(\nu+2)}}{d\mu'},$$

et ainsi de suite.

On déduit de là

$$u_{-\nu} = (-1)^m \nu(\nu+1)\ldots(\nu+m-1)\frac{d^m u_{-(\nu+m)}}{d\mu'^m}$$
$$= (-1)^m \frac{1.2.3.(\nu+m-1)}{1.2.3\ldots\nu}\frac{d^m u_{-(\nu+m)}}{d\mu'^m}.$$

En changeant dans cette formule ν en $\nu+1-m$, on retombe sur le résulta indiqué dans le texte.

haut, on obtient

$$P_\nu^{(m)} = (-1)^\nu \frac{1.2.3\ldots(\nu-m)}{1.2.3\ldots\nu} (1-\mu'^2)^{\frac{m}{2}} \frac{d^m P_\nu}{d\mu'^m},$$

et comme X_ν et P_ν sont deux fonctions identiques, l'une en μ, l'autre en μ', on a

$$P_\nu = \frac{d^\nu(\mu'^2-1)^\nu}{2^\nu.1.2.3\ldots d\mu'^\nu},$$

Il vient donc, en se reportant à la formule (δ), pour l'expression de Y_ν,

$$Y_\nu = P_\nu X_\nu + \sum_{m=1}^{m=\nu} \frac{1.2.3\ldots(\nu-m)}{1.2.3\ldots(\nu+m)}$$

$$\times (1-\mu^2)^{\frac{m}{2}} (1-\mu'^2)^{\frac{m}{2}} \frac{d^m P_\nu}{d\mu'^m} \frac{d^m X_\nu}{d\mu^m} \cos m(\varpi - \varpi').$$

87. *Forme générale des fonctions sphériques.* — La forme générale de U_ν s'obtiendra en multipliant Y_ν par une fonction arbitraire de μ', ϖ', puis intégrant par rapport à ces deux variables de -1 à $+1$ pour la première, et de 0 à 2π pour la seconde. On arrive ainsi à une expression de la forme

$$U_\nu = A_\nu^{(0)} X_\nu + \sum_{m=1}^{m=\nu} (1-\mu^2)^{\frac{m}{2}} \frac{d^m X_\nu}{d\mu^m} \left(A_\nu^{(m)} \cos m\varpi + B_\nu^{(m)} \sin m\varpi \right),$$

les quantités $A_\nu^{(m)}$ et $B_\nu^{(m)}$ étant des constantes arbitraires.

88. *Détermination de l'intégrale*

$$\int_0^{2\pi} d\varpi \int_{-1}^{+1} U_\nu W_\nu d\mu,$$

U_ν, W_ν *étant deux fonctions sphériques de même ordre.* — Soit

$$W_\nu = A_\nu'^{(0)} X_\nu + \sum_{m'=1}^{m'=\nu} (1-\mu^2)^{\frac{m'}{2}} \frac{d^{m'} X_\nu}{d\mu'^{m'}}$$

$$\times \left(A_\nu'^{(m')} \cos m'\varpi + B_\nu'^{(m')} \sin m'\varpi \right);$$

on a

$$\int_0^{2\pi} \cos m\varpi . \cos m'\varpi\, d\varpi = 0, \qquad \int_0^{2\pi} \sin m\varpi . \sin m'\varpi\, d\varpi = 0,$$

lorsque m est différent de m', et, dans tous les cas,

$$\int_0^{2\pi} \cos m\varpi \sin m'\varpi = 0,$$

$$\int_0^{2\pi} \cos^2 m\varpi\, d\varpi = \int_0^{2\pi} \sin^2 m\varpi\, d\varpi = \pi.$$

Il vient donc

$$\int_0^{2\pi} d\varpi \int_{-1}^{+1} U_\nu W_\nu\, d\mu$$

$$= \pi \int_{-1}^{+1} \left[A_\nu A'_\nu X_\nu^2 + \sum_{m=1}^{m=\nu} (1-\mu^2)^m \left(\frac{d^m X_\nu}{d\mu^m} \right)^2 \right.$$

$$\left. \times \left(A_\nu^{(m)} A_\nu^{'(m)} + B_\nu^{(m)} B_\nu^{'(m)} \right) d\mu \right].$$

Soit U_ν ce que devient U_ν quand on y change μ et ϖ en μ' et ϖ'; on a de la même manière, en ayant égard à la valeur ci-dessus de Y_ν (86), et remarquant que X_ν devient P_ν par le changement de μ en μ',

$$\int_0^{2\pi} d\varpi \int_{-1}^{+1} U'_\nu Y_\nu\, d\mu'$$

$$= \pi \int_{-1}^{+1} \left[A_\nu P_\nu X_\nu^2 + \sum_{m=1}^{m=\nu} (1-\mu'^2)^m \left(\frac{d^m P_\nu}{d\mu'^m} \right)^2 \right.$$

$$\times (1-\mu^2)^{\frac{m}{2}} \frac{d^m X_\nu}{d\mu^\nu} \frac{1.2.3\ldots(\nu-m)}{1.2.3\ldots(\nu+m)}$$

$$\left. \times \left(A_\nu^{(m)} \cos m\varpi + B_\nu^{(m)} \sin m\varpi \right) \right];$$

or, d'après la formule (13) du n° 79, en y changeant Z_ν en U_ν, cette intégrale est égale à $\dfrac{4\pi U_\nu}{2\nu+1}$; si l'on pose cette égalité et que l'on identifie les coefficients de

$$\left(A_{\nu}^{(m)}\cos m\varpi + B_{\nu}^{(m)}\sin m\varpi\right),$$

on trouve

$$\int_{-1}^{+1}(1-\mu'^2)^m\left(\frac{d^m P_\nu}{d\mu'^m}\right)^2 d\mu'$$

$$=\frac{1.2.3\ldots(\nu+m)}{1.2.3\ldots(\nu-m)}\cdot\frac{4}{2\nu+1}=\int_{-1}^{+1}(1-\mu^2)^m\left(\frac{d^m X_\nu}{d\mu^m}\right)^2 d\mu,$$

puisque P_ν se change en X_ν en y remplaçant μ' par μ. Il
vient donc en définitive

$$\int_0^{2\pi}d\varpi\int_{-1}^{+1}U_\nu W_\nu d\mu = \frac{4\pi}{2\nu+1}$$

$$\times\left[A_\nu A_\nu' + \sum_{m=1}^{m=\nu}\frac{1.2.3\ldots(\nu+m)}{1.2.3\ldots(\nu-m)}\left(A_\nu^{(m)}A_\nu'^{(m)}+B_\nu^{(m)}B_\nu'^{(m)}\right)\right];$$

telle est l'intégrale cherchée.

89. *Relation entre les moments d'inertie principaux
relatifs au centre de gravité d'un sphéroïde peu différent
d'une sphère.* — Nous supposerons que le sphéroïde est
composé de couches homogènes peu différentes de la sphère,
mais dont la densité peut varier de l'une à l'autre; soit
$a = A(1+z)$ le rayon vecteur de l'une de ces couches correspondant aux angles θ et ϖ, A étant le rayon de la sphère
dont elle diffère peu et ρ sa densité qui ne dépend que de A.
Désignons par A, B, C les moments d'inertie du sphéroïde, par rapport aux axes principaux Ox, Oy, Oz passant par son centre de gravité O; leur somme étant égale à
celle des masses des éléments matériels des corps multipliés
respectivement par les carrés de leurs distances à l'origine,
on a, en supprimant les accents de a, μ et ϖ,

$$A + B + C = 2\int\int\int\rho a'^4\,da\,d\mu\,d\varpi,$$

ou, en remplaçant a par sa valeur $A(1+z)$ et négligeant les puissances de z supérieures à la première,

$$A + B + C = \frac{2}{5} \int \int \int \rho \, d\mu \, d\varpi \, d(A^5) + 2 \int \int \int \rho \, d\mu \, d\varpi \, d(A^5 z).$$

On trouve de même

$$C = \int \int \int \rho \, a^4 (1 - \mu^2) \, d\mu \, d\varpi \, da = \frac{1}{5} \int \int \int \rho(1 - \mu^2) \, d\mu \, d\varpi \, d(A^5)$$
$$+ \int \int \int \rho(1 - \mu^2) \, d\mu \, d\varpi \, d(A^5 z),$$

d'où

$$(\alpha) \quad \left\{ \begin{array}{l} 2C - (A + B) = -\dfrac{3}{5} \int \int \int \rho \left(\mu^2 - \dfrac{1}{3} \right) d\mu \, d\varpi \, d(A^5) \\[2ex] \qquad\qquad - 3 \int \int \int \rho \left(\mu^2 - \dfrac{1}{3} \right) d\mu \, d\varpi \, d(A^2 z). \end{array} \right.$$

Soit

$$z = Z_0 + Z_2 + \dot{Z}_3 + \ldots$$

le développement de z en fonctions sphériques, Z_1 étant nul, d'après le n° 82; si l'on remarque que $\mu^2 - \dfrac{1}{3}$ est un cas particulier de la fonction Z_2, l'équation (α), d'après le théorème (78), se réduit à

$$(\beta) \quad 2C - (A + B) = -3 \int \int \int \rho \left(\mu^2 - \dfrac{1}{3} \right) d\mu \, d\varpi \, d(A^5 Z_2).$$

Or, on a, d'après les n°s 86 et 87, en supprimant, pour simplifier, les indices inférieurs des coefficients,

$$Z_1 = A^{(0)} \left(\mu^2 - \dfrac{1}{2} \right) + A^{(1)} \mu \sqrt{1 - \mu^2} \sin \varpi + B^{(1)} \mu \sqrt{1 - \mu^2} \cos \varpi,$$
$$+ A^{(2)} (1 - \mu^2) \sin 2\varpi + B^{(2)} (1 - \mu^2) \cos 2\varpi,$$

les coefficients $A^{(0)}$, $A^{(1)}$, $B^{(1)}$, $A^{(2)}$, $B^{(2)}$ pouvant renfermer A.

Appelant, comme au n° 82, ξ, η, ζ les coordonnées d'un élément du corps, on a

$$\xi = a\sqrt{1-\mu^2}\cos\varpi,$$
$$\eta = a\sqrt{1-\mu^2}\sin\varpi,$$
$$\zeta = a\mu,$$

et pour exprimer que les axes coordonnés sont des axes principaux,

$$\int\int\int a^2\xi\, d\mu\, d\varpi\, da = 0,$$
$$\int\int\int a^2\eta\, d\mu\, d\varpi\, da = 0,$$
$$\int\int\int a^2\zeta\, d\mu\, d\varpi\, da = 0,$$

ou, en remplaçant les coordonnées par leurs valeurs et a par $A(1+z)$,

$$\int\int\int \rho\mu\sqrt{1-\mu^2}\cos\varpi\, d\left[A^2(1+z)^3\right]d\mu\, d\varpi = 0,$$
$$\int\int\int \rho\mu\sqrt{1-\mu^2}\sin\varpi\, d\left[A^3(1+z)^3\right]d\mu\, d\varpi = 0,$$
$$\int\int\int \rho(1-\mu^2)\sin 2\varpi\, d\left[A^3(1+z)^3\right]d\mu\, d\varpi = 0.$$

Si maintenant nous ne conservons que la première puissance de la fonction z de μ et de ϖ, à laquelle nous substituerons son développement en fonctions sphériques, et si nous remarquons que $\mu\sqrt{1-\mu^2}\cos\varpi$, $\mu\sqrt{1-\mu^2}\sin\varpi$, $(1-\mu^2)\sin 2\varpi$ sont des cas particuliers de la fonction Z_2, les conditions précédentes se réduisent à (78)

$$\int\int\int \rho\mu\sqrt{1-\mu^2}\cos\varpi\, d(A^3 Z_2)\, d\mu\, d\varpi = 0,$$
$$\int\int\int \rho\mu\sqrt{1-\mu^2}\sin\varpi\, d(A^3 Z_2)\, d\mu\, d\varpi = 0,$$
$$\int\int\int \rho(1-\mu^2)\sin 2\varpi\, d(A^3 Z_2)\, d\mu\, d\varpi = 0,$$

et en y substituant la valeur ci-dessus de Z_2, on trouve que $A^{(1)} = 0$, $B^{(1)} = 0$, $A^{(2)} = 0$, ou que cette fonction se réduit à

$$Z_2 = A^0\left(\mu^2 - \frac{1}{3}\right) + B^{(2)}(1 - \mu^2)\cos 2\varpi.$$

Portant cette valeur dans l'équation (β) et intégrant par rapport à μ entre $+1$ et -1, et par rapport à ϖ de 0 à π, on trouve

$$2C - (A + B) = -\frac{16\pi}{15}\int \rho\, d(\Lambda^5 A^0).$$

En divisant par $2C$ et continuant l'approximation adoptée, ce qui revient à réduire C à la première des intégrales qui entrent dans son expression, il vient

$$\frac{2C - (A + B)}{2C} = -\frac{\int \rho(d\Lambda^5 A^0)}{\int \rho(d\Lambda^5)}.$$

Telle est la relation cherchée, qui nous sera utile plus tard dans les questions relatives au mouvement des corps célestes autour de leurs centres de gravité.

CHAPITRE IV.

DE LA FIGURE DES CORPS CÉLESTES.

90. Comme nous l'avons déjà fait observer, tout nous porte à admettre que, dès l'origine, les corps célestes se sont trouvés complétement à l'état liquide.

En faisant abstraction des attractions exercées par les corps célestes sur l'un d'entre eux que nous considérerons en particulier, ses différentes particules, soumises uniquement à leurs actions mutuelles, ont dû prendre, les unes par rapport aux autres, des mouvements très-variés que les frottements, les chocs et la cohésion ont successivement modifiés. Pendant ces diverses phases, la droite qui représente le moment total des quantités de mouvement du système par rapport à son centre de gravité a conservé une grandeur constante, et une direction fixe dans l'espace, perpendiculaire au plan du maximum des aires. Avec le temps, et en vertu des résistances précitées, les oscillations des particules liquides ont fini par s'anéantir, et la masse fluide a pris une figure d'équilibre de rotation autour de l'axe du moment des quantités de mouvement.

Il résulte de là que les seules données que nous ayons sur les conditions primitives du mouvement d'un astre consistent dans l'invariabilité de sa masse, de la direction de son axe de rotation dans l'espace, et du moment des quantités de mouvement par rapport à cet axe.

Si l'on désigne par μ ce moment de rotation, par n la vitesse angulaire de rotation correspondant à la figure d'équilibre, par I le moment d'inertie de la masse par rapport à l'axe de rotation, on a entre I et n la relation

$$(1) \qquad\qquad In = \mu.$$

Nous commencerons par examiner l'hypothèse la plus simple que l'on a été conduit à faire sur la constitution des corps célestes, c'est-à-dire celle dans laquelle on suppose que la masse est homogène dans toutes ses parties.

§ I. — DE LA FIGURE D'ÉQUILIBRE D'UNE MASSE FLUIDE HOMOGÈNE ANIMÉE D'UN MOUVEMENT DE ROTATION UNIFORME.

91. En appelant X, Y, Z les composantes parallèles aux troix axes coordonnés Ox, Oy, Oz de l'accélération résultante des forces qui sollicitent un point matériel quelconque d'une masse fluide en équilibre, on aura pour l'équation des couches de niveau

$$X\,dx + Y\,dy + Z\,dz = 0;$$

mais si, comme dans le cas que nous voulons examiner, X, Y, Z proviennent de la force centrifuge et des attractions de tous les points du liquide, fonctions de leurs distances mutuelles, les valeurs de ces composantes dépendent, en général, de la forme de la surface du liquide et de ses couches de niveau, et réciproquement cette forme dépend des valeurs des composantes. Lors même que le liquide est homogène, on n'est parvenu à résoudre complétement ce problème qu'en supposant la force centrifuge peu considérable, de manière que le fluide s'écarte peu de la forme sphérique qu'il prendrait s'il était en repos; on reconnaît alors que le fluide ne peut affecter qu'une seule figure d'équilibre, qui est celle d'un ellipsoïde de révolution autour de l'axe de rotation. Nous reporterons cette solution au paragraphe suivant, et nous nous bornerons ici à vérifier que pour certaines valeurs de la vitesse angulaire, la masse fluide peut affecter la forme d'un ellipsoïde.

92. *De la forme ellipsoïdale que peut affecter une masse fluide homogène en équilibre, animée d'un mouvement uniforme de rotation.*

En prenant Oz pour axe de rotation, et en nous reportant aux notations du n° 68, nous aurons pour l'équation de l'ellipsoïde

$$z^2 + \frac{y^2}{1 + \lambda^2} + \frac{x^2}{1 + \lambda'^2} = c^2.$$

Posons

$$R = \frac{3M}{c^3} \int_0^1 \frac{u^2 du}{\left(1 + \lambda^2 u^2\right)^{\frac{1}{2}} \left(1 + \lambda'^2 u^2\right)^{\frac{1}{2}}},$$

$$Q = \frac{3M}{c^3} \int_0^1 \frac{u^2 du}{\left(1 + \lambda^2 u^2\right)^{\frac{3}{2}} \left(1 + \lambda'^2 u^2\right)^{\frac{1}{2}}},$$

$$P = \frac{3M}{c^3} \int_0^1 \frac{u^2 du}{\left(1 + \lambda^2 u^2\right)^{\frac{1}{2}} \left(1 + \lambda'^2 u^2\right)^{\frac{3}{2}}};$$

les composantes de l'accélération due à l'attraction sur un point de la surface seront

$$Z = -Rz, \quad Y = -Qy, \quad X = -Px,$$

et celles de l'accélération centrifuge

$$Z = 0, \quad Y = n^2 y, \quad X = n'^2 x.$$

L'équation différentielle de la surface libre du liquide est donc

$$Rz\,dz + (Q - n^2)y\,dy + (P - n'^2)x\,dx = 0,$$

dont l'intégrale est

$$z^2 + \frac{(Q - n^2)}{R} y^2 + \frac{(P - n'^2)}{R} x^2 = \text{constante.}$$

Pour que cette équation coïncide avec celle de l'ellipsoïde, il faut que

$$(2) \qquad \frac{Q - n^2}{R} = \frac{1}{1 + \lambda^2}, \qquad \frac{P - n^2}{R} = \frac{1}{1 + \lambda'^2},$$

d'où, par l'élimination de n,

$$(1 + \lambda^2)(1 + \lambda'^2)(Q - P) = R(\lambda'^2 - \lambda^2),$$

et en remplaçant P, Q, R par leurs valeurs,

$$(\lambda^2 - \lambda'^2)\left[(1 + \lambda^2)(1 + \lambda'^2)\int_0^1 \frac{u^2\,du}{(1 + \lambda^2 u^2)^{\frac{3}{2}}(1 + \lambda'^2 u^2)^{\frac{3}{2}}} \right.$$
$$\left. - \int_0^1 \frac{u^2\,du}{(1 + \lambda^2 u^2)^{\frac{1}{2}}(1 + \lambda'^2 u^2)^{\frac{1}{2}}}\right] = 0.$$

Cette équation se décompose en deux autres : la première,

$$(3) \qquad \lambda^2 - \lambda'^2 = 0,$$

correspondant à l'ellipsoïde de révolution aplati; la seconde, mise sous la forme

$$(4) \qquad \int_0^1 \frac{u^2(1 - u^2)(1 - \lambda^2\lambda'^2 u^2)\,du}{(1 + \lambda^2 u^2)^{\frac{3}{2}}(1 + \lambda'^2 u^2)^{\frac{3}{2}}} = 0,$$

ne peut être satisfaite que par des valeurs positives de λ^2, λ'^2; car si ces deux quantités étaient de signes contraires, l'élément de l'intégrale resterait positif avec $1 - \lambda^2\lambda'^2 u^2$; et si elles étaient négatives, comme leur valeur absolue serait moindre que l'unité (68), $(1 - \lambda^2\lambda'^2 u^2)$ continuerait, et par suite l'élément de l'intégrale, à rester positif. *Si donc l'ellipsoïde à trois axes inégaux est une figure d'équilibre, l'axe de rotation est le plus petit des axes principaux.*

Pour toute valeur de λ'^2 inférieure à l'inverse de celle de λ^2 choisie arbitrairement, tous les éléments de l'intégrale sont positifs et finis, et l'intégrale n'est pas nulle.

Donc l'équation (4) ne peut être satisfaite qu'autant que l'une des deux quantités λ^2, λ'^2 est supérieure à l'unité ou que l'un des rapports $\dfrac{a}{c}$, $\dfrac{b}{c}$ est supérieur à $\sqrt{2}$. Ainsi *l'ellipsoïde à trois axes inégaux doit différer sensiblement de la sphère, et l'on ne peut admettre, par suite, que sa figure soit celle des astres du système solaire.* Néanmoins, cette forme n'a rien d'impossible pour certains astres, et l'on pourrait expliquer de cette manière les variations périodiques qu'éprouve l'éclat de quelques étoiles de la constellation de Sirius.

Si, λ restant constant, λ' augmente indéfiniment, l'intégrale (4) deviendra négative, de sorte qu'à chaque valeur de λ^2 répondra au moins une valeur réelle et positive de λ'^2, et par suite une surface ellipsoïdale à trois axes inégaux. Nous remettrons le complément de cette discussion après l'étude des surfaces d'équilibre de révolution.

On a, dans tous les cas,

$$M = \frac{4}{3}\,\pi\rho c^3 (1 + \lambda^2)^{\frac{1}{2}}(1 + \lambda'^2)^{\frac{1}{2}},$$

$$I = \frac{M}{5}(a^2 + b^2) = \frac{M}{5}\,c^2(2 + \lambda^2 + \lambda'^2)$$

$$= \frac{M}{5}\left(\frac{3M}{4\pi\rho}\right)^{\frac{1}{3}} \frac{2 + \lambda^2 + \lambda'^2}{(1 + \lambda^2)^{\frac{3}{3}}(1 + \lambda'^2)^{\frac{1}{3}}}.$$

De la première formule (2) on tire

$$(a) \qquad\qquad n^2 = Q - \frac{R}{1 + \lambda^2}.$$

Pour l'ellipsoïde de révolution, on remplacera dans cette équation R et Q par leurs valeurs $-\dfrac{Z}{mz}$, $-\dfrac{Y}{my}$, déduites des équations (2) du n° 68 dans l'hypothèse de $\dfrac{c}{c'} = 1$, et l'on obtiendra, eu égard à la valeur ci-dessus de M lorsqu'on y suppose $\lambda = \lambda'$,

$$(5) \qquad \frac{n^2}{4\pi\rho} = \frac{1}{2\lambda^3}[(3+\lambda^2)\operatorname{arc\,tang}\lambda - 3\lambda],$$

et en vertu de l'équation (1),

$$(6) \qquad \frac{25}{6}\frac{\mu^2}{M^3}\left(\frac{4\pi\rho}{3M}\right)^{\frac{1}{3}} = (1+\lambda^2)^{\frac{2}{3}}\frac{(3+\lambda^2)\operatorname{arc\,tang}\lambda - 3\lambda}{\lambda^3}.$$

Revenant maintenant à l'ellipsoïde à trois axes inégaux, si l'on remplace, dans la valeur (a) de n^2, Q et R par leurs valeurs et que l'on ajoute au résultat l'intégrale (4) multipliée par $\dfrac{1}{1+\lambda^2}$, il vient

$$(5')\;\begin{cases} n^2 = \dfrac{3M}{c^3}\displaystyle\int_0^1 \frac{u^2(1-u^2)\,du}{(1+\lambda^2 u^2)^{\frac{3}{2}}(1+\lambda'^2 u^2)^{\frac{3}{2}}} \\[3mm] \quad = 4\pi\rho\,(1+\lambda^2)^{\frac{1}{2}}(1+\lambda'^2)^{\frac{1}{2}}\displaystyle\int_0^1 \frac{u^2(1-u^2)\,du}{(1+\lambda^2 u^2)^{\frac{3}{2}}(1+\lambda'^2 u^2)^{\frac{3}{2}}}, \end{cases}$$

et en vertu de la formule (1) et de la valeur ci-dessus de I,

$$(6')\;\begin{cases} \mu^2 = \dfrac{3M^3}{25}\left(\dfrac{3M}{4\pi\rho}\right)^{\frac{1}{3}}\dfrac{(2+\lambda^2+\lambda'^2)}{(1+\lambda^2)^{\frac{2}{3}}(1+\lambda'^2)^{\frac{2}{3}}} \\[3mm] \quad \times \displaystyle\int_0^1 \frac{u^2(1-u^2)\,du}{(1+\lambda^2 u^2)^{\frac{3}{2}}(1+\lambda'^2 u^2)^{\frac{3}{2}}}, \end{cases}$$

équation que l'on devra joindre à la formule (4), pour déterminer λ^2 et λ'^2, lorsque le moment de rotation μ sera donné. Réciproquement, si l'on donne à λ^2, λ'^2 des valeurs positives satisfaisant à l'équation (4), l'équation (6') fournira toujours pour μ une valeur réelle.

Remarque. — Les composantes $-Rz$, $-(Q-n^2)y$, $-(P-n^2)x$ étant proportionnelles aux dérivées partielles du premier membre de l'équation de l'ellipsoïde, par rapport à x, y, z, leur résultante ou *la pesanteur à la surface est proportionnelle à la racine carrée de la somme des carrés de ces dérivées*, par suite *à l'inverse de la perpendiculaire abaissée du centre de l'ellipsoïde sur le plan tangent au point considéré*, théorème dû à M. Liouville.

Examen des conditions qu'exige l'ellipsoïde de révolution comme figure d'équilibre.

93. Pour établir cette discussion, admettons en premier lieu que l'on se donne la vitesse angulaire n et non le moment de rotation μ. En posant

$$\frac{n^2}{4\pi\rho} = v,$$

l'équation (5) donne

$$v = \frac{1}{2\lambda^3} \left[(3 + \lambda^2)\, \text{arc tang}\, \lambda - 3\lambda \right]$$

ou

$$(a) \qquad \frac{3\lambda + 2v\lambda^3}{3 + \lambda^2} - \text{arc tang}\, \lambda = 0.$$

Les valeurs de λ tirées de cette équation sont égales deux à deux et de signes contraires; nous n'avons donc qu'à chercher le nombre et la valeur des racines réelles et positives de la même équation. A cet effet, considérons

$$(b) \qquad y = \frac{3\lambda + 2v\lambda^3}{3 + \lambda^2} - \text{arc tang}\, \lambda,$$

comme l'ordonnée d'une courbe dont λ serait l'abscisse. On a

$$(c) \qquad \frac{dy}{d\lambda} = \frac{2\lambda^2 \left[v\lambda^4 + 2(5v - 1)\lambda^2 + 9v \right]}{(1 + \lambda^2)(3 + \lambda^2)^2}.$$

Cette expression est nulle pour $\lambda = 0$, et positive pour de très-petites valeurs de cette variable; la courbe est par suite tangente, à l'origine, à l'axe des abscisses, et commence à s'élever au-dessus de cet axe, du côté des abscisses positives. Pour que l'équation (a) ait ses racines réelles, il faut que la courbe, après s'être élevée jusqu'à un certain point, s'abaisse ensuite vers l'axe des abscisses, puis qu'elle le rencontre ; en d'autres termes, il faut qu'elle ait un point maximum ou que l'équation en λ^2,

$$(d) \qquad \nu.\lambda^4 + 2(5\nu - 1)\lambda^2 + 9\nu = 0$$

ait ses racines réelles et positives, ce qui exige que

$$5\nu - 1 < 0 \quad \text{ou} \quad \nu < \frac{1}{5};$$

mais cela ne suffit pas, il faut encore que la courbe ait un point minimum au-dessous de l'axe des abscisses, ou que la plus grande racine positive de l'équation (d) en λ rende y négatif ; car alors la courbe coupera d'abord cet axe avant d'arriver au point minimum et le recoupera une fois au delà, puisque l'ordonnée finit par devenir positive et indéfiniment croissante. L'élimination de ν entre l'équation (d) et l'inégalité $y < 0$, qui correspond à la plus grande racine de cette équation, conduit à

$$(e) \qquad \text{arc tang}\,\lambda = \frac{(7\lambda^2 + 9)\lambda}{(\lambda^2 + 1)(\lambda^2 + 9)} > 0.$$

Le premier membre de cette inégalité et sa dérivée sont nuls pour $\lambda = 0$; la dérivée devient ensuite négative quand λ croît, redevient nulle pour la valeur $\lambda = \sqrt{3}$ à partir de laquelle elle reste constamment positive ; ce premier membre commence donc par être négatif, devient nul pour une valeur de λ supérieure à $\sqrt{3}$, puis reste constamment positif. On voit ainsi que l'on satisfera à l'inégalité précédente pour toute valeur λ_1 de λ plus grande que la racine positive de l'équation

$$\text{arc tang}\,\lambda - \frac{(7\lambda^2 + 9)\lambda}{(\lambda^2 + 1)(\lambda^2 + 9)} = 0.$$

On trouve facilement pour valeur approchée de cette racine

$$\lambda = 2,5293$$

et pour la valeur correspondante de v, déduite de l'équation (d),

$$v = \frac{n^2}{4\pi\rho} = 0,1123.$$

Si donc l'équation (d) a une racine plus grande que $2,5293$, l'équation (a) fournira pour λ deux racines positives, l'une inférieure et l'autre supérieure à cette valeur pour laquelle ces deux racines sont égales; d'où il suit que le problème aura deux solutions lorsque

$$\lambda_1 > 2,5293, \quad v < 0,1123$$

et une seule pour

$$\lambda_1 = 2,5293, \quad v = 0,1123.$$

Si λ_1 croît indéfiniment, la formule (d) montre que v tend vers zéro, et la relation

$$\frac{n^2}{4\pi\rho} = 0,1123$$

donne la plus grande vitesse angulaire compatible avec la figure de l'ellipsoïde de révolution. En faisant décroître n depuis cette limite jusqu'à zéro, l'une des valeurs de λ augmente indéfiniment et l'autre tend vers zéro ; l'un des ellipsoïdes s'aplatit donc de plus en plus et indéfiniment, tandis que l'autre converge vers la sphère qu'il atteint lorsque $n = 0$. A cette limite, il n'y a plus en réalité que la sphère qui soit une forme d'équilibre.

94. *Cas d'un mouvement de rotation très-lent.* — Si la quantité v est très-petite, l'une des racines de l'équation (a) est aussi très-petite, et en prenant

$$\operatorname{arc\,tang}\lambda = \lambda - \frac{\lambda^3}{3} + \dots,$$

$$\frac{1}{3 + \lambda^2} = \frac{1}{3} - \frac{\lambda^2}{9} + \dots,$$

la même équation donne, en supprimant le facteur commun λ, et négligeant ensuite les puissances de λ supérieures à la seconde,

$$\lambda^2 = \frac{15}{2}\,v.$$

L'aplatissement sera à peu près $\frac{\lambda^2}{2}$, puisque les deux demi-axes sont c et $c\sqrt{1+\lambda^2} = c\left(1 + \frac{\lambda^2}{2}\right)$. On pourra prendre $n^2 c$ pour l'accélération centrifuge à l'équateur et $\frac{4}{3}\pi c\rho$ pour celle de l'attraction à la surface, ce qui serait des valeurs exactes, si la Terre était exactement sphérique. Le rapport entre ces deux accélérations ou les forces correspondantes étant $3v$, il s'ensuit que *lorsqu'un fluide homogène tourne autour d'un axe fixe, et s'écarte peu de la forme sphérique, son aplatissement est égal aux cinq quarts du rapport de la force centrifuge, mesurée à l'équateur, à l'attraction à la surface.*

L'autre racine de l'équation (a), très-grande dans l'hypothèse actuelle, peut se développer en série convergente ordonnée suivant les puissances ascendantes de v. Il suffit pour cela d'observer que

$$\text{arc tang}\,\lambda = \frac{\pi}{2} - \text{arc tang}\,\frac{1}{\lambda} = \frac{\pi}{2} - \frac{1}{\lambda} + \frac{1}{3}\cdot\frac{1}{\lambda^3} - \frac{1}{5}\cdot\frac{1}{\lambda^5} + \cdots,$$

$$\frac{1}{\lambda^2+3} = \frac{1}{\lambda^2} - \frac{3}{\lambda^4} + \cdots,$$

d'où

$$\lambda = \frac{3\pi}{v} - \frac{8}{\pi} + \frac{4v}{\pi}\left(1 - \frac{64}{3\pi^2}\right) + \cdots,$$

95. Si la valeur de v surpasse la limite $0,1123$ pour laquelle, comme nous le verrons tout à l'heure, l'ellipsoïde à trois axes inégaux n'est également plus admissible, il ne faut pas en conclure que la figure permanente du liquide est impossible, ou que le fluide commence à se dissiper;

car si l'on excepte le cas où la figure est peu différente d'une sphère, on n'a pas encore démontré que la figure elliptique est la seule qui convient à l'équilibre ; on n'a même pas prouvé que la sphère est la seule figure que pêut prendre une masse fluide en repos dont les molécules s'attirent mutuellement, quoiqu'il soit naturel d'admettre qu'il ne peut pas en être autrement.

Ne pourrait-il pas se faire que ν, surpassant à l'origine la limite $0,1123$, la figure d'équilibre finît par devenir un ellipsoïde de révolution ? Rien ne paraît s'y opposer, car, en s'aplatissant de plus en plus, la masse prendrait une vitesse de rotation plus faible, et après un grand nombre d'oscillations successivement réduites par les frottements, les chocs, etc., on comprend qu'elle puisse parvenir à un état de mouvement satisfaisant aux conditions précédentes, et qu'elle prenne une figure permanente.

96. On est donc conduit à chercher *si, pour des conditions initiales données du mouvement de la masse fluide, ou pour toute valeur du moment de rotation, il y a toujours une figure elliptique de révolution qui convient à l'équilibre, et s'il n'y en a qu'une seule.*

En posant

$$q = \frac{25}{6} \frac{\mu^2}{M^3} \left(\frac{4\pi\rho}{3M} \right)^{\frac{1}{3}},$$

l'équation (6) donne, en y remplaçant ν par sa valeur en fonction de λ déduite de la formule (a) (n° 93),

$$q = (1 + \lambda^2)^{\frac{2}{3}} \frac{(3 + \lambda^2)\,\text{arc tang}\,\lambda - 3\lambda}{\lambda^3}.$$

Telle est l'équation que doit vérifier λ, q étant une donnée relative au mouvement primitif de la masse. Or il est facile de voir que cette équation, dont les racines sont égales deux à deux et de signes contraires, a toujours une racine réelle positive et qu'elle n'en a qu'une. En effet, en développant arc tang λ en série, on reconnaît que le second membre est nul pour $\lambda = 0$, et, comme il devient infini avec λ, il s'ensuit qu'il y a au moins une valeur positive de λ qui rend le second membre égal au premier. Pour démontrer que cette valeur est unique, il suffit de faire voir que la dérivée du second membre est positive pour toute valeur positive de λ. Si l'on pose

$$f(\lambda) = \frac{(3+\lambda^2)\lambda}{3+2\lambda^2} - \text{arc tang}\,\lambda, \quad \text{d'où} \quad f'(\lambda) = \frac{\lambda^2(1+2\lambda^2)}{(1+\lambda^2)(3+2\lambda^2)^2},$$

la dérivée dont il s'agit est

$$\frac{1}{3}(1+\lambda^2)^{\frac{1}{3}}\left[\text{arc tang}\,\lambda + \frac{9(3+2\lambda^2)}{\lambda^4}f(\lambda)\right]$$

qui est nécessairement positive, puisque le facteur $f(\lambda)$ étant nul pour $\lambda = 0$, et sa dérivée étant toujours positive, il est lui-même positif pour toute valeur positive de λ. Ainsi donc, pour chaque valeur de q ou de μ, il y a une figure elliptique de révolution et il n'y en a qu'une seule.

97. *Expression de la pesanteur à la surface de l'ellipsoïde.* — Soit g la pesanteur au point (x, y, z) de la surface; on a, d'après les formules (2) du n° 68,

$$R = 4\pi\rho(1+\lambda^2)\frac{\lambda - \text{arc tang}\,\lambda}{\lambda^3},$$

$$Q = P = 4\pi\rho\frac{(1+\lambda^2)\,\text{arc tang}\,\lambda - \lambda}{2\lambda^3}.$$

Les composantes de g suivant les trois axes étant

$$-Rz, \quad -Qy + n^2y, \quad -Px + n^2x,$$

il vient

$$g = \sqrt{R^2z^2 + (Q-n^2)^2(y^2+x^2)}$$

ou, en vertu de l'équation (*a*) du n° 92,

$$g = \frac{R}{1+\lambda^2}\sqrt{(1+\lambda^2)z^2 + y^2 + x^2}.$$

Pour exprimer cette valeur en fonction de la latitude l, nous pourrons supposer que le point est compris dans le plan zOy ou que $x = 0$. Au moyen des relations

$$z^2 + \frac{y^2}{1 + \lambda^2} = c^2, \quad \frac{dy}{dz} = \operatorname{tang} l,$$

on trouve

$$g = \frac{Rc}{\sqrt{1 + \lambda^2 \cos^2 l}}.$$

Si l'ellipsoïde est assez aplati pour que l'on puisse négliger la quatrième puissance de λ, il vient

$$g = Pc\left(1 - \frac{\lambda^2}{2}\right) + \frac{Pc}{2}\lambda^2 \sin^2 l,$$

et la pesanteur varie ainsi proportionnellement au carré de la latitude.

On peut mettre cette formule sous la forme

$$g = k\left(1 - k'\cos 2l\right)$$

k et k' étant deux constantes, dont la première représente la valeur de la pesanteur à la latitude de 45 degrés.

Discussion relative à la possibilité de l'ellipsoïde à trois axes inégaux comme forme d'équilibre.

98. Pour continuer la discussion (*) que nous avons commencée au n° 92, nous allons remplacer la variable u des formules (4), (5') et (6') par une autre variable ζ déterminée par la relation

$$u = \frac{1}{\sqrt{1 + \zeta}},$$

(*) M. Mayer, de Kœnigsberg (*Journal de Crelle*, t. XXIV, p. 44, 1842), a établi le premier cette discussion, qui a été reprise, modifiée et complétée par M. Liouville dont nous avons emprunté la méthode (*Journal de Mathématiques pures et appliquées*, t. XVI, p. 241, 1851).

et en posant

$$\frac{b}{c} = \frac{1}{\sqrt{s}}, \quad \frac{a}{c} = \frac{1}{\sqrt{t}}, \quad \text{ou} \quad s = \frac{1}{1+\lambda^2}, \quad t = \frac{1}{1+\lambda'^2},$$

$$R = \sqrt{(\zeta+1)(s\zeta+1)(t\zeta+1)},$$

$$v = \frac{n^2}{4\pi\rho}, \quad q = \frac{25}{6}\frac{\mu^2}{M^3}\left(\frac{4\pi\rho}{3M}\right)^{\frac{1}{3}},$$

ces formules deviennent

$$(7) \qquad (1-s-t)\int_0^\infty \frac{\zeta d\zeta}{R^3} - st\int_0^\infty \frac{\zeta^2 d\zeta}{R^3} = 0,$$

$$(8) \qquad v = \frac{st}{2}\int_0^\infty \frac{\zeta d\zeta}{(s\zeta+1)(t\zeta+1)R},$$

$$(9) \quad q = \frac{1}{2}\frac{(s+t)^2}{(st)^{\frac{4}{3}}} \cdot v = \frac{1}{4}\frac{(s+t)^2}{(st)^{\frac{1}{3}}}\int_0^\infty \frac{\zeta d\zeta}{(s\zeta+1)(t\zeta+1)R},$$

et s et t deviennent les inconnues de la question. L'équation (7) montre que l'on a nécessairement $s+t<1$, ou $s<1$, $t<1$, ou encore $c<b$, $c<a$, c'est-à-dire que le plus petit diamètre principal de l'ellipsoïde est dirigé suivant l'axe de rotation, ce que nous savions déjà.

Pour discuter l'équation (7), représentons par F son premier membre; on a

$$(10) \qquad F = (1-s-t)\int_0^\infty \frac{\zeta d\zeta}{R^3} - st\int_0^\infty \frac{\zeta^2 d\zeta}{R^3},$$

et en posant

$$(11) \quad \begin{cases} 2A_0 = \displaystyle\int_0^\infty \frac{\zeta(\zeta+1)}{R^5}[2+(3-s-t)\zeta - st\zeta^2]\,d\zeta, \\[2mm] 2A_1 = \displaystyle\int_0^\infty \frac{\zeta^2(\zeta+1)}{R^5}[2+(3-s-t)\zeta - st\zeta^2]\,d\zeta, \end{cases}$$

on trouve que

$$\frac{dF}{ds} = -A_0 - A_1 t,$$

et, comme s et t entrent symétriquement dans F, on doit

avoir aussi

$$\frac{d\mathrm{F}}{dt} = -\,\mathrm{A}_0 - \mathrm{A}_1\,s\,;$$

or, on peut démontrer que A_0 et $2\,\mathrm{A}_0 + 3\,\mathrm{A}_1$ sont nécessairement positifs ; en effet, en intégrant l'identité

$$\frac{d}{d\zeta}\left[\frac{\zeta^2}{(s\zeta+1)(t\zeta+1)\mathrm{R}}\right] = \frac{4\zeta + (3+s+t)\zeta^2 - 2st\zeta^3 - 3st\zeta^4}{2(s\zeta+1)(t\zeta+1)\mathrm{R}^3},$$

on obtient

$$(12)\quad 0 = \int_0^\infty \frac{\zeta(\zeta+1)}{\mathrm{R}^3}\left[4 + (3+s+t)\zeta - 2st\zeta^2 - 3st\zeta^3\right]d\zeta,$$

et, en retranchant de la première équation (11) la moitié de cette dernière, on trouve

$$2\,\mathrm{A}_0 = \frac{3}{2}\int_0^\infty \frac{\zeta^2(\zeta+1)}{\mathrm{R}^3}\left(1 - s - t + st\zeta^2\right)d\zeta.$$

Ajoutons les deux équations (11) et l'équation (12), multipliées respectivement par 1, $\dfrac{3}{2}$, $-\dfrac{1}{2}$, il vient

$$2\,\mathrm{A}_0 + 3\,\mathrm{A}_1 = \frac{3}{2}(3 - s - t)\int_0^\infty \frac{\zeta^2(\zeta+1)^2\,d\zeta}{\mathrm{R}^3},$$

et, à l'inspection des valeurs de A_0, $2\,\mathrm{A}_0 + 3\,\mathrm{A}_0$, on voit qu'elles sont nécessairement positives.

Il suit de là que les dérivées $\dfrac{d\mathrm{F}}{ds}$, $\dfrac{d\mathrm{F}}{dt}$, mises sous la forme

$$\frac{d\mathrm{F}}{ds} = -\,\mathrm{A}_0\left(1 - \frac{2}{3}t\right) - \frac{t}{3}(2\,\mathrm{A}_0 + 3\,\mathrm{A}_1),$$

$$\frac{d\mathrm{F}}{dt} = -\,\mathrm{A}_0\left(1 - \frac{2}{3}s\right) - \frac{s}{3}(2\,\mathrm{A}_0 + 3\,\mathrm{A}_1),$$

sont négatives, et qu'ainsi la fonction F est décroissante lorsque l'on fait croître s et t.

Pour une valeur de t comprise entre 0 et 1, l'équation (7) admet pour s au moins une racine comprise entre les mêmes limites, puisque les hypothèses $s = 0$, $s = 1$

donnent deux résultats de signes contraires. Cette racine est unique; en effet, en admettant qu'il y en ait plusieurs, soit s' la plus grande, comme on doit avoir

$$s' + t < 1,$$

on aurait *à fortiori*

$$s + t < 1;$$

mais, en faisant décroître s depuis s' jusqu'à zéro, la fonction F, allant en croissant à partir de zéro, ne peut plus s'annuler, et par conséquent l'hypothèse d'une seconde racine est inadmissible. De même, à chaque valeur de s comprise entre 0 et 1, correspond, pour t, une racine de l'équation (7) comprise entre les mêmes limites.

Faisons décroître s à partir de sa plus grande valeur 1, répondant à $t = 0$; F augmentera et ne pourra redevenir nulle que si t augmente; on finira par avoir $s = t$, puis $t > s$; mais il est clair que l'on peut se borner à considérer les valeurs de s et t pour lesquelles $s > t$, en supposant que b est le plus petit des deux demi-axes de l'équateur. En désignant par τ la valeur de t correspondant à $s = t$, l'équation (7) devient

$$(13) \quad (1 - 2\tau) \int_0^\infty \frac{\zeta \, d\zeta}{(\tau\zeta + 1)^3 (\zeta + 1)^{\frac{3}{2}}} = \tau^2 \int_0^\infty \frac{\zeta^2 \, d\zeta}{(\tau\zeta + 1)^3 (\zeta + 1)^{\frac{3}{2}}};$$

τ est un peu supérieur à $\frac{1}{3}$, et, t variant de 0 à τ, s varie de 1 à τ.

Discussion relative à la vitesse angulaire. — On a

$$(14) \begin{cases} dv = \dfrac{dv}{ds} \, ds + \dfrac{dv}{dt} \, dt, \\[2ex] \dfrac{dF}{ds} \, ds + \dfrac{dF}{dt} \, dt = 0, \\[2ex] \text{d'où} \quad dv = \dfrac{dt}{\dfrac{dF}{ds}} \left(\dfrac{dv}{dt} \cdot \dfrac{dF}{ds} - \dfrac{dv}{ds} \cdot \dfrac{dF}{dt} \right). \end{cases}$$

Or, en posant

$$\mathrm{B}_0 = \int_0^\infty \frac{\zeta(\zeta+1)^3}{\mathrm{R}^5}\left(1-\frac{st\zeta^3}{2}\right)d\zeta, \quad \mathrm{B}_1 = \int_0^\infty \frac{\zeta^2(\zeta+1)^3\,d\zeta}{\mathrm{R}^5},$$

on trouve

$$2\frac{d\upsilon}{ds} = \mathrm{B}_0 t + \mathrm{B}_1 t\left(t-\frac{s}{2}\right),$$

et, à cause de la symétrie de υ en s et t, on doit avoir aussi

$$2\frac{d\upsilon}{dt} = \mathrm{B}_0 s + \mathrm{B}_1 s\left(s-\frac{t}{2}\right).$$

Le coefficient B_1 est évidemment positif; il en est de même de B_0, car, en retranchant de $4\,\mathrm{B}_0$ l'équation (12), il vient

$$4\,\mathrm{B}_0 = \int_0^\infty \frac{\zeta^2(\zeta+1)}{\mathrm{R}^5}(1-s-t+st\zeta^2)\,d\zeta > 0.$$

La valeur de $d\upsilon$ devient, en y remplaçant $\dfrac{d\mathrm{F}}{ds}$, $\dfrac{d\mathrm{F}}{dt}$, $\dfrac{d\upsilon}{ds}$, $\dfrac{d\upsilon}{dt}$ par leurs valeurs,

$$2\,d\upsilon = -\frac{(s-t)}{\dfrac{d\mathrm{F}}{ds}}\left[\mathrm{A}_0\mathrm{B}_0 + \frac{1}{2}\mathrm{A}_0\mathrm{B}_1 st + \frac{1}{2}\mathrm{B}_1(2\mathrm{A}_0+3\mathrm{A}_1)st\right.$$
$$\left. + \mathrm{A}_0\mathrm{B}_1\left(s+t-\frac{3}{2}st\right)\right],$$

et, comme $s+t-\dfrac{3}{2}st = s\left(1-\dfrac{3}{4}t\right)+t\left(1-\dfrac{3}{4}s\right) > 0$,

et que $\dfrac{d\mathrm{F}}{ds}$ est négatif, on voit que, lorsqu'on fait varier t de 0 à τ, υ est croissant et atteint son maximum υ' lorsque $s = t = \tau$.

Pour $t = 0$, on a $\upsilon = 0$; car

$$\upsilon < \frac{s}{2}\sqrt{t}\int_0^\infty \frac{d\zeta}{(s\zeta+2)^{\frac{3}{2}}} < \sqrt{t},$$

qui s'évanouit avec t. Ainsi, à chaque valeur de υ comprise entre o et ν' répond un seul couple de valeurs réelles de s, t, et tous les ellipsoïdes obtenus de cette manière sont différents; pour $\nu > \nu'$, l'ellipsoïde à trois axes inégaux ne peut plus être une surface d'équilibre.

A mesure que ν augmente et que s et t se rapprochent de τ, la forme des ellipsoïdes tend de plus en plus vers celle de l'un des ellipsoïdes de révolution dont nous nous sommes occupés plus haut, et elle l'atteint lorsque $\nu = \nu'$.

Discussion relative au moment de rotation. — L'équation (9) donne, eu égard aux formules (14),

$$dq = \frac{1}{2}\frac{(s+t)^2}{(st)^{\frac{4}{3}}}\left(\frac{d\nu}{ds}\,ds + \frac{d\nu}{dt}\,dt\right)$$
$$+ \frac{\nu(s+t)}{3(st)^{\frac{2}{3}}}\left[(st-2t^2)\,ds + (st-2s^2)\,dt\right],$$
$$= \frac{1}{2}\frac{(s+t)^2}{(st)^{\frac{4}{3}}}\cdot\frac{dt}{\frac{dF}{ds}}\left\{\left[\frac{d\nu}{dt} + \frac{2t-4s}{3t(s+t)}\cdot\nu\right]\frac{dF}{ds}\right.$$
$$\left. - \left[\frac{d\nu}{ds} + \frac{2s-4t}{3s(s+t)}\cdot\nu\right]\frac{dF}{dt}\right\}.$$

Si l'on remplace ν, $\dfrac{d\nu}{ds}$, $\dfrac{d\nu}{dt}$, $\dfrac{dF}{ds}$, $\dfrac{dF}{dt}$, par leurs valeurs ci-dessus, pour obtenir celle de $\left[\dfrac{d\nu}{dt} + \dfrac{2s-4t}{3s(s+t)}\,\nu\right]\dfrac{dF}{dt}$, une simple permutation de lettres donnera la valeur de $\left[\dfrac{d\nu}{ds} + \dfrac{2t-4s}{3t(s+t)}\cdot\nu\right]\dfrac{dF}{ds}$, et enfin, en posant

$$C_0 = \frac{A_0}{3} + 2A_1\frac{st}{s+t} = \frac{2}{3}(2A_0 + 3A_1)\cdot\frac{st}{s+t} + \frac{A_0}{3}\frac{(3+t-4st)}{s+t},$$

$$C_1 = \frac{A_0}{3}(s+t) + \frac{A_1}{2}st = (A_0 + C_0)\cdot\frac{s+t}{4},$$

$$C_2 = \left(\frac{1\,t}{6}A_0 + 2A_1\frac{st}{s+t}\right) = \left(\frac{3}{2}A_0 + C_0\right)\cdot st,$$

on trouve

$$dq = \frac{1}{4} \frac{(s+t)^3 \, dt}{(st)^{\frac{4}{3}} \cdot \frac{dF}{ds}} (s-t) \int_0^\infty \frac{\zeta(\zeta+1)^2}{R^5} (C_0 + C_1\zeta + C_2\zeta^2) \, d\zeta;$$

or, de ce que $s + t < 1$, on a

$$s + t - 4st > (s+t)^2 - 4st = (s-t)^2 > 0,$$

d'où il suit que C_0 est positif, et par suite C_1 et C_2.

La dérivée $\frac{dF}{ds}$ étant négative, lorsque t croîtra de zéro jusqu'à τ, q ira en décroissant et atteindra sa plus petite valeur q' lorsque $s = t = \tau$, ou que l'ellipsoïde sera de révolution. Pour $s = 1$, $t = 0$, l'équation (9) montre que $q = \infty$. Ainsi, q prend toutes les valeurs comprises entre zéro et l'infini lorsque t varie de τ à zéro et s de τ à 1. Donc, à chaque valeur de q supérieure à q' répond un seul ellipsoïde d'équilibre à trois axes inégaux; mais pour $q < q'$ l'ellipsoïde de révolution est seul possible.

Quant aux axes, ils seront donnés par les formules

$$c = \left(\frac{3M}{4\pi\rho}\right)^{\frac{1}{3}} (st)^{\frac{1}{6}}, \quad b = \frac{c}{\sqrt{s}}, \quad a = \frac{c}{\sqrt{t}}.$$

De l'équation $\frac{dF}{ds} ds + \frac{dF}{dt} dt = 0$, on tire

$$ds = - \frac{A_0 + A_1 s}{A_0 + A_1 t} dt,$$

d'où

$$d(st) = s\,dt + t\,ds = \frac{A_0(s-t)\,dt}{A_0 + A_1 t};$$

$s - t$, A_0, $A_0 + A_1 t = - \frac{dF}{ds}$ étant positifs, st croît avec t, ou *le plus petit axe atteint son maximum lorsque l'ellip-soïde est de révolution.*

Pour trouver le maximum de ν ou de n^2, il suffit de

supposer $\lambda = \lambda'$ dans les équations (4) et (5′) du n° 92, et l'on trouve

$$o = -\lambda(3 + 13\lambda^2) + (3 + 14\lambda^2 + 3\lambda^4)\,\text{arc tang}\,\lambda,$$

$$\frac{n^2}{4\pi\rho} = \frac{\lambda(3 + \lambda^2) - (3 - \lambda^2)(1 + \lambda^2)\,\text{arc tang}\,\lambda}{4\lambda^5};$$

d'où l'on tire

$$\lambda = 1,3946, \quad \frac{n^2}{4\pi\rho} = 0,09356;$$

par suite,

$$\tau = 0,3395,$$

tandis que, pour l'ellipsoïde de révolution, nous avons trouvé les limites

$$\lambda = 2,5293, \quad \frac{n^2}{4\pi\rho} = 0,1123.$$

Si nous supposons que les conditions de mouvement soient celles de la Terre, g étant la gravité à la surface et R le rayon terrestre moyen, on a

$$g = \frac{4}{3}\pi\rho R,$$

et $\dfrac{n^2}{4\pi\rho} = \dfrac{1}{3}\dfrac{n^2 R}{g}$ représentant le tiers du rapport de la force centrifuge à l'équateur à la pesanteur, a pour valeur 0,0014986. En prenant pour unité le plus petit demi-axe, on trouve pour les deux autres 19,57 et 1,018, tandis que, dans les mêmes conditions, les deux ellipsoïdes de révolution qui satisfont à l'équilibre ont pour rayons à l'équateur 1,0043441 et 680. Donc dans ce cas, l'ellipsoïde à trois axes inégaux est trop différent d'une sphère pour que l'on puisse supposer que la Terre en affecte la forme, ce qui est d'accord avec ce que nous avons dit plus haut d'une manière générale.

On remarquera que si la vitesse angulaire diminue de plus en plus, le petit axe de l'équateur diffère de moins en moins de l'axe des pôles, tandis que le grand axe augmente à mesure. Si donc cette vitesse est extrêmement faible, la masse fluide affecte la forme d'une longue aiguille à peu près ronde, tandis que les deux ellipsoïdes de révolution étudiés en premier lieu se réduisent, l'un à une sphère, l'autre à un disque elliptique très-aplati.

En résumé, on voit que quand $\dfrac{n^2}{4\pi\rho}$ est inférieur à 0,09356, la surface d'équilibre peut être celle de l'un ou de l'autre des ellipsoïdes de révolution aplatis, ou d'un ellipsoïde à trois axes inégaux; lorsque $\dfrac{n^2}{4\pi\rho}$ atteint cette limite, le dernier ellipsoïde se confond avec l'un des précédents; pour les valeurs de $\dfrac{n^2}{4\pi\rho}$ comprises entre 0,09356 et 0,1123, les ellipsoïdes de révolution subsistent seuls, et se confondent pour la dernière limite; et pour une valeur plus grande la forme ellipsoïdale ne peut plus être une surface d'équilibre.

Enfin, pour des conditions initiales données du mouvement, il existe toujours un ellipsoïde de révolution satisfaisant à l'équilibre, et il n'y en a qu'un seul, et si le moment de rotation ne dépasse pas une certaine limite, la surface d'équilibre peut être un ellipsoïde à trois axes inégaux; au delà cette forme est impossible.

§ II. — DE LA FIGURE D'ÉQUILIBRE D'UNE MASSE FLUIDE PEU DIFFÉRENTE D'UNE SPHÈRE POUVANT RECOUVRIR UN SPHÉROÏDE.

99. Les résultats auxquels nous sommes parvenu au paragraphe précédent ne peuvent être considérés que comme nous donnant un premier aperçu sur la forme des corps célestes; car il est à peu près certain que ces corps ne sont pas homogènes et que la densité va en augmentant

en allant de la surface au centre. Le problème considéré ainsi sous un point de vue plus général présente de grandes difficultés que Laplace n'est parvenu à surmonter que dans le cas de la nature, celui d'un sphéroïde peu différent de la sphère.

Mais avant d'aborder cette question il nous reste à établir que la figure d'équilibre d'une masse fluide homogène animée d'un mouvement uniforme de rotation est unique, lorsque cette figure diffère peu d'une sphère.

100. *Figure d'équilibre d'une masse fluide homogène peu différente d'une sphère, animée d'un mouvement uniforme de rotation.* — Continuons à désigner par n la vitesse angulaire du système et négligeons le produit de sa seconde puissance, qui est nécessairement très-petit; par la différence entre la sphère et le sphéroïde on a, pour le travail de la force centrifuge, en conservant les notations du § IV du chapitre III,

$$\frac{n^2 A^2}{2} \sin^2\theta = \frac{n^2 A^2}{3} - \frac{n^2 A^2}{2}\left(\mu^2 - \frac{1}{3}\right),$$

expression dont le second membre est un cas particulier de la fonction Z_2. En remplaçant a par $A(1+z)$ dans le second membre de la formule (15) du n° 80, négligeant le carré de z, puis ajoutant le résultat obtenu à l'expression précédente pour égaler le tout à une constante C, on obtient pour l'équation de la surface d'équilibre :

$$(1) \quad \left\{ \begin{aligned} &\frac{4}{3}\pi A^2(1-z) + 4\pi A^2 \sum_0^\infty \frac{Z_\nu}{2\nu+1} \\ &+ \frac{1}{3}\frac{n^2 A^2}{\rho} - \frac{n^2 A^2}{2\rho}\left(\mu^2 - \frac{1}{3}\right) = C. \end{aligned} \right.$$

Substituant à z son développement $\sum_0^\infty Z_\nu$, et identifiant les

14

fonctions semblables, on trouve

$$\frac{4}{3}\pi A^2(1 - Z_0) + 4\pi A^2 Z_0 + \frac{1}{3}\frac{n^2 A^2}{\rho} = C,$$

$$Z_2 = -\frac{15}{16}\cdot\frac{n^2}{\pi\rho}\left(\mu^2 - \frac{1}{3}\right).$$

Z_1 reste indéterminé, mais en se reportant au n° **82** on peut le supposer nul ainsi que Z_0; les fonctions Z_ν pour $\nu > 2$ sont nulles. Posant

$$\varphi = \frac{n^2}{\frac{4}{3}\pi\rho},$$

quantité qui est sensiblement égale au rapport entre la force centrifuge à l'équateur à la pesanteur, il vient

$$a = A(1 + Z_2) = A\left[1 - \frac{5}{4}\varphi\left(\mu^2 - \frac{1}{3}\right)\right],$$

ce qui est *l'équation polaire d'un ellipsoïde de révolution aplati* (**77**), *et dont l'aplatissement est mesuré par* $\frac{5}{4}\varphi$, résultat conforme à celui que nous avons obtenu au n° **94**.

L'attraction totale exercée par un sphéroïde homogène peu différent d'une sphère sur un point de sa surface ne donnera, perpendiculairement au rayon, qu'une composante du même ordre de grandeur que l'aplatissement, et dont le carré est négligeable, et l'on peut par suite considérer l'attraction totale comme égale à sa composante suivant le rayon. La formule (15) du n° **80** donne pour cette composante, en supposant $a = A(1 + Z_2)$ après la différentiation par rapport à a,

$$-\frac{dV}{du} = \frac{4}{3}\pi\rho A^2\left(1 - \frac{Z_2}{5}\right),$$

et si l'on en retranche la composante semblable de la force centrifuge, on trouve pour la pesanteur à la surface

$$g = \frac{4}{3}\pi A\rho\left[1 - \frac{2}{3}\varphi + \frac{5}{4}\varphi\left(\mu^2 - \frac{1}{3}\right)\right],$$

qui varie proportionnellement au carré de la latitude, conformément à ce que nous avons déjà trouvé au n° 97.

Si la Terre était homogène dans toutes ses parties, la variation relative que la pesanteur éprouverait de l'équateur au pôle serait $\frac{5}{4}\varphi = 0,0043\,25$, tandis que l'expérience au pendule donne $0,0054$. L'homogénéité n'est donc pas admissible, et nous sommes conduit à étudier de nouveau la question, en considérant la Terre comme formée à l'origine par un fluide hétérogène.

101. *Si une masse fluide homogène, animée d'un mouvement de rotation uniforme, est soumise à des forces extérieures très-petites indépendantes de la forme d'équilibre, si de plus cette figure est peu différente d'une sphère, elle est unique.* — Ce cas est celui de chaque corps céleste, en tenant compte des actions exercées par les autres astres, lesquelles, en raison de la distance, peuvent être considérées comme équivalentes sur la surface d'équilibre et sur la surface de la sphère dont elle diffère peu.

En représentant par $4\pi A^2\rho.N$ la portion de V correspondant à ces forces et à la force centrifuge, on a, comme au numéro précédent,

$$(a) \qquad \frac{1}{3}(1-z) + \sum_{0}^{\infty} \frac{Z_\nu}{2\nu+1} + N = \text{const.}$$

Supposons qu'il y ait une seconde figure d'équilibre répondant au rayon $A(1+z+w)$, le développement de w en fonctions sphériques étant représenté par $\sum_{0}^{\infty} W_\nu$, il viendra

$$\frac{1}{3}(1-z-w) + \sum_{0}^{\infty} \frac{Z_\nu + W_\nu}{2\nu+1} + N = \text{const.},$$

et en retranchant ces deux équations l'une de l'autre,

$$(b) \qquad -\frac{1}{3}\sum_{0}^{\infty} W_\nu + \sum_{0}^{\infty}\frac{W_\nu}{2\nu+1} = \text{const.}$$

En identifiant les fonctions semblables, on voit que W_2, W_3,... sont nuls; W_0 l'est également, de même que Z_0, par suite de l'équivalence des volumes compris sous les deux surfaces d'équilibre à celui de la sphère (82). Les termes en Z_1 et W_1 disparaissant des équations (a) et (b), la fonction N ne doit pas renfermer de termes de cette nature. Si donc on prend pour origine le centre de gravité de la masse pour les deux surfaces, leurs rayons se réduisent à $\sum_{2}^{\infty} Z_\nu$, et elles sont par suite identiques, ce qui démontre la propriété énoncée.

102. *Surface d'équilibre d'une couche fluide homogène peu différente d'une sphère, recouvrant un noyau sphérique composé de couches homogènes concentriques.* — Soient ρ' la densité et c le rayon du noyau; l'excès du potentiel de son attraction sur une molécule extérieure quelconque, sur ce qu'il serait si la sphère était formée par le liquide lui-même, étant $\frac{4}{3}\pi c^3\frac{(\rho'-\rho)}{a}$, on est ramené au cas d'une masse fluide homogène, en introduisant cette expression divisée par $4\pi A^2$ (100) dans les formules du numéro précédent, et remplaçant a par $A(1+z)$; on obtient ainsi

$$\frac{1}{3}\left[1+\frac{c^3}{A^3}(\rho'-\rho)\right]-\frac{1}{3}z\left[1+\frac{c^3}{A^3}(\rho'-\rho)\right]$$
$$+\sum_{0}^{\infty}\frac{Z_\nu}{2\nu+1}+N=\text{const.;}$$

Z_1, ne disparaissant plus de cette équation, sera indéterminé ou nul.

Soit $A(1 + z + w)$ le rayon d'une seconde surface d'équilibre, si elle existe; on trouvera, de même que plus haut, que

$$-\frac{1}{3}\left[1 + \frac{c^3}{A^3}(\rho' - \rho)\right]\sum_0^\infty W_\nu + \sum_0^\infty \frac{W_\nu}{2\nu + 1} = \text{const.};$$

on pourra supposer comme ci-dessus $W_0 = 0$, et la constante de cette équation sera nulle.

Si l'on ne peut pas satisfaire à la relation

$$\frac{1}{3}\left[1 + \frac{c^2}{A^2}(\rho' - \rho)\right] = \frac{1}{2\nu + 1}$$

pour une valeur entière de ν, toutes les fonctions W_ν seront nulles, et il n'y aura qu'une seule surface d'équilibre. Dans le cas contraire, w se réduira à W_ν et il y aura une infinité d'autres surfaces d'équilibre, puisque cette fonction renferme $2\nu + 1$ constantes indéterminées.

103. *Formules générales relatives à l'équilibre d'une masse fluide hétérogène à peu près sphérique pouvant recouvrir un noyau sphérique.* — Supposons que l'on veuille tenir compte de l'attraction exercée par un astre étranger S sur la masse fluide; il faudra appliquer à chaque molécule m de la masse fluide une accélération égale et contraire à celle du centre de gravité de cette masse afin de le réduire au repos. Soient δ, s les distances du centre de gravité de S à m et au centre de gravité O de la masse; ν, ψ, les angles analogues à θ et ϖ, correspondant à a, qui est censé ici représenter la distance Om. On a, en développant en série,

$$\frac{S}{\delta} = \frac{S}{\sqrt{s^2 - 2sa\left[\cos\nu\cos\theta + \sin\nu\sin\theta\cos(\varpi - \psi)\right] + a^2}} = \frac{S}{s}\sum_0^\infty P_\nu \cdot \frac{a^\nu}{s^\nu},$$

la fonction P_ν étant de même nature que la fonction Y_ν du n° 73, et satisfaisant à l'équation (5) du même numéro.

L'accélération $-\dfrac{S}{s^2}$ égale et contraire à celle de O, appliquée au point m, parallèlement à s, donnera dans le potentiel un terme égal au produit de son intensité par la
projection de a sur s; et comme on reconnaît facilement
que cette projection est égale à $a\,\mathrm{P}_1$, il vient

$$ \mathrm{V} = \frac{S}{\delta} - \frac{S}{s^2} \cdot a\mathrm{P}_1 = \frac{S}{s}\left(1 + \sum_{2}^{\infty} \mathrm{P}_\nu \cdot \frac{a^\nu}{s^\nu} \right) + \text{const.} $$

Comme on peut choisir la constante de manière que V soit
nul pour $a = 0$ ou pour le centre de gravité qui est en
repos, cette formule se réduit à

$$ \mathrm{V} = \frac{S}{s} \sum_{2}^{\infty} \mathrm{P}_\nu \cdot \frac{a^\nu}{s^\nu}. $$

On obtiendra le potentiel total en ajoutant cette expression et toutes les expressions de cette nature, s'il y a
plusieurs astres, S, S′, S″,..., à celle (17′) du n° 84, aug-
mentée du potentiel $\dfrac{n^2\mathrm{A}^2}{3} - \dfrac{n^2\mathrm{A}^2}{2}\left(\mu^2 - \dfrac{1}{3}\right)$ dû à la force centrifuge (100); on trouve ainsi, en appelant p la pression
et en se rappelant que les conditions d'équilibre des
fluides se résument dans l'équation $\dfrac{dp}{\rho} = d\mathrm{V}$,

$$ (1) \quad \left\{ \begin{aligned} \int \frac{dp}{\rho} &= \frac{4\pi}{3a} \int_0^\mathrm{A} p\,d.\mathrm{A}^3 + 4\pi \sum_{0}^{\infty} \frac{1}{a^{\nu+1}} \int_0^\mathrm{A} \rho\, \frac{d(\mathrm{A}^{\nu+3}\mathrm{Z}_\nu)}{2\nu+1} \\ &+ 2\pi \int_\mathrm{A}^{\mathrm{A}_1} p\,d.\mathrm{A}^2 + 4\pi \sum_{0}^{\infty} a^\nu \int_\mathrm{A}^{\mathrm{A}_1} \rho\, \frac{d(\mathrm{A}^{2-\nu}\mathrm{Z}_\nu)}{2\nu+1} \\ &+ \frac{n^2\mathrm{A}^2}{3} - \frac{n^2\mathrm{A}^2}{2}\left(\mu^2 - \frac{1}{3}\right) + a^2 \frac{S}{s} \sum_{2}^{\infty} \mathrm{P}_\nu \cdot \frac{a^\nu}{s^\nu}; \end{aligned} \right. $$

A_1 ayant la même signification qu'au n° 84, formule dans laquelle on devra remplacer a par $A(1+z) = A\left(1 + \sum_0^\infty Z_n\right)$.

Négligeons le carré de z ainsi que ses produits par n^2, $\frac{S}{s}$, $\frac{S'}{s'}$, . . . , et posons

$$\frac{n^2}{3} = U_0,$$

$$-\frac{n^2}{2}\left(\mu^2 - \frac{1}{3}\right) + \frac{S}{s^3}\cdot P_2 + \frac{S'}{s'^3}\cdot P'_2 + \ldots = U_2,$$

$$\frac{S}{s^4}\cdot P_3 + \frac{S'}{s'^4}\cdot P'_3 + \ldots = U_3.$$

$$\cdots\cdots\cdots\cdots\cdots\cdots$$

En identifiant les fonctions semblables de l'équation (1), dont le premier membre est une constante pour chaque couche de niveau, on trouve

$$(2)\quad \begin{cases} \displaystyle\int \frac{d p}{\rho} = 2\pi \int_A^{A_1} \rho\, d.A^2 + \frac{4\pi}{3A}\int_0^A \rho\, d.A^3 + \frac{4\pi}{A}\int_0^A \rho\, d(A^3 Z_0) \\[2ex] \displaystyle\quad + 4\pi \int_A^{A_1} \rho\, d(A^3 Z_0) - \frac{4\pi Z_0}{3A}\int_0^A \rho\, d.A^3 + A^2 U_0, \end{cases}$$

et en général, pour $\nu > 0$,

$$(3)\quad \begin{cases} \displaystyle \frac{4\pi A^\nu}{2\nu+1}\int_A^{A_1} \rho\, d\left(\frac{Z_\nu}{A^{\nu-2}}\right) - \frac{4\pi Z_\nu}{3A}\int_0^A \rho\, d.A^3 \\[2ex] \displaystyle\quad + \frac{4\pi}{(2\nu+1)A^{\nu+1}}\int_0^A \rho\, d(A^{\nu+3} Z_\nu) + A^\nu U_\nu = 0. \end{cases}$$

On pourra choisir à volonté l'arbitraire Z_0 qui entre dans l'équation (2).

Pour réduire dans les mêmes limites les intégrales comprises dans l'équation (3), posons

$$\frac{4\pi}{4\nu+1}\int_0^{A_1} \rho\, d\left(\frac{Z_\nu}{A^{\nu-2}}\right) + U_\nu = \frac{4\pi}{2\nu+1}U'_\nu :$$

U'_ν sera une fonction sphérique de μ et ϖ, de même nature que Z_ν et U_ν, et indépendante de Λ. Cette équation devient

$$(2\nu + 1)\Lambda^\nu Z_\nu \int_0^\Lambda \rho\, d.\Lambda^3 + 3\Lambda^{2\nu+1} \int_0^\Lambda \rho\, d\left(\frac{Z_\nu}{\Lambda^{\nu-2}}\right).$$

$$- 3 \int_0^\Lambda \rho\, d(\Lambda^{\nu+3} Z^\nu) - 3\Lambda^{2\nu+1} U'_\nu = 0,$$

d'où l'on déduit, en différentiant par rapport à Λ,

$$(4) \quad \frac{d^2 Z_\nu}{d\Lambda^2} = \left[\frac{\nu(\nu+1)}{\Lambda^2} - \frac{6\rho\Lambda}{\displaystyle\int_0^\Lambda \rho\, d.\Lambda^3}\right] Z_\nu - \frac{6\rho\Lambda^2}{\displaystyle\int_0^\Lambda \rho\, d.\Lambda^3} \frac{dZ_\nu}{d\Lambda}.$$

L'intégration de cette équation introduira deux fonctions
arbitraires entières et rationnelles en μ, $\sqrt{1-\mu^2}\sin\varpi$,
$\sqrt{1-\mu^2}\cos\varpi$, satisfaisant à l'équation (5) du n° **73**.
L'une de ces fonctions se déterminera au moyen de la fonction U'_ν qui a disparu par la différentiation ; l'autre, dans
le cas d'un noyau solide, en exprimant que Z_ν est le même
pour la dernière couche intérieure de la masse que pour la
surface du noyau. Si le sphéroïde est entièrement fluide,
aucune condition ne paraît devoir déterminer cette fonction, et il semble en résulter la possibilité d'une infinité de
surfaces d'équilibre ; nous allons maintenant examiner ce
cas, d'autant plus intéressant qu'il paraît se rapporter aux
conditions primitives des corps célestes.

104. *Figure d'équilibre d'une masse fluide hétérogène
dont les couches de niveau sont peu différentes de la
sphère.*

En se reportant à l'explication relative à l'arrangement
des fluides pesants hétérogènes, on est naturellement conduit à admettre que la densité de la masse fluide considérée
va en augmentant à mesure que l'on s'approche du centre.

Si la masse était homogène, $\dfrac{\rho A^3}{\displaystyle\int_0^A \rho \, d . A^3}$ serait égal à

l'unité. Nous poserons donc

$$\frac{\rho A^3}{\displaystyle\int_0^A \rho \, d . A^3} = \frac{1}{1 - \dfrac{1}{\rho A^3}\displaystyle\int_0^A A^3 \, d\rho} = 1 - F(A),$$

F étant une certaine fonction de A, nulle pour $A = 0$, puisque le noyau infiniment petit que l'on peut concevoir au centre doit être considéré comme homogène; elle est plus petite que l'unité, et de plus elle est essentiellement positive; car ρ décroissant quand A augmente, le second membre de la double égalité ci-dessus est inférieur à l'unité.

A l'inspection de l'équation (4), on voit que Z_ν est de la forme

$$Z_\nu = h_\nu X_\nu,$$

X_ν étant comme Z_ν une fonction sphérique de μ et de ϖ de l'ordre ν, indépendante de A, et h_ν une fonction de A seul. On a, pour déterminer h_ν,

$$(5) \quad \frac{d^2 h_\nu}{dA^2} = \left\{ \nu(\nu+1) - 6[1 - F(A)] \right\} \frac{h_\nu}{A^2} - 6[1 - F(A)] \frac{dh_\nu}{dA}.$$

Concevons que h_ν soit développé en une suite de termes ordonnés suivant les puissances ascendantes entières ou fractionnaires de A, et soit

$$h_\nu = \alpha_\nu A^s + \alpha'_\nu A^{s'} + \ldots,$$

$\alpha_\nu, \alpha'_\nu, \ldots, s, s', \ldots$, étant des inconnues indépendantes de A; l'équation (5) devient

$$(6) \quad \left\{ \begin{array}{l} (s+\nu+3)(s-\nu+2)\alpha_\nu A^{s-2} + (s'+\nu+3)(s'-\nu+2)\alpha'_\nu A^{s'-2} + \ldots \\[4pt] \qquad = 6F(A)[(s+1)\alpha_\nu A^{s-2} + (s'+1)\alpha'_\nu A^{s'-2} + \ldots]. \end{array} \right.$$

Si l'on conçoit que $F(A)$ soit développé de la même manière que h_ν, ce développement ne pouvant pas renfermer de terme indépendant de A, puisque $F(o) = o$, il faut, pour que l'on puisse identifier les deux membres de l'équation précédente, que l'un des termes du premier membre soit nul, ou que, par exemple,

$$(s + \nu + 3)(s - \nu + 2) = o,$$

d'où deux valeurs pour s. Pour chacune de ces valeurs, on identifiera les autres termes du premier membre à ceux du second, et l'on obtiendra ainsi deux séries, dont la somme, après les avoir multipliées chacune par une constante arbitraire, sera l'intégrale complète de l'équation (5). Mais dans le cas qui nous occupe, on doit rejeter la valeur $s = -(\nu + 3)$ pour laquelle Z_ν serait infini au centre, et l'on ne peut admettre que la série

$$h_\nu = \alpha_\nu A^{\nu-2} + \alpha'_\nu A^{s'} + \ldots$$

Pour $\nu = 1$, l'équation (5) est satisfaite par

$$h_1 = \frac{\alpha_1}{A},$$

et c'est la seule valeur admissible, puisqu'elle correspond à $s = \nu - 2$. En plaçant l'origine au centre de gravité du sphéroïde, $Z_1 = \frac{\alpha_1}{A} X_1$ sera nul et l'on aura $\alpha_1 = o$.

A l'inspection de l'équation (6), on reconnaît que α'_ν, $\alpha''_\nu, \ldots$, se composent chacun de deux facteurs, l'un α_ν, l'autre indépendant de ce dernier. On peut par suite supposer α_ν égal à l'unité, puisque cela revient à comprendre ce facteur dans X_ν, ou à remplacer dans ce qui précède $\alpha_\nu X_\nu$ par X_ν tout simplement.

Pour $\nu > 2$, $\nu(\nu + 1)$ est supérieur à 6 et par suite à $6F(A)$, et *si h_ν et $\frac{dh_\nu}{dA}$ sont positifs en partant du centre, ils restent constamment positifs à mesure que l'on s'ap-*

proche de la surface; car si $\frac{dh_\nu}{d\text{A}}$ devenait négatif, il le deviendrait avant h_ν, et devrait auparavant passer par zéro; or pour cette valeur, d'après l'équation (5) et pour $\nu \geqq 2$, $\frac{d^2 h_\nu}{d\text{A}^2}$ est positif; par suite, à partir de zéro, $\frac{dh_\nu}{d\text{A}}$ recommencerait à croître, et il ne peut par conséquent, ainsi que h_ν, devenir négatif.

On pourra satisfaire à la condition que la fonction $\text{F}(\text{A})$ soit très-petite pour de très-petites valeurs de A, en posant

$$\text{F}(\text{A}) = \beta \text{A}^\lambda,$$

β, λ étant des nombres positifs entiers ou fractionnaires. L'équation (6) donne alors

$$s' - 2 = s + \nu + 2,$$
$$(s' + \nu + 3)(s' - \nu + 2)\alpha'_\nu = 6(s + 1)\beta, \quad \alpha''_\nu = 0, \quad \alpha'''_\nu = 0\ldots,$$

d'où

$$\alpha'_\nu = \frac{6(\nu - 1)\beta}{(2\nu + \lambda + 1)\lambda},$$
$$h_\nu = \text{A}^{\nu-2} + \frac{6(\nu - 1)\beta \text{A}^{\nu+\lambda-2}}{(2\nu + \lambda + 1)\lambda},$$
$$\frac{dh_\nu}{d\text{A}} = (\nu - 2)\text{A}^{\nu-2} + \frac{6(\nu - 1)(\nu + \lambda + 2)\beta \text{A}^{\nu+\lambda-3}}{(2\nu + \lambda + 1)\lambda}.$$

Ces deux dernières expressions sont essentiellement positives quand ν est égal ou supérieur à 2.

Pour ν égal ou supérieur à 3, U_ν est insensible relativement à la Terre, la Lune, Jupiter, etc., et l'équation (3) donne dans ces conditions, en y remplaçant Z_ν par $h_\nu \text{X}_\nu$,

$$\left[3\text{A}^{2\nu+1} \int_0^{\text{A}_1} \rho\, d\left(\frac{h_\nu}{\text{A}^{\nu-2}}\right) - (2\nu + 1)\text{A}^\nu h_\nu \int_0^{\text{A}} \rho\, d.\text{A}^3 + 3\int_0^{\text{A}} \rho\, d(\text{A}^{\nu+3} h_\nu) \right] \text{X}_\nu = 0.$$

Si H_ν est ce que devient h_ν à la surface, on a

$$\left[-2(\nu+1)A_1^\nu H_\nu \int_0^{A_1} \rho\, d.A^3 + 3 \int_0^{A_1} \rho\, d(A^{\nu+3} h_\nu) \right] X_\nu = 0,$$

ou par l'intégration par parties,

$$\left[-(2\nu+1)H_\nu \rho + (2\nu+1)H_\nu \int_0^{A_1} \left(\frac{A}{A_1}\right)^3 d\rho \right.$$

$$\left. -3 \int_0^{A_1} h_\nu \left(\frac{A}{A_1}\right)^{\nu+3} d\rho \right] X_\nu = 0.$$

Or $d\rho$ est négatif, h_ν croît du centre à la surface et $\frac{A}{A_1} < 1$; d'où il suit que l'ensemble des deux derniers termes du coefficient de X_ν, et par suite ce coefficient, est négatif. L'équation précédente ne peut donc avoir lieu qu'autant que $X_\nu = 0$ lorsque $\nu \geqq 3$. Le rayon de chaque couche de niveau se réduisant alors à

$$A(1 + Z_0 + Z_2),$$

il s'ensuit que *les surfaces de niveau sont des ellipsoïdes.* Pour simplifier l'écriture, nous supposerons dans ce qui suit $A_1 = 1$, ce qui revient à considérer A comme représentant alors le rapport du rayon moyen d'une couche à celui de la surface.

Pour la Terre on a, en négligeant dans U_ν l'action du Soleil, de la Lune, etc.,

$$U_2 = -\frac{n_2}{2}\left(\mu^2 - \frac{1}{3}\right), \quad U_3 = 0, \quad U_4 = 0, \ldots,$$

et l'équation (3) donne, en supprimant l'indice de H_2, h_2,

$$\left[-\frac{4}{3}\pi H \int_0^1 \rho\, d.A^3 + \frac{4}{5}\pi \int_0^1 \rho\, d(A^5 h) \right] X_2 - \frac{n^2}{2}\left(\mu^2 - \frac{1}{3}\right) = 0.$$

Soit

$$(c) \qquad \varphi = \frac{n^2}{\frac{4}{3}\pi \int_0^1 \rho\, d{\scriptstyle\bullet} {\rm A}^3},$$

φ étant, aux quantités du second ordre près, le rapport de la force centrifuge à l'équateur, à la pesanteur, il vient

$$X_2 = -\frac{\varphi\left(\mu^2 - \frac{1}{3}\right)}{2H - \frac{2}{5}\dfrac{\displaystyle\int_0^1 \rho\, d({\rm A}^5 h)}{\displaystyle\int_0^1 \rho\, {\rm A}^2 d{\rm A}}}.$$

Si donc nous posons

$$(d) \qquad k = \frac{\varphi}{2H - \frac{2}{5}\dfrac{\displaystyle\int_0^1 \rho\, d({\rm A}^5 h)}{\displaystyle\int_0^1 \rho\, {\rm A}^2 d{\rm A}}}$$

et si nous profitons de l'indétermination de Z_0 pour établir la relation $Z_0 = \frac{2}{3} kh$, le rayon de chaque couche de niveau sera donné par la formule

$$a = {\rm A}[1 - kh(\mu^2 - 1)],$$

qui représente *un ellipsoïde de révolution autour de l'axe de rotation, ayant pour axes principaux* $2{\rm A}$, $2{\rm A}(1 + kh)$ et dont kh est l'aplatissement ou l'ellipticité.

Il suit de là que :

1º *L'aplatissement des couches de niveau va en croissant du centre à la surface, tandis que les densités vont en décroissant;*

2° *L'aplatissement à la surface de la surface, ou*

$$(d) \qquad E = \frac{\varphi H}{2H - \dfrac{2}{5} \dfrac{\displaystyle\int_0^1 \rho\, d(\mathsf{A}^5 h)}{\displaystyle\int_0^1 \rho \mathsf{A}^3 d\mathsf{A}}},$$

est supérieur à $\dfrac{\varphi}{2}$ et inférieur à la limite $\dfrac{5}{4}\varphi$ correspondant au cas de l'homogénéité (100).

La première partie de cet énoncé est évidente d'après la forme analytique même de l'ellipticité. Pour établir la seconde partie, nous remarquerons en premier lieu que les aplatissements croissent dans un moindre rapport que l'inverse du carré du rayon, car h supposé égal à $\dfrac{H}{\mathsf{A}^2}$ deviendrait infini pour les couches centrales ou pour $\mathsf{A} = 0$. Si donc on pose $h = \dfrac{u}{\mathsf{A}^2}$, u croîtra avec A et l'on aura

$$\frac{\rho\, d(\mathsf{A}^5 h)}{d.\mathsf{A}^3} = \rho u + \frac{du}{d.\mathsf{A}^3}\rho \mathsf{A}^3 = \rho u + \frac{du}{d.\mathsf{A}^3}\int (\rho\, d.\mathsf{A}^3 + \mathsf{A}^3 d\rho)$$

$$= \frac{d}{d.\mathsf{A}^3}\left(u \int \rho\, d.\mathsf{A}^3 \right) + \frac{du}{d.\mathsf{A}^3}\int \mathsf{A}^3 d\rho,$$

d'où

$$\int \rho\, d(\mathsf{A}^5 h) = u \int \rho\, d.\mathsf{A}^3 + \int du \int \mathsf{A}^3 d\rho.$$

u augmentant du centre à la surface tandis que ρ diminue, la seconde intégrale du second membre de cette équation est négative, et par suite

$$\int \rho\, d(\mathsf{A}^5 h) < u \int \rho\, d.\mathsf{A}^3 < H \int \rho\, d.\mathsf{A}^3,$$

et en remplaçant la première de ces intégrales par la troisième, qui est une limite supérieure, dans la formule de l'aplatissement à la surface, on trouve pour résultat $\dfrac{5}{4}\varphi$.

Calcul de la pesanteur. — Les directions de la pesanteur depuis un point de la surface jusqu'au centre ne forment point une ligne droite, mais une courbe normale aux couches de niveau qu'elles traversent; c'est donc la trajectoire orthogonale des ellipses génératrices de ces couches, et nous allons d'abord chercher à la déterminer.

Soient (*fig.* 8) OA un rayon quelconque rencontrant la surface libre de la masse fluide au point A et faisant avec l'axe de rotation Oz l'axe θ_0; AmO la trajectoire orthogonale partant du point A; $a = Om$ le rayon aboutissant au point m de la courbe; θ l'angle qu'il forme avec Oz; δ l'angle formé avec OA par la tangente en m ou l'élément mm' de la trajectoire, ou encore la normale à l'ellipse passant par le point m. Les angles $\delta, \theta - \theta_0$ sont du même ordre de grandeur que l'ellipticité kh, et l'on devra en négliger les puissances supérieures à la première; mm' ne diffère d'ailleurs de dA que d'une quantité de l'ordre kh. Si donc on appelle u la perpendiculaire mp abaissée du point m sur OA, on a

$$- du = mm' \sin \delta = d\text{A} . \delta.$$

La normale à l'ellipse dont l'équation est

$$a = \text{A}(1 - kh \sin 2\theta)$$

fait avec a l'angle $kh \sin 2\theta = kh \sin 2\theta_0$, et par suite avec OA l'angle

$$\delta = kh . \sin 2\theta_0 - (\theta - \theta_0).$$

On a donc

$$- du = d\text{A}[\, kh \sin 2\theta_0 - (\theta - \theta_0)\,].$$

D'autre part,

$$u = a \sin m\,Op = \text{A}(\theta - \theta_0),$$

d'où

$$- du = \text{A}\left(kh \sin 2\theta_0 - \frac{u}{\text{A}} \right),$$

et enfin, en intégrant, en remarquant que pour le point A

ou pour $A = 1$, on a $u = 0$,

$$(e) \qquad u = A\, k \sin 2\, \theta_0 \int_0^1 \frac{h\, d A}{A}.$$

Telle est l'équation de la trajectoire qu'il s'agissait de trouver.

Pour obtenir la valeur de la pesanteur g à la surface, il suffit (100) de changer le signe de la dérivée de l'équation (1) du n° 48, par rapport à a, puis de supposer $a = 1 + Z_0 + Z_2$, $A_1 = 1$ dans les limites des intégrales. On trouve ainsi, eu égard aux simplifications indiquées plus haut,

$$g = \frac{4\pi}{3}\left(1 - 2 Z_0 - 2 Z_2\right) \int_0^1 \rho\, d . A^3 + 4\pi \int_0^1 \rho\, d\left(A^3 Z_0\right),$$
$$+ \frac{12}{5}\pi \int_0^1 d\left(A^5 Z_2\right) - \frac{2}{3} n^2 + n^2 \left(\mu^2 - \frac{1}{3}\right).$$

On fera disparaître les intégrales de cette formule qui renferment Z_2 à l'aide de l'équation (3), en y supposant $\nu = 2$; et si l'on pose

$$G = \frac{4}{3}\pi \int_0^1 \rho\, d . A^3 - \frac{8}{3}\pi Z_0 \int_0^1 \rho\, d . A^3 + 4\pi \int_0^1 \rho\, d\left(A^3 Z_0\right) - \frac{2}{3} n^2,$$

et que l'on observe que

$$Z_2 = - E \left(\mu^2 - \frac{1}{3}\right),$$

on trouve, en ayant égard à la relation (c),

$$g = G\left[1 + \left(\frac{5}{2}\varphi - E\right)\left(\mu^2 - \frac{1}{3}\right)\right],$$

ou, en négligeant le carré du coefficient de $\mu^2 - \frac{1}{3}$,

$$(f) \qquad g = G\left[1 + \left(\frac{5}{2}\varphi - E\right)\mu^2\right].$$

Soient L la longueur du pendule à secondes à l'équateur, correspondant à la gravité G; l la longueur du même pendule au point considéré; on a

$$l = L\left[1 + \left(\frac{5}{2}\varphi - E\right)\mu^2\right].$$

Si Δ est l'excès de la longueur du pendule au pôle sur sa longueur à l'équateur,

$$\Delta = \frac{5}{2}\varphi - E,$$

d'où

$$\Delta + E = \frac{5}{2}\varphi.$$

Dans le cas de l'homogénéité, on a $E = \frac{5}{4}\varphi$, et $\Delta = E$. *Mais si le sphéroïde est hétérogène, autant l'aplatissement est au-dessus ou au-dessous de $\frac{5}{2}\varphi$, autant Δ est au-dessous ou au-dessus de la même quantité.*

Soient C et A les moments d'inertie du sphéroïde par rapport à l'axe de rotation et à un diamètre quelconque de l'équateur. En remplaçant, dans la formule finale du n° 89, A^0 par le coefficient $-kh$ du terme en μ^2 de l'expression de a, et supposant $B = A$, on trouve

$$\frac{C - A}{C} = k\,\frac{\displaystyle\int_0^1 \rho\,d(a^5 h)}{\displaystyle\int_0^1 \rho\,d.a^5},$$

ou, en ayant égard à la relation (d) du numéro précédent et remarquant que $E = kH$,

$$\frac{C - A}{C} = \left(E - \frac{\varphi}{2}\right)\frac{\displaystyle\int_0^1 \rho a^2\,da}{\displaystyle\int_0^1 \rho a^4\,da},$$

La théorie de la précession des équinoxes donne, comme

nous le verrons plus loin, pour la Terre,

$$\frac{C - A}{C} = 0,00326,$$

et en prenant

$$\varphi = 0,00345, \quad E = \frac{1}{300},$$

on trouve

$$\frac{\displaystyle\int_0^1 \rho A^2 dA}{\displaystyle\int_0^1 \rho A^4 dA} = 2,02.$$

105. *Attraction sur un point extérieur d'un sphéroïde recouvert d'une couche fluide.* — Désignons par M la masse totale du sphéroïde et du fluide; la formule (3) du n° 103 donne pour la surface, en se rappelant que $Z_1 = 0$, et que l'indéterminée Z_0 peut être prise égale à zéro (82),

$$\frac{4}{5}\pi \int_0^1 \rho\, d(A^5 Z_2) = \frac{4}{3}\pi Z_2 \int_0^1 \rho\, d.A^3 - \frac{n^2}{2}\left(\mu^2 - \frac{1}{3}\right)$$

$$= MZ_2 + \frac{M\varphi}{2}\left(\mu^2 - \frac{1}{3}\right),$$

et pour $\nu > 2$,

$$\left(\frac{4\pi}{2\nu+1}\right)\int_0^1 \rho\, d(A^{\nu+3} Z_\nu) = MZ_\nu;$$

en substituant les valeurs dans la formule (17) du n° 84, on trouve

$$V = \frac{M}{a} + M\sum_2^\infty \frac{Z_\nu}{a^{\nu+1}} + \frac{M\varphi}{2a^3}\left(\mu^2 - \frac{1}{3}\right).$$

Dans le cas d'un ellipsoïde, ν s'arrête à 2 et l'on a

$$V = \frac{M}{a} + \frac{M}{a^3}\left[Z_2 + \frac{\varphi}{2}\left(\mu^2 - \frac{1}{3}\right)\right],$$

et comme $Z_2 = -E\left(\mu^2 - \frac{1}{3}\right)$, il vient en définitive pour le potentiel cherché

$$V = \frac{M}{a} + \frac{M}{a^3}\left(\frac{\varphi}{2} - E\right)\left(\mu^2 - \frac{1}{3}\right).$$

106. *Hypothèses sur la loi de la variation de la densité de la Terre avec la profondeur.* — Les considérations qui précèdent reçoivent également leur application, lorsque l'on suppose que la Terre a été formée dès l'origine d'une seule substance, en tenant compte de l'augmentation de densité à mesure que l'on s'approche du centre, due à la compression exercée par le poids des couches supérieures.

La loi qui régit les gaz et d'après laquelle, la température restant constante, la densité croît proportionnellement à la pression, ne paraît convenir ni aux liquides ni aux solides, et l'expérience semble indiquer qu'ils résistent d'autant plus à la compression qu'ils sont plus comprimés; en d'autres termes, la dérivée de la pression par rapport à la densité croît avec cette densité, mais suivant une loi qui n'est pas connue; et l'on ne peut faire à cet égard que des conjectures.

L'hypothèse la plus simple que l'on puisse faire consiste à supposer que cette dérivée croît proportionnellement à la densité, et c'est celle qui a été imaginée et étudiée par Legendre, et que Laplace a discutée plus tard dans sa *Mécanique céleste.*

M. Roche (*) en modifiant l'hypothèse de Legendre par l'introduction d'un terme proportionnel au carré de la densité, ce qui a pour effet de rendre plus rapide encore la loi de la compressibilité, arrive à ce théorème très-simple : la diminution de densité croît proportionnellement au carré de la distance au centre. Les conséquences de cette propo-

____

(*) *Mémoires de l'Académie des Sciences de Montpellier*, t. III; 1855.

15.

sition offrent un accord très-satisfaisant avec le résultat de l'expérience pendulaire exécutée par M. Airy au fond de la mine de houille de Harton, à une profondeur de 385 mètres (*). Nous allons exposer successivement les deux hypothèses qui, l'une et l'autre, conduisent à des résultats très-intéressants.

107. *Hypothèse de Legendre.* — L'équation (2) du n° 103 donne, en différentiant par rapport à A, et supposant $Z_0 = 0$, ce qui est permis,

$$(7) \qquad \frac{dp}{\rho} = -4\pi \frac{dA}{A^2} \int_0^A \rho A^2 dA.$$

Posons

$$\frac{dp}{d\rho} = 2k\rho,$$

k étant une constante, et appelons ρ_1 la densité à la surface, où la pression est supposée nulle; il vient

$$p = k(\rho^2 - \rho_1^2),$$

et en vertu de l'équation (7),

$$(8) \qquad \frac{d\rho}{dA} = -\frac{2\pi}{k} \frac{1}{A^2} \int_0^A \rho A^2 dA;$$

faisant $\dfrac{2\pi}{k} = q^2$, $\rho = \dfrac{x}{A}$, cette équation devient

$$(a) \qquad \frac{d^2 x}{dA^2} + q^2 x = 0,$$

d'où

$$x = A \sin A q + B \cos A q,$$

et

$$\rho = \frac{A}{A} \sin A q + \frac{B}{A} \cos A q,$$

(*) *Comptes rendus de l'Académie des Sciences*, t. XXXIX, p. 1101; 1854.

A, B, étant deux constantes arbitraires. La densité n'étant point infinie au centre où A est nul, B doit être nul, et l'on a tout simplement

$$\rho = \frac{A}{A}\sin A q,$$

et comme à la surface $A = 1$, il vient

$$(9) \qquad \rho = \frac{\rho_1}{A}\frac{\sin A q}{\sin q}.$$

Si l'on nomme D la moyenne densité de la Terre, on a

$$\int_0^1 \rho A^2 dA = D \int_0^1 A^2 dA = \frac{D}{3}.$$

Or, les équations (8) et (9) donnent à la surface

$$\left(\frac{d\rho}{dA}\right)_{A=1} = -q^2 \int_0^1 \rho A^2 dA = -\frac{n^2 D}{3},$$

$$-\frac{\left(\frac{d\rho}{dA}\right)_{A=1}}{\rho_1} = 1 - \frac{q}{\tang q},$$

d'où l'on tire

$$(10) \qquad \frac{D}{\rho_1} = \frac{3}{q^2}\left(1 - \frac{q}{\tang q}\right).$$

Pour calculer l'aplatissement, nous nous reporterons à la formule (5) du n° 104, en y supposant $\nu = 2$ et supprimant l'indice de h, ce qui donne

$$(11) \qquad \frac{d^2 h}{dA^2} - \frac{6h}{A^2} + \frac{2\rho A}{\displaystyle\int_0^A \rho A^2 dA}\left(\frac{A\,dh + h\,dA}{dA}\right) = 0,$$

équation que l'on peut mettre sous la forme

$$\frac{d^2\left(h\displaystyle\int_0^A \rho A^2 dA\right)}{dA^2} - \frac{6h\displaystyle\int_0^A \rho A^2 dA}{A^3} - h A^2 \frac{d\rho}{dA} = 0,$$

ou, en remplaçant ρ par $\dfrac{x}{A}$ et $\dfrac{d\rho}{dA}$ par sa valeur tirée de l'équation (8),

$$\frac{d^2\left(h\displaystyle\int_0^A \frac{\rho}{b}xA\,dA\right)}{dA^2} - \frac{6h\displaystyle\int_0^A xA\,dA}{A^2} + q^2 h\int_0^A xA\,dA = 0.$$

Cette équation est satisfaite en posant

$$(12)\qquad h\int_0^A xA\,dA = Nx\left(1 - \frac{3}{q^2 A^2}\right) + \frac{3N}{q^2 A}\frac{dx}{dA},$$

N étant une constante arbitraire; et en remplaçant x par sa valeur en fonction de A, on trouve pour l'aplatissement

$$kh = -kN\left(\frac{3}{A^2} + \frac{q^2\tang Aq}{Aq - \tang Aq}\right),$$

expression qui devient nulle avec A au centre de la Terre.

En se reportant au n° 104, l'aplatissement à la surface a pour expression

$$(13)\qquad \frac{\varphi H}{2H - \dfrac{2}{5}\dfrac{\displaystyle\int_0^1 \rho\,d(A^5 h)}{\displaystyle\int_0^1 \rho A^2\,dA}} = \frac{\varphi H\displaystyle\int_0^1 xA\,dA}{2H\displaystyle\int_0^1 xA\,dA - \dfrac{2}{5}H\rho_1 + \dfrac{2}{5}\displaystyle\int_0^1 A^2 h\,d\rho}.$$

Substituant $d\rho$ à sa valeur déduite de l'équation (8), en ayant égard à la relation (12), on trouve en définitive pour l'aplatissement à la surface

$$\frac{\dfrac{5}{2}\varphi\left[1 - \dfrac{3}{q^2}\left(1 - \dfrac{q}{\tang q}\right)\right]}{3 - \left(1 - \dfrac{q}{\tang q}\right) - \dfrac{q^2\tang q}{\tang q - q}}.$$

En prenant $\dfrac{1}{300}$ pour cet aplatissement, et $\dfrac{5}{2}\varphi = 0,00865$, on obtient

$$q = 2,54.$$

L'équation (10) donne

$$\rho_1 = 0,458.\mathrm{D},$$

et l'on a pour la densité au centre

$$\rho = q\rho_1 = 2,053\,\mathrm{D}.$$

La pesanteur en un point intérieur du sphéroïde représentée par l'attraction de la sphère de rayon A passant par ce point se trouve très-simplement et a pour expression

$$g = 4\pi \int_0^{\mathrm{A}} \rho\,\mathrm{A}^2 d\mathrm{A} = \rho_1 \left(\sin \mathrm{A}q - \mathrm{A}q \cos \mathrm{A}q\right),$$

ou en appelant g_1 la valeur de g à la surface du sphéroïde, ou pour $\mathrm{A} = 1$,

$$g = g_1 \left(\frac{\sin \mathrm{A}q - \mathrm{A}q \cos \mathrm{A}q}{\sin q - q \cos q}\right),$$

Cette formule donne pour un petit abaissement $-\delta\mathrm{A}$ au-dessous de la surface de la Terre

$$\frac{\delta g}{g_1} = -\,0,626.\delta\mathrm{A}.$$

Le rayon moyen de la Terre étant de $6\,366\,000$ mètres, et la profondeur à laquelle M. Airy a exécuté son expérience étant de 385 mètres, on a dans ce cas

$$-\,\delta\mathrm{A} = \frac{385}{6366000}$$

et

$$\frac{\delta g}{g_1} = \frac{1}{26400},$$

nombre beaucoup plus petit que $\dfrac{1}{19530}$ qui est donné par l'observation. Si l'on voulait que la valeur ci-dessus de g reproduisît l'accroissement observé, il faudrait prendre $q = 2$, mais alors l'aplatissement prendrait la valeur trop faible de $\frac{1}{311}$. Ainsi la loi de Legendre ne peut pas représenter à la fois d'une manière satisfaisante la loi de la pesanteur et l'aplatissement.

108. *Hypothèse de M. Roche.* — Supposons

$$\rho = \rho_0 (1 - \beta \Lambda^2),$$

β étant une constante et ρ_0 la densité au centre. L'équation (7) donne

$$\frac{dp}{\rho} = -4\pi\rho_0 \Lambda\, d\Lambda \left(\frac{1}{3} - \frac{\beta}{5} \Lambda^2 \right) = -\frac{4}{5} \pi \Lambda\, d\Lambda \left(\frac{2}{5} \rho_0 + \rho \right),$$

d'où

$$\frac{dp}{d\rho} = -\frac{4}{5} \pi\rho\Lambda \frac{d\Lambda}{d\rho} \left(\frac{2}{3} \rho_0 + \rho \right) = \frac{2}{5} \frac{\pi\rho}{\beta} \left(\frac{2}{5} \rho_0 + \rho \right).$$

Cette formule ne diffère de celle de Legendre que par l'introduction dans le second membre de $\frac{dp}{d\rho}$ d'un terme proportionnel au carré de la densité.

Nous avons obtenu au n° (104), pour la Terre, la relation

$$\frac{\displaystyle\int_0^1 \rho \Lambda^2 d\Lambda}{\displaystyle\int_0^1 \rho \Lambda^4 d\Lambda} = 2{,}02,$$

et en y remplaçant ρ par sa valeur ci-dessus, on trouve $\beta = 0{,}8$, d'où

$$\rho = \rho_0 (1 - 0{,}8\Lambda^2).$$

En continuant à désigner par D la densité moyenne de la Terre, on a

$$D = 3 \int_0^1 \rho \Lambda^2 d\Lambda = 0{,}52\rho_0,$$

d'où

$$\rho_0 = 1,923\,D.$$

Si l'on prend par exemple $D = 5,5$, on a $\rho_0 = 10,5$ et la densité à la surface est

$$\rho_1 = 0,92\,\rho_0 = 2,1.$$

L'attraction de la sphère de rayon A, sur un point de sa surface, a pour expression

$$g = \frac{4\pi}{A^2} \int_0^A \rho A^2\,dA = 4\pi\rho_0 \left(\frac{A}{3} - 0,8.\frac{A^3}{5}\right) = \frac{25}{13}\,g_1 \left(A - \frac{12}{25}\,A^3\right),$$

g_1 étant la pesanteur à la surface de la Terre, correspondant à $A = 1$. On voit que l'accélération g augmente à partir de la surface jusqu'à la distance $A = \dfrac{5}{6}$ pour laquelle elle atteint sa valeur maximum $1,068\,g_1$, laquelle est plus grande qu'à la surface de plus de $\dfrac{1}{15}$. La pesanteur décroît ensuite, reprend la valeur g_1 pour $A = 0,655$, puis diminue rapidement et à peu près proportionnellement à A, jusqu'au centre où elle est nulle.

Pour une faible variation de profondeur au-dessous de la surface, on a

$$\frac{\delta g}{g_1} = -\frac{11}{13}\,\delta A,$$

et, en se plaçant dans les conditions de l'expérience de M. Airy, on trouve

$$\frac{\delta g}{g} = \frac{1}{19530}.$$

La différence entre ce résultat et la fraction $\dfrac{1}{19190}$ donnée par l'expérience est évidemment inférieure à l'erreur possible de l'observation, dans laquelle il s'agit de constater, sur une durée de 24 heures, une variation de 2 secondes $\dfrac{1}{4}$ environ.

L'aplatissement se déduira de l'équation

$$\frac{d^2 h}{d\Lambda^2} + \frac{30(1 + \beta\Lambda^2)}{\Lambda + 3\beta\Lambda^3}\frac{dh}{d\Lambda} + \frac{12\beta h}{5 + 2.4\Lambda^2} = 0,$$

qu'il faudrait intégrer au moins par approximation, en tirer la valeur de l'aplatissement à la surface, et voir ensuite si elle s'accorderait dans des limites convenables avec la valeur qui résulte de l'observation. Ce serait une belle justification de l'hypothèse de M. Roche ; mais pour y arriver il faudrait passer par une série de calculs qui seraient fort compliqués.

§ V. — DE LA STABILITÉ DE L'ÉQUILIBRE D'UNE MASSE FLUIDE HOMOGÈNE ANIMÉE D'UN MOUVEMENT DE ROTATION UNIFORME.

109. Concevons qu'une masse fluide homogène animée d'un mouvement de rotation uniforme, soumise à ses actions mutuelles, pouvant recouvrir un noyau central solide, subisse, sous l'influence de certaines causes extérieures, des modifications de forme supposées très-petites, et proposons-nous de déterminer les conditions nécessaires pour que ces modifications continuent à rester très-petites, de manière que, après une série d'oscillations, la masse fluide finisse par reprendre sa forme d'équilibre. Nous aurons ainsi les conditions relatives à la stabilité de l'équilibre de la masse.

Le tout se réduit, comme on le sait, à exprimer que l'accroissement infiniment petit du potentiel, qui est du second ordre, est négatif.

Pendant la déformation le moment de rotation (90) reste constant, et il conviendra de le considérer comme une donnée de la question.

Les petits déplacements de la masse pourront être rapportés, comme mouvements relatifs, à la figure d'équilibre (S) supposée animée du mouvement moyen de rotation de cette masse, c'est-à-dire du mouvement qu'elle prendrait si tout à coup elle formait un système solide.

Soient :

C_0, C, les moments d'inertie de la masse par rapport à l'axe de rotation lors de l'équilibre et à un instant quelconque;

n_0, n, les vitesses angulaires correspondantes;

μ, le moment de rotation;

ρ la densité de la couche fluide, la densité du noyau étant prise pour unité;

g l'accélération due à l'attraction de la masse et à la force centrifuge sur un point quelconque de la surface d'équilibre, et qui est nécessairement normale à cette surface;

$d\omega$, $d\omega'$ deux éléments de la surface d'équilibre;

Δ leur distance;

z, z' les portions correspondantes et infiniment petites des normales limitées par la surface variable.

La relation

$$Cn = \mu$$

indique que dans leur mouvement relatif par rapport à (S), la somme des produits des masses élémentaires par les aires décrites en projection sur le plan de l'équateur est nulle, car μ représente la même somme dans le mouvement absolu et le mouvement d'entraînement (*), et leur différence est par suite nulle.

L'accroissement du potentiel est dû : 1° à l'attraction sur lui-même de l'excès sphéroïdal limité par la surface variable et la surface d'équilibre; 2° à l'attraction de la masse (S) sur cet excès; 3° à la variation de la force centrifuge sur toute la masse réduite aux termes du second ordre.

(*) *Voyez*, pour la théorie des mouvements relatifs, mon *Traité de Cinématique pure*.

Lorsque la masse $\rho\, d\omega\, dz$ s'élève au-dessus de la figure variable, au point correspondant à $d\omega$, l'attraction qu'elle reçoit de l'élément $\rho\, z'\, d\omega'$ de l'excès sphéroïdal donne lieu au travail $\rho^2\, d\omega\, d\omega'\, \dfrac{z'\, dz}{\Delta}$. L'élévation dz' au-dessus de $d\omega'$ donne de même, par rapport à l'élément $\rho\, z\, d\omega$, le travail $\rho^2\, d\omega\, d\omega'\, \dfrac{z\, dz'}{\Delta}$; la somme de ces deux expressions étant $\rho^2\, \dfrac{d\omega\, d\omega'}{\Delta}\, d.zz'$, il vient, pour les déplacements z, z' au-dessus de la surface d'équilibre,

$$\rho^2\, \frac{d\omega\, d'\omega}{\Delta}\cdot zz'.$$

Si l'on fait la somme des expressions semblables pour tout l'excès sphéroïdal, il est clair que l'on aura le double du potentiel dû à ses attractions mutuelles, puisque chaque élément s'y trouvera répété deux fois. On a donc pour ce potentiel

$$\frac{\rho^2}{2}\int\int \frac{zz'}{\Delta}\, d\omega\, d\omega'.$$

Le travail élémentaire dû à la résultante g, sur l'élément $\rho\, d\omega\, z$, étant $-g\rho\, d\omega\, z\, dz$, il vient, pour le potentiel correspondant au déplacement z compté à partir de la surface d'équilibre, $-\dfrac{\rho g}{\Delta}\, z^2\, d\omega$, et pour tout l'excès sphéroïdal.

Le potentiel dû à la force centrifuge, r étant la distance de la molécule m à l'axe de rotation,

$$\int\left(\sum m.n^2 r\, dr\right)=\frac{1}{2}\int n^2 dC=\frac{\mu^2}{2}\int\frac{dC}{C^2}=-\frac{\mu^2}{2C}+\text{const.}$$

En posant $C = C_0 + \delta C$, le terme du second ordre de cette expression est

$$-\frac{1}{2}\mu^2\frac{(\delta C)^2}{C_0^3}=-\frac{1}{2}\frac{n_0^2}{C_0}(\delta C)^2=-\frac{1}{2}\frac{\rho n_0^2}{C_0}\left(\int r^2 z\, d\omega\right)^2,$$

en remarquant que l'accroissement δC du moment d'inertie est dû à l'excès sphéroïdal ou est égal à $\rho \int r^2 z\, d\omega$. L'accroissement total du potentiel est donc

$$(1) \quad \frac{\rho'}{2} \int \int \frac{z z'\, d\omega\, d\omega'}{\Delta} - \frac{\rho}{2} \int g z^2\, d\omega - \frac{1}{2} \frac{\rho n_0^2}{C_0} \left(\int r^2 z\, d\omega \right)^2 (*);$$

telle est l'expression, qui doit être négative.

110. *De la stabilité de l'équilibre des mers.* — Supposons que la surface d'équilibre et le noyau soient très-peu différents d'une sphère; l'accélération g peut approximativement être considérée comme constante, et nous prendrons pour unité le rayon de la sphère équivalente au volume du sphéroïde total.

On a

$$\Delta = \sum_{0}^{\infty} Y_\nu,$$

Y_ν étant la fonction du n° **73**, symétrique par rapport aux angles θ, θ', et ϖ, ϖ' qui fixent la position de $d\omega$, $d\omega'$. Soient

$$z = \sum_{1}^{\infty} Z_\nu, \quad z' = \sum_{1}^{\infty} Z'_\nu,$$

les développements en fonctions sphériques de z, z', z_0, la fonction Z_0 étant nulle (**82**). On a (**78**), ν étant différent de ν',

$$\int Z'_\nu Y_{\nu'}\, d'\omega = 0, \quad \int Z_\nu Z'_{\nu'}\, d\omega = 0,$$

attendu que $d\omega$, $d\omega'$ peuvent approximativement être considérés comme deux éléments sphériques, et les intégrales

---

ci-dessus s'étendant à toute la surface de la sphère ou de o à 4π; on a de plus, d'après la formule (13) du n° 79,

$$\int_0^{4\pi} Z'_\nu \, Y_\nu \, d\omega' = \frac{4\pi}{2\nu+1} \, Z_\nu.$$

Les deux premiers termes de l'expression (1) deviennent par suite, en remarquant que l'on a à très-peu près $g = \dfrac{4\pi}{3}$,

$$-\frac{1}{2} g \rho \int_0^{4\pi} \left(1 - \frac{3\rho}{2\nu+1}\right) Z_\nu^2 \, d\omega$$

$$= -\frac{g\rho}{2} \int_0^{4\pi} \left[(1-\rho) Z_1^2 + \left(1 - \frac{3}{5}\rho\right) Z_2^2 + \dots \right] d\omega.$$

Enfin, on a $r^2 = \sin^2\theta = \dfrac{2}{3} - \left(\mu^2 - \dfrac{1}{3}\right)$, et comme $\mu^2 - \dfrac{1}{3}$ est un cas particulier des fonctions Z_2, l'intégrale du troisième terme de l'expression (1) se réduit (88) à

$$\int_0^{4\pi} Z_2 \left(\mu^2 - \frac{1}{3}\right) d\omega = A_2,$$

A_2 étant le coefficient du terme de Z_2 indépendant de ϖ. Il vient donc, pour l'accroissement total du potentiel,

$$-\frac{\rho}{2} \left\{ \frac{A_2^2 n_0^2}{C_0} + g \int_0^{4\pi} \left[(1-\rho) Z_1^2 + \left(1 - \frac{3}{5}\rho\right) Z_2^2 + \dots \right] d\omega \right\},$$

et pour qu'il soit négatif, quelle que soit la déformation ou les valeurs très-petites attribuées à $A_2, Z_1, Z_2,\dots$, il faut que $\rho < 1$. Donc, *pour que l'équilibre de la mer soit stable, il faut que sa densité soit inférieure à la densité moyenne de la terre.*

Si cette condition n'est pas remplie, il y aura certains déplacements pour lesquels les éléments matériels du fluide tendront à s'éloigner de plus en plus des positions qui conviennent à l'équilibre, et l'équilibre sera instable pour ces déplacements.

§ VI. — DE LA FIGURE DE L'ANNEAU DE SATURNE.

111. L'anneau de Saturne est une couronne circulaire d'une très-faible épaisseur, dont le centre est celui de la planète et dont la largeur est environ la moitié du rayon intérieur, ce dernier étant égal à une fois et demie celui de la planète (*).

L'anneau n'est pas simple, et l'on a reconnu jusqu'ici qu'il est formé de trois anneaux concentriques presque entièrement situés dans le même plan.

L'irradiation doit considérablement augmenter la largeur apparente des anneaux; il peut même se faire que chaque anneau se compose de plusieurs autres, qui par la même cause paraissent se confondre en un seul pour l'observateur.

Nous supposerons, dans ce qui suit, que chaque anneau est fluide ou qu'il l'a été primitivement, qu'il affecte par conséquent la forme d'une surface d'équilibre, qu'il est homogène, que la distance entre deux anneaux consécutifs est assez grande pour que, en raison de leur faible masse, on puisse négliger leurs actions mutuelles de l'un à l'autre.

Chaque anneau se trouvera ainsi sollicité par ses attractions mutuelles, par l'attraction de la masse de Saturne que nous considérerons comme sphérique et composé de couches homogènes concentriques; enfin par la force centrifuge résultant de son mouvement de rotation accusé d'ailleurs par l'observation et supposé uniforme.

L'attraction d'un anneau sur un point de sa surface

(*) Rayon équatorial de Saturne......... 64000 kilomètres.
    Rayon intérieur de l'anneau......... 94000   »
    Rayon extérieur de l'anneau......... 142000   »

L'épaisseur de l'anneau est inconnue, mais elle ne paraît pas dépasser 120 kilomètres.

étant très-petite par rapport à l'attraction de Saturne, et sa largeur dans le sens du rayon paraissant elle-même devoir être une très-faible fraction de ce rayon, on pourra sans inconvénient négliger le rapport des dimensions transversales de l'anneau à son rayon, ou supposer ce dernier infini. De sorte que l'on est ramené à déterminer l'attraction d'un cylindre indéfini de même section transversale sur un point de sa surface.

112. *La figure elliptique satisfait à la condition d'équilibre d'un anneau supposé fluide.* — Soient :

OZ l'axe de rotation de Saturne;

C le centre d'une section méridienne;

Cz la parallèle à OZ menée par ce point;

OCy la perpendiculaire à OZ passant par le point C, prise pour axe des y;

a le rayon OC du cercle décrit par le centre de l'anneau;

S la masse de la planète;

n la vitesse angulaire de rotation de l'anneau;

y, z les coordonnées d'un point m du périmètre de la section considérée.

Le travail élémentaire de la force centrifuge du point m sera, abstraction faite de sa masse qui entre en facteur,

$$(a + y)\, n^2\, dy.$$

Le travail total de l'attraction de Saturne sur le même point est, en négligeant les puissances de z, y supérieures à la seconde,

$$\frac{S}{\sqrt{(a+y)^2 + z^2}} = \frac{S}{a} - \frac{Sy}{a^2} + \frac{Sy^2}{a^3} - \frac{1}{2}\frac{Sz^2}{a^3};$$

d'où, pour le travail élémentaire,

$$-\frac{S}{a^2}\, dy + \frac{2Sy\,dy}{a^3} - \frac{Sz\,dz}{a^3}.$$

Enfin, si l'on suppose que la section de l'anneau est une ellipse ayant pour équation

$$y^2 + \gamma^2 z^2 = a^2,$$

d'après le n° **71**, le travail élémentaire de l'attraction qu'il exerce sur le point m est

$$-\left(\frac{4\pi y\, dy}{\gamma + 1} + \frac{4\pi\gamma z\, dz}{\gamma + 1} \right),$$

la densité de l'anneau étant prise pour unité. On a donc pour la condition d'équilibre à la surface

$$\left(\frac{S}{a^2} - n^2 a \right) dy + \left(\frac{4\pi}{\gamma + 1} - \frac{2S}{a^2} - n^2 \right) y\, dy$$
$$+ \left(\frac{4\pi\gamma}{\gamma + 1} + \frac{S}{a^3} \right) z\, dz = 0.$$

Cette équation coïncide avec celle de l'ellipse si

$$n^2 = \frac{S}{a^3},$$

$$\frac{\dfrac{4\pi\gamma}{\gamma + 1} + \dfrac{S}{a^3}}{\dfrac{4\pi}{\gamma + 1} - \dfrac{3S}{a^3}} = \gamma^2;$$

d'où l'on déduit

$$(1) \qquad \frac{S}{4\pi a^3} = \frac{\gamma(\gamma - 1)}{(\gamma + 1)(3\gamma^2 + 1)}.$$

A l'inspection de cette formule, on voit que $\gamma > 1$ ou que l'anneau est nécessairement aplati. Considérée comme une équation en γ, elle a deux racines positives, puisque son second membre devient nul pour $\gamma = 1$, $\gamma = \infty$.

Le maximum du second membre de l'équation (1) est égal à o,o543o26 et correspond à

$$\gamma = 2,594;$$

si donc on désigne par **D** la densité moyenne de Saturne

rapportée à celle de l'anneau, par R son rayon, comme on a

$$S = \frac{4}{3} \pi R^3 D,$$

la plus grande valeur que l'on puisse attribuer à D est

$$0{,}1629078 \frac{a^2}{R^2}.$$

En supposant que l'on prenne pour a le rayon moyen de l'anneau total, on a sensiblement

$$\frac{a}{R} = 2,$$

et la limite supérieure de la densité de Saturne est $1{,}3$.

La relation

$$n^2 a = \frac{S}{a^2}$$

montre que *chaque anneau partiel se meut autour de la planète comme un satellite placé à la même distance.*

Il suit de là que la période de ce mouvement doit être de $0^{\mathrm{j}}{,}44$ pour l'anneau intérieur, ce qui est conforme à l'observation.

113. *Instabilité de l'équilibre d'un anneau régulier et irrégularité nécessaire pour la stabilité de l'équilibre.* — Nous avons supposé à l'anneau de Saturne une forme régulière ; mais, pour la stabilité de l'équilibre, il est nécessaire que la distribution des masses constituantes ne présente pas complétement ce caractère, soit que la section soit variable, soit que son axe curviligne soit à double courbure, soit enfin qu'il ne soit pas homogène dans toutes ses parties. Ces inégalités de forme, quoique très-faibles, sont indiquées par les apparitions et les disparitions de l'anneau, dans lesquelles les deux anses présentent des phénomènes différents. Sans ces inégalités, l'anneau sous l'in-

fluence du plus faible déplacement dû à la cause la plus légère, telle que l'attraction d'une comète ou d'un satellite, finirait par se précipiter sur la surface de Saturne.

Supposons, en effet, que le centre de Saturne soit en O (*fig.* 10), le centre de l'anneau déplacé étant en C, et considérons l'une des circonférences matérielles dans lesquelles cet anneau peut se décomposer; soit *ab* la corde perpendiculaire en O au rayon OC, déterminant les deux segments inégaux *adb*, *ad'b*, le premier étant plus petit que l'autre. L'attraction de Saturne ou de C sur deux éléments *mn*, *m'n'* des deux segments, déterminés par deux cordes infiniment voisines passant par O, sera plus grande pour le premier que pour le second; d'où résulte que l'attraction de la planète sur le segment *adb* sera plus forte que sur le segment *ad'b*, ou que l'attraction totale sur la circonférence sera dirigée de O vers C, et tendra à éloigner le second de ces centres du premier. Le centre de l'anneau, supposé régulier ou composé d'un certain nombre de circonférences identiques à la précédente, finirait donc par s'éloigner de plus en plus de celui de la planète, et l'anneau arriverait à se joindre à Saturne.

Les divers anneaux qui entourent le globe de Saturne sont par conséquent des solides irréguliers d'une largeur inégale dans les différents points de leurs circonférences, de telle sorte que leurs centres de gravité ne coïncident pas avec leur centre de figure. Ces centres de gravité peuvent être considérés comme autant de satellites qui se meuvent autour du centre de Saturne, à des distances dépendantes de l'inégalité des parties de chaque anneau, avec des vitesses de rotation égales à celles de leurs anneaux respectifs.

CHAPITRE V.

DE LA FORME DE LA TERRE DÉDUITE DES MESURES GÉODÉSIQUES.

---

114. Dans le chapitre précédent, nous avons reconnu que la Terre doit affecter la forme d'un ellipsoïde de révolution, en partant de cette hypothèse qu'elle a été primitivement fluide, et que le refroidissement n'a pas dû modifier sensiblement la forme de sa surface libre.

Cette induction théorique s'accorde-t-elle avec les résultats de l'observation? C'est ce que les mesures géodésiques seules peuvent décider. Or on sait que les opérations de cette nature ont pour objet de déterminer la forme et la longueur des arcs d'une classe de courbes appelées *lignes géodésiques*, définies par cette propriété : que chacune d'elles est le plus court chemin de l'un de ses points à un autre, sur la surface sur laquelle elle est tracée. On est donc conduit, en premier lieu, à déterminer la relation qui existe entre la forme d'une surface et ses lignes géodésiques.

Les lignes géodésiques jouissent de deux propriétés importantes, que nous allons d'abord rappeler :

1° *Le plan osculateur d'une ligne géodésique tracée sur une surface est normal à cette surface.*

Considérons, en effet, deux points infiniment voisins d'une ligne géodésique, entre lesquels elle détermine le plus court chemin ; l'élément d'arc qui joint les deux points peut être regardé comme appartenant également au cercle osculateur de la courbe. Or, de plusieurs arcs de cercle qui passent par deux points, le plus court est celui dont le rayon est le plus grand, et comme, d'après le théorème de Meusnier, pour une section plane faite dans une surface suivant une tangente quelconque, le rayon de courbure le plus grand est celui qui correspond à la section normale, le théorème énoncé devient évident (*).

2° *Si un point mobile est assujetti à se mouvoir sur une surface, sans être sollicité par aucune force extérieure, il décrit une ligne géodésique.*

Car l'accélération du mobile est normale à la surface de même que la réaction de cette surface à laquelle elle est due, et, comme elle est comprise dans le plan osculateur de la trajectoire, le principe énoncé se trouve démontré. On voit aussi que la vitesse est constante, puisque l'accélération tangentielle est constamment nulle.

La recherche des lignes géodésiques sur une surface présente de grandes difficultés d'intégration, que l'on n'a pu surmonter que dans quelques cas particuliers, et l'on n'a résolu le problème pour les surfaces du second degré qu'en employant les coordonnées curvilignes (**).

Nous nous bornerons à étudier dans ce qui suit le seul

(*) Sur une surface développable, la ligne géodésique doit devenir une droite après le développement de la surface sur un plan, ce qui exige que le prolongement d'un élément de la courbe et l'élément suivant fassent les mêmes angles avec la génératrice intermédiaire; d'où l'on déduit directement que le plan osculateur est normal à la surface.

Si l'on mène des plans tangents aux différents points d'une ligne géodésique tracée sur une surface quelconque, on obtient une surface développable relativement à laquelle cette ligne est également géodésique; car autrement on pourrait tracer une ligne plus courte sur la surface développable dans la zone élémentaire commune aux deux surfaces, ce qui est contraire à l'hypothèse admise. On voit ainsi d'une autre manière que le plan osculateur d'une ligne géodésique est normal à la surface, et l'on démontre en même temps cet autre théorème :

Deux tangentes consécutives à une ligne géodésique font les mêmes angles avec la tangente conjuguée intermédiaire.

(**) *Voir* les travaux de MM. Gauss, Jacobi, Joachimsthal, Liouville, Chasles, Michael Roberts.

cas réellement utile dans la géodésie proprement dite, étudié par Laplace, et auquel nous conduira d'une manière très-simple la théorie des mouvements relatifs.

145. *Lignes géodésiques sur un sphéroïde très-peu différent d'une sphère.* — Pour déterminer une ligne géodésique sur une surface, il suffit de se donner l'un de ses points A (*fig. 11*) et la direction de la tangente en ce point.

Soient :

O le centre du sphéroïde ;

xOy le plan mené par ce point et la tangente en A à la ligne géodésique, l'axe Ox se confondant en direction avec OA ;

Oy la perpendiculaire en O à Ox dans le plan ci-dessus ;

Oz la perpendiculaire au même point à ce plan ;

B un point quelconque de la ligne géodésique ;

b sa projection sur le plan xOy ;

c le point de rencontre de Ob avec le cercle décrit du point O comme centre avec le rayon OA dans le plan xOy ;

$OA = a$;

$r = OB = a\,(1 + u)$, u étant une petite fraction dont on négligera les puissances supérieures à la première ;

α l'angle AOb ;

∂ l'angle BOb ;

Bm la perpendiculaire en B à BO dans le plan BOz ;

Bp la perpendiculaire au plan BOz menée par le même point ;

R, M, P les composantes suivant OB, Bm, Bp de l'accélération du point mobile B qui est censé décrire librement la courbe AB, sans être soumis à l'action d'une force extérieure.

Si le sphéroïde devenait une sphère, ou si u était nul,

la courbe géodésique coïnciderait avec le cercle Ac; l'angle BO$b = \delta$ est donc de l'ordre u, et l'on en négligera le carré et le produit par u. On voit aussi que l'on peut considérer OB comme égal à Ob, Bb comme un arc de cercle de centre O, et supposer $bc = au$.

Supposons que u soit développé en série ordonnée suivant les puissances ascendantes de δ, et soit

$$u = u_0 + u_1 \delta + u_2 \delta^2 \ldots$$

Dans le cas actuel, le premier terme, le second, le troisième, etc., seront du premier ordre, du second, du troisième, etc., et, si l'on emploie des parenthèses pour distinguer les dérivées partielles relatives à la surface des dérivées qui se rapportent à la ligne géodésique, on a, aux termes du second ordre près,

$$u = u_0,$$

$$\left(\frac{du}{d\alpha}\right) = \frac{du_0}{d\alpha}, \quad \left(\frac{du}{d\delta}\right) = u_1,$$

$$\frac{du}{d\alpha} = \left(\frac{du}{d\alpha}\right) + \left(\frac{du}{d\delta}\right)\frac{d\delta}{d\alpha} = \left(\frac{du}{d\alpha}\right),$$

et les trois valeurs sont indépendantes de δ.

L'arc élémentaire ds, décrit par le point B, est égal, aux termes du second ordre près, à $a(1 + u)\,d\alpha$; d'où

$$(1) \quad \begin{cases} ds = a(1 + u)\,d\alpha, \\ s = a\left(\alpha + \displaystyle\int_0^\alpha u\,d\alpha\right), \end{cases}$$

et, comme la vitesse $\dfrac{ds}{dt}$ du point B est constante, qu'elle peut être choisie arbitrairement et supposée égale à a, il vient

$$(1 + u)\frac{d\alpha}{dt} = 1;$$

d'où

$$(2) \qquad \frac{d\alpha}{dt} = 1 - u.$$

Le point B décrit dans le plan mobile bOz une courbe Bc, en vertu d'une accélération dont nous allons d'abord chercher les composantes. A cet effet nous remarquerons que ce mouvement peut être considéré comme résultant d'un mouvement relatif suivant le rayon OB, qui tourne lui-même autour du point O; on a donc l'accélération relative

$$\frac{d^2r}{dt^2} = a\,\frac{d^2u}{dt^2}, \qquad \text{suivant OB,}$$

l'accélération d'entraînement tangentielle

$$a\,(1 + u)\,\frac{d^2\delta}{dt^2} = a\,\frac{d^2\delta}{dt^2}, \qquad \text{suivant B}m,$$

et ce sont les deux seules accélérations dont on ait à tenir compte, attendu que l'accélération centrifuge composée $2\,\dfrac{d\delta}{dt}\cdot\dfrac{dr}{dt}$ et l'accélération normale d'entraînement $r\left(\dfrac{d\delta}{dt}\right)^2$ sont du second ordre et négligeables (*). Connaissant ainsi les composantes de l'accélération du point B dans son mouvement relatif dans le plan zOb, cherchons à déterminer celles de l'accélération absolue.

La vitesse relative du point B en projection sur le plan xOy étant égale à

$$\frac{dr}{dt}\cos\delta = a\,\frac{du}{dt},$$

aux termes du second ordre près, on a, pour l'accélération centrifuge composée, prise en sens contraire, due à la rota-

---

(*) *Voir*, pour tout ce qui concerne la théorie du mouvement relatif, mon *Traité de Cinématique pure.*

tion du plan zOb autour de Oz :

$$2a\frac{d\alpha}{dt}\frac{du}{dt}, \quad \text{suivant } Bp.$$

La composante tangentielle d'entraînement est

$$r\cos\delta\,\frac{d^2\alpha}{dt^2} = a(1+u)\frac{d^2\alpha}{dt^2}, \quad \text{suivant } Bp.$$

L'accélération normale d'entraînement $-r\dfrac{d\alpha^2}{dt^2}\cos\delta$, dirigée suivant la perpendiculaire IB à Oz, donne les composantes

$$-a(1+u)\frac{d\alpha^2}{dt^2}, \quad \text{suivant } OB,$$

$$a(1+u)\frac{d\alpha^2}{dt^2}\sin\delta = a\frac{d\alpha^2}{dt^2}\cdot\delta, \quad \text{suivant } Bm.$$

On a donc, en récapitulant,

$$a\frac{d^2u}{dt^2} - a(1+u)\frac{d\alpha^2}{dt^2} = R,$$

$$2a\frac{d\alpha}{dt}\cdot\frac{du}{dt} + a(1+u)\frac{d^2\alpha}{dt^2} = P,$$

$$a\frac{d^2\delta}{dt^2} + a\frac{d\alpha^2}{dt^2}\delta = M;$$

ou, en remplaçant t par α dans les termes du premier ordre, en vertu de l'équation (2), $\dfrac{d\alpha}{dt}$ par sa valeur fournie par la même équation, $\dfrac{d^2\alpha}{dt}$ par celle qui s'en déduit,

$$(3) \quad \begin{cases} \dfrac{d^2u}{d\alpha^2} - (1-u) = \dfrac{R}{a}, \\[2ex] \dfrac{du}{d\alpha} = \dfrac{P}{a}, \\[2ex] \dfrac{d^2\delta}{d\alpha^2} + \delta = \dfrac{M}{a}. \end{cases}$$

La résultante de R, P, M étant normale à sa surface, on

a, d'après le principe du travail virtuel,

$$\mathrm{R}\,dr + \mathrm{M}\,d\delta + \mathrm{P}\,r\cos\delta\,d\alpha = 0,$$

ou

$$\mathrm{R}\,du + \mathrm{M}\,d\delta + \mathrm{P}\,(1 + u)\,d\alpha = 0;$$

d'où, en ayant égard à la première des équations (3) et en vertu de l'approximation adoptée,

$$(4) \qquad \begin{cases} \mathrm{P} = -\,\mathrm{R}\left(\dfrac{du}{d\alpha}\right) = a\left(\dfrac{du}{d\alpha}\right), \\[2ex] \mathrm{M} = -\,\mathrm{R}\left(\dfrac{du}{d\delta}\right) = a\left(\dfrac{du}{d\delta}\right). \end{cases}$$

La seconde des équations (3) devient $\dfrac{du}{d\alpha} = \left(\dfrac{du}{d\alpha}\right)$ et exprime une identité, d'après ce que l'on a vu plus haut. La troisième donne

$$(5) \qquad \frac{d^2\delta}{d\alpha^2} + \delta = \left(\frac{du}{d\delta}\right),$$

dont l'intégrale est (*), par suite des conditions $\delta = 0, \dfrac{d\alpha}{d\delta} = 0$

(*) Posant

$$\delta = x\cos\alpha,$$

d'où

$$\frac{d\delta}{d\alpha} = -\,x\sin\alpha + \cos\alpha\,\frac{dx}{d\alpha},$$

$$\frac{d^2\delta}{d\alpha^2} = -\,x\cos\alpha - 2\sin\alpha\,\frac{dx}{d\alpha} + \cos\alpha\,\frac{d^2x}{d\alpha^2},$$

l'équation (5) devient

$$\frac{d^2x}{d\alpha^2} - 2\tan\alpha\,\frac{dx}{d\alpha} = \frac{1}{\cos\alpha}\left(\frac{du}{d\alpha}\right)$$

et comme $x = 0, \dfrac{dx}{d\alpha} = 0$ pour $x = 0$, il vient

$$\frac{dx}{d\alpha} = -\cos^2\alpha\int_0^\alpha \frac{1}{\cos^3\alpha}\left(\frac{du}{d\delta}\right)d\alpha, \qquad x = -\int_0^\alpha \cos^2\alpha\,d\alpha \int_0^\alpha \frac{1}{\cos^3\alpha}\left(\frac{du}{d\delta}\right)d\alpha,$$

d'où l'intégrale du texte qui ne se trouve pas dans la *Mécanique céleste* de Laplace.

pour $\alpha = 0$,

$$(6) \qquad \delta = -\cos\alpha \int_0^\alpha \cos^2\alpha\, d\alpha \int_0^\alpha \frac{1}{\cos^3\alpha}\left(\frac{du}{d\delta}\right) d\alpha.$$

Soit ρ le rayon de courbure au point B de la trajectoire; l'accélération en ce point est

$$\frac{a^2}{\rho} = \sqrt{R^2 + M^2 + P^2} \quad \text{ou} \quad \frac{a^2}{\rho} = -R,$$

en continuant à négliger les termes du second ordre. On tire de là, en ayant égard à la première des équations (3),

$$(7) \qquad \frac{\rho}{a} = 1 - u - \frac{d^2 u}{d\alpha^2}.$$

On reconnaîtra facilement que l'angle de la tangente au point B de la courbe avec le plan yOx est égal à $\dfrac{d\delta}{d\alpha}$.

Soit ψ l'angle formé par la normale à la surface au point B avec Ox; la projection de l'accélération totale sur Ox étant $R\cos\alpha - P\sin\alpha$, il vient.

$$\cos\psi = \frac{R\cos\alpha - P\sin\alpha}{\sqrt{R^2 + M^2 + P^2}} = \frac{R\cos\alpha - P\sin\alpha}{R} = \cos\alpha - \left(\frac{du}{d\alpha}\right)\sin\alpha,$$

d'où

$$(8) \qquad \begin{cases} \psi = \alpha + \left(\dfrac{du}{d\alpha}\right) \\ \text{et} \\ \alpha = \psi - \left(\dfrac{du}{d\psi}\right), \end{cases}$$

en substituant à ψ la variable α dans $\left(\dfrac{du}{d\alpha}\right)$, ce qui est permis aux termes près du second ordre.

Appelons V l'angle que fait avec yOx, le plan parallèle à la normale au point B de la surface, mené par la droite Ox. La trace de ce plan sur yOz sera la projection sur ce dernier de l'accélération totale supposée transportée parallèlement à elle-même au point O. Or les composantes de cette accélération sont

$$R \sin \alpha + P \cos \alpha, \quad \text{suivant } Oy;$$

$$R \sin \delta + M \cos \delta, \quad \text{suivant } Oz;$$

il vient donc

$$(9) \quad \left\{ \begin{aligned} \text{tang } V \text{ ou } V &= \frac{R\delta + M}{R \sin \alpha + P \cos \alpha} = \frac{\delta}{\sin \alpha} - \frac{1}{\sin \alpha}\left(\frac{du}{d\delta}\right) \\ &= \frac{\delta}{\sin \psi} - \frac{1}{\sin \psi}\left(\frac{du}{d\delta}\right). \end{aligned} \right.$$

Désignons par ϖ l'angle formé par la tangente en B avec le plan ci-dessus passant par Ox et la parallèle en O à la normale au même point de la surface, et soit k le point où le plan coupe Bb; bk est égal à l'angle V, multiplié par la distance du point b à Ox, ou par $a \sin \alpha$. On a donc

$$Bk = a\,(V \sin \alpha - \delta).$$

Pour un point infiniment voisin de B, le plan kOx étant supposé fixe ou V constant, Bk varie de

$$d.Bk = a\,(V \cos \alpha\, d\alpha - d\delta);$$

il vient donc, en remarquant que l'angle kOx peut être considéré comme égal à α,

$$(10) \quad \varpi = \frac{d.Bk}{a\,d\alpha} = V \cos \alpha - \frac{d\delta}{d\alpha} = V \cos \psi - \frac{d\delta}{d\psi}.$$

Si u est développable en série convergente ordonnée suivant les puissances ascendantes de α, pour des valeurs de cette variable inférieures à une certaine limite, on a, en affectant de l'indice 1 les dérivées partielles qui se rapportent au point A,

$$u = \left(\frac{du}{d\alpha}\right)_1 \alpha + \frac{1}{1.2}\left(\frac{d^2u}{d\alpha}\right)_1 \alpha^2 + \ldots,$$

et d'après la seconde des formules (1),

$$(11) \quad s = a \left[\alpha + \frac{1}{1 \cdot 2} \left(\frac{du}{d\alpha} \right)_1 \alpha^2 + \frac{1}{1 \cdot 2 \cdot 3} \left(\frac{d^2 u}{d\alpha^2} \right)_1 \alpha^3 + \dots \right].$$

On voit de cette manière que si α est assez petit pour que l'on puisse en négliger le produit par des termes de l'ordre u, on a

$$(12) \qquad\qquad s = a\alpha.$$

Considérons sur la ligne géodésique un point A_1 infiniment voisin de A; les tangentes en A, A_1 aux sections déterminées dans la surface par les plans zOA, zOA_1 seront respectivement avec OA et OA_1 les angles $90° - \left(\dfrac{du}{d\delta} \right)_1$, $90° - \left(\dfrac{du}{d\delta} \right)_1 - \left(\dfrac{du}{d\alpha\, d\delta} \right)_1 d\alpha$, et l'angle formé par ces tangentes sera $- \left(\dfrac{du}{d\alpha\, d\delta} \right)_1 d\alpha$. Cette dernière expression sera en même temps, en grandeur et en signe, aux termes du second ordre près, l'angle d'*inflexion de la surface* (*) correspondant à la direction AA_1, c'est-à-dire l'angle formé par les tangentes à la surface en A, A_1 comprises respectivement dans le plan normal à la tangente à la courbe en A, et dans le plan parallèle mené par le point A; pour ce qui est relatif au signe, il suffit d'observer que cet angle doit être considéré comme positif ou négatif, selon que la tangente en A_1 est située au-dessous ou au-dessus du plan tangent par rapport à la convexité de la surface. On a donc, en désignant par D le rayon d'inflexion,

$$(13) \qquad \frac{1}{D} = - \left(\frac{d^2\alpha}{d\alpha\, d\delta} \right)_1 \frac{d\alpha}{ds} = - \left(\frac{d^2 a}{d\alpha\, d\delta} \right)_1 \frac{1}{a}.$$

116. *Application à la géodésie.* — Les formules précédentes deviendront immédiatement applicables à la Terre,

---

(*) *Voyez* mon *Traité de Cinématique pure*, p. 244.

en les transformant convenablement en coordonnées géodésiques. Nous nous bornerons à examiner les deux cas
particuliers développés dans le second volume de la *Mécanique céleste* de Laplace.

Nous rappellerons que le *zénith* en un point de la surface du sphéroïde terrestre est l'intersection de la voûte
céleste avec la normale en ce point de la surface. Le *méridien céleste* au même point est le plan déterminé par l'axe
de la Terre et le zénith, ou encore le plan qui, passant
par la première de ces droites, est parallèle à la normale
au point considéré de la surface.

La *latitude* en un point de la Terre est le complément
de l'angle formé par la normale avec l'axe terrestre; on
donne à ce dernier angle le nom de *colatitude*.

La *longitude* d'un lieu est l'angle compris sous le méridien céleste correspondant et un méridien céleste fixe
dans l'espace.

La longitude et la latitude ou la colatitude sont les coordonnées employées en géodésie, par le motif qu'elles sont
celles qui se prêtent le mieux aux observations.

1er Cas. — *La tangente au point de départ d'une ligne
géodésique est parallèle au méridien céleste correspondant.* — Soient (*fig.* 12) QQ' l'intersection du grand cercle
QAQ' comprenant la tangente AT au point de départ A de
la ligne géodésique, avec le méridien QA'Q' correspondant
à ce point, dont le plan contiendrait la courbe si le sphéroïde était de révolution; PP' l'axe de la Terre; b, b', A' les
projections respectives de B sur le plan QAQ', de ce même
point et de A sur le méridien; δ', l'angle AOA'; δ' l'angle
compris sous les rayons qui joignent les points B et b' au
centre O; α' l'angle POb'; α, δ continueront à représenter
l'angle AOB et l'angle au centre correspondant à Bb.

L'angle compris sous les plans des grands cercles QAQ',
QA'Q' étant de l'ordre de u, l'un de ces grands cercles peut
être considéré comme la projection de l'autre sur son plan.

Les formules (8), (9), (10) supposant seulement que la courbe s'éloigne peu du plan yOx de la *fig.* 11, peuvent recevoir leur application relativement au plan QA'Q' et à la droite AP prise pour axe des x; il suffira d'y remplacer α par α' et δ par δ'; ψ devient alors la colatitude du point B, V l'angle compris sous les méridiens correspondants aux points A et B ou la différence de longitude de ces deux points, et ϖ l'angle formé par la tangente en B à la ligne géodésique avec le méridien correspondant.

Les formules (8) donnent, en remarquant que $\alpha'-\alpha$ est l'angle constant POA',

$$(8')\qquad \begin{cases} \psi = \alpha' - \dfrac{du}{d\alpha'} = \alpha' - \dfrac{du}{d\alpha}, \\[2ex] \alpha' = \psi - \dfrac{du}{d\psi}. \end{cases}$$

La formule (9) devient

$$(9')\qquad V = \frac{\delta'}{\sin\psi} - \frac{1}{\sin\psi}\left(\frac{du}{d\delta'}\right).$$

Les arcs $bb' = a(\delta'-\delta)$ et AA' étant proportionnels à leurs distances à QQ', on aura

$$(\alpha)\qquad \delta'-\delta = \delta'_1 \sin(90°+\alpha) = \delta'_1 \cos\alpha,$$

et l'on pourra prendre $\left(\dfrac{du}{d\delta}\right) = \left(\dfrac{du}{d\delta'}\right).$

En affectant de l'indice 1 les dérivées partielles qui se rapportent au point A de la surface, la condition $V = 0$ relative à ce point donne

$$(\beta)\qquad \delta'_1 = \left(\frac{du}{d\delta}\right)_1,$$

et par suite

$$(9'')\qquad V\sin\psi = -\left(\frac{du}{d\delta}\right) + \left(\frac{du}{d\delta}\right)_1 \cos\alpha + \delta.$$

La formule (10) devient

$$(10') \qquad \varpi = V \cos\psi - \frac{d\delta'}{d\alpha} = V \cos\psi - \frac{d\delta'}{d\psi}.$$

Supposons que la différence de latitude des points A, B, égale à $-\alpha$, aux termes du second ordre près, soit assez faible pour que l'on puisse en négliger le carré, l'équation (α) donne

$$\frac{d\delta'}{d\alpha} = \frac{d\delta}{d\alpha} - \sin\alpha \, \delta_{,} = \frac{d\delta}{d\alpha} - \alpha \delta_{,}.$$

D'après la formule de Taylor limitée aux termes du premier ordre, et en remarquant que $\left(\dfrac{d\delta}{d\alpha}\right) = 0$ pour le point A, et que l'équation (5) donne $\left(\dfrac{d^{1}\delta}{d\alpha^{2}}\right)_{,} = \left(\dfrac{du}{d\delta}\right)_{,}$, on a

$$\frac{d\delta}{d\alpha} = \left(\frac{d^{2}\delta}{d\alpha^{2}}\right)_{,}\alpha = \left(\frac{du}{d\delta}\right)_{,}\alpha.$$

Les formules (9) et (10), eu égard à la valeur (β) de $\delta_{,}$, donnent donc enfin

$$(14) \qquad \begin{cases} V \cos\psi = \varpi \\ \text{ou, aux termes du second degré près,} \\ V \cos\psi_{,} = \varpi, \end{cases}$$

$\psi_{,}$ étant la colatitude du point A.

On voit ainsi que par l'observation seule, et indépendamment de la connaissance de la figure de la Terre, on peut déterminer la longitude des extrémités de l'arc mesuré; et si la valeur trouvée pour l'angle ϖ est telle, qu'on ne puisse pas l'attribuer aux erreurs d'observation, on sera certain que la Terre n'est pas un sphéroïde de révolution.

L'équation $(9'')$ donne, en remarquant que δ est du second ordre en α,

$$(9''') \qquad V \sin\psi = -\left(\frac{d^{2}u}{d\alpha\,d\delta}\right)_{,}\alpha = -\left(\frac{d^{2}u}{d\psi\,d\delta}\right)_{,}\alpha,$$

et l'on a encore les relations suivantes, en ayant égard aux formules (13) et (14) :

$$V \sin \psi_1 = \frac{a}{D} \alpha = \frac{s}{D},$$

$$\varpi = \frac{a}{D} \alpha \cot \psi_1 = \frac{s}{D} \cot \psi_1.$$

L'observation de ψ_1, ϖ, s permettra donc de déterminer $\frac{a}{D}$.

La longueur de l'arc AB sera donnée par la seconde des formules (1), dans laquelle il faudra exprimer α en fonction des latitudes des deux extrémités de l'arc. Or α est la différence des valeurs de α' correspondant aux deux points A et B; il vient donc, d'après la seconde formule (8'),

$$\alpha = \psi - \psi_1 - \left(\frac{du}{d\psi}\right) + \left(\frac{du}{d\psi}\right)_1 = \psi - \psi_1 - \left(\frac{d^2u}{d\psi^2}\right)_1 \alpha$$

ou

$$\psi - \psi_1 = \left[1 - \left(\frac{d^2u}{d\psi^2}\right)_1\right] \frac{s}{a}.$$

Le rayon de courbure de la ligne géodésique au point A étant, d'après la formule (7),

$$\rho' = a \left[1 - \left(\frac{d^2u}{d\psi^2}\right)_1\right],$$

il vient

$$\frac{a}{\rho'} = 1 - (\psi - \psi_1) \frac{a}{s},$$

et les mesures géodésiques donneront par cela même $\frac{a}{\rho}$.

2° CAS. — *La tangente au point de départ est normale au méridien correspondant.* — Soient (*fig.* 13) :

ZPP' l'axe de la Terre;

PKP' le méridien céleste du point de départ A de la ligne géodésique, lequel est perpendiculaire au plan mené suivant la tangente AT en A et le point O;

OKx' l'intersection de ces deux plans;

γ l'angle AOK qui est de l'ordre de n;

λ l'angle POK qui ne diffère de la colatitude ψ_1 du point A que d'une quantité du même ordre;

OX, Oz' les perpendiculaires à OZ et Ox' dans le plan du méridien;

OY la perpendiculaire en O à ce dernier.

Comme au numéro précédent, dont nous conserverons les autres notations, nous supposerons l'axe Ox dirigé suivant OA; Oy sera la perpendiculaire à Ox dans le plan AOT auquel Oz sera lui-même normal. L'accélération, supposée transportée parallèlement à elle au point O, a pour composantes, en se rappelant que P et M sont du premier ordre,

$$(a) \quad \begin{cases} R\cos(\alpha+\gamma) - P\sin(\alpha+\gamma) \\ = R(\cos\alpha - \gamma\sin\alpha) - P\sin\alpha \dots\dots \quad \text{suivant } Ox', \\ R\sin(\alpha+\gamma) + P\cos(\alpha+\gamma) \\ = R(\sin\alpha + \gamma\cos\alpha) + P\cos\alpha = Y \dots \quad \text{suivant } OY, \\ R\delta + M \dots\dots\dots\dots\dots\dots \quad \text{suivant } Oz', \end{cases}$$

et, par suite,

$$(b) \quad \begin{cases} [R\cos(\alpha+\gamma) - P\sin(\alpha+\gamma)] \\ \times \sin\lambda - (R\delta + M)\cos\lambda = X \dots\dots \quad \text{suivant } OX, \\ [R\cos(\alpha+\gamma) - P\sin(\alpha+\gamma)] \\ \times \cos\lambda + (R\delta + M)\sin\lambda = Z \dots\dots \quad \text{suivant } OZ. \end{cases}$$

Si l'on remarque que l'accélération totale est égale à R aux termes du second ordre près, que dans des termes du premier ordre on peut remplacer λ par ψ_1, il vient, en se reportant aux équations (4), pour la colatitude ψ d'un point quelconque B de la courbe,

$$\cos\varphi = \frac{Z}{R} = \cos\alpha\cos\lambda - \left(\gamma - \frac{du}{d\alpha}\right)\sin\alpha\cos\psi_1$$

$$+ \sin\alpha\cos\psi_1\left(\frac{du}{d\alpha}\right) + \left[\delta - \left(\frac{du}{d\delta}\right)\right]\sin\psi_1,$$

d'où, pour $\alpha = 0$, $\delta = 0$,

$$\cos\psi_1 = \cos\lambda - \left(\frac{du}{d\alpha}\right),$$

et

$$(15) \qquad \lambda = \psi_{,} - \left(\frac{du}{d\alpha}\right)_{,}$$

et enfin

$$\cos\psi = \cos\alpha \cos\psi_{,} - \sin\alpha \cos\psi_{,} \left(\gamma - \frac{du}{d\alpha}\right)$$
$$+ \left[\delta - \left(\frac{du}{d\delta}\right)\right] \sin\psi_{,} + \cos\alpha \sin\psi_{,} \left(\frac{du}{d\alpha}\right)_{,}$$

Supposons que l'arc **AB** soit assez petit pour que l'on puisse en négliger le cube dans les termes indépendants de u, et le carré dans ceux qui dépendent de cette quantité : il vient, en remarquant que $\cos\psi - \cos\psi_{,} = -\sin\psi_{,}(\psi - \psi_{,})$,

$$\psi - \psi_{,} = \frac{\alpha^{2}}{2}\cot\psi_{,} + \alpha\left\{\left[\gamma - \left(\frac{du}{d\delta}\right)\right]\cot\psi_{,} - \left(\frac{d^{2}u}{d\alpha\,d\delta}\right)_{,}\right\},$$

expression dans laquelle il faudra remplacer γ par sa valeur en fonction des coordonnées du point **A**, et que nous trouverons plus loin.

En continuant à appeler **V** l'angle formé par le méridien du point **B** avec celui PKP′ du point **A**, on a

$$\operatorname{tang} V = \frac{Y}{X} = \frac{R(\sin\alpha + \gamma\cos\alpha) + P\cos\alpha}{R(\cos\alpha - \gamma\sin\alpha)\sin\lambda - P\sin\alpha - (R\delta + M)\cos\lambda}$$
$$= \frac{\sin\alpha + \gamma\cos\alpha - \left(\frac{du}{d\alpha}\right)\cos\alpha}{\cos\alpha\sin\lambda - \left(\gamma - \frac{du}{d\delta}\right)\sin\psi_{,}\sin\alpha - \left(\delta - \frac{du}{d\delta}\right)\cos\psi_{,}}$$

Comme pour $\alpha = 0$, on a $V = 0$, il vient

$$\gamma = \left(\frac{du}{d\alpha}\right)_{,}$$

et, par suite,

$$(16) \qquad \psi - \psi_{,} = \frac{\alpha^{2}}{2}\cot\psi_{,} - \alpha\left(\frac{d^{2}u}{d\alpha\,d\delta}\right)_{,}$$

Si l'on remarque que $\left(\frac{d^{2}u}{d\alpha\,d\delta}\right)_{,}$ a la même valeur dans le cas actuel que dans le précédent, puisque pour passer de l'un à l'autre, aux environs du point A, il suffit de permuter les variables α et δ l'une dans l'autre, la formule $(9'')$ permet de transformer l'équation (16) dans la suivante

$$(16') \qquad \psi - \psi_1 = \frac{\alpha^2}{2}\cot\psi_1 + \varpi\cot\psi_1.$$

L'angle α étant déterminé par la relation $\alpha = \dfrac{s}{a}$, et l'observation donnant ψ, ψ_1, on voit que l'on a un autre moyen de déterminer l'angle ϖ.

Si, pour l'angle V, on adopte le même mode d'approximation que pour l'angle $\psi - \psi_1$, on trouve

$$\text{tang}\,V \quad \text{ou} \quad V = \frac{\alpha\left[1 - \left(\dfrac{d^2 u}{d\alpha^2}\right)_1^2\right]}{\sin\psi_1 - \cos\psi_1\left(\dfrac{du}{d\alpha}\right)_1}$$

ou

$$(17) \qquad V = \frac{\alpha}{\sin\psi_1}\left[1 - \left(\dfrac{d^2 u}{d\alpha^2}\right)_1 + \cot\psi_1\left(\dfrac{du}{d\alpha}\right)_1\right],$$

expression à laquelle on pourra ajouter pour plus d'exactitude le terme en α^3, $-\dfrac{\alpha^3}{3}\dfrac{\cot^2\psi_1}{\sin\psi_1}$, relatif à l'hypothèse de la Terre sphérique.

Proposons-nous maintenant de déterminer l'angle Π que forme la tangente en B avec le méridien correspondant. Supposons pour cela que dans les formules (a) et (b) établies plus haut, R, M, P, X, Y, Z représentent non plus des composantes de l'accélération, mais celles de la vitesse. On a

$$R = a\,\frac{du}{dt} = a\,\frac{du}{d\alpha}, \quad P = a(1+u)\frac{d\alpha}{dt} = a(1+u),$$

$$M = a\,\frac{d\delta}{dt} = a\,\frac{d\delta}{d\alpha}, \quad \sqrt{R^2 + P^2 + M^2} = a(1+u),$$

et l'on voit facilement que

$$\cos \Pi = \frac{\sqrt{Z^2 + (X\cos V + Y\sin V)^2}}{a(1+u)}.$$

Le sinus de V étant du premier ordre en α, il suffit de calculer Y en conservant les termes de cet ordre en α et u; on peut d'ailleurs négliger M qui, pour le point A, est du second ordre. On a ainsi, u_1 étant la valeur de u pour le point A,

$$Z = -a(1+u_1)\alpha\cos\lambda = -a\alpha\left[\cos\psi_1 - \left(\frac{du}{d\alpha}\right)_1 \sin\psi_1\right](1+u_1),$$

$$X = Z\tan\lambda = -a\alpha\left[\sin\psi_1 - \left(\frac{du}{d\alpha}\right)_1 \cos\psi_1\right](1+u_1),$$

$$Y = a(1+u_1),$$

et, en substituant,

$$(18) \quad \Pi = \alpha\cot\psi_1\left[1 + \left(\frac{du}{d\alpha}\right)_1 \frac{1}{\sin^2\psi_1} - \left(\frac{d^2u}{d\alpha^2}\right)_1 \cot\psi_1\right].$$

Des équations (17) et (18) on tire, par l'élimination de $\left(\frac{du}{d\alpha}\right)_1$,

$$\left(\frac{d^2u}{d\alpha^2}\right)_1 = \frac{a\dfrac{\sin\psi_1}{s}(V - \Pi\tan\psi_1) - 1 - \dfrac{\sin 2\psi_1}{2}}{\sin\psi_1},$$

et les mesures géodésiques feront ainsi connaître le rayon de courbure ρ'' en A donné par

$$\frac{a}{\rho''} = a\left[1 + \left(\frac{d^2u}{d\alpha^2}\right)_1\right].$$

Soit φ l'angle formé avec le plan méridien par une section quelconque normale à la surface passant par le point A, ρ le rayon de courbure correspondant; on aura, d'après la théorie de la courbure des surfaces,

$$\frac{a}{\rho} = \frac{a}{\rho'}\cos^2\varphi + \frac{a}{\rho''}\sin^2\varphi + \frac{2a}{D}\sin\varphi\cos\varphi,$$

formule au moyen de laquelle on déterminera l'orientation des deux sections principales de la surface.

Nous nous bornerons à exposer ces recherches théoriques; pour l'application que l'on peut faire de ces formules aux résultats des mesures géodésiques, nous renverrons aux œuvres mêmes de Laplace, où sont discutées la majeure partie des mesures exécutées jusqu'à présent. Qu'il nous suffise de dire que ces mesures n'ont pas accusé de différences sensibles entre la forme de la Terre et l'ellipsoïde de révolution, ou que l'observation n'a pas donné de valeurs appréciables pour les angles que nous avons appelés V, ϖ, π.

En considérant un ellipsoïde de révolution peu aplati on est conduit pour la longueur de l'arc du méridien, le rayon de courbure, etc., à des expressions dont la recherche est trop simple pour trouver place ici.

CHAPITRE VI.

DE LA FIGURE DES MASSES GAZEUSES QUI ENVIRONNENT LES CORPS CÉLESTES.

§ I. — DES ATMOSPHÈRES DES CORPS CÉLESTES.

117. L'atmosphère d'un corps céleste est une masse gazeuse qui l'environne et qui s'appuie sur sa surface en raison de l'attraction qu'il exerce sur les différents éléments de cette masse.

Les couches atmosphériques participent au mouvement de rotation de l'astre qu'elles recouvrent, en vertu des frottements qu'elles exercent les unes contre les autres, et contre la surface du corps, et qui, dès l'origine, ont dû retarder les mouvements les plus rapides et accélérer les plus lents, jusqu'à ce qu'il y ait eu entre eux une parfaite égalité.

La faible densité d'une atmosphère permet de négliger l'attraction mutuelle de ses propres molécules, et l'on peut de même faire abstraction de l'excentricité du sphéroïde qu'elle recouvre, et auquel nous supposerons par conséquent la forme sphérique.

Il est clair qu'une atmosphère affecterait une forme permanente, si ses différentes particules n'étaient sollicitées que par la force centrifuge et l'attraction du sphéroïde. Mais cette hypothèse, la seule étudiée par Laplace, n'est guère admissible que pour l'atmosphère solaire; c'est pourquoi nous envisagerons, avec M. E. Roche à qui est due toute la substance de ce chapitre (*), la question à un point de

---

(*) *Annales de l'Observatoire*, t. V. — *Mémoires de l'Académie des Sciences de Montpellier*, t. II et IV. — *Nouvelles recherches sur la figure des atmosphères des corps célestes*, 1862.

vue plus général, en supposant la masse attirée par un astre qui en est fort éloigné, et dont le centre est situé dans le plan de l'équateur du sphéroïde. En dehors des cas particuliers où l'attraction extérieure est négligeable, et où le mouvement du centre de gravité de l'astre extérieur se réduit à une rotation identique à celle du sphéroïde autour de son axe, cas pour lesquels l'atmosphère aura une forme permanente, la figure de la masse fluide subira des variations dues à l'action variable de l'astre extérieur et périodique avec elle; mais alors nous nous proposerons de déterminer la figure d'équilibre de l'atmosphère qui conviendrait à chaque position du même astre. En supposant la rotation nulle, on se trouvera dans les conditions d'une comète ayant un simple mouvement de translation autour du Soleil.

118. *Équation générale des surfaces de niveau.* — Soient (*fig.* 14) :

M la masse du sphéroïde;

n sa vitesse angulaire de rotation;

O son centre de gravité;

r la distance à ce centre d'une molécule m de son atmosphère;

 sphère;

θ l'angle formé par r avec l'axe de rotation Oz;

M′ la masse de l'astre extérieur dont le centre de gravité, que nous désignerons par la même lettre, est situé sur une perpendiculaire Ox à Oz;

a la distance OM';

Oy la perpendiculaire en O au plan zOx;

ψ l'angle formé avec Ox par la projection On de Om sur le plan yOx;

x, y, z les coordonnées du point m.

La partie du potentiel, due à l'attraction du sphéroïde et à la force centrifuge, est

$$\frac{M}{r} + \frac{n^2 r^2}{2}.$$

L'accélération imprimée par M′ au centre de gravité de M est $\frac{M'}{a^2}$; si l'on veut apprécier les phénomènes qui se passent à la surface du sphéroïde, il faut concevoir qu'on lui imprime, ainsi qu'à son atmosphère, une accélération translatoire égale et contraire à $\frac{M'}{a^2}$, de manière à ramener le point O au repos. Il suit de là que le point matériel m doit être considéré comme possédant les deux accélérations $-\frac{M'}{a^2}$, $\frac{M'}{\overline{mM'}^2}$, dirigées respectivement suivant Ox et mM', et par conséquent la partie du potentiel résultant de l'attraction de M′ est

$$\frac{M'}{\overline{mM'}} - \frac{M'}{a^2}\,x.$$

Cela posé, désignons par δ l'angle mOx; on a

$$x = r\cos\delta,$$

et, en supposant $\frac{r}{a}$ assez petit pour que l'on puisse en négliger les puissances supérieures à la seconde,

$$\frac{1}{\overline{mM'}} = (r^2 + a^2 - 2ar\cos\delta)^{-\frac{1}{2}}$$
$$= \frac{1}{a}\left[1 + \frac{r\cos\delta}{a} + \frac{r^2}{2a^2}(3\cos^2\delta - 1)\right],$$

et, par suite,

$$\frac{M'}{\overline{mM'}} - \frac{M'x}{a^2} = \frac{M'}{a} + \frac{M'r^2}{2a^3}(3\cos^2\delta - 1).$$

On obtiendra l'équation générale des surfaces de niveau en faisant la somme des deux parties du potentiel que nous venons de trouver, et égalant le résultat obtenu à une constante arbitraire C, ce qui donne, en remarquant que $\cos\delta = \sin\theta\cos\psi$,

$$\frac{M'}{a} + \frac{M'r^2}{2a^3}(3\sin^2\theta\cos^2\psi - 1) + \frac{M}{r^2} + \frac{n^2r^2\sin^2\theta}{2} = C.$$

Soient :

T la durée de la révolution de M' autour du point O ;
t la durée d'une révolution de M autour de Oz.

On a

$$n = \frac{2\pi}{t},$$

et, d'après la troisième loi de Képler,

$$\frac{4\pi^2}{T^2} = \frac{M + M'}{a^3} ;$$

et, en posant

$$(1) \qquad \mu = \frac{M}{M'}, \qquad \gamma = \frac{T^2}{t^2},$$

il vient

$$(2) \qquad n^2 = \gamma \left(\frac{M + M'}{a^3} \right),$$

et, pour l'équation des surfaces de niveau,

$$(3) \quad \frac{r^2}{a^3}(3 \sin^2\theta \cos^2\psi - 1) + \frac{2\mu}{r} + \gamma(1 + \mu) \frac{r^2 \sin^2\theta}{a^2} = C.$$

Cette équation, exprimée en coordonnées rectangulaires, ou

$$(4) \quad \frac{2x^2 - y^2 - z^2}{a^3} + \frac{2\mu}{\sqrt{x^2 + y^2 + z^2}} + \gamma(1 + \mu) \frac{x^2 + y^2}{a^3} = C,$$

montre, conformément à ce que l'on devait prévoir, que les surfaces de niveau sont symétriques par rapport aux plans coordonnés, qu'elles ne deviennent de révolution autour de Oz que si M' n'existe pas ou que $\mu = \infty$, et autour de Ox que lorsqu'il n'y a pas de rotation.

119. *De la surface libre de l'atmosphère.* — L'atmosphère d'un corps céleste ne peut s'étendre indéfiniment, et doit être limitée par la surface au delà de laquelle les molécules cessent de peser sur le sphéroïde. L'équation de cette surface s'obtiendra en égalant à zéro la composante suivant r de la résultante des forces qui sollicitent une molécule, ou la dérivée $\dfrac{d\,V}{dr}$ du potentiel V, ou du premier membre de l'équation (3); on trouve ainsi

$$(5)\quad \frac{r}{a^3}\left(3\sin^2\theta\cos^2\psi-1\right)-\frac{\mu}{r^2}+\gamma\left(1+\mu\right)\frac{r\sin^2\theta}{a^3}=0,$$

et l'on doit avoir pour tout point intérieur à cette surface, ou appartenant réellement à l'atmosphère, $\dfrac{d\,V}{dr}<0$ ou

$$(6)\quad \frac{r}{a^3}\left(3\sin^2\theta\cos^2\psi-1\right)-\frac{\mu}{r^2}+\dot\gamma\left(1+\mu\right)\frac{r\sin^2\theta}{a^3}<0.$$

On s'assurera facilement que la surface limite est symétrique par rapport aux plans coordonnés, et qu'elle est de révolution dans les mêmes conditions que les surfaces de niveau.

En égalant à zéro les dérivées partielles $\dfrac{dr}{d\theta}$, $\dfrac{dr}{d\varpi}$, pour obtenir les directions pour lesquelles r est un minimum, on trouve que ces directions sont celles des trois axes coordonnés ; les valeurs correspondantes de r sont données par

$$r^3=\frac{\mu a^3}{2+\gamma\left(1+\mu\right)}\ \ldots\ldots\ \text{suivant } Ox,$$

$$r'^3=\frac{\mu a^3}{\gamma\left(1+\mu\right)-1}\ \ldots\ldots\ \text{suivant } Oy,$$

$$r''^3=-\mu a^3\ldots\ldots\ldots\ldots\ \text{suivant } Oz.$$

Ainsi la surface ne coupe pas l'axe Oz, ni l'axe Oy si $\gamma\left(1+\mu\right)>1$, et dans tous les cas le rayon minimum est dirigé suivant Oz.

Il faut remarquer que, pour que $\dfrac{r}{a}$ soit toujours une petite fraction, il faut qu'il en soit de même de $\dfrac{r^3}{a^3}=\dfrac{\mu}{2+\gamma\left(1+\mu\right)}$, condition qui sera toujours remplie dans les applications que nous ferons des formules précédentes, soit parce que μ

est très-petit pour les comètes, soit parce que γ est très-grand quand il s'agit du Soleil.

120. *Discussion des surfaces de niveau intérieures à la surface limite*. — L'équation (3) donne

$$(7) \quad \begin{cases} \dfrac{dr}{d\theta} = \dfrac{3\cos^2\psi + \gamma(1+\mu)}{\dfrac{\mu}{r^2} - \dfrac{r}{a^3}(3\sin^2\theta\cos^2\psi - 1) - \gamma(1+\mu)\dfrac{r\sin^2\theta}{a^3}} \\[2em] \times \dfrac{r^2}{a^3}\sin\theta\cos\theta\, d\theta, \end{cases}$$

et comme le dénominateur est positif, d'après la condition (6), $\dfrac{dr}{d\theta}$ est positif. Ainsi le rayon vecteur augmente avec θ, quel que soit ψ ou l'azimut, en allant de l'équateur au pôle. L'axe des pôles est par suite le plus petit des trois axes.

Si ψ augmente de θ à $\dfrac{\pi}{2}$, θ restant constant, le dénominateur de $\dfrac{dr}{d\theta}$ diminue et son numérateur augmente, par suite $\dfrac{dr}{d\theta}$ diminue; d'où il suit que l'axe dirigé vers le corps troublant est le plus grand.

Tous les rayons étant finis, la surface est fermée, et, comme chacun d'eux est inférieur au rayon minimum de la surface limite, on a

$$(8) \quad r < \frac{a\sqrt[3]{\mu}}{\sqrt[3]{2+\gamma(1+\mu)}} \quad \text{ou} \quad \frac{\mu a^3}{r^3} > 2 + \gamma(1+\mu).$$

L'équation (3) peut se mettre sous la forme

$$\frac{[3\cos\psi + \gamma(1+\mu)]\sin^2\theta - 1}{a^3} r^3 - Cr + 2\mu = 0,$$

et ne donne, pour chaque valeur de C, qu'une seule valeur

positive de r, si la condition (6) est remplie ou si

$$r < a \sqrt[3]{\frac{\mu}{[3\cos^2\psi + \gamma(1+\mu)]\sin^2\theta - 1}};$$

en d'autres termes, *l'atmosphère n'a qu'une seule figure possible d'équilibre*. Car si l'équation ci-dessus avait deux racines positives α, β, la troisième étant $-(\alpha+\beta)$ serait, d'après l'inégalité précédente, inférieure en valeur absolue à

$$2a \sqrt[3]{\frac{\mu}{[3\cos^2\psi + \gamma(1+\mu)]\sin^2\theta - 1}},$$

Le produit des trois racines serait donc inférieur à

$$\frac{2\mu a^3}{[3\cos^2\psi + \gamma(1+\mu)]\sin^2\theta - 1},$$

tandis qu'il devrait être égal à cette expression qui est le dernier terme de l'équation en r. Cette équation ne peut donc avoir qu'une seule racine positive.

Soient R, R′, R″ les valeurs de r correspondant aux directions Ox, Oy, Oz; on a

$$R'' < R' < R,$$

et l'équation (3) donne

$$(9) \quad \begin{cases} \dfrac{R''^3}{a^3} + CR'' - 2\mu = 0, \\[2em] [1 - \gamma(1+\mu)]\dfrac{R'^3}{a^3} + CR' - 2\mu = 0, \\[2em] [2 + \gamma(1+\mu)]\dfrac{R^3}{a^3} - CR + 2\mu = 0, \end{cases}$$

d'où, par l'élimination de C,

$$(10) \quad \frac{R''^3}{R^3} + \left[\frac{2\mu a^3}{R^3} + 2 + \gamma(1+\mu)\right]\frac{R''}{R} - \frac{2\mu a^3}{R^3} = 0,$$

$$(11) \quad [1 - \gamma(1+\mu)]\frac{R'^3}{R^3} + 2\left[\frac{2\mu a^3}{R^3} + 2 + \gamma(1+\mu)\right]\frac{R'}{R} + \frac{2\mu a^3}{R^3} = 0.$$

A l'aide de ces équations, on peut faire voir que *les couches de niveau, sensiblement sphériques vers le centre, vont en s'aplatissant vers les pôles, et en s'allongeant dans la direction de l'astre extérieur, à mesure que l'on s'éloigne de ce point.*

En effet, en posant

$$u = \frac{\mu a^3}{R^3}, \quad v = \frac{R''}{R},$$

l'équation (10) donne

$$(12) \qquad u = \frac{v^3 + [2 + \gamma(1 + \mu)]v}{2 - 2v},$$

d'où

$$(13) \qquad \frac{dv}{du} = \frac{2 - 2v}{3v^2 + 2u + 2 + \gamma(1 + u)},$$

et cette dérivée est positive puisque $v < 1$; ainsi déjà $\dfrac{R}{R''}$ augmente avec R; dans le voisinage du centre, u étant très-grand, $\dfrac{dv}{du}$ est très-petit, et $\dfrac{R}{R''}$ reste sensiblement constant et égal à l'unité.

Posant

$$w = \frac{R'}{R},$$

l'équation (11) donne

$$(14) \qquad u = \frac{[1 - \gamma(1 + \mu)]w^3 + [2 + \gamma(1 + \mu)]w}{2 - 2w},$$

d'où

$$\frac{dw}{du} = \frac{2 - 2w}{2u + 2 + \gamma(1 + \mu) + 3[1 - \gamma(1 + \mu)]w^3}.$$

Pour démontrer que cette dérivée est positive, il nous suffit d'examiner le cas où $1 - \gamma(1 + \mu) = 0$; la condition $u > 0$ exige que

$$w^2 < \frac{2 + \gamma(1 + \mu)}{\gamma(1 + \mu) - 1},$$

d'où il suit que

$$2u + 2 + \gamma(1+\mu) + 3[1 - \gamma(1+\mu)]u''$$

est plus grand que

$$2u + 2 + \gamma(1-\mu) - 3[2 + \gamma(1+\mu)] = 2[u - 2 - \gamma(1+\mu)],$$

qui est une quantité positive en vertu de l'inégalité (8). Ainsi donc $\frac{R}{R'}$ croît avec R, et on verrait, comme pour $\frac{R}{R'}$, que, vers le centre, ce rapport est sensiblement égal à l'unité.

121. *Discussion de la surface libre d'une atmosphère.* — Nous appellerons *surface libre* de l'atmosphère, la plus grande des surfaces de niveau fermées, celle qui atteint la surface limite. C'est à la surface libre que se termine l'atmosphère quand elle s'étend aussi loin que possible, mais elle peut se terminer à une autre surface de niveau intérieure.

Pour trouver la valeur de la constante C, qui correspond à la surface libre, il suffit d'exprimer que son demi-grand axe R est égal au plus petit rayon de la surface limite (119), ou que

$$(15) \qquad R = a\sqrt[3]{\frac{\mu}{2 + \gamma(1+\mu)}}.$$

Portant cette valeur dans la troisième des équations (9), on trouve

$$(16) \qquad CR = 3\mu \quad \text{ou} \quad C = 3\mu^{\frac{2}{3}} \frac{\sqrt[3]{2 + \gamma(1+\mu)}}{a}.$$

Pour calculer les rapports des axes $2R$, $2R'$, $2R''$ de la surface libre, il suffit de remplacer R' par la valeur ci-dessus dans les équations (12) et (14) qui donnent

$$(17) \quad v^2 + 3[2 + \gamma(1+\mu)]v - 2[2 + \gamma(1+\mu)] = 0,$$

$$(18) \quad [1 - \gamma(1+\mu)]w^2 + 3[2 + \gamma(1+\mu)]w - 2[2 + \gamma(1+\mu)] = 0$$

De la première on tire

$$\frac{dv}{d\mu} = \frac{v(2-3v)^2}{6v^2(1-v)}, \quad \frac{dv}{d\gamma} = \frac{(1+\mu)(3v-2)^2}{6v^2(1-v)};$$

v étant inférieur à l'unité, ces dérivées sont constamment positives, et v croît avec γ et μ. Le minimum de v, correspondant à $\mu = 0$, $\gamma = 0$, est donné par l'équation

$$v^3 + 6v - 4 = 0,$$

qui n'a qu'une seule racine réelle dont la valeur approchée est $0,626$. Le maximum de v, qui a lieu pour $\mu = \infty$, $\gamma = \infty$, est $\frac{2}{3} = 0,667$, et l'on voit ainsi que, dans tous les cas, $\frac{R''}{R}$ diffère peu de $\frac{2}{3}$. Lorsque μ et γ seront donnés, on pourra toujours calculer le rapport v au moyen de l'équation (17), et il n'y aura pas d'incertitude, puisque cette équation a deux racines imaginaires et une racine réelle comprise entre $0,626$ et $0,667$.

L'équation (18) donne

$$\frac{dw}{d\mu} = \frac{\gamma\left[(w-1)^2(v+2)\right]^2}{18w^2(1-w)}, \quad \frac{dw}{d\gamma} = \frac{(1+\mu)\left[(w-1)^2(w+2)\right]^2}{18w^2(1-w)},$$

et, comme $w < 1$, les deux dérivées sont positives et w croît avec μ et γ. Le minimum de w, correspondant à $\mu = 0$, $\gamma = 0$, est donné par la même équation que celui de v, et est approximativement égal à $0,626$. Son maximum, correspondant à $\mu = \infty$, $\gamma = \infty$, dépendra de l'équation

$$(w-1)^2(w+2)^2 = w^3 - 2w + 2 = 0,$$

ou sera égal à l'unité. Le rapport de l'axe moyen ne pourra donc varier qu'entre $0,626$ et l'unité, limites entre lesquelles se trouvera comprise l'unique racine réelle de l'équation (18) correspondant à des valeurs données de μ et γ.

si $1 - \gamma(1 + \mu) > 0$; dans le cas contraire cette équation a une racine négative, une racine positive plus grande que 1, et une autre racine comprise entre $0,626$ et 1, qui conviendra seule à la question.

L'équation (4) donne, en substituant à C sa valeur $\dfrac{3\,\mu}{R}$, relative à la surface libre, et en y remplaçant x par $x + R$, de manière à placer l'origine à l'un des sommets situés sur Ox,

$$\frac{2x^2 + 4R\,x + 2R^2 - y^2 - z^2}{a^3} + \frac{2\,\mu}{\sqrt{(x + R)^2 + y^2 + z^2}}$$
$$+ \gamma(1 + \mu) \cdot \frac{x^2 + 2R\,x + R^2 + y^2}{a^3} = \frac{3\,\mu}{R}.$$

Il est facile de s'assurer que, pour la nouvelle origine, les trois dérivées partielles du premier membre de cette équation, que nous désignerons par F pour abréger, sont nulles; qu'il y a, par suite, en ce point une infinité de plans tangents dont l'équation de l'enveloppe est

$$\left(\frac{d^2 F}{dx^2}\right)_0 x^2 + 2\left(\frac{d^2 F}{dx\,dy}\right)_0 xy + \left(\frac{d^2 F}{dy^2}\right)_0 y^2$$
$$+ 2\left(\frac{d^2 F}{dx\,dz}\right)_0 xz + 2\left(\frac{d^2 F}{dy\,dz}\right)_0 yz + \left(\frac{d^2 F}{dz^2}\right)_0 z^2 = 0;$$

d'où, en remplaçant F par sa valeur,

$$(19) \quad [3 + \gamma(1 + \mu)]z^2 - 3[2 + \gamma(1 + \mu)]x^2 + 3y^2 = 0,$$

équation d'un cône du second degré qui est de révolution autour de Ox lorsque $\gamma = 0$. En vertu de la symétrie, l'autre extrémité du grand axe jouit de la même propriété.

122. *Des surfaces de niveau extérieures à la surface libre.* —Examinons maintenant ce que deviennent les surfaces de niveau au delà de la surface libre. La troisième des équations (9) donne

$$C = \frac{2\mu + [2 + \gamma(1+\mu)]\dfrac{R^3}{a^3}}{R},$$

$$\frac{dC}{dR} = \frac{-2\mu + [4 + 2\gamma(1+\mu)]\dfrac{R^3}{a^3}}{R^2},$$

et l'on voit que les surfaces de niveau qui coupent l'axe Ox à des distances croissantes depuis $R = o$ jusqu'à la valeur (15) correspondant à la surface libre, répondent elles-mêmes à des valeurs de C décroissantes depuis l'infini jusqu'à la valeur (16).

En supposant que C aille encore en décroissant à partir de cette limite, on aura des surfaces de niveau extérieures à la surface libre, qui couperont la surface limite, mais qui ne rencontreront plus l'axe Ox, puisque alors R devient imaginaire. Les courbes d'intersection de l'une de ces surfaces de niveau avec la surface limite satisferont à la condition

$$(\alpha) \qquad\qquad r = \frac{3\mu}{C},$$

obtenue en retranchant de l'équation (3) l'équation (5) multipliée par r.

Différentiant l'équation (3) par rapport à r, en laissant θ et ψ constants, il vient

$$\frac{dC}{dr} = \frac{2r}{a^3}(3\sin^2\theta\cos^2\psi - 1) - \frac{2\mu}{r^2} + \frac{2\gamma(1+\mu)r\sin^2\theta}{a^3},$$

et, en éliminant θ et ψ au moyen de la même équation,

$$\frac{dr}{dC} = \frac{r}{2\left(C - \dfrac{3\mu}{r}\right)}.$$

Tant que cette dérivée aura une valeur finie, deux surfaces

consécutives, répondant aux valeurs C, C+dC de la constante, différeront infiniment peu. Mais, dans le voisinage de la courbe suivant laquelle une surface de niveau traverse la surface libre, d'après la formule (α), $\dfrac{dr}{dC}$ devient infini.

En considérant la surface libre, puis la surface de niveau correspondant à une valeur un peu moindre de C, on reconnaîtra que cette dernière enveloppe la précédente, qu'elle en diffère infiniment peu jusque dans le voisinage de l'axe Ox, mais qu'au lieu de couper cet axe comme la surface libre, elle s'arrête avant de l'atteindre, devient tangente aux rayons vecteurs partant du point O, et s'éloigne ensuite indéfiniment.

123. *Cas où* $\mu = \infty$. — *Application à l'atmosphère solaire.* — Ce cas est celui de l'atmosphère du Soleil, attendu que l'attraction des planètes sur un point de cette atmosphère est négligeable par rapport à celle du noyau solaire, soit en raison de la petitesse relative de leurs masses, soit par suite de leur éloignement de la masse qu'elles attirent.

L'équation des surfaces de niveau devient, dans ce cas,

$$\frac{2}{r} + \frac{\gamma}{a^3}\, r^2 \sin^2\theta = C,$$

et γ est donné par

$$\frac{n^2}{M} = \frac{\gamma}{a^3} = \alpha,$$

α désignant le rapport de la force centrifuge à la pesanteur sous l'équateur, à une distance du centre égale à l'unité.

Les surfaces de niveau sont de révolution autour de l'axe de rotation du Soleil, ce qui est visible *à priori*.

On trouve soit directement, soit en partant des équations (9),

$$\frac{R'}{R} = 1, \qquad \frac{R - R''}{R''} = \frac{\alpha R^2}{2},$$

et l'aplatissement des couches de niveau croît ainsi avec la distance au centre.

L'équation de la surface limite devient

$$\alpha r^2 \sin^2 \theta = 1,$$

et celle de la surface libre

$$\frac{2}{r} + \alpha r^2 \sin^2 \theta = 3\alpha^{\frac{1}{3}},$$

dont les deux demi-axes ont pour longueurs

$$R'' = \frac{2}{3} R, \quad R' = R = \alpha^{-\frac{1}{3}}.$$

L'équation (19) des lieux géométriques des plans tangents au sommet du grand axe de la surface libre devient

$$\pm y = x \sqrt{3},$$

et représente deux plans faisant entre eux un angle de 120 degrés. La surface étant de révolution, elle possède dans le plan de l'équateur une arête saillante qui n'est autre chose que l'intersection de la portion fermée de la surface, avec ses deux nappes infinies.

La section faite par un plan passant par l'axe du Soleil donne une figure analogue à la *fig.* 15 dans laquelle L, L' représentent les deux nappes de la surface limite, S la surface libre, S_1 une surface de niveau intérieure, S_2 une surface de niveau extérieure à S. Si, par suite d'une certaine influence, le fluide atmosphérique enveloppant le Soleil dépasse la surface libre, il s'écoulera dans le plan de l'équateur par l'ouverture que présentent, dans cette région, les surfaces de niveau S_2, y formera une sorte d'anneau circulant encore autour du Soleil, mais qui sera désormais indépendant de l'atmosphère. Cet effet se produira, par exemple, si le noyau solaire en se refroidissant éprouve une contraction, d'où une réduction dans le moment d'inertie et une augmentation dans la vitesse angulaire ; car, α augmentant et R diminuant, la surface libre se rétrécit en restant semblable à elle-même, et tout le fluide qui se trouve en dehors s'échappe ainsi qu'on vient de le dire.

La matière qui nous réfléchit la lumière zodiacale ne peut pas être considérée comme faisant partie de l'atmosphère solaire, car elle affecte la forme d'une lentille très-aplatie dont l'arête vive se trouve dans le plan de l'équateur, tandis que, d'après ce que nous avons vu plus haut, le rapport du petit axe au grand axe de l'atmosphère solaire ne peut pas être inférieur à $\frac{2}{3}$. D'autre part, les valeurs trouvées pour R, R″ montrent que cette atmosphère ne peut pas s'étendre jusqu'à l'orbite d'une planète qui circulerait autour du Soleil dans un temps égal à celui de la rotation de cet astre, c'est-à-dire à $25\frac{1}{7}$ jours ; elle est donc fort loin d'atteindre les orbes de Mercure et de Vénus, tandis que la lumière zodiacale s'étend beaucoup au delà. Il y a donc tout lieu de croire que le fluide zodiacal circule autour du Soleil suivant les mêmes lois que les planètes, et que c'est pour cette cause qu'il n'oppose qu'une résistance insensible à leurs mouvements.

124. *Cas où $\gamma = 1$. — Application à la Lune.* — Ce cas est celui pour lequel le mouvement de rotation de l'atmosphère s'exécute dans le même temps que celui de la révolution de l'astre extérieur, et l'atmosphère aura une figure permanente d'équilibre si a est constant comme nous le supposerons dorénavant. C'est ce qui aurait lieu notamment : 1° pour l'atmosphère lunaire, si elle existait, soumise à l'action perturbatrice de la Terre à laquelle elle présente toujours la même face ; 2° pour une comète, dans le voisinage de son périhélie.

On a, pour l'équation des surfaces de niveau,

$$\frac{r^2}{a^3}\left(3\sin^2\theta\cos^2\psi - 1\right) + \frac{2\mu}{r} + \frac{r^2}{a^3}(1+\mu)\sin^2\theta = C,$$

et pour celle de la surface limite,

$$\frac{r}{a^3}\left(3\sin^2\theta\cos^2\psi - 1\right) - \frac{\mu}{r^2} + \frac{r}{a^3}\left(1+\mu\right)\sin^2\theta = 0.$$

Les couches atmosphériques sont sensiblement sphériques vers le centre, et à mesure que l'on s'en éloigne, elles vont en s'aplatissant aux pôles et en s'allongeant dans la direction du corps extérieur.

La formule (16) donne pour la valeur de la constante C, correspondant à la surface libre,

$$C = \frac{3^{\frac{3}{4}}\mu^{\frac{2}{3}}}{a},$$

et la formule (15) pour son demi-grand axe,

$$R = a\sqrt[3]{\frac{\mu}{3}},$$

en négligeant la petite fraction μ devant trois unités.

La masse de la Lune rapportée à celle de la Terre étant $\frac{1}{84} = \mu$, on a

$$R = 0{,}06\,a,$$

soit environ $\frac{1}{6}$ de a, et l'on voit ainsi qu'une atmosphère autour de la Lune ne pourrait pas s'étendre au delà de la cinquième partie de sa distance à la Terre.

On trouvera facilement, en supposant μ infiniment petit,

$$\frac{R''}{R} = 0{,}638, \quad \frac{R'}{R} = \frac{2}{3},$$

d'où

$$R = 1{,}567\,R'', \quad R' = 1{,}045\,R'',$$

et, pour l'équation du cône enveloppe des plans tangents aux sommets de la surface libre,

$$4z^2 - 9x^2 + 3y^2 = 0.$$

Si le fluide atmosphérique se trouve en excès, on reconnaîtra, en employant un raisonnement analogue à celui du numéro précédent, que l'écoulement aura lieu par les deux pointes opposées que présente la surface libre, suivant la direction de son grand axe.

125. *Cas où l'atmosphère n'a pas de rotation, ou de* $\gamma = 0$. — Nous supposerons de plus μ très-petit, et nous nous trouverons dans les conditions d'une comète n'ayant qu'un mouvement de translation rectiligne vers le Soleil.

On a, pour l'équation des surfaces de niveau,

$$\frac{r^2}{a^3}(3\cos^2\delta - 1) + \frac{2\mu}{r} = C,$$

et pour celle de la surface limite,

$$\frac{r}{a^3}(3\cos^2\delta - 1) - \frac{\mu}{r^2} = 0.$$

Ces surfaces qui sont de révolution autour de Ox ont un cône asymptote commun représenté par

$$3\cos^2\delta - 1 = 0,$$

d'où

$$\delta = 54°44' \quad \text{ou} \quad y^2 + z^2 = 2x^2.$$

Enfin on trouve facilement, pour la surface libre,

$$C = \frac{3.2^{\frac{1}{3}}\mu^{\frac{2}{3}}}{a},$$

$$R = a\sqrt[3]{\frac{\mu}{2}},$$

$$\frac{R'''^3}{R^3} + \frac{6R''}{R} - 4 = 0,$$

d'où

$$\frac{R''}{R} = 0,626, \quad R = 1,598 R'',$$

et enfin que le cône, lieu géométrique des tangentes aux extrémités de l'axe $2R$ est identique au cône asymptotique ci-dessus (*voyez* la *fig.* 16).

126. *Application aux phénomènes cométaires.* — Une comète, pendant une grande partie de son trajet, marche presque en ligne droite vers le Soleil, et décrit au contraire dans le voisinage du périhélie un arc sensiblement circulaire. Dans l'un et l'autre cas, le demi-axe de la surface libre sera donné par (124 et 125)

$$R = a \sqrt[3]{\frac{\mu}{2 + \gamma}},$$

γ étant nul dans la première hypothèse et égal à l'unité dans la seconde. Il est probable que l'allongement suivant la direction du Soleil tend à régler l'orientation de la comète de manière qu'elle présente constamment la même face au Soleil, par assimilation avec ce qui a lieu pour la Lune, comme nous le verrons plus loin.

Quand la comète s'approche du Soleil, son fluide atmosphérique, sous l'influence de la quantité de chaleur qu'il reçoit, se dilate progressivement, en même temps que les dimensions de la surface libre diminuent avec la distance au Soleil. Pour ces deux motifs, le fluide atmosphérique doit s'échapper sous la forme de gerbes ou de queues vers les sommets du grand axe. Après le passage au périhélie, a augmente; la seconde cause de la production des queues n'existant plus, elles ne subsistent qu'en raison de l'accumulation de la chaleur solaire et de la dilatation qui en résulte dans l'atmosphère.

D'après cette théorie, l'observation, au lieu d'accuser une seule queue à l'opposé du Soleil, devrait constater l'existence d'une seconde queue symétrique de la précédente, ou dirigée vers cet astre, ce qui ne paraît jamais s'être présenté. Il faut donc que le phénomène dépende d'autres causes que

de celle de la gravitation, et c'est ce qui a conduit M. Faye,
au sujet de la comète Donati, à se demander si l'on ne
pourrait pas se rendre compte des apparences par la considération d'une force répulsive dont on attribuerait l'origine aux radiations solaires, et qui aurait pour effet de
supprimer la seconde queue. C'est ce que nous allons maintenant étudier avec M. Roche, sans entrer en discussion au
point de vue métaphysique sur la cause qui produit cette
force.

§ II. — Des atmosphères cométaires dans l'hypothèse d'une force répulsive.

127. Dans ce qui suit, nous conserverons les notations
du paragraphe précédent, en y supposant n ou $\gamma = 0$.
Nous admettrons que la force répulsive varie en raison inverse du carré de la distance, qu'elle est proportionnelle
aux masses, mais d'autant plus grande que la densité de la
matière sur laquelle elle agit est plus faible; l'accélération
qu'elle produit sur m peut donc se représenter par $-\dfrac{\varphi M'}{\overline{M'm}^2}$

($fig.$ 14), φ étant un facteur qui varie en sens inverse
de la densité de la matière ci-dessus, et que l'on devra considérer comme nul pour le noyau cométaire dont la densité est très-grande.

Si la force répulsive agit avec la même intensité dans
toute l'étendue de l'atmosphère, φ est constant et le travail
élémentaire $-\dfrac{\varphi M'}{\overline{M'm}^2}\, d\overline{M'm}$ est une différentielle exacte : il
n'en serait plus de même si φ variait avec r et δ; mais
alors le travail total des forces n'étant plus une fonction
des coordonnées, il n'y aurait plus de surfaces de niveau
et l'équilibre serait impossible; le problème proposé serait
donc sans objet; c'est pourquoi nous supposerons dorénavant φ constant.

128. *Équation des surfaces de niveau et de la surface limite.* — L'équation des surfaces de niveau sera

$$(1 - \varphi)\,\frac{M'}{\overline{M'm}} - \frac{M'x}{a^2} + \frac{M}{r} = C,$$

ou

$$(1 - \varphi)\left[\frac{M'}{\overline{M'm}} - \frac{M'x}{a^2}\right] + \frac{M}{r} - \varphi\,\frac{M'x}{a^2} = C,$$

et, en remplaçant le coefficient de $(1 - \varphi)$ par la valeur approchée que nous avons trouvée au n° 118,

$$(1) \qquad (1 - \varphi)\,\frac{r^2}{a^3}\,(3\cos^2\delta - 1) + \frac{2\mu}{r} - \frac{2\,r\varphi\cos\delta}{a^2} = C;$$

d'où l'on déduit pour l'équation de la surface limite

$$(2) \qquad (1 - \varphi)\,\frac{r}{a^3}\,(3\cos^2\delta - 1) - \frac{\mu}{r^2} - \frac{\varphi\cos\delta}{a^2} = 0,$$

et l'on aura pour les points de l'atmosphère intérieurs à cette surface

$$(3) \qquad (1 - \varphi)\,\frac{r}{a^3}\,(3\cos^2\delta - 1) - \frac{\mu}{r^2} - \frac{\varphi\cos\delta}{a^2} < 0.$$

Les surfaces de niveau et la surface limite étant de révolution autour de Ox, la discussion devra uniquement porter sur une section méridienne qui sera si l'on veut celle que détermine le plan zOx.

129. *Discussion du méridien limite.* — Supposons d'abord $\varphi < 1$, et soient (*fig.* 17) A', A les points où la courbe limite coupe Ox entre O et le Soleil, et de l'autre côté du point O; $r' = OA'$, $r_1 = OA$ les valeurs de r déduites de l'équation (2) pour $\delta = 0$, $\delta = \pi$; on a

$$(4) \qquad \begin{cases} 2\,(1 - \varphi)\,r'^3 - \varphi ar'^2 - \mu a^3 = 0, \\ 2\,(1 - \varphi)\,r_1^3 + \varphi ar_1^2 - \mu a^3 = 0, \end{cases}$$

équations qui n'ont chacune qu'une racine positive et qui

donnent par soustraction

$$2(1 - \varphi)'(r'^3 - r_1^3) = \varphi a (r'^2 + r_1^2),$$

ce qui exige que $r' > r_1$ ou $OA' > OA$.

On reconnaît facilement : 1° que la courbe a deux asymptotes correspondant aux valeurs $\cos \vartheta = \pm \dfrac{1}{\sqrt{3}}$ et qui se coupent en un point C, situé entre O et A', déterminé par

$$OC = \frac{\varphi a}{4(1 - \varphi)};$$

2° que les rayons vecteurs parallèles à ces asymptotes ne rencontrent pas la branche de courbe qui passe par le point A', mais qu'elles rencontrent l'autre branche.

En faisant croître φ jusqu'à l'unité, C s'éloigne indéfiniment dans la direction du Soleil, et la branche qui passe par A' disparaît.

Si φ est assez petit pour que l'on puisse en négliger le carré ou le produit par μ, les équations (4) donnent approximativement

$$(5) \qquad r' = a \sqrt[3]{\frac{\mu}{2} + \frac{\varphi a}{6}}, \quad r_1 = a \sqrt[3]{\frac{\mu}{2} - \frac{\varphi a}{6}}.$$

Dans le cas où φ, n'étant plus très-petit, va en croissant sans atteindre l'unité, on voit sans peine que la racine positive de la première équation (4) est supérieure à

$$\frac{\varphi a}{2(1 - \varphi)},$$

quantité de l'ordre a, c'est-à-dire très-grande par rapport aux dimensions de l'atmosphère cométaire.

La racine positive de la seconde équation (4) est inférieure à $a \sqrt{\dfrac{\mu}{\varphi}}$ et est très-sensiblement égale à cette limite lorsque μ étant très-petit, φ a une valeur sensible. Il suit de là que, φ augmentant, la branche passant par A′ s'éloigne rapidement, et n'existe pour ainsi dire plus en raison de son grand éloignement pour une valeur finie de φ. Mais du côté opposé il existe une branche qui est la limite atmosphérique.

Si $\varphi = 1$, l'équation (2) devient

$$r^2 \cos \delta + \mu a^2 = 0,$$

et la courbe limite est formée d'une seule branche située à gauche de Oz, ayant cet axe pour asymptote et coupant Ox à la distance $a\sqrt{\mu}$.

Lorsque $\varphi > 1$, la branche limite de gauche subsiste seule, coupe Ox à la distance $a\sqrt{\dfrac{\mu}{\varphi}}$ et Oz en deux points symétriques déterminés par

$$r = a\sqrt[3]{\frac{\mu}{\varphi - 1}}.$$

Si N est le point où la branche de gauche est coupée par le rayon défini par $\cos \delta = -\dfrac{1}{\sqrt{3}}$, on a

$$ON = a\sqrt[3]{3}\sqrt{\frac{\mu}{\varphi}},$$

et comme

$$OA = a\sqrt{\frac{\mu}{\varphi}},$$

on voit que la droite AN reste parallèle à elle-même, quel que soit φ.

130. *Discussion des lignes de niveau.* — L'équation (1) peut se mettre sous la forme

$$(6) \quad (1 - \varphi)r^3(3\cos^2 \delta - 1) - 2\varphi ar^2 \cos \delta + 2\mu a^3 = Ca^2 r.$$

Supposons d'abord φ très-petit et considérons les lignes de niveau qui passent par A et A'. La constante C se déterminera en substituant pour r dans l'équation (2), selon le cas, l'une ou l'autre des valeurs approchées (5), respectivement dans les suppositions $\delta = \pi$, $\delta = 0$, et l'on trouve ainsi

$$(7) \quad \begin{cases} (1-\varphi)\,r^3\,(3\cos^2\delta - 1) - 2\varphi a r^2 \cos\delta + 2\mu a^3 \\ = r\left[6a^2(1-\varphi)\sqrt[3]{\dfrac{\mu^2}{4}} + 2\varphi a^2 \sqrt[3]{\dfrac{\mu}{2}} \right] \end{cases}$$

pour l'équation de la courbe qui passe par le point A, et

$$(8) \quad \begin{cases} (1-\varphi)\,r^3\,(3\cos^2\delta - 1) - 2\varphi a r^2 \cos\delta + 2\mu a^3 \\ = r\left[6a^2(1-\varphi)\sqrt[3]{\dfrac{\mu^2}{4}} - 2\varphi a^2 \sqrt[3]{\dfrac{\mu}{2}} \right] \end{cases}$$

pour l'équation de la courbe qui passe par le point A'.

Des courbes représentées par les équations (7) et (8), la seconde est extérieure à la première ; en effet deux courbes de niveau ne se coupent pas, et la seconde rencontre Oz à une plus grande distance du point O ; car, en supposant $\delta = \dfrac{\pi}{2}$ et $r = r_0$ dans l'équation (7) et $\delta = \dfrac{\pi}{2}$ et $R = R_0$ dans l'équation (8), et retranchant l'un de l'autre les résultats obtenus, on trouve

$$(1-\varphi)(R_0^3 - r_0^3) + 6(R_0 - r_0)(1-\varphi)a^2\sqrt[3]{\dfrac{\mu^2}{4}} = 2(R_0 + r_0)\varphi a^2 \sqrt[3]{\dfrac{\mu}{2}};$$

d'où $R_0 > r_0$.

La forme de ces courbes se déduit des deux théorèmes suivants :

1° *Aux points de rencontre de la courbe limite avec une courbe de niveau, celle-ci est tangente au rayon vecteur.*

Car si $V = C$ est l'équation des courbes de niveau, on a

$$\frac{dr}{d\delta} = - \frac{\dfrac{dV}{d\delta}}{\dfrac{dV}{dr}},$$

et comme on a $\dfrac{dV}{dr} = o$ pour la courbe limite, $\dfrac{dr}{d\delta}$ est infini pour les points communs à ces deux lignes, ce qui démontre le théorème énoncé.

2° *Si l'un de ces points de rencontre est sur l'axe* Ox, *il y passe deux branches de la courbe de niveau, et la surface correspondante y affecte la forme conique.*

Car, pour $\delta = o$, $\delta = \pi$, la dérivée par rapport à δ du premier membre de l'équation (1) est nulle ou $\dfrac{dV}{d\delta} = o$, et, comme on a aussi $\dfrac{dV}{dr} = o$, $\dfrac{dr}{d\delta}$ est indéterminé et le point considéré est double ou multiple.

Il suit de là que la courbe de niveau (*fig.* 18) passant par le point A se partage en ce point en deux branches infinies et est fermée entre A et A'; que la courbe de niveau passant par A' se bifurque de la même manière en ce point, et s'ouvre à sa rencontre avec la courbe limite en F, F', où elle est tangente aux rayons vecteurs OF, OF'.

Les surfaces de niveau correspondant à ces deux courbes sont : l'une fermée, sauf au point A, c'est la vraie surface libre; l'autre se transforme, au point conique A', en une nappe illimitée, et s'entr'ouvre du côté opposé en F, F', pour s'étendre indéfiniment. Si ces deux surfaces ne sont pas trop éloignées l'une de l'autre, elles pourront contenir une couche de niveau entretenue par la dilatation continue du fluide atmosphérique, qui s'écoulera d'une part dans la queue, par l'ouverture F, F', et de l'autre vers le Soleil, par le point A', où il se formera un jet secondaire ou aigrette.

Supposons maintenant que φ, étant toujours inférieur à l'unité, ne soit plus très-petit; d'après le numéro précédent, l'équation (6) doit être vérifiée par $\delta = \pi$, $r = OA = a\sqrt{\dfrac{\mu}{\varphi}}$, et l'on trouve aussi pour la courbe de niveau passant par le point A :

$$(9)\quad (1-\varphi)\,r^2(3\cos^2\delta-1)-2\varphi a r^2\cos\delta+2\mu a^3=4a^2 r\sqrt{\mu\varphi}.$$

Cette courbe coupe Ox en un point déterminé par l'équation

$$2(1-\varphi)\,r^3-2\varphi a r^2-4a^2 r\sqrt{\mu\varphi}+2\mu a^3=0,$$

dont l'une des deux racines positives est approximativement $\dfrac{\varphi a}{1-\varphi}$, qui, étant très-grande, se rapporte à une branche de courbe fort éloignée, dont nous ne nous occuperons pas; l'autre racine est, aux quantités près de l'ordre μ,

$$r = a\sqrt{\dfrac{\mu}{\varphi}}\,(\sqrt{2}-1),$$

et détermine le point B (*fig.* 19). En appelant D le grand axe $OA+OB$, on a

$$D = a\sqrt{\dfrac{2\,\mu}{\varphi}},$$

qui diminue quand φ augmente.

La courbe rencontre Oz en un point C déterminé par la valeur approximative

$$OC = \dfrac{a}{2}\sqrt{\dfrac{\mu}{\varphi}}.$$

Les tangentes au point double A sont données par $\cos^2\delta = \dfrac{1}{3}$, d'où $\delta = \pm\,54°\,44'$. Les courbes de niveau extérieures à la surface libre sont convexes du côté du

Soleil, s'ouvrent à la rencontre de la surface limite, où elles sont tangentes aux rayons vecteurs émanant du point O, de manière à donner naissance à une queue unique située à l'opposé du Soleil.

On reconnaîtra sans peine que, tant que φ est très-petit, les lignes de niveau ont des asymptotes parallèles à celles des courbes limites; mais, dès que φ prend une valeur finie, les asymptotes sont très-éloignées, et l'on peut dire qu'elles n'existent plus; les droites correspondant à $\cos^2 \delta = \frac{1}{3}$ continuent à définir la direction des branches infinies.

Si $\varphi = 1$, l'équation des courbes de niveau donne

$$r = \frac{-Ca^2 \pm \sqrt{C^2 a^4 + 16\mu a^2 \cos\delta}}{4\cos\delta},$$

et, pour obtenir des courbes fermées, il faut prendre le signe supérieur du radical, puisqu'elles doivent couper les axes coordonnés, notamment Oz, à des distances finies de l'origine. Les intersections avec Ox sont données par

$$r = \frac{\sqrt{C^2 a^4 + 16\mu a^2} - Ca^2}{4} \qquad \text{pour } \delta = 0,$$

$$r = \frac{-\sqrt{C^2 a^4 - 16\mu a^2} + Ca^2}{4} \qquad \text{pour } \delta = \pi.$$

Cette dernière valeur sera réelle, si $C^2 a^4 > 16\mu a^2$; les courbes fermées répondent donc à des valeurs de C décroissantes depuis l'infini jusqu'à $C = \frac{4\sqrt{\mu}}{a}$, et pour cette valeur extrême on a

$$r = OA = \frac{Ca^2}{4} = a\sqrt{\mu},$$

ce qui caractérise la surface libre.

Lorsque $\varphi > 1$, on a également vers le point A une ouverture qui est unique, et qui peut donner naissance à une queue.

En résumé, l'hypothèse d'une force répulsive très-petite suffit pour expliquer la formation d'une queue et d'une aigrette ; mais, dès qu'elle devient comparable à l'attraction due à la gravitation, l'aigrette disparaît, et il ne reste qu'une queue à l'opposite du Soleil. Les figures géométriques résultant de la théorie exposée ci-dessus sont en quelque sorte les esquisses des formes observées, et cet accord est d'autant plus frappant que l'on a supposé l'atmosphère cométaire en équilibre, tandis qu'en réalité elle est en mouvement.

CHAPITRE VII.
DES OSCILLATIONS DE LA MER ET DE L'ATMOSPHÈRE.

§ I. — ÉQUATIONS GÉNÉRALES DES PETITES OSCILLATIONS DE LA MER.

131. Sous l'action du Soleil et de la Lune, la mer, en vertu de la différence des accélérations imprimées à chacune de ses molécules et au centre de la Terre, se met en mouvement relatif par rapport au noyau terrestre tournant autour de son axe, et sur lequel elle forme une couche dont l'épaisseur est une très-petite fraction de son rayon. Les oscillations résultant de ce mouvement, connues sous le nom de *flux* et de *reflux* de la mer, quoique très-sensibles dans les ports de l'Océan, ont cependant, comparativement aux dimensions de la Terre, une très-faible amplitude, en raison même de la faible intensité des forces qui les produisent. Le phénomène est d'ailleurs compliqué par l'influence de l'inertie de la mer, des forces apparentes dans le mouvement relatif, de la variation de la pesanteur résultant de la déformation variable de la figure de la couche liquide, des frottements, des pertes de force vive dues aux inégalités que présente le fond de la mer, ou aux changements brusques de section de la masse fluide lors de son passage dans les canaux qui font communiquer les ports avec la masse principale de l'Océan. C'est à ces pertes de force vive, dont il parait à peu près impossible de tenir compte dans les recherches analytiques sur les marées, que l'on doit attribuer le retard sensiblement constant pour chaque port, de la marée sur le passage au

méridien de la Lune dont l'influence sur la production du phénomène est essentiellement prédominante sur celle du Soleil ; on sait que ce retard a reçu le nom d'*établissement de port*. Quant aux frottements, comme il s'agit ici de mouvements très-lents, on peut, par assimilation avec les résultats de nos observations sur les cours d'eau, admettre qu'ils sont proportionnels à la simple vitesse ; mais on en fait généralement abstraction dans les recherches analytiques sur les marées, recherches qui ne sont dès lors que de pures conceptions théoriques, ayant surtout pour objet de montrer l'énorme influence des résistances que l'on néglige.

Malgré ces simplifications, le problème des marées présente de très-grandes difficultés qui n'ont pu être surmontées que dans quelques cas particuliers, en se donnant à l'avance une loi de profondeur qui ne peut être celle de la nature, et en remarquant que la partie des oscillations dépendant de l'état primitif de la mer a dû bientôt disparaître par suite des résistances que les eaux éprouvent dans leurs mouvements. De sorte que, sans l'action du Soleil et de la Lune, la mer serait depuis longtemps parvenue à un état d'équilibre permanent dont ces deux astres tendent sans cesse à l'écarter. On n'a donc qu'à déterminer les oscillations qui en dépendent, conformément au principe suivant dû à Laplace :

« *L'état d'un système de corps dans lequel les conditions initiales du mouvement ont disparu, par suite des résistances développées dans le mouvement, est périodique comme les forces qui sollicitent le système.* »

132. *Équations des petites oscillations d'une couche fluide recouvrant un sphéroïde.*

Nous avons vu que les couches de niveau de la mer et de l'atmosphère, supposées uniquement soumises à l'action de la gravité et de la force centrifuge, sont des ellipsoïdes de révolution, différant de la sphère de très-petites quantités, de l'ordre même du carré de la vitesse angulaire de la Terre autour de son axe.

Les attractions du Soleil et de la Lune, quoique très-faibles, troublent à chaque instant cet équilibre, et déterminent de petites oscillations dont nous nous proposons de trouver la loi.

Soient (*fig.* 20) :

O le centre de la Terre;

n la vitesse angulaire;

θ le complément de la latitude d'une molécule m d'une surface de niveau lors de l'équilibre;

ϖ la longitude de m, comptée dans le sens de la rotation;

g la pesanteur proprement dite, c'est-à-dire l'attraction de toute la masse de la Terre sur le point m : elle sera constante pour tous les points de chaque surface de niveau, si l'on néglige l'aplatissement dans le sens de l'axe de rotation;

ρ la densité de la couche de niveau considérée, celle de la Terre étant prise pour unité;

p la pression correspondante;

r le rayon moyen de la couche;

$r + w_0$ le rayon Om aboutissant à la molécule m de la couche de niveau lors de l'équilibre.

Sous l'action combinée du Soleil et de la Lune, la molécule m subira lentement un déplacement mm', très-petit quel que soit le temps écoulé, et nous représenterons par $w - w_0$, u, v ses projections suivant le prolongement du rayon, la méridienne en allant vers l'équateur de la sphère moyenne de la couche, et la tangente au parallèle de la même sphère, dans le sens de la rotation. Nous négligerons les carrés de w, u, v, ainsi que leurs produits entre eux ou par w_0. Dans cette hypothèse, les angles θ et ϖ sont devenus

$$\theta' = \theta + \frac{u}{r}, \quad \varpi' = \varpi + \frac{v}{r\sin\theta},$$

comme il est facile de le reconnaître par une figure; la pression et la densité, s'il s'agit d'une couche gazeuse, ont varié, et ne sont plus nécessairement les mêmes en chaque point de la couche de niveau déformée.

On trouve facilement, pour les composantes de la force centrifuge composée du point m arrivé en m' (*),

$$2n\sin\theta\,\frac{dv}{dt}\ldots\ldots\ldots\ldots\ldots\ldots \quad \text{suivant } w,$$

$$-2n\left(\cos\theta\,\frac{du}{dt} + \sin\theta\,\frac{dw}{dt}\right)\ldots \quad \text{suivant } v,$$

$$2n\cos\theta\,\frac{dv}{dt}\ldots\ldots\ldots\ldots\ldots \quad \text{suivant } u.$$

Les composantes pareilles, dues à l'inertie, sont respectivement $-\dfrac{d^2w}{dt^2}$, $-\dfrac{d^2v}{dt^2}$, $-\dfrac{d^2u}{dt^2}$. Le travail virtuel de ces forces, pour un déplacement élémentaire sur la surface de niveau déformée, sera, aux termes du second ordre près, le même que si m' se trouvait sur la sphère moyenne au point n où elle est percée par le rayon Om. Le travail virtuel élémentaire des composantes suivant ce rayon devra donc être considéré comme nul, et l'on a, pour la somme de travail des autres composantes,

$$\left[-2n\left(\cos\theta\,\frac{du}{dt} + \sin\theta\,\frac{dv}{dt}\right) - \frac{d^2v}{dt^2}\right]r\sin\theta\,d\varpi$$
$$+ \left(2n\cos\theta\,\frac{dv}{dt} - \frac{d^2u}{dt^2}\right)r\,d\theta.$$

Le travail virtuel de la pesanteur est

$$-g\,dw,$$

---

celui de la force centrifuge

$$\frac{n^2}{2} d\left[(r+w)^2 \sin^2\left(\theta + \frac{u}{r}\right)\right]$$

$$= n^2 d\left(\frac{r^2}{2}\sin^2\theta + rw\sin^2\theta + ru\sin\theta\cos\theta\right);$$

il vient donc, d'après les principes connus de l'hydrodynamique,

$$\left[-2n\left(\cos\theta\,\frac{du}{dt} + \sin\theta\,\frac{dw}{dt}\right) - \frac{d^2v}{dt^2}\right] r\sin\theta\,d\varpi$$

$$+ \left(2n\cos\theta\,\frac{dv}{dt} - \frac{d^2u}{dt^2}\right) rd\theta - g\,dw$$

$$+ n^2 d\left(\frac{r^2}{2}\sin^2\theta + rw\sin^2\theta + ru\sin\theta\cos\theta\right) + dV = \frac{dp'}{\rho'},$$

p' et ρ' étant la pression et la densité au point m', et V le potentiel dû aux attractions du Soleil et de la Lune, et à la modification apportée dans la valeur de la pesanteur par la déformation des couches de niveau.

La petite longueur w_0 peut être considérée comme ayant la même valeur pour le point m et celui de la surface de niveau situé sur Om'; on a donc, pour ce dernier point,

$$n^2 d\left(r^2\sin^2\theta + rw_0\sin^2\theta + ru\sin\theta\cos\theta\right) - g\,dw_0 = 0.$$

Si donc on représente par z l'élévation $w - w_0$ de la molécule m dans son déplacement au-dessus de la surface de niveau, il vient, en retranchant membre à membre les deux équations ci-dessus,

$$A)\quad \begin{cases} \left[-2n\left(\cos\theta\,\frac{du}{dt} + \sin\theta\,\frac{dw}{dt}\right) - \frac{d^2v}{dt^2}\right] r\sin\theta\,d\varpi \\[2ex] \quad + \left(2n\cos\theta\,\frac{dv}{dt} - \frac{d^2u}{dt^2}\right) rd\theta \\[2ex] \qquad\quad - g\,dz + n^2 rd\left(z\sin^2\theta\right) + dV = \frac{dp'}{\rho'}. \end{cases}$$

Cette équation s'applique également aux oscillations de

la mer et de l'atmosphère; mais il faudra y joindre l'équation de continuité que nous établirons en étudiant spécialement chacune de ces questions.

133. *Équations des petites oscillations de la mer.* — Nous prendrons pour unité le rayon moyen de la surface d'équilibre de la mer. La profondeur de la mer, que nous désignerons par γ au point m de la surface, étant très-petite, on pourra supposer que les déplacements éprouvés par les molécules situées sur un même rayon, lors de l'équilibre, sont les mêmes. La formule (A) donne donc à la surface de la mer, en négligeant la force centrifuge qui est très-petite par rapport à g,

$$(a) \quad \begin{cases} \left[-2n\left(\cos\theta\,\dfrac{du}{dt} + \sin\theta\,\dfrac{dv}{dt}\right) - \dfrac{d'v}{dt^2} \right] r\sin\theta\,d\varpi \\[2mm] + \left(2n\cos\theta\,\dfrac{dv}{dt} - \dfrac{d^2u}{dt^2} \right) r\,d\theta - g\,dz + dV = 0. \end{cases}$$

La profondeur γ_1 en m' étant égale à la profondeur correspondant au même rayon lors de l'équilibre, augmenté de z, on a

$$\gamma_1 = \gamma + \frac{d\gamma}{d\theta}\,u + \frac{d\gamma}{d\varpi}\frac{v}{\sin\theta} + z.$$

L'élément de surface sphérique $-d\cos\theta\,d\varpi$, relatif au point m, est devenu, en m',

$$-\frac{d\cos(\theta + u)}{d\cos\theta}\frac{d}{d\varpi}\left(\varpi + \frac{v}{\sin\theta}\right)d\cos\theta\,d\varpi$$

$$= -d\cos\theta\,d\varpi\left(1 + \frac{d(u\sin\theta)}{\sin\theta\,d\theta} + \frac{dv}{\sin\theta\,d\varpi}\right).$$

L'équation de continuité s'obtiendra en exprimant que cet élément multiplié par γ_1, représentant le volume du prisme élémentaire correspondant, est égal à $-\gamma\,d\cos\theta\,d\varpi$, ce qui conduit à

$$z = -\frac{d(\gamma u\sin\theta)}{\sin\theta\,d\theta} - \frac{d\cdot\gamma v}{\sin\theta\,d\varpi}.$$

Comme la profondeur γ est très-petite, cette formule montre que z sera lui-même très-petit par rapport à u et v, et négligeable dans le premier terme de l'équation (a), qui, en vertu de l'indépendance des variations de θ et ϖ, se décompose dans les suivantes :

$$\frac{d^2 u}{dt^2} - 2n\cos\theta\,\frac{dv}{dt} = -g\,\frac{dz}{d\theta} + \frac{dV}{d\theta},$$

$$\frac{d^2 v}{dt^2} + 2n\cos\theta\,\frac{du}{dt} = \frac{1}{\sin\theta}\left(-g\,\frac{dz}{d\varpi} + \frac{dV}{d\varpi}\right).$$

Enfin, en posant $\cos\theta = \mu$, ces deux équations et la précédente deviennent

$$(1)\qquad \begin{cases} \dfrac{d^2 u}{dt^2} - 2n\mu\,\dfrac{dv}{dt} = -\sqrt{1-\mu^2}\,\dfrac{d}{d\mu}(gz - V), \\[2ex] \dfrac{d^2 v}{dt^2} + 2n\mu\,\dfrac{du}{dt} = -\dfrac{1}{\sqrt{1-\mu^2}}\,\dfrac{d}{d\varpi}(gz - V), \\[2ex] z = \dfrac{d(\gamma u\sqrt{1-\mu^2})}{d\mu} - \dfrac{d.\gamma v}{d\mu}\cdot\dfrac{1}{\sqrt{1-\mu^2}}. \end{cases}$$

Pour obtenir la portion V'' de V correspondant à l'excès sphéroïdal aqueux, on a (80), en supposant z développé en série de fonctions sphériques,

$$z = \sum Z_\nu,$$

et remarquant que $g = \frac{4}{3}\pi$,

$$V'' = 4\pi\rho \sum \frac{Z_\nu}{2\nu+1} = 3g\rho \sum \frac{Z_\nu}{2\nu+1}.$$

Enfin, en désignant par V' la portion de V relative à l'attraction des astres, il vient

$$(2)\qquad gz - V = g\sum Z_\nu\left(1 - \frac{3\rho}{2\nu+1}\right) - V'.$$

Les équations (1) étant linéaires en u, v, z ou Z, et V, on voit que *si V' se compose de plusieurs parties, l'oscillation totale s'obtiendra en faisant la somme des oscillations partielles résultant de chacun des termes de V' considérés isolément et successivement.*

Pour tenir compte des frottements, on devrait ajouter respectivement $\lambda\dfrac{du}{dt}$, $\lambda\dfrac{dv}{dt}$ aux premiers membres des deux premières équations (1), λ désignant une constante, ce qui n'altérera pas la forme linéaire de ces équations.

D'après le principe énoncé au n° 131, il n'est pas nécessaire d'obtenir les intégrales générales des équations (1), il suffit d'y satisfaire pour chacun des termes de V'.

134. *Calcul de l'attraction des astres.* — Soient M la masse de l'un de ces astres, A sa distance au centre de la Terre, ψ son ascension droite comptée à partir de l'équinoxe du printemps, v le complément de sa déclinaison. En se reportant au n° 118 et à la *fig.* 12, on trouve, en laissant de côté les termes indépendants de θ et ϖ,

$$V' = \frac{3\,M}{2\,A^3}\left(\cos^2 \widehat{m\,O\,M} - \frac{1}{3}\right).$$

Or, un triangle sphérique donne

$$\cos\widehat{M\,O\,m} = \cos\theta\sin v + \sin\theta\cos v\cos(nt + \varpi - \psi),$$

par suite

$$(3)\qquad V' = \frac{M}{4\,A^3}\begin{cases}(1 + 3\cos 2\theta)\left(\sin^2 v - \dfrac{1}{2}\cos^2 v\right),\\[2mm] 3\sin 2\theta\sin 2v\cos(nt + \varpi - \psi),\\[2mm] 3\sin^2\theta\sin^2 v\cos 2(nt + \varpi - \psi),\end{cases}$$

fonction qui n'est naturellement et évidemment qu'un cas particulier des fonctions sphériques Z_2.

135. *Classification des oscillations en trois espèces.* — Les trois termes dont se compose V′ donneront lieu chacun à un genre particulier d'oscillations (*).

1° Les oscillations de la première espèce seront, comme V′, indépendantes du mouvement de rotation de la Terre sur elle-même, et uniquement fonction du mouvement de l'astre. Comme elles seront très-lentes, l'inertie, la force centrifuge, les frottements, les chocs ne joueront alors qu'un faible rôle; de sorte que les oscillations de cette espèce seront sensiblement les mêmes que si la mer prenait à chaque instant sa forme d'équilibre. On a donc, dans cette hypothèse, quelle que soit la loi de la profondeur,

$$gz - V = 0,$$

ou

$$g \sum Z_\nu \left(1 - \frac{3\rho}{3\nu+1} \right) = \frac{M}{4 A^3}(1+3\cos 2\,\theta)\left(\sin^2 v - \frac{1}{2}\cos v \right) = V'.$$

La fonction V′ étant une fonction sphérique ayant 2 pour indice, l'équation précédente montre que v ne peut avoir que la valeur 2, et que l'on a

$$(4) \qquad z = Z_2 = \frac{M(1 + 3\cos 2\,\theta)\left(\sin^2 v - \frac{1}{2}\cos v \right)}{4\pi A^3 g \left(1 - \frac{3\rho}{5} \right)}.$$

2° Les oscillations de la seconde espèce dépendent essen-

---

tiellement du mouvement diurne; leur période est d'un jour environ.

3° La période des oscillations de la troisième espèce est environ d'une demi-journée.

Nous verrons plus loin que la différence entre les hauteurs des deux marées d'un même jour est due aux oscillations de la seconde espèce, différence qui, d'après l'observation, est très-petite.

Les oscillations produites par le Soleil sont beaucoup plus faibles que celles qui sont dues à la Lune, en raison de la différence considérable qui existe entre les attractions exercées par ces deux astres sur un point de la Terre. Le rapport entre les hauteurs des marées lunaire et solaire est de $\frac{5}{2}$ environ.

136. *Loi des oscillations de la mer dans l'hypothèse d'une profondeur uniquement fonction de la latitude.* — Nous pouvons supposer (chap. II) que la fonction périodique V' est développée en une série de termes de la forme $k \cos(it + s\varpi + \zeta)$, i et ζ étant des constantes, s un nombre entier, et k une fonction de μ. Dans l'hypothèse actuelle, on satisfera aux équations (1) en y remplaçant u et les fonctions Z_ν par des termes en $\cos(it + s\varpi + \zeta)$, ayant pour coefficients des fonctions de μ, et ν par un terme en $\sin(it + s\varpi + \zeta)$, affecté d'un coefficient également fonction de μ. Le temps disparaîtra, et il restera des équations différentielles qui permettront de déterminer ces différents coefficients. Nous poserons donc

$$s = a \cos(it + s\varpi + \zeta),$$
$$u = b \cos(it + s\varpi + \zeta),$$
$$v = c \sin(it + s\varpi + \zeta),$$
$$z - \frac{V}{g} = a' \cos(it + s\varpi + \zeta),$$

a, b, c, a' étant des fonctions de μ. La substitution de ces valeurs dans les équations (1) conduit à

$$a = \frac{d\left(\gamma b \sqrt{1-\mu^2}\right)}{d\mu} - \frac{s\gamma c}{\sqrt{1-\mu^2}},$$

$$i^2 b + 2nic\mu = -g\,\frac{da'}{d\mu}\cdot\sqrt{1-\mu^2},$$

$$ic^2 + 2nib\mu = -g\,\frac{sa'}{\sqrt{1-\mu^2}}.$$

Des deux dernières de ces équations on tire

$$b = -\,\frac{g\,\dfrac{da'}{d\mu}\,(1-\mu^2) + \dfrac{2ngs}{i}\,\mu a'}{(i^2 - 4n^2\mu^2)\sqrt{1-\mu^2}},$$

$$c = \frac{2ng\left(\dfrac{da'}{d\mu}\right)(1-\mu^2)\mu - gsa'}{(i^2 - 4n^2\mu^2)\sqrt{1-\mu^2}}.$$

En substituant ces valeurs dans la première des mêmes équations, et posant, pour abréger,

$$\gamma' = \frac{\gamma}{i^2 - 4n^2\mu^2},$$

on trouve

$$(5)\quad
\begin{cases}
a = g\,\dfrac{d}{d\mu}\left\{\gamma'\left[\dfrac{2ns}{i}\,\mu a' - \dfrac{da'}{d\mu}\,(1-\mu^2)\right]\right\} \\[2ex]
+\, \dfrac{2ngs\mu\gamma'}{i(1-\mu^2)}\left[\dfrac{2ns\mu a'}{i} - \dfrac{da'}{d\mu}(1-\mu^2)\right] + \dfrac{s^2 g\gamma' a'(i^2 - 4\mu^2 n^2)}{i(1-\mu^2)}.
\end{cases}$$

On remarquera que si $\dfrac{2ns\mu a'}{i} - \dfrac{da'}{d\mu}(1-\mu^2)$ est divisible par $i^2 - 4n^2\mu^2$, la valeur de a ne renfermera pas cette dernière fonction en dénominateur.

137. *Examen du cas où, la profondeur de la mer étant supposée constante, on ferait abstraction de la rotation*

de la Terre. — On a

$$n = 0, \quad \gamma' = \frac{\gamma}{i^2},$$

$$i^2 a = \gamma g \left\{ \frac{d}{d\mu} \left[(1 - \mu^2) \frac{da'}{d\mu} \right] + \frac{s^2 a'}{1 - \mu^2} \right\}.$$

Supposons que $k \cos (it + \varpi + \zeta)$ soit une fonction sphérique en ν et ϖ d'indice ν; le terme correspondant de V′ aura pour facteur

$$a' = \left(1 - \frac{3\rho}{2\nu + 1} \right) a - \frac{k}{g}.$$

D'autre part, l'équation (5) du n° 73 donne, en exprimant qu'elle est vérifiée par $a \cos (it + s\varpi + \zeta)$,

$$\frac{d(1 - \mu^2) \dfrac{da}{d\mu}}{d\mu} + \nu(\nu + 1) - \frac{s^2 a}{1 - \mu^2} = 0;$$

d'où il suit que

$$i^2 a = \gamma g \nu (\nu + 1) \left(1 - \frac{3\rho}{2\nu + 1} \right) a - \nu(\nu + 1) \gamma k,$$

et par suite

$$a = \frac{\nu(\nu + 1)\gamma k}{\nu(\nu + 1)\left(1 - \dfrac{3\rho}{2\nu + 1} \right) - i^2}.$$

Cette valeur de a étant nulle avec k, z ne se composera que de fonctions de même ordre que celles qui se présentent dans le développement de l'attraction des astres (*); en d'autres termes, si l'on désigne par k_ν, i_ν, s_ν, ζ_ν les valeurs de k, i, s, ζ correspondant au terme de l'ordre ν, il vient,

____

(*) Cette solution, comme on le voit, ne suppose pas que les astres attirants sont assez éloignés de la Terre pour que l'on puisse approximativement s'arrêter aux termes du second ordre.

pour l'ensemble des oscillations,

$$z = \gamma \sum \frac{\nu(\nu+1)k_\nu}{\nu(\nu+1)\left(1 - \dfrac{3\rho}{2\nu+1}\right) - i^2} \cos(i_\nu t + s_\nu \varpi + \zeta_\nu).$$

§ II. — DES OSCILLATIONS DE LA MER DANS L'HYPOTHÈSE OU ELLE RECOUVRIRAIT COMPLÉTEMENT UN ELLIPSOÏDE DE RÉVOLUTION PEU DIFFÉRENT D'UNE SPHÈRE.

138. En désignant par l et q deux constantes, la surface d'équilibre de la mer étant elle-même un ellipsoïde de révolution peu différent d'une sphère, γ est de la forme

$$\gamma = l(1 - q\mu^2);$$

l étant la profondeur à l'équateur, et l'on a

$$\gamma' = \frac{l(1 - q\mu^2)}{i^2 - 4n^1\mu^2}.$$

139. *Des oscillations de la première espèce.* — On a $s = 0$, et les différents éléments de la question sont indépendants de ϖ. Supposons que a soit représenté par une somme finie de fonctions sphériques de rang pair, et soit

$$a = P_0 + P_2 + \ldots + P_{2\nu},$$

$P_{2\nu}$ satisfaisant à l'équation (5) du n° 73, ou à celle du n° 81,

$$\frac{d}{d\mu}\left[(1+\mu^2)\frac{dP_{2\nu}}{d\mu}\right] + 2\nu(2\nu+1) = 0.$$

La portion de a' relative à la pesanteur sera

$$P_0(1 - 3\rho) + P_2\left(1 - \frac{3}{5}\rho\right) + \ldots + P_{2\nu}\left(1 - \frac{3}{4\nu+1}\rho\right),$$

et la portion de a' relative à l'action des astres sera de la forme P_2.

Maintenant, au lieu de supposer que la constante q est

donnée, considérons-la comme indéterminée, en assujettissant (136) les coefficients arbitraires des fonctions P à la condition que $\dfrac{da'}{d\mu}(1-\mu^2)$ soit divisible par $1-4\,n^2\mu^2$.

On obtiendra une relation entre ces $\nu+1$ coefficients : l'identification des termes semblables des deux membres de l'équation (5) fournira $\nu+1$ autres relations qui, avec la précédente, permettront de déterminer q et ces $\nu+1$ coefficients.

Soit $Q\mu^{2\nu}$ le terme de a ayant le plus fort exposant ; le terme du degré le plus élevé dans $-\dfrac{da'}{d\mu}\cdot(1-\mu^2)$ sera

$$Q\left(1-\frac{3\rho}{4\nu+1}\right)2\nu\,\mu^{2\nu+1};$$

après la division, le coefficient du terme du degré le plus élevé qui est en $\mu^{2\nu+1}$ sera

$$-\nu\left(1-\frac{3\rho}{4\nu+1}\right)\frac{Q}{2\,n^2}.$$

Enfin le coefficient de $\mu^{2\nu}$ dans le second membre de l'équation (5) sera

$$\nu(2\nu+1)\left(1-\frac{3\rho}{4\nu+1}\right)\frac{lqg\,Q}{2\,n^2},$$

et, comme il doit être égal à Q, il en résulte

$$q=\frac{2\,n^2}{\nu(2\nu+1)\left(1-\dfrac{3\rho}{4\nu+1}\right)lg}.$$

L'identification des autres termes de l'équation (5), jointe à la condition de divisibilité par $i^2-4\,n^2\mu^2$, fera connaître les coefficients inconnus de z, et par suite les oscillations dépendant du terme $k\cos(it+\zeta)$ de l'attraction.

Le rapport $\dfrac{n^2}{g}$ de la force centrifuge à l'équateur à la pesanteur n'étant que $\dfrac{1}{289}$, on voit qu'en prenant pour ν un nombre tel que 12 ou 15, q sera assez petit pour pouvoir être négligé, et l'on aura approximativement la loi des oscillations de la mer dans le cas d'une profondeur constante.

Le terme de V correspondant à la rétrogradation de la ligne des nœuds de la Lune, donnera pour c une grande valeur, en raison de la petitesse du coefficient i de t dans ce terme, et qui se trouve en dénominateur dans c.

Nous n'aurons pas à tenir compte dans la suite de cette solution, puisque, au n° 135, nous avons donné les oscillations de la première espèce, indépendamment de la loi de la profondeur de la mer.

140. *Des oscillations de la seconde espèce.* — On a $s = 1$, et chaque terme de V' est de la forme

$$k\,\mu\sqrt{1-\mu^2}\,\cos(it + \varpi + \zeta),$$

i étant peu différent de n. Supposons que

$$a = \mu\sqrt{1-\mu^2}\,(\mathrm{P}_0 + \mathrm{P}_2 + \ldots + \mathrm{P}_{2\nu-2}),$$

$\mu\sqrt{1-\mu^2}\,\mathrm{P}_{2\nu-2}\cos(it + \varpi + \zeta)$ étant une fonction sphérique de l'ordre $2\nu - 2$. On aura

$$a' = \mu\sqrt{1-\mu^2}\left[\mathrm{P}_0\left(1 - \frac{3\rho}{5}\right) + \mathrm{P}_2\left(1 - \frac{3\rho}{9}\right) + \ldots \right.$$
$$\left. + \mathrm{P}_{2\nu-2}\left(1 - \frac{3\rho}{4\nu + 1}\right) - \frac{k}{g}\right].$$

Si, de même qu'au numéro précédent, on détermine q de manière à rendre

$$\frac{2n\mu.a'}{i} - \frac{da'}{d\mu}(1 - \mu^2)$$

divisible par $i^2 - 4\,n^2\,\mu^2$, le second membre de l'équation (5) n'aura plus de dénominateur ; car, en posant

$$a' = \mu\,\sqrt{1 - \mu^2}\,\mathrm{F},$$

on reconnaîtra sans peine que la somme des termes du second membre renfermant $\sqrt{1 - \mu^2}$ en dénominateur sera

$$g\,\gamma'\mu\,\sqrt{1 - \mu^2}\,\mathrm{F}.$$

On verra d'ailleurs, comme plus haut, que l'on aura le nombre voulu d'équations pour déterminer q et les constantes arbitraires des fonctions P.

Soit $\mathrm{Q}\,\mu^{2\nu-1}\,\sqrt{1 - \mu^2}$ le terme de a du degré le plus élevé en μ ; le terme correspondant de a' est

$$\mathrm{Q}\left(1 - \frac{3\rho}{4\nu + 1}\right)\mu^{2\nu-1}\,\sqrt{1 - \mu^2},$$

et l'on trouve, pour le terme semblable du second membre de l'équation (5),

$$\mathrm{Q}\,\frac{lgq}{2\,n^2}\left(2\nu^2 + \nu + \frac{n}{i}\right)\left(1 - \frac{3\rho}{4\nu + 1}\right)\mu^{2\nu-1}\,\sqrt{1 - \mu^2},$$

et, en l'égalant au terme correspondant de a, on obtient

$$q = \frac{2\,n^2}{lg\left(1 - \dfrac{3\rho}{4\nu + 1}\right)\left(2\nu^2 + \nu + \dfrac{n}{i}\right)}.$$

En supposant $i = n$, q sera indépendant des différents termes du développement de V', condition indispensable pour que la loi de profondeur obtenue soit admissible.

Si l'on prend ν assez grand pour que $\frac{n}{i}$ soit négligeable vis-à-vis de $2\nu^2 + \nu$, on retombe sur la même loi de profondeur qu'au numéro précédent.

141. *De la différence entre les deux marées d'un même jour*. — Si nous supposons $i = n$, $\nu = 2$, on a

$$\gamma' = \frac{l(1 - q\mu^2)}{n^2(1 - 4\mu^2)},$$

$$a = P_0\mu\sqrt{1 - \mu^2}, \quad a' = \left[\left(1 - \frac{3\rho}{5}\right)P_0 - \frac{k}{g}\right]\mu\sqrt{1 - \mu^2},$$

et, en substituant ces valeurs dans l'équation (5), on trouve

$$P_0 = \frac{2lqk}{2lgq\left(1 - \frac{3\rho}{5}\right) - n^2},$$

et, pour le terme correspondant de z,

$$\frac{2lgk\,\mu\sqrt{1 - \mu^2}\cos(it + \varpi + \zeta)}{2lgq\left(1 - \frac{3\rho}{5}\right) - n^2}.$$

La somme des termes $k\cos(it + \varpi + \zeta)$ étant le développement de V', qui a ici pour valeur

$$\frac{3M}{A^3}\sin\nu\cos\nu\cos(nt + \varpi - \psi),$$

il vient, pour la valeur totale de z, relative aux oscillations de la seconde espèce,

$$z = \frac{6M}{A^3}\frac{lq\sin\theta\cos\theta\sin\nu\cos\nu\cos(nt + \varpi - \psi)}{2lgq\left(1 - \frac{3\rho}{5}\right) - n^2},$$

quelle que soit la valeur de la constante q, et les oscillations seront nulles si $q = 0$ ou si la profondeur est constante.

La différence entre les deux marées d'un même jour dépend des oscillations de la seconde espèce. En effet, selon que M passe au méridien supérieur du lieu ou au méridien inférieur, on a

$$nt + \varpi - \psi = 0 \quad \text{ou} \quad nt + \varpi - \psi = 180°.$$

Pour ces valeurs l'excès d'une marée sur l'autre est

$$\frac{12\,M}{A^3}\;\frac{lq\,\sin\theta\,\cos\theta\,\sin v\,\cos v}{2\,lgq\left(1-\dfrac{3\rho}{5}\right)-n^2}.$$

L'observation montre que cette différence est très-petite ou que lq est très-petit par rapport à $\dfrac{n^2}{g}$, ou encore que la profondeur de la mer est sensiblement constante. Le dénominateur de la fraction précédente étant alors négatif, si, comme paraît l'indiquer l'observation, la marée due au passage supérieur de l'astre l'emporte sur l'autre, lq sera négatif, et la mer serait plus profonde aux pôles qu'à l'équateur. Il ne faut pas perdre de vue que cette conséquence suppose que la mer recouvre un ellipsoïde de révolution, ce qui n'est pas le cas de la nature.

De la valeur de P_0 ou de a on déduit facilement

$$a' = \frac{\dfrac{n^2 k}{g}\,\mu\,\sqrt{1-\mu^2}}{2\,lgq\left(1-\dfrac{3\rho}{5}\right)-n^2}, \qquad b = \frac{-k}{2\,lgq\left(1-\dfrac{3\rho}{5}\right)-n^2},$$

$$c = \frac{k\mu}{\left[2\,lgq\left(1-\dfrac{3\rho}{5}\right)-n^2\right]},$$

et, par suite,

$$u = -\frac{3\,M}{A^3}\;\frac{\sin v\,\cos v\,\cos\left(nt+\varpi-\psi\right)}{2\,lgq\left(1-\dfrac{3}{5}\rho\right)-n^2},$$

$$v = \frac{3\,M}{A^3}\;\frac{\cos\theta\,\sin v\,\cos v}{2\,lgq\left(1-\dfrac{3}{5}\rho\right)-n^2}.$$

Telle est la solution complète du problème des marées de la seconde espèce, lorsque l'on prend la forme ellipsoïdale pour la surface du noyau terrestre.

142. *Des oscillations de la troisième espèce.* — Dans ce cas, $s = 2$; soit

$$a = (1 - \mu^2)(P_0 + P_2 + \ldots + P_{2\nu-2}),$$

$(1 - \mu^2) P_{2\nu-2} \cos (it + 2\varpi + \zeta)$ étant une fonction sphérique de l'ordre $2\nu - 2$. On a

$$a' = (1 - \mu^2)\left[P_0\left(1 - \frac{3\rho}{5}\right) + \ldots + P_{2\nu-2}\left(1 - \frac{3\rho}{4\nu+1}\right) - \frac{k}{g}\right].$$

Continuons à considérer q comme une inconnue et exprimons que $\dfrac{4 n \mu a'}{i} - (1 - \mu^2)\dfrac{da'}{d\mu}$ est divisible par $i^2 - 4\,n^2\mu^2$; on aura, comme plus haut, par l'identification des termes des mêmes puissances de μ dans les deux membres de l'équation (5), le nombre voulu d'équations pour déterminer q et les arbitraires de fonctions P. Le dénominateur $(1 - \mu^2)$ disparaît du second membre de la même équation; car, en posant

$$a' = (1 - \mu^2)\,F,$$

on trouve que l'ensemble des termes affectés de ce dénominateur équivaut à $4 (1 - \mu^2) g\gamma' F$ qui est bien divisible par $(1 - \mu^2)$.

Soit $Q\mu^{2\nu-2}$ le terme du degré le plus élevé en μ de $P_{2\nu-2}$; le terme correspondant de a' sera

$$(1 - \mu^2)\mu^{2\nu-2}Q\left(1 - \frac{3\rho}{4\nu+1}\right),$$

et celui du second membre de l'équation (5)

$$\frac{lgq}{2n^2}\left(2\nu^2 + \nu + \frac{2n}{i}\right)\left(1 - \frac{3\rho}{4\nu+1}\right) Q (1 - \mu^2)\mu^{2\nu-2};$$

en égalant cette valeur à $Q(1 - \mu^2)\mu^{2\nu-2}$, et remarquant que $\frac{2n}{i}$ est sensiblement égal à l'unité, on trouve

$$q = \frac{2n'}{lg\left(1 - \frac{3\rho}{4\nu + 1}\right)(2\nu^2 + \nu + 1)},$$

et l'on pourra déterminer pour cette loi de profondeur les oscillations de la troisième espèce.

Cette valeur de q est identique à celle que nous avons trouvée au n° 140 en étudiant les oscillations de la seconde espèce.

143. *Loi des oscillations de la troisième espèce dans l'hypothèse d'une profondeur constante.* — Nous avons vu (140) que, pour satisfaire aux observations, il faut supposer que la profondeur de la mer est à peu près constante, ce qui revient à admettre que le noyau est sensiblement sphérique. Dans ce qui suit, nous supposerons la profondeur constante, et de plus que A, ν, ψ varient avec assez de lenteur relativement à $2nt$ pour qu'on puisse les traiter comme constants. Enfin, nous négligerons le rapport ρ de la densité de la mer à celle de la Terre, qui affecte de $\frac{1}{8}$ au plus le premier terme du développement de a', et d'une fraction plus faible qui va en diminuant pour les autres termes.

Si l'on fait

$$z = a\cos 2(nt + \varpi - \psi),$$

on a

$$a' = a - \frac{3M}{4A^3 g}(1 - \mu^2)\cos^2 \nu.$$

En posant

$$1 - \mu^2 = \sin^2 \theta = x^2,$$

et remarquant que

$$\gamma' = \frac{l}{4n^2(1 - \mu^2)}, \quad i = 2n, \quad s = 2,$$

l'équation (5) donne,

$$x^2(1 - x^2)\frac{d^2 a}{dx^2} - x\frac{da}{dx} - 2a\left(4 - x^2 - \frac{2n^2}{lg}x^4\right) + \frac{6M}{A^3 g}x^2\cos^2 \nu = 0.$$

Supposons que a soit développable en série convergente ordonnée suivant les puissances ascendantes paires de x, et soit

$$a = A_1 x^2 + A_2 x^4 + A_3 x^6 + \ldots + A_\nu x^{\nu 2} + A_{\nu+1} x^{\nu 2+2} + A_{\nu+2} x^{\nu 2+4} + \ldots$$

ce développement. En le substituant dans l'équation précédente, on trouve

$$A_1 = \frac{3M}{4 A^3 g} \cos^2 v$$

et

$$\frac{A_{\nu+1}}{A_\nu} = \cfrac{\dfrac{2n^2}{lg}}{2\nu^2 + 3\nu - (2\nu^2 + 6\nu)\dfrac{A_{\nu+2}}{A_{\nu+1}}}$$

pour $\nu \gtreqless 1$.

Ce dernier rapport peut donc se développer en fraction continue, et l'on trouve ainsi

$$\frac{A_{\nu+1}}{A_\nu} = \cfrac{\dfrac{2n^2}{lg}}{2\nu^2 + 3\nu - \dfrac{4n^2}{lg} \cdot \cfrac{(\nu^2 + 3\nu)}{2(\nu+1)^2 + 3(\nu+1) - \dfrac{4n^2}{lg} \cdot \dfrac{[(\nu+1)^2 + 3(\nu+1)]}{2(\nu+2)^2 + 3(\nu+2) - \ldots}}}$$

Il suit de là que a sera de la forme

$$a = A_1 x^2 F(x) = \frac{3M}{4 A^3 g} \cos^2 v . x^2 F(x),$$

$F(x)$ représentant une série ordonnée suivant les puissances ascendantes de x, mais dont les coefficients sont indépendants de v.

En supposant $\nu = 1$ et successivement

$$\frac{2n^2}{lg} = 20, \quad \frac{2n^2}{lg} = 5, \quad \frac{2n^2}{lg} = \frac{5}{2},$$

ce qui correspond aux profondeurs

$$l = \frac{1}{2890}, \quad l = \frac{1}{722,5}, \quad l = \frac{1}{361,25},$$

par rapport au rayon terrestre, le rapport $\dfrac{n^2}{g}$ de la force centrifuge à la pesanteur à l'équateur étant pris égal à $\dfrac{1}{289}$, on trouve pour les trois hypothèses :

$$F(x) = 1,0000 + 20,1862\,x^2 + 10,1164\,x^4 - 13,1047\,x^6$$
$$- 15,4488\,x^8 - 7,4561\,x^{10} - 2,1975\,x^{12} - 0,4501\,x^{14}$$
$$- 0,0687\,x^{16} - 0,0082\,x^{18} - 0,0008\,x^{20} - 0,0001\,x^{22},$$

$$F(x) = 1,000 + 6,1960\,x^2 + 3,2474\,x^4 + 0,7238\,x^6$$
$$+ 0,0919\,x^8 + 0,0076\,x^{10} + 0,0004\,x^{12},$$

$$F(x) = 1,0000 + 0,7504\,x^2 + 0,1566\,x^4 + 0,01574\,x^6 + 0,0009\,x^8.$$

Si l'on réunit les oscillations de la première et de la troisième espèce, les oscillations de la seconde étant nulles (140) dans l'hypothèse actuelle, on devra (135) employer la formule

$$\varepsilon = \frac{M}{4\,A^3 g}\left(\sin^2 v - \frac{1}{2}\cos^2 v\right)(1 + 3\cos 2\,\theta) + a\cos 2\,(nt + \varpi - \dot\psi).$$

Soit m la vitesse angulaire sidérale moyenne du Soleil; on a pour cet astre, en supposant son mouvement circulaire,

$$\frac{M}{A^2} = m^2 A;$$

d'où

$$\frac{3}{4}\frac{M}{A^3 g} = \frac{3n^2}{4g}\cdot\frac{m^2}{n^2} = \frac{3}{4.289.(366,26)^2}.$$

Cette quantité est une fraction du rayon terrestre que nous avons pris pour unité; en choisissant maintenant le mètre pour unité, il faut multiplier la valeur précédente par le nombre de mètres que renferme ce rayon ou par 6 366 200 mètres, ce qui donne

$$\frac{3\,M}{4\,A^3 g} = 0^m,12316.$$

Le rapport de la masse de la Lune, divisée par le cube de sa distance moyenne à la Terre, à la masse du Soleil divisée par le cube de sa moyenne distance à la Terre, étant égal à 3, on a, en accentuant les lettres pour la Lune,

$$\frac{3\,M'}{4\,r'^3 g} = 3 \times 0^m,12316.$$

On déduit de là, pour l'oscillation totale due à l'action combinée du Soleil et de la Lune,

$$\varsigma = 0^m,12316 \left(\frac{1 + 3\cos 2\theta}{3}\right)$$
$$\times \left(\sin^2 v - \frac{1}{2}\cos^2 v + 3\sin^2 v' - \frac{3}{2}\cos^2 v'\right)$$
$$+ 0^m,12316\,[\cos^2 v . \cos 2(nt + \varpi - \psi)$$
$$+ 3\cos^2 v' \cos 2(nt + \varpi - \psi)]\,x^2\,F(x).$$

Supposons que le Soleil ou la Lune soient en opposition ou en conjonction dans le plan de l'équateur, la haute et la basse mer répondant à

$$2nt + 2\varpi - 2\psi = \begin{cases} 0'', \\ 180°, \end{cases}$$

et revenons aux exemples numériques étudiés plus haut. Pour $l = \frac{1}{2890}$, la différence des deux mers à l'équateur est de $7^m,34$, et l'on reconnaît que, entre l'équateur et le 18e degré où la différence des deux mers est nulle, la haute mer a lieu lorsque les deux astres sont à l'horizon, et la basse mer lorsqu'ils passent au méridien, d'où résulte ce fait singulier, que la mer s'abaisse sous les astres qui l'attirent. Du 18e degré au pôle, la haute mer se produit lors du passage au méridien.

Pour $l = \frac{1}{722,5}$, $l = \frac{1}{361,25}$, la haute mer a toujours lieu lors du passage au méridien, et la différence des deux mers sous l'équateur est de $11^m,05$ dans le premier cas, et de $1^m,90$ dans le second.

Si la profondeur de la mer augmente, z diminue jusqu'à la limite correspondant à $l = \infty$, et pour laquelle

$$a = \frac{3\,M}{4\,{\scriptstyle A}^2 g} \cos^2 v + \frac{3\,M'}{4\,{\scriptstyle A}'^2 g} \cos^2 v';$$

on trouve alors que la différence des deux mers à l'équateur, lorsque les deux astres sont en conjonction dans ce plan, est égale à $0^m,985\,28$, ce qui est une limite inférieure.

La valeur ci-dessus de a n'étant autre chose que celle qui conviendrait au cas où la mer prendrait à chaque instant sa forme d'équilibre, nous sommes naturellement conduit à étudier directement cette question, sans aucune des conditions restrictives établies au commencement de ce numéro, et en tenant compte simultanément des trois espèces d'oscillations.

144. *Forme d'équilibre que prendrait la mer sous l'action du Soleil et de la Lune.* — Dans ce cas, on a

$$z = \sum Z_\nu = \frac{V}{g};$$

or, la portion de V dépendant de l'action des astres est une fonction sphérique du second ordre, comme Z_2; l'autre portion, relative à l'excès sphéroïdal, est

$$\rho \left(Z_1 + \frac{3}{5} Z_2 + \dots \right),$$

d'où il suit que z doit se réduire à Z_2, et que la forme d'équilibre est à chaque instant un ellipsoïde. On trouve ainsi

$$z = \frac{M}{g\,{\scriptstyle A}^3 \left(1 - \dfrac{3\rho}{5} \right)} \left[\frac{1}{4} \left(\sin^2 v - \frac{1}{2} \cos v^2 \right) (1 + 3 \cos 2\theta) \right.$$
$$+ \frac{3}{4} \cos^2 v \sin^2 \theta \cos 2 (nt + \varpi - \psi)$$
$$+ 3 \sin v \cos v \sin \theta \cos \theta \cos (nt + \varpi - \psi)$$
$$\left. + \text{ les mêmes termes relatifs à la Lune} \times 3 \right].$$

Si le Soleil et la Lune sont en conjonction avec la même déclinaison, l'excès de la haute mer relative à midi sur la basse mer qui la suit est

$$\frac{6\,\mathrm{M}}{\mathrm{A}^3 g \left(1 - \dfrac{3\rho}{5}\right)}\, \sin^2\theta \cos^2 v\, (1 + 2\,\mathrm{tang}\,v\,\cot\theta),$$

et l'excès de la haute mer relative à minuit sur la basse mer,

$$\frac{6\,\mathrm{M}}{\mathrm{A}^3 g \left(1 - \dfrac{3\rho}{5}\right)}\, \sin^2\theta \cos^2 v\, (1 - 2\,\mathrm{tang}\,v\,\cot\theta).$$

Le rapport de ces excès, $\dfrac{1 + 2\,\mathrm{tang}\,v\,\cot\theta}{1 - 2\,\mathrm{tang}\,v\,\cot\theta}$, serait environ égal à 8 pour $v = 23°$ et $\theta = 48° 23' 22''$, colatitude correspondant à Brest. Or, l'observation indiquant que ce rapport est très-voisin de l'unité, on voit que l'hypothèse actuelle est inadmissible et qu'il est important de tenir compte de l'inertie de la masse fluide, de la rotation de la Terre et du mouvement des astres attirants.

§ III. — Lois générales des marées.

145. En supposant que le noyau terrestre soit un ellipsoïde de révolution, nous venons de voir que la marée aurait lieu précisément à l'instant du passage de l'astre considéré au méridien du lieu, ce qui est contraire à la réalité. Il nous reste maintenant à voir quelle influence peuvent avoir sur le retard des marées les variations de la profondeur de la mer en longitude et en latitude, indépendamment des résistances que nous avons négligées et qu'il est impossible de soumettre au calcul.

Nous n'avons pas à revenir sur les oscillations de la première espèce, que nous avons déterminées au n° 135, quelle que soit la profondeur de la mer.

Concevons que la portion de V relative à l'attraction des

astres soit développée en une série de cosinus d'arcs multiples du temps, et soit it l'un de ces arcs. On satisfera aux équations (1) en posant

$$(6) \quad \begin{cases} z = \mathrm{F}\cos it + \mathrm{G}\sin it, \\ gz - \mathrm{V} = \mathrm{F}'\cos it + \mathrm{G}'\sin it, \\ u = \mathrm{H}\cos it + \mathrm{K}\sin it, \\ v = \mathrm{P}\cos it + \mathrm{Q}\sin it, \end{cases}$$

F, G, F′, G′, H, K, P, Q étant des fonctions inconnues de μ et ϖ.

La substitution de ces valeurs dans les mêmes équations, par l'élimination de H, K, P, Q, donne

$$\mathrm{F} = \frac{-\gamma(1-\mu^2)\dfrac{d^2\mathrm{F}'}{d\mu^2} - \gamma\dfrac{d^2\mathrm{F}'}{d\varpi^2}}{i^2 - 4n^2\mu^2} - \gamma\cdot\frac{\dfrac{d^2\mathrm{F}'}{d\varpi^2}}{(1-\mu^2)(i^2-4n^2\mu^2)}$$

$$- \frac{d\left[\gamma\dfrac{(1-\mu^2)}{i^2-4n^2\mu^2}\right]}{d\mu}\cdot\frac{d\mathrm{F}'}{d\mu} - \frac{\dfrac{d\gamma}{d\varpi}\dfrac{d\mathrm{F}'}{d\varpi}}{(1-\mu^2)(i^2-4n^2\mu^2)}$$

$$+ \frac{\dfrac{2n}{i}\dfrac{\mu d\gamma}{d\varpi}}{i^2-4n^2\mu^2}\cdot\frac{d\mathrm{G}'}{d\mu} - \frac{2n}{i}\frac{d\left(\dfrac{\gamma\mu}{i^2-4n^2\mu^2}\right)}{d\mu}\cdot\frac{d\mathrm{G}'}{d\varpi},$$

et une autre équation qui se déduit de cette dernière, en y changeant F en G, F′ en G′, et réciproquement, et les signes des termes en $\dfrac{2n}{i}$. Pour avoir une solution complète du problème, il faudrait remplacer F′ et G′ par la somme des valeurs correspondantes relatives à l'action des astres, et de l'attraction de la couche aqueuse. Cette dernière dépend, comme on le sait, des développements de F et G en fonctions sphériques de ϖ et μ, et que l'on déterminerait par l'identification des termes semblables, si le calcul ne présentait pas des difficultés insurmontables.

146. *Loi des profondeurs pour laquelle les oscillations* *de la seconde espèce sont nulles pour toute la Terre.* — On a par hypothèse $F = 0$, $G = 0$, et, d'après le n° **134**, F' et G' sont de la forme

$$F' = N\mu \sqrt{1 - \mu^2}\, \cos\varpi, \quad G' = -N\mu \sqrt{1 - \mu^2}\, \sin\varpi,$$

N étant une fonction du temps indépendante de ϖ et de μ. La substitution de ces valeurs dans les équations du numéro précédent conduit à

$$0 = \cos\varpi \sqrt{1 - \mu^2}\, \frac{d\gamma}{d\mu} + \frac{\mu \sin\varpi}{\sqrt{1 - \mu^2}} \cdot \frac{d\gamma}{d\varpi},$$

$$0 = \sin\varpi \sqrt{1 - \mu^2}\, \frac{d\gamma}{d\mu} - \frac{\mu \cos\varpi}{\sqrt{1 - \mu^2}} \cdot \frac{d\gamma}{d\varpi},$$

d'où

$$\frac{d\gamma}{d\mu} = 0, \quad \frac{d\gamma}{d\varpi} = 0.$$

Les oscillations de la seconde espèce ne pourraient donc disparaître pour toute la Terre que si la profondeur de la Terre était uniforme, résultat déjà vérifié au n° **141**, dans un cas particulier.

147. *Loi des profondeurs pour laquelle les oscillations de la troisième espèce sont nulles pour toute la Terre.* — On a $F = 0$, $G = 0$, $i = 2n$, et (**135**) F', G' sont de la forme

$$F' = N(1 - \mu^2)\cos 2\varpi, \quad G' = -N(1 - \mu^2)\sin 2\varpi,$$

N étant une fonction de t indépendante de μ et de ϖ. Les équations du n° **145** deviennent

$$0 = \frac{2\gamma \cos 2\varpi}{1 - \mu^2} + \frac{\mu\, d\gamma}{d\mu}\cos 2\varpi + \frac{(1 + \mu^2)\dfrac{d\gamma}{d\varpi}\sin 2\varpi}{2(1 - \mu^2)},$$

$$0 = \frac{2\gamma \sin 2\varpi}{1 - \mu^2} + \frac{\mu\, d\gamma}{d\mu}\sin 2\varpi - \frac{(1 + \mu^2)\dfrac{d\gamma}{d\varpi}\cos 2\varpi}{2(1 - \mu^2)},$$

d'où

$$\frac{d\gamma}{d\varpi} = 0, \quad 0 = \frac{2\gamma}{1 - \mu^2} + \frac{\mu\, d\gamma}{d\mu}$$

et

$$\gamma = A\, \frac{(1 - \mu^2)}{\mu^2},$$

A étant une constante arbitraire. Pour $\mu = 0$, γ devenant infini, *il n'y a aucune loi admissible de profondeur qui puisse rendre nulles pour toute la Terre les oscillations de la troisième espèce.*

148. *Expression de la surélévation de la mer dans chaque port.* — Pour les oscillations de la seconde espèce, on pourra remplacer dans les formules (6) $\sin i$ et $\cos i$ par $\frac{M}{A^3} \sin v \cos v \sin (nt - \psi)$ et $\frac{M}{A^3} \sin v \cos v \cos (nt - \psi)$; car, par la substitution dans les équations (1), la différentiation des facteurs en v ne donnera que des termes du même ordre de grandeur que la vitesse angulaire de l'astre considéré, négligeables par rapport à ceux qui proviennent de la différentiation des sinus et cosinus de $nt - \psi$; cela revient à considérer v comme constant, et il disparaîtra de même que $\frac{M}{A^3}$ des équations (1). Il suit de là que, si l'on néglige la variation de ψ comme celle de v, la portion de z relative aux oscillations de la seconde espèce sera de la forme

$$\frac{AM}{A^3} \sin v \cos v \cos (nt + \varpi - \psi - \delta),$$

A et δ étant des fonctions de μ, ϖ, dépendant uniquement de n et de la loi de la profondeur de la mer. En appliquant le même raisonnement aux oscillations de la troisième espèce, désignant par B et λ des fonctions analogues à A et δ, et tenant compte simultanément des attractions du

Soleil et de la Lune, il vient

$$(7) \quad \begin{cases} z = A\left[\dfrac{M}{A^3}\sin v\cos v\cos\left(nt+\varpi-\psi-\theta\right)\right. \\[2ex] \qquad\left. +\dfrac{M'}{A'^3}\sin v'\cos v'\cos\left(nt+\varpi-\psi'-\theta\right)\right] \\[2ex] \qquad +B\left[\dfrac{M}{A^3}\cos^3 v\cos 2\left(nt+\varpi-\psi-\lambda\right)\right. \\[2ex] \qquad\left. +\dfrac{M'}{A'^3}\cos^2 v'\cos 2\left(nt+\varpi-\psi'-\lambda\right)\right], \end{cases}$$

expression à laquelle il conviendrait d'ajouter les termes relatifs aux oscillations de la première espèce.

D'après cette formule, on voit que l'instant du maximum ou du minimum d'une oscillation peut être différent de celui du passage au méridien de l'astre qui la produit, ce qui est conforme à l'observation; mais le maximum et le minimum des oscillations d'une même espèce suivraient d'un même intervalle les passages de leurs astres respectifs, ce qui n'a pas lieu. Il faut donc supposer que λ et θ ont des valeurs différentes λ' et θ' pour la Lune. L'hypothèse la plus simple que l'on puisse faire sur la loi de variation de ces constantes consiste à supposer qu'elles varient proportionnellement à la vitesse angulaire de l'astre. En désignant par γ et T deux constantes pour le port considéré, par m, m' les vitesses angulaires du Soleil et de la Lune, nous poserons

$$\lambda = \gamma - (m-n)\,T,$$
$$\lambda' = \gamma - (m'-n)\,T,$$

les constantes γ et T ne paraissant dépendre que des inégalités du fond de la mer et de la plage. Nous pourrons admettre qu'elles ont la même valeur pour les oscillations de la seconde espèce, ce qui revient à supposer que

$$\theta = \lambda, \quad \theta' = \lambda'.$$

Le coefficient B ne paraît pas devoir être le même pour le Soleil et la Lune, et, en admettant qu'il varie suivant la même loi que λ, nous aurons

$$B = P(1 - 2mQ),$$
$$B' = P(1 - 2m'Q),$$

P et Q étant des constantes pour un même port. Les oscillations de la seconde espèce étant beaucoup moins sensibles que celles de la troisième, on peut y négliger le terme équivalent à $2mPQ$ ou $2m'PQ$, qui est déjà très-petit, ce qui revient à supposer que A a la même valeur pour les deux astres.

Cela posé, la formule (7), en tenant compte des oscillations de la première espèce, deviendra

$$\begin{aligned}
1 =& -\frac{(1+3\cos 2\theta)}{8g\left(1-\frac{3\rho}{5}\right)}\left[\frac{M}{A^3}(1-3\sin^2 v) + \frac{M'}{A'^3}(1-3\sin^2 v')\right] \\
&+ A\left[\frac{M}{A^3}\sin v\cos v\cos(nt+\varpi-\psi-\lambda) + \frac{M'}{A'^3}\sin v'\cos v'\cos(nt+\varpi-\psi'-\lambda')\right] \\
&- 2PQ\left[m\frac{M}{A^3}\cos^2 v\cos 2(nt+\varpi-\psi-\lambda) + m'\frac{M'}{A'^3}\cos^2 v'\cos 2(nt+\varpi-\psi'-\lambda')\right] \\
&+ P\left[\frac{M}{A^3}\cos^2 v\cos 2(nt+\varpi-\psi-\lambda) + \frac{M'}{A'^3}\cos^2 v'\cos 2(nt+\varpi-\psi'-\lambda')\right].
\end{aligned}$$

Dans le second et le quatrième terme, on devra substituer à λ et λ' leurs valeurs ci-dessus, et tout simplement γ dans le troisième, en remarquant que le produit $PQ \times T$, dont les deux facteurs sont très-petits, est négligeable.

Laplace a discuté avec beaucoup de soin cette formule empirique, et a montré qu'elle s'accorde très-bien avec les faits observés. Mais comme cette discussion n'a rien d'intéressant au point de vue théorique, nous ne nous en occuperons pas et nous renverrons, pour cet objet, aux œuvres mêmes de cet illustre savant.

§ IV. — DES OSCILLATIONS DE L'ATMOSPHÈRE.

149. *Loi des pressions dans l'atmosphère supposée en équilibre.* — Si l'on fait abstraction de la variation de la température de l'air à différentes latitudes et altitudes, on a entre la pression p et la densité ρ la relation

$$p = lg\rho,$$

g étant la pesanteur à l'équateur par exemple, et l une constante. Cette relation, déduite de la loi de Mariotte, donne à l'atmosphère une hauteur infinie; mais, à une très-petite hauteur, sa densité est si petite, qu'elle peut être considérée comme nulle.

La constante l représente la hauteur qu'aurait l'atmosphère, si elle avait en tous points la même densité qu'au niveau de la mer; elle est très-petite par rapport au rayon de la Terre, dont elle n'est guère que la 800e partie (*). Avant d'aller plus loin, nous rappellerons que l'équilibre de la mer exige que la pression à sa surface, et par suite la densité de la couche d'air adjacente, soit constante.

On a, pour une molécule de l'atmosphère située à la distance r du centre de la Terre, θ et n continuant à avoir la même signification que plus haut,

$$\frac{n^2 r^2}{2} \sin^2\theta + V = \int \frac{dp}{\rho} + \text{const.} = lg \log\rho + \text{const.},$$

(*) La pression d'une atmosphère sur 1 mètre carré étant 10336 kilogrammes, et le poids du mètre cube d'air à o degré $1^k,3$, on a

$$l = \frac{10336}{1,3} = 7951,$$

soit $\dfrac{1}{807}$ du rayon terrestre. Pour une température plus élevée, l aurait une valeur plus faible.

V étant le potentiel dû aux attractions des éléments matériels de la Terre et de l'atmosphère, sur la molécule considérée.

Soit R le rayon vecteur de la surface de la mer correspondant à r, et posons $r = R + h$; h sera, en négligeant l'aplatissement dû à la force centrifuge, ou les termes de l'ordre $\dfrac{n^2}{g} \cdot \dfrac{h}{R}$, la hauteur de la molécule au-dessus de la mer; et comme, à une très-faible hauteur, la densité ρ est sensiblement nulle, h sera supposée une très-petite fraction de R. On peut par conséquent poser

$$V = V' + \frac{dV'}{dr} h + \frac{d^2 V'}{dr^2} \cdot \frac{h^2}{2}, \quad r^2 = R^2 + 2R h,$$

V' étant la valeur de V à la surface de la mer; il vient donc

$$\lg \log \text{nép } \rho + \text{const.} = V' + \frac{n^2 R^2 \sin^2\theta}{2} + h \left(\frac{dV'}{dr} + n^2 R \sin^2\theta \right) + \frac{h^2}{2} \cdot \frac{d^2 V'}{dr^2}.$$

Or, à la surface de la mer on a

$$V' + \frac{n^2 R^2}{2} \sin^2\theta = \text{const.};$$

d'autre part, $- \left(\dfrac{dV'}{dr} + n^2 R \sin^2\theta \right)$ est l'expression de la pesanteur apparente aux différents points de cette même surface et que nous désignerons par g'. Quant à la dérivée $\dfrac{d^2 V'}{dr^2}$, comme elle est multipliée par le facteur très-petit $\dfrac{h^2}{2}$, on peut la calculer en négligeant la force centrifuge et comme si la Terre était composée de couches sphériques, ou poser, m étant la masse de la Terre,

$$- \frac{dV'}{dr} = \frac{m}{R^2},$$

$$- \frac{d^2 V'}{dr^2} = - \frac{2m}{R^3} = - \frac{2g}{R} = - \frac{2g'}{R}.$$

Il vient donc

$$lg \log \rho = \text{const.} - g'h\left(1 + \frac{h}{R}\right),$$

d'où

$$\rho = \Pi \, E^{\frac{g'}{lg}\left(1+\frac{h}{R}\right)} = \Pi \, E^{\left[-\frac{h}{lg}(g'-g)-\frac{h}{l}\right]\left(1+\frac{h}{R}\right)},$$

E étant la base du système de logarithmes népériens, et Π la densité de l'air à la surface de la mer.

On voit ainsi que les couches d'air de même densité sont partout également élevées au-dessus de la surface de la mer, aux quantités près de l'ordre $\dfrac{h}{l}\dfrac{(g'-g)}{g}$, qui, dans le calcul de la hauteur des montagnes, ne doivent pas être négligées. Mais pour l'objet que nous nous proposons ici, nous pouvons supposer $\dfrac{g'}{g} = 1$, et négliger $\dfrac{h}{R}$ devant l'unité, ce qui revient à poser

$$(1) \qquad \rho = \Pi \, E^{-\frac{h}{l}},$$

comme au chapitre VI, et, pour les mêmes motifs (117), nous ferons abstraction dans ce qui suit des attractions mutuelles des molécules de l'atmosphère.

150. *Loi des petites oscillations de l'atmosphère.* — Reportons-nous aux notations et à la formule (A) du n° 132; on a $p' = lg\,\rho'$, et, en accentuant les quantités z, u, v pour les distinguer de celles qui se rapportent à la mer, on voit facilement que cette formule peut s'écrire sous la forme

$$\left[-2n\left(\frac{du'}{dt}\cos\theta + \frac{dz'}{dt}\sin\theta\right) - \frac{d^2v'}{dt^2}\right]r\sin\theta\,d\varpi$$
$$+ \left(2n\cos\theta\,\frac{dv'}{dt} - \frac{d^2u'}{dt^2}\right)r\,d\theta$$
$$- g\,dz' + n^2d(z'\sin^2\theta) + dV = lg\,d\log\rho',$$

V étant le potentiel relatif aux attractions du Soleil et de la

Lune. Or, comme nous supposons que r diffère très-peu de R, nous pourrons, dans les deux premiers termes de cette équation, remplacer r par R, ce qui revient à négliger les termes de l'ordre hv', hz'..., qui sont très-petits. D'autre part, la force centrifuge diffère très-peu de celle qui a lieu à la surface de la mer et est négligeable, comme cette dernière, par rapport à la gravité. Il vient donc, en posant $p' = p(1 + q)$, q étant une petite fraction dont nous négligerons le carré,

$$\log p' = \log p + q$$

et

$$(2) \begin{cases} R\left[-2n\left(\dfrac{du'}{dt}\cos\theta + \dfrac{dz'}{dt}\sin\theta \right) - \dfrac{d^2v'}{dt^2} \right]\sin\theta\,d\varpi \\[2ex] \quad + R\left(2n\cos\theta\dfrac{dv'}{dt} - \dfrac{d^2u'}{dt^2} \right) d\theta + dV = g\,d(z' + lq). \end{cases}$$

Pour obtenir l'équation de continuité, il faut exprimer que l'élément de masse $-\rho\sin\theta\,d\theta\,d\varpi\,r^2\,dr$ ne change pas quand ρ, θ, ϖ, r reçoivent des accroissements $\rho' - \rho = s$, $\dfrac{u'}{r}$, $\dfrac{v'}{r\sin\theta}$, z', ou que

$$(r + z')^2\sin\left(\theta + \frac{u'}{r} \right)\left(dr + \frac{dz'}{dr}\,dr \right)\left(d\theta + \frac{d\frac{u'}{r}}{d\theta}\,d\theta \right)$$

$$\times\left(d\varpi + \frac{d\frac{v'}{r\sin\theta}\,d\varpi}{d\varpi} \right)(\rho + s) - \rho r^2\sin\theta\,dr\,d\varpi\,d\theta = 0,$$

d'où

$$s + \rho\left(\frac{1}{r}\frac{d.rz'}{dr} + \frac{1}{\sin\theta}\cdot\frac{d.u'\sin\theta}{dr} + \frac{1}{\cos\theta}\frac{dv'}{d\varpi} \right) = 0.$$

Or,

$$(\rho + s)\,lg = p' = p(1 + q),$$

d'où

$$s = \frac{pq}{lg} = \rho q;$$

par suite,

$$(3) \quad lq = - \frac{l}{r}\left(\frac{1}{r}\frac{d.rz'}{dr} + \frac{1}{\sin\theta}\frac{d.u'\sin\theta}{d\theta} + \frac{1}{\sin\theta}\cdot\frac{dv'}{d\varpi}\right).$$

Supposons maintenant, sauf à vérifier ultérieurement si cette hypothèse est admissible, que les molécules d'air situées primitivement sur un rayon restent constamment en ligne droite avec le centre de la Terre dans l'état de mouvement, et que le déplacement suivant cette direction soit le même que pour les molécules de la mer ; on a $z' = z$; z est négligeable par rapport à u', v', comme devant u et v (133), et l'on admet que $\frac{u'}{r}$, $\frac{v'}{r}$ sont indépendants de r. L'équation de continuité (3) devient

$$(4) \quad lq = -\frac{l}{\sin\theta}\left(\frac{d\cdot\frac{u'}{r}\sin\theta}{d\theta} + \frac{d\frac{v'}{r}}{d\varpi}\right),$$

et l'on voit que lq conservera la même valeur pour toutes les molécules situées sur le même rayon.

L'équation (3) sera satisfaite par l'hypothèse précitée ou du moins approximativement ; car son second membre, d'après ce que l'on vient de voir, est indépendant de r, il en est sensiblement de même pour V, et dans les autres termes on peut remplacer sous le signe de la dérivation Rv', Ru' par $\frac{R^2v'}{r}$, $\frac{R^2u'}{r}$.

En prenant R pour unité, et, pour simplifier les formules, représentant les déplacements angulaires $\frac{v'}{r}$, $\frac{u'}{r}$ par v' et u', ce qui revient à supposer $r = 1$, les équations (2) et (4) deviennent

$$(5) \quad \left\{ \begin{aligned} &-\left(2n\frac{du'}{dt}\cos\theta + \frac{d^2v'}{dt^2}\right)\sin\theta\, d\varpi \\ &+\left(2n\cos\theta\frac{dv'}{dt} - \frac{d^2u'}{dt^2}\right)d\theta + dV = g\,d(z + lq), \end{aligned}\right.$$

$$(6) \quad lq = -\frac{l}{\sin\theta}\left(\frac{d.u'\sin\theta}{d\theta} + \frac{dv'}{d\varpi}\right).$$

L'équation (5), en vertu de l'indépendance des variations de θ et ϖ, se décomposera en deux autres, qui, jointes à l'équation (6), permettront de déterminer u', v', q.

151. *Variations de la hauteur barométrique.* — La hauteur barométrique est proportionnelle à la pression de l'air sur la surface du mercure ou à $lg\rho$. Mais cette surface est successivement exposée à l'action des diverses couches de niveau qui s'élèvent ou qui s'abaissent avec la surface de la mer. Ainsi, la hauteur barométrique varie avec ρ : 1° parce que cette densité est celle d'une couche de niveau qui, dans l'état d'équilibre, était moins élevée de z, d'où la variation $-z\dfrac{d\rho}{dr}=-\dfrac{\rho}{l}z$ de ρ; 2° parce que la densité d'une couche varie dans l'état de mouvement de $s=q\rho$. La variation totale éprouvée par ρ étant $\dfrac{\rho}{l}(z+lq)$, k désignant la hauteur barométrique correspondant à l'état d'équilibre, les oscillations du mercure seront représentées par

$$(7) \qquad \frac{k}{l}(z+lq),$$

et seront ainsi semblables pour toutes les hauteurs au-dessus d'un même point de la Terre, lorsque la raréfaction de l'air ne sera pas trop forte.

152. *Hypothèse d'une mer d'une profondeur constante.* — Soit γ la profondeur de la mer, et posons

$$(l-\gamma)u' + \gamma u = lu'',$$
$$(l-\gamma)v' + \gamma v = lv'',$$
$$(l-\gamma)lq + lz = lz''.$$

Les équations (5) et (6), eu égard aux équations (1)

du n° 133, se réduisent à

$$(8) \quad \left\{ \begin{aligned} &-\left(2n\,\frac{du''\cos\theta}{dt}+\frac{d^2v''}{dt^2}\right)\sin\theta\,d\varpi \\ &+\left(2n\cos\theta\,\frac{dv''}{dt}-\frac{d^2u''}{dt^2}\right)d\theta = g\,dz''-dV, \end{aligned} \right.$$

$$(9) \quad z'' = -\frac{l}{\sin\theta}\left(\frac{d.u''\sin\theta}{d\theta}+\frac{dv''}{d\varpi}\right).$$

Ces deux équations sont celles des oscillations d'une mer de profondeur constante l, et l'on est ainsi ramené à une question précédemment étudiée.

Les variations éprouvées par la hauteur barométrique seront données par la formule (7) qui devient

$$(10) \quad \frac{k(lz''-\gamma z)}{l(l-\gamma)}.$$

153. *Application.* — Pour nous faire une idée des oscillations du baromètre, nous supposerons la température telle que

$$l=\frac{1}{722.5},$$

ce qui est l'une des profondeurs de la mer pour laquelle nous avons donné (143) la valeur de z, qui sera dans ce cas celle de z'' multipliée par le rayon terrestre ou par 6 366 200 mètres. Nous supposerons de plus

$$\gamma=2l=\frac{1}{361,25},$$

ce qui est encore l'une des profondeurs considérées au même numéro; la valeur de z sera celle qui est relative à cette profondeur, également multipliée par le rayon terrestre. En ayant égard à ces valeurs de l, γ, z, z'', supposant $k=0,76$, on aura, pour déterminer les oscillations du baromètre,

$$\frac{k\,(lz'' - \gamma'z)}{l\,(l-\gamma)} = \frac{k}{l}\,(2z - z'') = 0,0000106 23 \left(\frac{1 + 3\cos 2\theta}{3}\right)$$

$$\times \left(\sin^2 v - \frac{1}{2}\cos^2 v + 3\sin^2 v' - \frac{3}{2}\cos^2 v'\right)$$

$$+ 0,0000106 23\sin^2\theta\,[\cos^2 v\,\cos 2\,(nt + \varpi - \psi)$$

$$+ 3\cos^2 v'\cos 2\,(nt + \varpi - \psi')]$$

$$\times (1,0000 - 4,6952\sin^2\theta - 2,9342\sin^4\theta$$

$$- 0,6922\sin^6\theta - 0,0899\sin^8\theta - 0,0076\sin^{10}\theta).$$

Si l'on suppose le Soleil et la Lune en conjonction ou en opposition dans le plan de l'équateur, on trouve $0^{mm},6305$ pour l'amplitude des oscillations de la colonne mercurielle.

154. *Vent produit par le Soleil et la Lune.* — L'attraction du Soleil et de la Lune doit produire un vent correspondant au flux et au reflux de la mer. Proposons-nous de déterminer l'intensité de ce vent dans les conditions particulières que nous venons d'étudier. L'équation (5) donne, en y faisant $\theta = 90$ degrés,

$$\frac{d^2v'}{dt^2} = - g\,\frac{d}{d\varpi}\,(z + lq) + \frac{dV}{d\varpi};$$

or,

$$v + lq = 2z - z'',$$

et de plus (143)

$$\frac{dV}{d\varpi} = - 2g \times 0^m,12316\,[\cos^2 v\,\sin 2\,(nt + \varpi - \psi)$$

$$+ 3\cos^2 v'\sin 2\,(nt + \varpi - \psi')],$$

et en remplaçant z, z'' par leurs valeurs,

$$\frac{d^2v'}{dt^2} = - 2g \times 1,0369\,[\cos^2 v\,\sin 2\,(nt + \varpi - \psi)$$

$$+ 3\cos^2 v'\sin 2\,(nt + \varpi - \psi')],$$

ce qui donne, en intégrant et considérant v, v′, ψ, ψ' comme constants,

$$dv' = H\,dt + \frac{g}{n^2}\,ndt.\,1^{m},0369[\cos^2 v \cos 2(nt + \varpi - \psi)$$
$$+ 3\cos^2 v' \cos 2(nt + \varpi - \psi')],$$

H étant une constante arbitraire.

Si l'on suppose que dt représente une seconde, ndt sera environ la cent-millième partie d'une circonférence; de plus, $\frac{n^2}{g}$ est $\frac{1}{289}$ du rayon terrestre que nous avons pris pour unité, et que nous introduirons explicitement dans la formule en le désignant par R; nous aurons ainsi

$$R\,dv' = RH\,dt + 0,01883[\cos^2 v \cos 2(nt + \varpi - \psi)$$
$$+ 3\cos^2 v' \cos 2(nt + \varpi - \psi')].$$

Si la constante H n'était pas nulle, il se produirait à l'équateur un vent constant, et l'on aurait ainsi une explication des vents alizés; mais comme cette constante dépend des conditions initiales du mouvement, elle a dû disparaître depuis longtemps, par suite des résistances de diverses natures éprouvées par l'air en exécutant ses oscillations; on doit conclure de là que les vents alizés ne sont pas dus à l'action du Soleil et de la Lune sur l'atmosphère.

Si les deux astres sont en conjonction ou en opposition dans l'équateur, on trouve $R\,dv' = 0^{m},07532$, ce qui est le maximum de la vitesse de l'air due à l'attraction du Soleil et de la Lune.

Si l'atmosphère recouvrait immédiatement le noyau terrestre, son mouvement suivrait la même loi que celui d'une mer d'une profondeur constante, et (141) les oscillations de la seconde espèce disparaîtraient.

155. *Résultats de l'observation.* — La variation de la hauteur barométrique due au flux solaire redevenant

chaque jour la même à la même heure, ce flux doit se confondre avec la variation diurne sans qu'on puisse l'en distinguer. Mais il n'en est pas de même des variations baro-
métriques dues au flux lunaire, qui, se réglant sur les
heures lunaires, ne redeviennent les mêmes aux mêmes
heures solaires qu'après un demi-mois lunaire. Laplace,
en discutant les expériences exécutées par Bouvard à l'Observatoire de Paris, aux syzygies et aux quadratures, du
1er octobre 1815 au 1er octobre 1823, en remarquant que
les flux partiels lunaires dépendent de la déclinaison de la
Lune et de sa parallaxe, a trouvé $\frac{1}{18}$ de millimètre pour
l'amplitude du flux total et $3\frac{1}{3}$ heures pour l'instant de
son maximum du soir aux syzygies. Il a pris pour point de
départ la formule empirique du flux de la mer que nous
avons donnée au paragraphe précédent, et il a reconnu
que la probabilité avec laquelle les observations de Bouvard indiquent un flux lunaire atmosphérique est de $\frac{337}{338}$.

CHAPITRE VIII.

DU MOUVEMENT DES CORPS CÉLESTES AUTOUR DE LEUR CENTRE DE GRAVITÉ.

§ I. — DU MOUVEMENT DE LA TERRE AUTOUR DE SON CENTRE DE GRAVITÉ.

156. Les phénomènes relatifs à la précession des équinoxes et à la nutation font reconnaître que la Terre, dans son mouvement de rotation autour de son centre de gravité, ne tourne pas constamment autour d'un axe fixe dans son intérieur, mais autour d'un axe instantané qui se déplace avec une extrême lenteur.

Ce déplacement de la ligne des pôles peut-il être attribué à ce que, dès l'origine, l'axe instantané de rotation ne coïncidait pas exactement avec un axe d'inertie? C'est ce que nous allons d'abord examiner sans faire intervenir l'action du Soleil et de la Lune, en supposant que l'angle formé par ces deux droites reste constamment très-petit, conformément aux résultats des mesures géodésiques d'après lesquelles la ligne des pôles diffère peu d'un axe de symétrie; nous déterminerons en même temps les conditions auxquelles doit satisfaire le mouvement pour qu'il en soit ainsi.

157. *Recherches relatives aux conditions initiales du mouvement de la Terre.* — Soient :

O le centre de gravité de la Terre (*fig.* 21);

Ox, Oy, Oz les trois axes principaux d'inertie passant par ce point;

A, B, C les moments d'inertie correspondant respectivement à ces trois axes;

p, q, r les composantes, suivant les mêmes axes, de la rotation instantanée, positives ou négatives lorsqu'elles auront lieu ou non de la droite vers la gauche, pour l'observateur couché suivant ces trois directions en ayant les pieds en O;

OX, OY, OZ trois axes rectangulaires de direction fixe dans l'espace passant par le point O;

φ, ψ, θ les angles que forment Ox avec l'intersection $O\chi$ des plans xOy, XOY, $O\chi$ avec OX, et Oz avec OZ, ce dernier angle étant également celui que forment entre eux les plans xOy et XOY.

Nous supposerons que XOY représente le plan de l'écliptique considéré comme fixe.

La composante r, étant sensiblement égale à la rotation de la Terre, sera très-grande par rapport à p et q, dont nous négligerons dès lors le produit. Celle des équations des moments qui se rapporte à l'axe Oz ou

$$C\frac{dr}{dt} + (A - B)\,pq = 0$$

montre par suite (*) que la rotation r peut être considérée comme constante.

Les deux autres équations du mouvement sont

$$A\frac{dp}{dt} + (B - C)qr = 0,$$

$$B\frac{dq}{dt} + (C - A)rp = 0,$$

et ont pour intégrales

$$(1)\qquad p = k\sin(\alpha t + \varepsilon), \quad q = ik\cos(\alpha t + \varepsilon),$$

en posant

$$\alpha = r\sqrt{\frac{(C - A)(C - B)}{AB}}, \quad i = \sqrt{\frac{A - C}{B - C}\cdot\frac{A}{B}}$$

et désignant par k et ε deux constantes arbitraires.

(*) *Voyez* mon *Traité de Cinématique pure*, p. 344.

Si la valeur de α est réelle ou si C est le plus petit ou le plus grand des moments d'inertie, p et q resteront toujours très-petits ; dans le cas contraire, les formules renfermeront des exponentielles, p et q croîtront indéfiniment avec le temps, et l'hypothèse du point de départ ne sera plus admissible. On voit ainsi que, en raison de l'aplatissement de la Terre aux pôles, Oz ne peut correspondre qu'au plus grand moment d'inertie principal.

On a, par la composition des rotations (*), les équations

$$-\frac{d\varphi}{dt} = (p\sin\varphi + q\cos\varphi)\cot\theta + r,$$

$$\frac{d\theta}{dt} = -p\cos\varphi + q\sin\varphi, \quad r = -\frac{d\psi}{dt} + \frac{d\psi}{dt}\cos\theta.$$

De la première on déduit, en négligeant p et q devant r,

$$\varphi = -rt + \varphi_0,$$

φ_0 étant une constante arbitraire ; en portant cette valeur dans la seconde équation, puis intégrant et désignant par h une autre constante, il vient

$$\theta = h + \frac{k(1+i)}{2(r+\alpha)}\cos[(r+\alpha)t - \varphi_0 + \varepsilon]$$

$$- \frac{k(1-i)}{2(r-\alpha)}\cos[(r-\alpha)t - \varphi_0 - \varepsilon].$$

On voit d'après cela que si k avait une valeur sensible, les pôles, intersections de l'axe instantané de rotation avec la surface de la Terre, exécuteraient sur cette surface deux espèces d'oscillations dont les périodes respectives seraient

$$\frac{2\pi}{r+\alpha}, \quad \frac{2\pi}{r-\alpha} \quad \text{ou} \quad \frac{A}{C}\cdot\frac{2\pi}{r}, \quad \frac{2\pi}{\dfrac{(2A-C)r}{A}},$$

---

en remarquant que, A étant peu différent de B, on peut prendre

$$\alpha = r\,\frac{C-A}{A}.$$

Le rapport $\frac{A}{C}$ étant très-voisin de l'unité, la première période serait sensiblement égale à $\frac{2\pi}{r}$ ou à un jour, et la seconde à $\frac{\pi}{r}$ ou à une demi-journée. Les observations les plus précises n'ayant jamais accusé de variation de ce genre dans la hauteur du pôle, il faut en conclure que k est insensible, et que par conséquent les oscillations de l'axe terrestre, dépendant des conditions initiales du mouvement de la Terre, sont depuis longtemps anéanties, et qu'il ne subsiste que celles qui ont une cause permanente.

Ainsi, sans l'action combinée du Soleil et de la Lune, résultant de sa non-sphéricité, le sphéroïde terrestre tournerait constamment autour de son plus petit axe d'inertie. Mais cette cause perturbatrice ayant une très-faible intensité et étant périodique, les déplacements éprouvés par rapport à cet axe par l'axe instantané sont très-faibles, et la vitesse angulaire ne subit que des variations très-petites et périodiques.

158. *Du mouvement de la Terre, en ayant égard à l'attraction du Soleil et de la Lune.*—Nous pourrons, sans erreur appréciable, supposer que les masses du Soleil et de la Lune sont concentrées en leurs centres de gravité respectifs, puisque d'une part les dimensions de ces corps sont très-faibles par rapport à leurs distances à la Terre, et que de l'autre ils sont sensiblement sphériques.

Nous devrons tenir compte de la variation de position qu'éprouve l'écliptique, correspondant à une réduction séculaire de son obliquité, actuellement équivalente à

48 secondes, mouvement 100 fois plus lent que celui déjà
si lent de la précession. Ce déplacement est périodique;
mais, en raison de son extrême lenteur, on peut le considérer sans grande erreur, pour une très-longue durée,
comme uniforme, ou encore, avec une plus grande approximation, comme uniformément varié. Nos observations
sont d'ailleurs trop incomplètes pour fixer la grandeur de
la période, et nous ne pouvons que préciser les valeurs numériques des coefficients des premiers termes du développement suivant les puissances ascendantes du temps,
approximation qui est bien suffisante pour une période de
onze à douze siècles.

Nous prendrons pour plan XOY le plan de l'écliptique,
relatif à une époque antérieure déterminée prise pour origine du temps, et nous compterons la longitude à partir de
l'équinoxe du printemps correspondante, par laquelle nous
ferons passer l'axe OX.

Soient (*fig.* 21) :

$O\eta$ la position que prendrait Oy en faisant tourner
dans son plan l'angle xOy autour de son sommet, de
manière que Ox vînt à coïncider avec $O\chi$;

$\chi = -\dfrac{d\theta}{dt}$, $\eta = \dfrac{d\psi}{dt}\sin\theta$ les composantes de la rotation
instantanée suivant $O\chi$, $O\eta$;

$\mathfrak{M}_\chi$, $\mathfrak{M}_\eta$, $\mathfrak{M}_z$ les moments des forces perturbatrices par
rapport à $O\chi$, $O\eta$, Oz;

n la vitesse angulaire moyenne de la Terre autour de
l'axe principal Oz, qui ne diffère de r et de la rotation instantanée que de quantités très-petites de
l'ordre $\mathfrak{M}_\chi$, $\mathfrak{M}_\eta$, $\mathfrak{M}_z$, p, q, χ, n, dont nous négligerons les produits et les secondes puissances.

On a, par la composition des rotations,

$$p = \chi\cos\varphi + n\sin\varphi,$$
$$q = n\cos\varphi - \chi\sin\varphi,$$

et pour les moments des quantités de mouvement autour de Ox, Oy,

$$Ap = A(\chi\cos\varphi + \eta\sin\varphi),$$
$$Bq = B(\eta\cos\varphi - \chi\sin\varphi).$$

Les moments pareils relatifs à $O\chi$, $O\eta$ sont par suite

$$Ap\cos\varphi - Bq\sin\varphi = \chi\frac{(A+B)}{2} + \left(\frac{A-B}{2}\right)(\eta\sin 2\varphi + \chi\cos 2\varphi),$$

$$Ap\sin\varphi + Bq\cos\varphi = \eta\frac{(A+B)}{2} + \left(\frac{A-B}{2}\right)(\chi\sin 2\varphi - \eta\cos 2\varphi).$$

Or, les axes mobiles $O\chi$, $O\eta$, Oz se déplacent en vertu des rotations χ, η, $-\eta\cot\theta$ autour de leurs directions propres (*), rotations qui sont du même ordre de grandeur que p et q; et comme le moment total des quantités de mouvement représenté par la droite OM (**) ne diffère en grandeur de Cn et en direction de Oz que de quantités du même ordre, la vitesse d'entraînement du point M aura pour composantes

$$Cn\eta, \text{ suivant } O\chi,$$
$$-Cn\chi, \text{ suivant } O\eta.$$

On a donc, en exprimant que la vitesse absolue du point M, estimée suivant $O\chi$, $O\eta$, est égale au moment des forces estimé de la même manière,

$$\frac{d}{dt}\left[\chi\frac{(A+B)}{2} + \left(\frac{A-B}{2}\right)(\eta\sin 2\varphi + \chi\cos 2\varphi)\right] + Cn\eta = \mathfrak{M}_\chi,$$

$$\frac{d}{dt}\left[\eta\frac{(A+B)}{2} + \left(\frac{A-B}{2}\right)(\chi\sin 2\varphi - \eta\cos 2\varphi)\right] - Cn\chi = \mathfrak{M}_\eta.$$

(*) Car le mouvement de ces axes est défini par les rotations

$$-\frac{d\theta}{dt} = \chi,$$

$\dfrac{d\psi}{dt}$ autour de OZ ou $\begin{cases} +\dfrac{d\psi}{dt}\sin\theta \text{ autour de } O\eta, \\[2mm] -\dfrac{d\psi}{dt}\cos\theta \text{ autour de } Oz. \end{cases}$

(**) *Voyez*, pour l'interprétation des équations de la rotation des corps solides, mon *Traité de Cinématique pure*, p. 347.

Or, η et χ étant indépendants de l'angle φ, on voit que l'on peut supprimer les termes en sinus et cosinus de 2φ qui n'introduiraient dans le déplacement de l'axe terrestre que des termes dont la périodicité serait journalière, et dont l'observation n'a pas constaté l'existence. Il résulte de là que la différence $A - B$ est très-petite, ou que la Terre, étant à fort peu près un solide de révolution, d'après les mesures géodésiques, est en même temps composée d'éléments matériels à très-peu près distribués d'une manière uniforme.

En appelant A' la moyenne $\dfrac{A + B}{2}$ des moments principaux d'inertie relatifs à l'équateur, il vient

$$A' \frac{d\chi}{dt} + Cn\eta = \mathfrak{M}_\chi,$$

$$A' \frac{d\eta}{dt} - Cn\chi = \mathfrak{M}_\eta.$$

Les mouvements déterminés par les rotations η et χ étant très-lents relativement à la rotation n autour de Oz, les dérivées $\dfrac{d\chi}{dt}, \dfrac{d\eta}{dt}$ sont très-petites comparativement à n, η, χ, et l'on peut ainsi écrire

$$(2) \qquad \begin{cases} \eta = \dfrac{\mathfrak{M}_\chi}{Cn}, \\[2mm] \chi = - \dfrac{\mathfrak{M}_\eta}{Cn}. \end{cases}$$

Telles sont les équations dont nous ferons usage dans le problème qui nous occupe.

159. *De l'action du Soleil.* — D'après le n° 56, l'attraction du Soleil donne lieu, par rapport à Ox, Oy, aux moments

$$\mathfrak{M}_x = 3m \frac{(C - B)}{a^3} yz, \qquad \mathfrak{M}_y = -3m \frac{(C - A)}{a^3} xz;$$

formules dans lesquelles m représente la masse du Soleil, $x, y,$ z ses coordonnées par rapport à Ox, Oy, Oz, a sa distance moyenne à la Terre.

Soient ($fig.$ 22) :

n' la vitesse angulaire moyenne du Soleil autour de la Terre;

x', y' ses coordonnées parallèles à $O\chi$, On;

h le rapport de la masse de la Terre à celle du Soleil;

$\chi\eta$ le cercle qui représente l'équateur sur la sphère d'un rayon égal à l'unité ayant pour centre celui de la Terre;

$\chi\eta'$ le cercle qui représente l'écliptique fixe, et dont l'équinoxe du printemps est en X;

$\chi'S$ l'écliptique mobile, coupant le cercle précédent au point N;

S la position du Soleil;

SQ sa latitude;

$\lambda = - NX$ la longitude du *nœud descendant* N, comp-tée à partir de l'origine X;

$\Lambda = XP$ la longitude du Soleil;

i l'inclinaison très-petite de l'écliptique mobile sur l'écliptique vrai, dont on négligera le carré ainsi que le produit par $\psi = \chi X$.

On a

$$m(1+h) = n'^2 a^3, \quad \text{d'où} \quad m = \frac{n'^2 a^3}{1+h},$$

$$\mathfrak{M}_x = \frac{3n'^2}{1+h} \frac{(C-B)}{a^2} yz, \quad \mathfrak{M}_y = - \frac{3n'^2}{1+h} \frac{(C-A)}{a^2} xz,$$

$$\mathfrak{M}_\chi = \mathfrak{M}_x \cos\varphi - \mathfrak{M}_y \sin\varphi, \quad x = x' \cos\varphi + y' \sin\varphi,$$

$$\mathfrak{M}_\eta = \mathfrak{M}_x \sin\varphi + \mathfrak{M}_y \cos\varphi, \quad y = y' \cos\varphi - x' \sin\varphi,$$

$$A' = \frac{A+B}{2},$$

d'où

$$(3) \quad \begin{cases} \mathfrak{M}_\chi = \dfrac{2n'^2}{1+h} \dfrac{(C-A')}{a^2} zy', \\[2ex] \mathfrak{M}_\eta = \dfrac{3n'^2}{1+h} \dfrac{(C-A')}{a^2} zx', \end{cases}$$

en laissant de côté les termes périodiques en $\sin\varphi$ et $\cos\varphi$. Nous pourrons négliger h qui n'est guère que $\dfrac{1}{350000}$, et le tout se réduit à calculer x', y', z en fonction des coordonnées astronomiques du Soleil.

Si l'on néglige de plus le carré de l'angle $S\chi Q$, on peut considérer χQ comme égal à χP ou à $\Lambda+\psi$ et écrire

$$x' = a\cos(\Lambda+\psi).$$

On a de même, pour la projection du rayon OS ou OP sur la perpendiculaire $O\eta'$ à $O\chi$ dans le plan de l'écliptique fixe

$$a\sin(\Lambda+\psi),$$

et pour la distance du point S à ce même plan

$$\text{OS}\sin\text{SP} = a\sin\text{NP}.i = ai\sin(\Lambda-\lambda),$$

d'où l'on déduit facilement

$$y' = a[\sin(\Lambda+\psi)\cos\theta + i\sin(\Lambda-\lambda)\sin\theta],$$
$$z' = a[\sin(\Lambda+\psi)\sin\theta - i\sin(\Lambda-\lambda)\cos\theta];$$

par suite,

$$(4)\begin{cases} \mathfrak{M}_\chi = \dfrac{3}{2}\,n'^2(C-A')[2\sin\theta\cos\theta\sin_i^2(\Lambda+\psi) \\ \qquad\qquad - i\cos2\theta\cos\lambda + i\cos2\theta\cos(2\Lambda-\lambda)], \\[2ex] \mathfrak{M}_\eta = -\dfrac{3}{2}\,n'^2(C-A')[\sin\theta\sin2(\Lambda+\psi) \\ \qquad\qquad - i\cos\theta\sin(2\Lambda-\lambda) + i\cos\theta\sin\lambda]; \end{cases}$$

ou, en laissant de côté les termes périodiques en sinus et cosinus de l'angle $\Lambda = n't$ ou de ses multiples, donnant lieu à des déplacements annuels que n'accuse pas l'observation,

$$(5) \quad \begin{cases} \mathfrak{M}_\chi = \dfrac{3}{2} n'^2 (C - A')(- \cos 2\theta . i \cos\lambda + \sin\theta\cos\theta), \\[2ex] \mathfrak{M}_\eta = - \dfrac{3}{2} n'^2 (C - A') \cos\theta . i \sin\lambda. \end{cases}$$

Si l'on porte ces valeurs dans les équations (2), on trouve

$$(6) \quad \begin{cases} \eta = \dfrac{3}{2} n'^2 \dfrac{(C - A')}{Cn} (- \cos 2\theta . i \sin\lambda + \sin\theta\cos\theta) = \sin\theta \dfrac{d\psi}{dt}, \\[2ex] \chi = \dfrac{3}{2} n'^2 \dfrac{(C - A')}{Cn} \cos\theta . i \sin\lambda = - \dfrac{d\theta}{dt}. \end{cases}$$

En négligeant les inégalités séculaires de l'écliptique ou i, χ étant nul, θ resterait constant. Si nous désignons par θ' cette constante, égale, si l'on veut, à la valeur de θ correspondant à l'origine du temps, nous pourrons, sans erreur sensible, remplacer θ par θ' sous les signes sin et cos; et nous poserons, comme nous l'avons dit au n° 158,

$$i \sin\lambda = gt, \quad i \cos\lambda = g't,$$

g et g' étant deux constantes numériquement très-faibles. Nous obtiendrons ainsi

$$\chi = - \frac{d\theta}{dt} = \frac{3n'^2}{2} \frac{(C - A')}{Cn} \cos\theta' gt,$$

d'où, pour la mesure de la *nutation* due à l'action du Soleil,

$$\theta - \theta' = - \frac{3}{2} n'^2 \frac{(C - A')}{Cn} \cos\theta' \frac{gt^2}{2},$$

puis

$$\eta = \sin\theta' \frac{d\psi}{dt} = \frac{3}{2} n'^2 \frac{(C - A')}{Cn} (- gt \cos 2\theta' + \sin\theta'\cos\theta'),$$

et par suite pour valeur de la *précession* correspondante,

$$\psi = \frac{3}{2} n'^2 \frac{(C - A')}{Cn} \left(t \cos\theta' - g' \frac{\cos 2\theta'}{\sin\theta'} \frac{t^2}{2} \right).$$

160. *De l'action de la Lune.* — Pour calculer l'influence de la Lune sur le mouvement de la Terre on peut faire usage des formules (6), en y changeant le signe de i, supposant ensuite que i et λ représentent l'inclinaison i_1 de l'orbe lunaire sur l'écliptique et la longitude λ_1 du nœud descendant N_2; il faut de plus introduire au dénominateur le facteur $1 + h_1$, h_1 désignant le rapport de la masse de la Terre à celle de la Lune, qui n'est plus négligeable, et changer θ en θ'. Si donc n'_1 représente la vitesse angulaire de la Lune autour de la Terre, on a

$$n = \frac{3}{2} n'^2_1 \frac{(C - A')}{C n (1 + h_1)} (\cos 2\theta' \cdot i_1 \cos \lambda_1 + \sin \theta' \cos \theta'),$$

$$\chi = -\frac{3}{2} n'^2_1 \frac{(C - A')}{C n (1 + h_1)} \cdot \cos \theta' \cdot i_1 \sin \lambda_1.$$

L'emploi de ces formules suppose que i_1 est très-petit, et, en effet, l'observation fait reconnaître que l'inclinaison I de l'orbe lunaire sur l'écliptique vraie est très-faible, qu'elle est sensiblement constante et égale à $5^\circ 9'$, d'où il suit que l'on peut effectivement négliger le carré de i_1.

Pour exprimer i_1 en fonction de I, soient Λ_1 la longitude XP de la Lune L; N_2, N_1 les nœuds de l'orbite lunaire sur l'écliptique fixe et l'écliptique vrai; S l'intersection de LP avec ce dernier. On a, en négligeant les termes de second ordre,

$$LP = i_1 \sin N_2 P = \sin(\Lambda_1 - \lambda_1) \cdot i_1,$$

$$LP = LS - SP = I \sin N_1 S - i \sin NP = I \sin N_2 P - i \sin NP$$

$$= I \sin(\Lambda_1 - \lambda_1) - i \sin(\Lambda_1 - \lambda);$$

égalant ces deux valeurs, puis supposant successivement $\Lambda_1 = 0$, $\Lambda_1 = 90^\circ$, on trouve

$$i_1 \sin \lambda_1 = I \sin \lambda_1 - i \sin \lambda = I \sin \lambda_1 - gt,$$

$$i_1 \cos \lambda_1 = I \cos \lambda_1 - i \cos \lambda = I \cos \lambda_1 - g't.$$

D'autre part, la longitude du nœud diminue, d'un mouvement sensiblement uniforme, d'une circonférence en $18\frac{2}{3}$ ans environ. Si donc on désigne par α la vitesse angulaire du nœud, et par λ_0 une constante, on peut écrire

$$\lambda_1 = -(\alpha t + \lambda_0),$$

et il vient, en posant $\dfrac{n'^2_1}{1 + h_1} = n'^2\omega,$

$$\eta = \sin\theta'\frac{d\psi}{dt} = \frac{3}{2}n'^2\frac{(C-A')}{Cn}\omega[\sin\theta'\cos\theta' + \cos 2\theta' \cdot I\cos(\alpha t + \lambda_0)$$
$$- g'\,t\cos 2\theta'],$$

$$\chi = -\frac{d\theta}{dt} = -\frac{3}{2}n'^2\frac{(C-A')}{Cn}\omega\cos\theta'\,[I\sin(\alpha t + \lambda_0) - gt],$$

d'où

$$(7)\quad\begin{cases}\psi = \dfrac{3n'^2}{2}\dfrac{(C-A')}{Cn}\omega\left(t\cos\theta' + \dfrac{\cos 2\theta'}{\sin\theta'}\cdot\dfrac{I}{\alpha}\sin\lambda_1\right.\\[2ex]\left.\qquad\qquad\qquad - \dfrac{g'\cos 2\theta'}{\sin\theta'}\cdot\dfrac{t^2}{2}\right),\\[3ex]\theta - \theta' = \dfrac{3n'^2}{2}\dfrac{(C-A')}{Cn}\omega\cos\theta'\left(\dfrac{I}{\alpha}\cos\lambda_1 - \dfrac{gt^2}{2}\right).\end{cases}$$

161. *Résultat des actions simultanées du Soleil et de la Lune.* — En réunissant les termes résultant des actions du Soleil et de la Lune, on a, pour les déplacements de l'axe terrestre dus à la simultanéité d'action de ces deux astres,

$$(7')\quad\begin{cases}\psi = \dfrac{3n'^2}{2}\dfrac{(C-A')}{Cn}\cos\theta'\left[(1+\omega)t + \dfrac{2\omega\cot 2\theta'}{\alpha}\cdot I\sin\lambda_1\right.\\[2ex]\left.\qquad\qquad\qquad - g'\cot 2\theta'\cdot(1+\omega)\dfrac{t^2}{2}\right],\\[3ex]\theta - \theta' = \dfrac{3}{2}n'^2\dfrac{(C-A')}{Cn}\cos\theta'\left[\omega\dfrac{I}{\alpha}\cos\lambda_1 - g(1+\omega)\dfrac{t^2}{2}\right].\end{cases}$$

Si l'on néglige les inégalités séculaires de l'écliptique,

on a

$$(7'') \begin{cases} \psi = \dfrac{3}{2}\, n'^2 \dfrac{(C - A')}{Cn} \cos\theta' \left[(1 + \omega)\,t + \dfrac{2\,\omega \cot 2\theta'}{\alpha} \cdot I\sin\lambda_1 \right], \\[2mm] \theta - \theta' = \dfrac{3n'^2}{2}\, \dfrac{(C - A')}{Cn}\, \cos\theta'.\, \omega\, \dfrac{I\cos\lambda_1}{\alpha}. \end{cases}$$

Concevons une droite OA partant du point O et qui fasse constamment l'angle θ' avec la perpendiculaire OZ à l'écliptique fixe, en tournant autour de cet axe avec la vitesse angulaire

$$3\,n'^2 \frac{(C - A')}{Cn}\, (1 + \omega)\cos\theta',$$

les déplacements de l'axe OB de la Terre par rapport à l'axe *moyen* OA seront donnés par les formules

$$\psi = 3\,n'^2 \frac{(C - A')}{Cn}\, \cos\theta' \cot 2\theta'\, \frac{I\sin\lambda_1}{\alpha},$$

$$\theta - \theta' = \frac{3\,n'^2}{2}\, \frac{(C - A')}{Cn}\, \cos\theta'\, \frac{I}{\alpha}\, \cos\lambda_1.$$

Le pôle vrai B est ainsi animé par rapport au pôle moyen A de deux mouvements rectangulaires périodiques que l'on peut considérer comme rectilignes, et qui sont complémentaires et d'amplitude différente. Il décrit donc par suite autour de A une petite ellipse dans le même temps que les nœuds de l'orbite lunaire accomplissent une révolution, ou en 18 ans $\frac{2}{3}$. L'un des axes $2a$ est dirigé vers le pôle de l'écliptique, et le rapport de l'autre axe $2b$ au précédent est donné par la formule

$$\frac{b}{a} = \frac{\cos 2\theta'}{\sin\theta'};$$

cette ellipse a été observée pour la première fois par Bradley, à qui on doit la découverte du phénomène de la nutation.

Donnant à θ' la valeur connue

$$\theta' = 23^\circ 28' 18'',$$

on trouve pour le rapport ci-dessus

$$\frac{b}{a} = 0,7446;$$

l'observation donne

$$\frac{b}{a} = 0,7462,$$

chiffre qui diffère très-peu du précédent.

Si maintenant nous laissons de côté l'influence de la rétrogradation périodique des nœuds de l'orbite lunaire, pour ne nous occuper que des déplacements séculaires, il vient

$$(8) \quad \begin{cases} \psi = \dfrac{3}{2}\, n'^2 \dfrac{C - A'}{Cn} \cos\theta'(1 + \omega)\left(t - g'\cot 2\theta' \cdot \dfrac{t^2}{2}\right), \\[3mm] \theta - \theta' = -\dfrac{3 n'^2}{2} \dfrac{C - A'}{Cn} \cos\theta'(1 + \omega)\, \dfrac{g t^2}{2}. \end{cases}$$

162. *Déplacements de l'axe de la Terre rapportés à l'écliptique vraie.* — Pour comparer la théorie à l'observation, il faut rapporter les déplacements de l'axe de la Terre à l'écliptique vraie.

Soient :

Θ l'inclinaison de l'équateur sur l'écliptique vraie ;

$\chi_1'\, X = \Psi$ la longitude de l'équinoxe vrai χ', prise en valeur absolue ;

$\Delta = \chi\chi'$, $\Theta - \theta = \delta\theta$, $\Psi - \psi = \delta\psi$.

Le triangle sphérique $\chi\chi' N$ donne

$$\cos\Theta = \cos(\theta + \delta\theta) = \cos\theta\cos i + \sin\theta\sin i\cos(\psi + \lambda),$$

ou, en ne conservant que les deux premières puissances

de i et de $\delta\theta$,

$$\delta\theta = \Theta - \theta = \frac{i^2}{2}\cot\theta - i\cot(\psi + \lambda) - \cos\theta\,\frac{\delta\theta^2}{2},$$

et enfin en remplaçant dans le second membre $\delta\theta$ par sa valeur obtenue en négligeant les termes du second ordre,

$$(9) \qquad \Theta = \theta - i\cos(\psi + \lambda) + \frac{i^2}{2}\sin^2(\psi + \lambda)\cot\theta.$$

Le même triangle donne

$$\sin\Delta \text{ ou } \Delta = -\frac{\sin(\psi + \lambda)\sin i}{\sin\Theta} = \frac{- i\sin(\psi + \lambda)}{\sin\theta - i\cos\theta\cos(\psi + \lambda)}$$

ou

$$(10) \qquad \Delta = -\frac{i\sin(\psi + \lambda)}{\sin\theta} - \frac{i^2\sin 2(\psi + \lambda)\cos\theta}{2\sin^2\theta}.$$

Enfin on a, en considérant le triangle rectangle $\chi\chi'\chi'_1$,

$$\tan(\psi - \Psi) = -\delta\psi = \tan\Delta\cos\theta = \Delta\cos\theta,$$

d'où

$$(11) \qquad \Psi = \psi + i\sin(\psi + \lambda)\cot\theta + \frac{i^2}{2}\sin 2(\psi + \lambda)\cot^2\theta.$$

Nous avons dû conserver le carré de i dans les valeurs de Θ et θ, puisque nous poussons l'approximation jusqu'aux termes dépendant du carré du temps. Par la même raison, nous devrons employer pour $i\sin\lambda$ et $i\cos\lambda$ des expressions de la forme

$$i\sin\lambda = gt + kt^2, \quad i\cos\lambda = g't + k't^2,$$

k et k' étant deux nouvelles constantes; et en posant

$$(12) \qquad \zeta = \frac{3}{2}n'^2\frac{C - A'}{Cn}\cos\theta'(1 + \omega),$$

il vient

$$\psi = \zeta(t - g't^2\cot 2\theta'),$$

$$\theta = \theta' - \zeta\frac{g't^2}{2},$$

et enfin

$$\Psi = (\zeta + g\cot\theta')t + \left(\frac{g'\zeta}{\sin 2\theta'} + gg'\cot^2\theta' - k\cot\theta'\right)t^2,$$

$$(13)\qquad \Theta = \theta' - g't + \left(\frac{g\zeta}{2} + \frac{1}{2}g^2\cot\theta' + k'\right)t^2.$$

163. *Formules numériques.* — D'après le sens suivant lequel les angles ψ et Ψ sont comptés, le mouvement des équinoxes sera rétrograde si les angles croissent avec le temps, et c'est effectivement ce qui a lieu. La grandeur de ζ, qui dépend des moments d'inertie de la Terre, ne peut être déterminée que par l'observation. En prenant pour plan fixe l'écliptique du commencement de l'année 1750, fixant à cette époque l'origine du temps, l'unité de temps étant l'année julienne de 365ʲ,25, Bessel a trouvé $\zeta = 50'',37572$ pour la précession relative à cette année, et $\theta' = 23°28'18''$. De plus, on a d'après Laplace

$$\omega = 2,35333,$$

et, d'après Bouvard,

$$g = 0'',066314, \qquad g' = 0'',456917,$$
$$k = -0'',00018658, \quad k' = -0'',00005741,$$

valeurs qui peuvent convenir avec une assez grande approximation pour une période de 1000 à 1200 ans avant et après l'origine du temps, en supposant t négatif dans le premier cas. En faisant ces substitutions, il vient

$$\theta = 23°28'18'' + 0'',00008001\,t^2,$$
$$\psi = 50'',37572\,t - 0'',00010905\,t^2,$$
$$\Theta = 23°28'18'' - 0'',45692\,t - 0'',00000242\,t^2,$$
$$\Psi = 50'',22300\,t + 0,000637\,t^2.$$

L'obliquité moyenne de l'écliptique pour 1813, conclue des solstices d'été de cette année et de 1812 et 1814, observés à Paris, en prenant leur moyen résultat et $9''{,}40$ pour le coefficient de nutation, a été trouvé égal à

$$\Theta = 23^\circ\, 27'\, 49''{,}28,$$

valeur qui diffère peu de celle

$$\Theta = 23^\circ 27' 49''{,}03$$

déduite des formules précédentes en y supposant $t = 62{,}5$.

164. *Invariabilité de la durée de la rotation de la Terre.* — La rotation du globe terrestre donnée par la formule

$$\frac{dr}{dt} + \frac{A - B}{C} \cdot pq = \frac{\mathfrak{M}_3}{C}$$

serait constante d'une manière absolue, s'il affectait la forme d'un solide de révolution, puisque l'hypothèse $A = B$ donne $(56)\,\mathfrak{M}_3 = 0$. Il est facile de voir qu'il en sera encore de même en supposant que les trois moments d'inertie principaux soient inégaux. En effet, on a

$$p = \chi\cos\varphi + n\sin\varphi, \quad q = n\cos\varphi - \chi\sin\varphi,$$

et pq ne renferme que des termes périodiques comme le mouvement de rotation de la Terre, et sur lesquels la longue période de χ et n ne peut pas avoir d'influence sensible par l'intégration. On peut donc supprimer de l'équation ci-dessus le terme en pq. Quant à $\mathfrak{M}_3$, considérons par exemple celui de ses termes qui dépend de l'action du Soleil : on a

$$\mathfrak{M}_3 = 3 n^2 \frac{(B - A)}{a^3}\, xy,$$

$$xy = (y'^2 - x'^2)\sin\varphi\cos\varphi + x' y' \cos^2\varphi.$$

Les termes qui constituent x', y' ont des périodes beaucoup plus longues que φ, par conséquent xy ou $\mathfrak{M}_3$ ne dépend que des termes dont la période diffère peu de celle de la rotation de la Terre et dont l'influence est insensible.

Ainsi donc l'attraction du Soleil et de la Lune ne peut avoir aucune influence sur le mouvement de rotation de la Terre.

165. *Précession annuelle et longueur de l'année équinoxiale.* — La précession annuelle est la différence des valeurs de Ψ pour les valeurs t et $t + 1$ ou

$$50'',22311 + 0'',00023274\,t.$$

L'année sidérale est constante et égale en jours moyens à $365^j,256374$, et pendant cette période le Soleil parcourt un arc de 360 degrés; on déduit de là le temps employé pour décrire l'arc de précession ci-dessus; en le retranchant de l'année sidérale et appelant μ le nombre de siècles écoulés depuis 1750, on trouve, pour la longueur de l'année équinoxiale,

$$365^j,2419 - \mu.0^j,0000066655$$

qui diminue ainsi à peu près d'une demi-seconde par siècle.

166. *Rapport des moments d'inertie de la Terre.* — En continuant à prendre pour unité de temps l'année julienne, on aura

$$n' = 359°,99371, \qquad \frac{n'}{n} = 0,0027303,$$

et comme

$$\zeta = 50'',37572;$$

la formule (12) donne

$$\frac{C - A'}{C} = 0,0032561,$$

et, en négligeant le cube de cette fraction,

$$\frac{C - A'}{A'} = \frac{C - A'}{C} \cdot \frac{C}{A'} = \frac{C - A'}{C} \left(1 + \frac{C - A'}{C} \right) = 0,0032667.$$

D'après les n°s 89 et 104 on a

$$\frac{C - A'}{C} = \left(E - \frac{1}{2}\, \varphi \right) \frac{\displaystyle\int_0^1 \rho A^2\, dA}{\displaystyle\int_0^1 \rho A^4\, dA},$$

d'où l'on déduit pour l'aplatissement de la Terre, en se rappelant que $\varphi = \dfrac{1}{289}$,

$$E = 0,0017301 + 0,0032561\, \frac{\displaystyle\int_0^1 \rho A^4\, dA}{\displaystyle\int_0^1 \rho A^2\, dA};$$

or, en appelant ρ' la densité à la surface, on a

$$5 \int_0^1 \rho A^4\, dA = \rho' - \int_0^1 A^5\, \frac{d\rho}{dA}\, dA,$$

$$3 \int_0^1 \rho A^2\, dA = \rho' - \int_0^1 A^3\, \frac{d\rho}{dA}\, dA;$$

d'où

$$5 \int_0^1 \rho A^4\, dA - 3 \int_0^1 \rho A^2\, dA = \int_0^1 A^3 (1 - A^2)\, \frac{d\rho}{dA}\, dA < 0,$$

attendu que $A < 1$ et que la densité allant en décroissant du centre à la surface, $\dfrac{d\rho}{dA}$ est négatif. On obtiendra donc une limite supérieure de E en y remplaçant le rapport d'intégrales du second membre par $\dfrac{3}{5}$, ce qui donne

$$0,0036838 \quad \text{ou} \quad \frac{1}{271}.$$

Nous avons vu d'ailleurs que

$$E > \frac{\varphi}{2} = \frac{1}{578}.$$

On a donc pour l'aplatissement deux limites ; la limite supérieure qui résulte du phénomène de la précession, ne diffère pas beaucoup de la valeur $\frac{1}{300}$ que l'on attribue généralement à l'aplatissement de la Terre.

167. *Variations séculaires du jour solaire.* — Supposons que l'on imprime au Soleil et au plan de l'équateur un mouvement égal et contraire à celui de ce plan rendu par suite fixe ; le jour solaire se réglera sur le mouvement résultant du Soleil, estimé parallèlement à l'équateur et combiné avec la rotation de la Terre. Ce mouvement aura lieu dans un plan mobile dont la position sera définie à chaque instant par son inclinaison Θ sur l'équateur, et par l'angle Δ.

Soient (*fig.* 22) :

$u = \chi Q$, $v = SP$ l'ascension droite et la déclinaison du Soleil comptée à partir de l'intersection χ de l'écliptique fixe avec l'équateur ;

$\Delta_1 = N\chi'$, $v_1 = S\chi'$ les distances du nœud descendant N et du Soleil à l'équinoxe du printemps.

Le triangle rectangle $S\chi'Q$ donne

$$\tan(u - \Delta) = \cos\Theta \tan v_1,$$

et le triangle rectangle PNS

$$\tan(v - \psi - \lambda) = \cos\lambda \tan(v_1 + \Delta),$$

d'où, en développant suivant la formule de Lagrange, négligeant les puissances de λ supérieures à la seconde et celles de $\tan\Theta$ supérieures à la quatrième,

$$u = \Delta + v_1 - \tan^2\frac{\Theta}{2}\sin 2v_1 + \frac{1}{2}\tan^4\frac{\Theta}{2}\sin 4v_1,$$

$$v_1 = -\Delta_1 - \psi - \lambda + v + \frac{\lambda^2}{2}\sin 2(v - \psi - \lambda),$$

et, en faisant abstraction des termes périodiques dépendant de la rotation annuelle du Soleil autour de la Terre,

$$u = \Delta + v_1,$$

$$v_1 = -\Delta_1 - \psi - \lambda + v.$$

Le triangle $\chi N \chi'$ donne

$$\sin \Delta_1 = -\frac{\sin\theta \sin(\psi+\lambda)}{\sin\Theta};$$

d'autre part on a, d'après le n° 162,

$$\theta = \Theta + i\cos(\psi+\lambda) - \frac{i^2}{2}\sin^2(\psi+\lambda)\cot\Theta,$$

en remplaçant, dans le terme en i^2, $\cot\theta$ par $\cot\Theta$; d'où

$$\sin\Delta_1 = -\sin(\psi+\lambda)\left[1 + i\cos(\psi+\lambda)\cos\Theta \right.$$
$$\left. -\frac{i^2}{2}\sin^2(\psi+\lambda)\cot^2\Theta - \frac{i^2}{2}\cos^2(\psi+\lambda) \right],$$

et enfin

$$\Delta_1 = -\left\{ \psi+\lambda + \sin(\psi+\lambda)\left[i\cot\Theta - \frac{i^2}{2}\cos(\psi+\lambda) \right] \right\}.$$

On déduit de là

$$v_1 = v + \sin(\psi+\lambda)\left[i\cot\Theta - \frac{i^2}{2}\cos(\psi+\lambda) \right],$$

$$u = \Delta + v + \sin(\psi+\lambda)\left[i\cot\Theta - \frac{i^2}{2}\cos(\psi+\lambda) \right];$$

et, comme nous avons trouvé

$$\Delta = -i\frac{\sin(\psi+\lambda)}{\sin\Theta},$$

il vient

$$u = v - i\sin(\psi+\lambda)\tan\frac{\Theta}{2} - \frac{i^2}{2}\sin(\psi+\lambda)\cos(\psi+\lambda).$$

Or

$$i \sin(\psi + \lambda) = gt + t'(g'\zeta + k),$$

$$i \sin(\psi + \lambda) \cos(\psi + \lambda) = gg't,$$

$$\operatorname{tang} \frac{\Theta}{2} = \operatorname{tang} \frac{\theta'}{2} - \frac{g't}{2 \cos^2 \frac{\theta'}{2}};$$

donc

$$u = v - gt \operatorname{tang} \frac{\theta'}{2} - t^2 \left(g'\zeta + k - \frac{gg'}{2} \operatorname{tang} \frac{\theta'}{2} \right) \operatorname{tang} \frac{\theta'}{2}.$$

On peut, en négligeant les termes périodiques, supposer $v = n't$; et si l'on désigne par S l'ascension droite du Soleil comptée à partir d'un méridien déterminé de la Terre, on déduit facilement de ce qui précède que

$$(14) \quad S = (n - n')t + gt \operatorname{tang}\frac{\theta'}{2} + t^2 \left(g'\zeta + k - \frac{gg'}{2}\operatorname{tang}\frac{\theta'}{2} \right) \operatorname{tang}\frac{\theta'}{2}.$$

Le *jour moyen* sera l'intervalle pendant lequel cet angle augmentera de 360 degrés. En négligeant le carré de cet intervalle que nous désignerons par x, et posant

$$H = \left(g'\zeta + k - \frac{gg'}{2} \operatorname{tang} \frac{\theta'}{2} \right) \operatorname{tang} \frac{\theta'}{2},$$

on trouve

$$360° = \left(n - n' + g \operatorname{tang} \frac{\theta'}{2} \right) x + 2xtH.$$

L'unité de temps étant arbitraire, supposons qu'elle soit prise égale au jour moyen en 1750. On aura $x = 1$ pour $t = 0$, et par conséquent

$$360 = n - n' + gt \operatorname{tang} \frac{\theta'}{2}.$$

La valeur de n' donnée par l'observation et rapportée à cette dernière unité est

$$n' = 0°,98561.$$

La valeur de g donnée plus haut, se rapportant à l'année julienne, devra être divisée par 365,25, ce qui rendra le terme $g \tan \dfrac{\theta'}{2}$ complétement négligeable. Il vient, par suite, pour la rotation de la Terre correspondant à l'unité de temps adoptée,

$$n = 360^{\circ},98561,$$

et pour le jour sidéral exprimé en fraction du jour moyen,

$$0^{j},997276.$$

Après avoir divisé les valeurs numériques de g, g', ζ par 365,25, et celle de k par le carré de ce nombre, afin de les rapporter à la nouvelle unité, on trouve

$$H = \frac{0,00017344}{(365,25)^2}.$$

Posons

$$t = \mu.36525,$$

μ représentant le nombre de siècles écoulés depuis 1750, la grandeur variable du jour moyen sera

$$x = 1 - \mu \cdot \frac{0,7328}{10^{10}},$$

ce qui montre que sa diminution séculaire sera presque insensible.

Si τ mesure le temps en jours moyens, on a

$$S = 360^{\circ}\tau$$

et, d'après la formule (14), en négligeant le carré de $t - \tau$,

$$t = \tau - \frac{1338\tau^2}{10^{9}.(36525)^2}$$

Le temps n'est donc pas rigoureusement proportionnel à cette mesure; mais il s'en écarte fort peu, et l'on pourra sans inconvénient négliger la différence, excepté dans l'étude du mouvement de la Lune, à cause de sa rapidité.

168. *De l'influence des oscillations de la mer sur le mouvement de la Terre autour de son centre de gravité.* — Nous avons supposé dans ce qui précède que la Terre ne formait qu'un seul et même corps solide ; il nous reste à examiner maintenant si les résultats auxquels nous sommes parvenu ne sont pas modifiés d'une manière bien sensible par les oscillations périodiques de la mer, dues aux attractions simultanées du Soleil et de la Lune.

Nous remarquerons en premier lieu que l'accélération d'entraînement de chaque particule de la mer est la résultante de l'accélération due aux forces qui la sollicitent, de l'accélération centrifuge composée et de l'accélération relative oscillatoire prise en sens contraire. En d'autres termes, les équations du mouvement résultant d'une molécule de la mer sont les mêmes que si elle faisait à chaque instant corps avec le noyau terrestre, en la supposant sollicitée de plus par la force centrifuge composée et par la force d'inertie due au mouvement relatif oscillatoire.

Les termes dus à la force d'entraînement et aux attractions du Soleil et de la Lune peuvent être calculés sans erreur appréciable, comme si la surface d'équilibre de la mer n'éprouvait aucune variation sous l'action de ces deux astres, et dès lors A, B, C dont ils dépendent représenteront les trois moments principaux d'inertie du système invariable formé par le noyau terrestre et la mer supposée à l'état d'équilibre ci-dessus.

Il nous reste donc à comprendre dans les termes de $\mathfrak{M}_\chi$, $\mathfrak{M}_\eta$ des formules (2) du n° 158, les moments par rapport à $O\chi$, $O\eta$ de la force centrifuge composée et de la force d'inertie dans le mouvement relatif, calculées avec l'approximation ci-dessus définie, c'est-à-dire comme si la surface d'équilibre de la mer n'éprouvait aucune variation de forme, en se rappelant que les actions mutuelles de la masse entière disparaissent complétement dans les mêmes formules.

D'après le n° 133, les composantes des forces précédentes, suivant la méridienne et le parallèle, sont, pour la molécule de masse m,

$$\left(2\,n\,\mu\,\frac{dv}{dt}-\frac{d^2u}{dt^2}\right)m,$$

$$(a)\qquad -\left(2\,n\,\mu\,\frac{du}{dt}+\frac{d^2v}{dt^2}\right)m.$$

La première se décompose en deux autres,

$$Z=-\left(2\,n\,\mu\,\frac{dv}{dt}-\frac{d^2u}{dt^2}\right)\sqrt{1-\mu^2}.\,m\ldots\quad\text{suivant }Oz,$$

$$(b)\quad =\left(2\,n\,\mu\,\frac{dv}{dt}-\frac{d^2u}{dt^2}\right)\mu.\,m\cdots\left\{\begin{array}{l}\text{suivant la trace du méridien}\\\text{sur l'équateur.}\end{array}\right.$$

Des composantes (a) et (b) on déduit les suivantes :

$$X=-\left(2\,n\,\mu\,\frac{du}{dt}+\frac{d^2v}{dt^2}\right)\sin\,(\varpi+\varphi)\,m$$

$$+\left(2\,n\,\mu\,\frac{dv}{dt}-\frac{d^2u}{dt^2}\right)\mu\cos\,(\varpi+\varphi)\,m\ldots\quad\text{suivant }O\chi,$$

$$Y=+\left(2\,n\,\mu\,\frac{du}{dt}+\frac{d^2v}{dt^2}\right)\cos\,(\varpi+\varphi)\,m$$

$$+\left(2\,n\,\mu\,\frac{dv}{dt}-\frac{d^2u}{dt^2}\right)\mu\sin\,(\varpi+\varphi)\,m\ldots\quad\text{suivant }On.$$

Enfin les coordonnées de m suivant $O\chi$, On, Oz sont, en continuant, comme au n° 133, à prendre pour unité le rayon moyen de la surface d'équilibre de la mer,

$$x=\sqrt{1-\mu^2}\cos\,(\varpi+\varphi),$$

$$y=\sqrt{1-\mu^2}\sin\,(\varpi+\varphi),$$

$$z=\mu,$$

et il vient pour les moments, par rapport aux mêmes axes,

$$\left(2n\mu\, \frac{dv}{dt} - \frac{d^2u}{dt^2} \right) \sin(\varpi + \varphi)\, m$$
$$+ \left(2n\mu\, \frac{du}{dt} + \frac{d^2v}{dt^2} \right) \mu \cos(\varpi + \varphi)\, m \qquad \text{suivant } O\chi,$$

$$- \left(2n\mu\, \frac{dv}{dt} - \frac{d^2u}{dt^2} \right) \sin(\varpi + \varphi)\, m$$
$$+ \left(2n\mu\, \frac{du}{dt} + \frac{d^2v}{dt^2} \right) \mu \cos(\varpi + \varphi)\, m \qquad \text{suivant } On,$$

$$\left(2n\mu\, \frac{du}{dt} + \frac{d^2v}{dt^2} \right) \sqrt{1 - \mu^2}.\, m \ldots\ldots \quad \text{suivant } Oz.$$

Pour avoir les portions de $\mathfrak{M}_\chi$, $\mathfrak{M}_\eta$, $\mathfrak{M}_z$ relatives aux oscillations de la mer, il faut faire la somme de ces expressions pour toutes les molécules de la masse fluide. Or, en raison de leur petitesse, on peut calculer u et v comme aux n°ˢ 133 et suivants, c'est-à-dire en négligeant les déplacements de l'équateur terrestre; on peut de plus, ainsi qu'on l'a fait aux numéros précités, supposer que ces déplacements ont la même valeur pour tous les points de la couche fluide situés sur un même rayon lors de l'équilibre, ce qui revient à prendre

$$m = -\gamma\, d\mu\, d\varpi,$$

γ continuant à désigner la profondeur de la mer dont la densité est prise pour unité. On a ainsi

$$\mathfrak{M}_\chi = \int \left[\left(2n\mu\, \frac{dv}{dt} - \frac{d^2u}{dt^2} \right) \sin(\varpi + \varphi) \right.$$
$$\left. + \left(2n\mu\, \frac{du}{dt} + \frac{d^2v}{dt^2} \right) \mu \cos(\varpi + \varphi) \right] \gamma\, d\mu\, d\varpi,$$

$$\mathfrak{M}_\eta = -\int \left[\left(2n\mu\, \frac{du}{dt} + \frac{d^2v}{dt^2} \right) \sin(\varpi + \varphi) \right.$$
$$\left. - \left(2n\mu\, \frac{du}{dt} + \frac{d^2v}{dt^2} \right) \mu \cos(\varpi + \varphi) \right] \gamma\, d\mu\, d\varpi,$$

$$\mathfrak{M}_z = \int \left(2n\mu\, \frac{du}{dt} + \frac{d^2v}{dt^2} \right) \sqrt{1 - \mu^2}\, \gamma\, d\mu\, d\varpi.$$

Ces expressions, en raison du facteur très-petit γ, sont elles-mêmes très-petites par rapport à u et v, ou sont du même ordre de grandeur que la surélévation z de la mer. Concevons que l'on remplace u et v par leurs valeurs (6) du n° 145, en remarquant que φ diffère très-peu de nt. Les moments ci-dessus se composeront de termes périodiques dont la plus longue période correspondra à l'arc $(n-i)t$. Pour les oscillations de la première espèce, i étant très-petit par rapport à n, la plus longue période sera d'un jour environ, et n'aura ainsi aucune influence sur la précession et la nutation. Il en sera de même pour les oscillations de la troisième espèce, en observant que i diffère peu de $2n$.

Quant aux oscillations de la seconde espèce, $n-i$ ne dépendra que du mouvement annuel du Soleil autour de la Terre, ou la plus longue période des termes de $\mathfrak{M}_\chi$, $\mathfrak{M}_\eta$ sera d'une année environ, et n'aura ainsi aucune importance sur le phénomène.

De la même manière $\mathfrak{M}_z$ ne produira aucun changement sensible sur la moyenne rotation de la Terre.

Les mêmes considérations étant applicables à l'atmosphère, on voit que *les phénomènes de la précession des équinoxes et de la nutation sont exactement les mêmes que si la mer et l'atmosphère formaient une masse solide avec le sphéroïde qu'elles recouvrent.*

Nous remarquerons enfin que les vents alizés soufflant entre les tropiques d'occident en orient, dus au mouvement que la chaleur solaire imprime à l'atmosphère, malgré leur action continuelle sur la mer et les montagnes qu'ils rencontrent, les tremblements de terre et en général tout ce qui peut agiter la Terre dans son intérieur ou à sa surface, n'ont également aucune influence sur le mouvement de notre globe, puisqu'ils n'introduisent aucun terme dans la somme des produits des masses par les rayons vecteurs correspondants.

§ II. — Du mouvement de la Lune autour de son centre de gravité.

169. On sait que la Lune nous présente toujours la même face dans son mouvement de révolution autour de la Terre, et que par suite les vitesses angulaires de la Lune autour de son axe et autour de la Terre sont égales entre elles, ou qu'elles ne diffèrent l'une de l'autre que de quantités très-petites et périodiques. Si, comme tout porte à le croire, la Lune a été primitivement fluide, elle a dû s'allonger dans le sens de la Terre, de sorte que son plus grand axe principal d'inertie doit faire un très-petit angle avec le rayon vecteur qui joint son centre à celui de la Lune, et c'est là la seule hypothèse que nous ferons dans ce qui suit. Il est évident d'ailleurs que le plus petit axe d'inertie doit être celui de la rotation de la Lune.

170. *Formules relatives à la libration de la Lune.* — Nous ne changerons rien à l'état de la question en considérant le centre de la Lune comme fixe, et supposant que la Terre décrit l'orbe lunaire autour de ce centre.

Soient (*fig.* 23) :

Ox, Oy les axes principaux d'inertie de la Lune, passant par son centre de gravité, et déterminant le plan de l'équateur ;

Oz son troisième axe d'inertie ;

T la position du centre de la Terre à un instant quelconque ;

T′ sa projection sur l'équateur ;

μ le nœud descendant de l'équateur sur l'écliptique ;

N_1 celui de l'orbite lunaire ;

OZ la normale à l'écliptique ;

ε l'angle supposé très-petit que forme OT′ avec l'axe principal Ox dirigé vers la Terre ;

θ l'angle très-petit ZOz compris sous l'équateur et l'écliptique ;

i l'angle constant et très-petit, déterminé par l'orbite lunaire et l'écliptique ;

A, B, C les moments principaux d'inertie de la Lune par rapport à Ox, Oy, Oz ;

n le mouvement moyen de la rotation de la Lune autour de la Terre ;

x, y, z les coordonnées de T' ;

A la distance OT que l'on peut supposer égale à OT' ;

γ la longitude μN_1 du nœud ascendant N_1 de l'orbite lunaire ;

α la vitesse angulaire des nœuds de l'orbite lunaire ;

p, q, r les composantes de la rotation instantanée de la Lune, suivant Ox, Oy, Oz, p et q étant très-petits par rapport à r.

Nous supposerons que μ et N_1 ont coïncidé au point X de l'écliptique au moment pris pour origine du temps, et nous négligerons les puissances supérieures à la première de θ, i, ε.

On peut, vu la petitesse de i et θ, considérer TT' comme se confondant avec l'arc de grand cercle perpendiculaire à l'équateur, rencontrant l'écliptique en T_1, ce qui donne

$$x = A \cos \varepsilon = A, \quad y = A \sin \varepsilon = A . \varepsilon,$$
$$z = TT' = i \sin N_1 T_1 + \theta \sin \mu T' = i \sin(\varphi + \varepsilon - \gamma) + \theta \sin(\varphi + \varepsilon).$$

Il vient donc, en se reportant aux n°s 56 et 159, pour les moments de l'attraction terrestre par rapport à Ox, Oy, Oz, en négligeant devant l'unité le rapport de la masse de la Lune à celle de la Terre,

$$\mathfrak{M}_x = 3n^2(C - B)\,\varepsilon\,[i \sin(\varphi + \varepsilon - \gamma) + \theta \sin(\varphi + \varepsilon)],$$
$$\mathfrak{M}_y = 3n^2(A - C)\,[i \sin(\varphi + \varepsilon - \gamma) + \theta \sin(\varphi + \varepsilon)],$$
$$\mathfrak{M}_z = \frac{3}{2}n^2(B - A)\sin 2\varepsilon.$$

$\mathfrak{M}_x$ étant du second ordre est négligeable; $\mathfrak{M}_y$ peut s'exprimer d'une autre manière, en remarquant que $\varphi + \varepsilon$ est la latitude de la Terre comptée à partir du nœud ascendant de son orbite apparente et qu'elle est de la forme

$$\varphi + \varepsilon = nt + \alpha t + c,$$

c étant une constante arbitraire, ce qui donne

$$(1)\,\mathfrak{M}_y = 3n^2(\mathrm{A} - \mathrm{C})\left\{ i \sin\left[(n + \alpha)t + c - \gamma\right] + \theta \sin\left[t(n + \alpha) + c\right]\right\}.$$

En raison de la petitesse de pq relativement à r, et du coefficient $\mathrm{A} - \mathrm{B}$ très-petit par rapport à C, dont ce produit est affecté dans l'équation du mouvement correspondant à $\mathrm{O}\,z$, on peut sans erreur sensible réduire cette équation à

$$\mathrm{C}\frac{dr}{dt} = \mathfrak{M}_z = \frac{3}{2} n^2 (\mathrm{B} - \mathrm{A}) \sin 2\varepsilon.$$

Si l'on néglige le carré de θ ou que l'on suppose $\cos\theta = 1$, on voit que r a pour effet de faire varier $\mathrm{O}x$ dans le plan de l'équateur. Or la vitesse relative de $\mathrm{O}x$ par rapport à $\mathrm{O}\mathrm{T}'$ est $-\frac{d\varepsilon}{dt}$ dans le sens direct; la vitesse de $\mathrm{O}\mathrm{T}'$ est la dérivée par rapport au temps de la longitude de la Terre par rapport à la Lune, comptée à partir de l'origine X, laquelle peut être considérée comme fixe en raison de l'extrême lenteur des déplacements de l'écliptique. Cette longitude est, en se reportant au chapitre II, de la forme

$$nt + \sum \mathrm{H} \sin (at + a') + \text{const.},$$

le signe $\sum$ comprenant une somme de termes périodiques dont les coefficients H, a, a' dépendent de l'excentricité de l'orbe lunaire. Il vient donc

$$r = -\frac{d\varepsilon}{dt} + \frac{d}{dt}\left[nt + \sum \mathrm{H} \sin (at + a')\right],$$

$$\frac{dr}{dt} = -\frac{d^2\varepsilon}{dt^2} - \sum \mathrm{H}\, a^2 \sin(at + a'),$$

et enfin, en ayant égard à l'équation écrite plus haut,

$$(2) \quad \frac{d^2\varepsilon}{dt^2} = -3n^2\frac{(B-A)}{C}\varepsilon - \frac{1}{C}\sum Ha^2\sin(at+a').$$

Si l'on fait d'abord abstraction de l'excentricité de l'orbe lunaire, l'intégrale de cette équation est

$$\varepsilon = K\sin\left[n\sqrt{\frac{3(B-A)}{C}}\cdot t + K'\right],$$

K et K' étant deux constantes arbitraires. Pour que ε ne croisse pas avec le temps, il faut que B soit plus grand que A, ce qui est conforme à nos inductions premières sur la disposition des trois axes principaux d'inertie de la Lune. Les observations les plus précises n'indiquant aucune trace de ce mouvement oscillatoire, la constante K dépendant de l'état initial du mouvement, ou était nulle à l'origine, ou son influence est depuis longtemps annulée par des causes étrangères. Si ces oscillations existaient, leur durée serait

$$\frac{2\pi}{n}\sqrt{\frac{C}{3(B-A)}} = 1 \text{ mois lunaire} \times \sqrt{\frac{C}{3(B-A)}},$$

et en admettant, comme nous le verrons plus loin, que

$$\frac{B-A}{C} = 0,000564,$$

on trouve que cette durée serait de 24,31 mois lunaires.
  Si l'on pose

$$\varepsilon = L\sin(at+a'),$$

L étant une constante, on fera disparaître le terme en H du second membre de l'équation (2) en prenant

$$(a) \qquad L = -\frac{Ha^2}{3n^2\left(\dfrac{A-B}{C}\right) - a^2}.$$

La différence entre les déplacements angulaires de révolution et de rotation de la Lune sera, en laissant de côté les termes dépendant de l'état initial,

$$- \varepsilon + \sum H \sin(at + a') = \sum H \frac{3n^2\left(\dfrac{B-A}{C}\right)}{3n^2\left(\dfrac{B-A}{C}\right) - a^2} \sin(at + a').$$

De tous les termes dont se compose $\sum H \sin(at + at')$, il n'y a de sensibles que ceux qui dépendent de l'équation du centre et de l'équation annuelle.

Nicollet a trouvé, par la comparaison de 174 observations de la libration de la Lune en longitude, que la libration due à l'équation annuelle a pour valeur

$$L = 4'\,49'',7,$$

et comme ·

$$H = 666'',7, \qquad a = n.0,0748,$$

l'équation (a) donne

$$\frac{B-A}{C} = 0,000564.$$

Mais ces observations n'offrent pas une garantie d'exactitude suffisante pour que la valeur numérique ci-dessus présente la même certitude que celle de $\dfrac{C-A}{C}$ que nous donnerons plus loin.

La différence entre la rotation de la Lune et sa vitesse angulaire moyenne de révolution est

$$r - n = - \frac{d\varepsilon}{dt} + \sum a H \cos(at + a')$$

$$= - K n \sqrt{\frac{3(B-A)}{C}} \cos\left[\sqrt{\frac{3(B-A)}{C}}\, t + K'\right]$$

$$+ \sum a (H - L) \cos(at + a');$$

et comme elle est périodique, il en résulte que les deux mouvements moyens seront éternellement égaux. Il n'est même pas nécessaire que ces mouvements aient été égaux à l'origine : il suffit que la rotation r de la Lune ait été comprise entre

$$n - \mathrm{K}n\sqrt{\frac{3(\mathrm{B}-\mathrm{A})}{\mathrm{C}}}, \quad n + \mathrm{K}n.\sqrt{\frac{3(\mathrm{B}-\mathrm{A})}{\mathrm{C}}},$$

limites à la vérité assez resserrées à cause de la petitesse de K et de $\dfrac{\mathrm{B}-\mathrm{A}}{\mathrm{C}}$, mais suffisantes pour faire disparaître l'invraisemblance d'une égalité parfaite, à l'origine, entre les deux mouvements moyens.

171. *Du mouvement de l'équateur et de la variation de son inclinaison.* — Les équations du mouvement de la Lune correspondant à $\mathrm{O}x$, $\mathrm{O}y$ deviennent, en y supposant $r = n$,

$$(3)\begin{cases} \mathrm{A}\dfrac{dp}{dt} + (\mathrm{C}-\mathrm{B})\,nq = 0, \\[2mm] \mathrm{B}\dfrac{dq}{dt} + (\mathrm{A}-\mathrm{C})\,np = 3n^{2}(\mathrm{A}-\mathrm{C})[\theta\sin\varphi + i\sin(n+\alpha)\,t + c]. \end{cases}$$

Soient (*fig.* 23) P et p les pôles de l'écliptique et de la Lune, supposés à une distance de O égale à l'unité ; Pp sera sensiblement rectiligne, et en désignant par s, s' ses projections sur $\mathrm{O}x$, $\mathrm{O}y$, les dérivées $\dfrac{ds}{dt}$, $\dfrac{ds'}{dt}$ seront les composantes correspondantes de la vitesse du point P dans son mouvement relatif par rapport à la Lune. Or, la vitesse d'entraînement de ce point, considéré comme invariablement lié à la Lune, a pour projections sur $\mathrm{O}x$, $\mathrm{O}y$

$$-ns' + q, \quad ns - p,$$

et comme le déplacement de P ou de l'écliptique dans l'espace est extrêmement lent, on peut négliger la vitesse absolue de ce point par rapport à r, q, p, s, s', et écrire tout simplement

$$\frac{ds}{dt} = -q + ns', \quad \frac{ds'}{dt} = p - ns,$$

d'où l'on déduit

$$(a) \begin{cases} A\dfrac{dp}{dt} + (C-B)nq = -A\dfrac{d^2s'}{dt^2} + n\dfrac{ds}{dt}(A+B-C) + n^2s'(C-B), \\[2mm] A\dfrac{dq}{dt} + (A-C)np = -\left[A\dfrac{d^2s}{dt^2} - n\dfrac{ds'}{dt}(A+B-C) - n^2s(A-C) \right]. \end{cases}$$

Les équations (3) donnent par suite, en remarquant que $s = -\theta \sin\varphi$, $s' = -\theta \cos\varphi$,

$$(4) \begin{cases} \dfrac{d^2s'}{dt^2} + n\dfrac{ds}{dt}\left(\dfrac{A+B-C}{A}\right) + n^2s'\left(\dfrac{C-B}{A}\right) = 0, \\[3mm] \dfrac{d^2s}{dt^2} - n\dfrac{ds'}{dt}\left(\dfrac{A+B-C}{B}\right) \\[2mm] \qquad - 4n^2s\left(\dfrac{A-C}{B}\right) = -3n^2\left(\dfrac{A-C}{B}\right)i\sin[(n+\alpha)t+c]. \end{cases}$$

On satisfera à la première équation en même temps que l'on fera disparaître le second membre de la seconde, en posant

$$s = W \sin(nt + \alpha t + c),$$
$$s' = W'\sin(nt + \alpha t + c),$$

W, W' étant deux constantes qui ont pour valeur commune, en négligeant les termes du second ordre en α, $A-C$, $A-B$, $B-C$,

$$W = W' = \frac{3n(A-C)i}{3n(A-C) + 2A\alpha},$$

d'où

$$(5) \quad \begin{cases} s = -\theta \sin\varphi = \dfrac{3n(A-C)\,i\sin(nt+\alpha t+c)}{3n(A-C)+2A\alpha}, \\[2ex] s' = -\theta \cos\varphi = \dfrac{3n(A-C)\,i\cos(nt+\alpha t+c)}{3n(A-C)+2A\alpha}. \end{cases}$$

Si les conditions initiales du mouvement ont disparu, on devra se contenter de ces formules, d'après lesquelles l'*inclinaison de l'équateur lunaire sur l'écliptique* θ conserve une valeur constante, donnée par

$$\theta = \frac{3n(A-C)\,i}{3n(A-C)+2A\alpha}, \quad \text{d'où} \quad \frac{C-A}{A} = \frac{2}{3}\frac{\alpha}{n}\cdot\frac{\theta}{i+\theta},$$

et l'on aura

$$\varphi = nt + \alpha t + c;$$

ce qui signifie que *la vitesse des nœuds de l'équateur, relativement au rayon vecteur mené au centre de la Terre, est la même que celle des nœuds de l'orbite lunaire; si donc les deux lignes des nœuds coïncident actuellement, cette coïncidence se perpétuera éternellement,* ce qui est conforme à l'observation.

D'après les observations les plus exactes, on a

$$\frac{\alpha}{n} = 0,0040\,19, \quad \theta = 1°28'45'', \quad i = 5°8'48'';$$

par suite,

$$\frac{C-A}{A} = 0,0005\,94.$$

Les termes qui dépendent des conditions initiales du mouvement s'obtiennent en intégrant les équations (4) sans second membre, et l'on trouve, en posant

$$l = n - \frac{3}{2}n\,\frac{A-C}{A}, \quad l' = 2n\sqrt{\frac{(A-C)(B-C)}{A}},$$

et désignant par P, P′, I, I′ quatre constantes arbitraires,

$$(6) \quad \begin{cases} s = P \sin(lt + I) + P' \sin(l't + I'), \\ s' = P \cos(lt + I) + 2P' \sqrt{\dfrac{A - C}{B - C}} \cos(l't + I'). \end{cases}$$

Pour que les valeurs n'augmentent point indéfiniment, il faut que $(A - C)(B - C)$ soit positif, et c'est effectivement ce qui a lieu d'après ce que l'on a vu plus haut.

Pour obtenir les valeurs complètes de s, s', il faudrait ajouter entre elles celles qui sont données par les formules (5) et (6). Mais comme, d'après l'observation, φ est sensiblement égal à $nt + \alpha t$, il s'ensuit que les arbitraires P, P′ sont très-petites ou insensibles. Ainsi se trouve vérifié pour la Lune, comme nous l'avons fait pour la Terre, le principe posé au nº 131, et qui doit naturellement s'étendre à tous les corps célestes.

Quant à l'action du Soleil sur la Lune, dont nous n'avons pas tenu compte, elle peut être négligée vis-à-vis de celle de la Terre; car les coefficients des moments $\mathfrak{M}_{\chi}$, $\mathfrak{M}_{\eta}$, $\mathfrak{M}_{\varepsilon}$, pour la Terre et le Soleil, sont entre eux comme les carrés des vitesses angulaires de la Lune et du Soleil autour de la Terre, et ce rapport n'est que $\dfrac{1}{179}$.

§ III. — Du mouvement des anneaux de Saturne autour de leur centre de gravité.

172. Nous avons vu, en traitant de la figure des anneaux de Saturne, que chacun d'eux est un solide dont le centre de figure coïncide à peu près avec celui de cette planète, mais dont le centre de gravité doit se trouver en un point différent. Ce centre tournant autour de la planète dans le même temps que l'anneau, ce dernier tourne autour de son

centre de gravité dans le même temps qu'autour de Saturne.

Nous allons chercher à déterminer la cause en vertu de
laquelle ces anneaux se maintiennent constamment dans le
même plan, malgré l'action du Soleil et des satellites, qui
doivent produire sur eux des mouvements de précession,
différents de l'un à l'autre, et ayant, par conséquent, pour
tendance de faire sortir les anneaux de leur plan.

Nous supposerons d'abord que l'anneau se réduit à une
simple circonférence matérielle, dont le centre diffère très-
peu du centre de gravité de Saturne, et dont le plan fasse
un petit angle avec l'équateur de cette planète.

Soient (*fig.* 24) :

O le centre de l'anneau ;

C celui de Saturne ;

C' la projection de C sur le plan de l'anneau ;

G le centre de gravité de l'anneau ;

Gx la parallèle menée en ce point à la trace de l'équateur
de Saturne sur le plan de l'anneau ;

Gy la perpendiculaire à cette droite dans le plan de l'anneau, laquelle est parallèle à OC' ;

Cz' l'axe de rotation de Saturne ;

Gz la perpendiculaire en G au plan de l'anneau ;

θ l'angle très-petit formé par Gz et Cz' ou par les plans
de l'anneau et de l'équateur de Saturne ;

a, b, c les coordonnées de C parallèles à Gx, Gy, Gz ;

α la distance OC' ;

m la masse d'une molécule de l'anneau ;

ι sa distance au point C ;

μ le cosinus de l'angle qu'elle forme avec Cz' ;

R le rayon de l'anneau, le rayon moyen de Saturne étant
pris pour unité.

Nous prendrons également la masse de Saturne pour unité, et nous négligerons les termes du second ordre en θ, c et α.

Si, comme il est naturel de le supposer, on admet l'état de fluidité primitif pour Saturne, et pour forme celle de l'équilibre correspondant, et si l'on a égard à la rotation dont il est animé, l'attraction qu'il exerce sur le point m dépendra de la fonction

$$V = \frac{1}{\iota} - \frac{\left(E - \frac{1}{2} \varphi' \right) \left(\mu^2 - \frac{1}{3} \right)}{\iota^3},$$

E étant l'aplatissement et φ' le rapport de la force centrifuge à la pesanteur à l'équateur (105). Quand même on rejetterait cette hypothèse, on pourrait toujours, pour une valeur un peu grande de ι, admettre cette formule; car le coefficient de $\frac{1}{\iota^3}$ dans l'expression précédente et dans le développement général du potentiel du sphéroïde ne différera que d'un terme dépendant de $\cos 2\varpi$ (n°s 72 et suiv.), lequel n'aura aucune influence sensible sur le déplacement de l'anneau, puisqu'il ne donnerait lieu, dans l'attraction sur ce dernier, qu'à des termes dépendant de la rotation très-rapide de la planète sur elle-même, que l'intégration rendrait très-petits, et que, d'ailleurs, l'observation n'accuse aucun déplacement de cette nature.

Le cosinus μ de l'angle $z'Cm$, qui serait nul avec θ et c, étant du même ordre de grandeur que ces mêmes quantités, il est permis d'en négliger le carré et de supposer $\iota = R$ dans les coefficients qui affectent sa première puissance. La composante de l'attraction de la planète sur m estimée suivant Cm se réduit ainsi à

$$\frac{dV}{dr} = - \frac{1}{\iota^2} - \frac{\left(E - \frac{\varphi'}{2} \right)}{\iota^4},$$

et a elle-même pour composantes, en continuant l'approximation admise,

$$-\left(\frac{1}{\iota^3} + \frac{E - \frac{\varphi'}{2}}{\iota^4}\right) \ldots \ldots \text{ suivant } C'm,$$

$$\left(\frac{1}{R^3} + \frac{E - \frac{\varphi'}{2}}{R^4}\right) \frac{c}{R} \ldots \text{ suivant } Gz.$$

La composante de l'attraction suivant la méridienne

$$-\sqrt{1 - \mu^2}\,\frac{dV}{\iota d\mu} = \frac{2\left(E - \frac{\varphi'}{2}\right)\mu\sqrt{1 - \mu^2}}{\iota^4} = \frac{2\mu\left(E - \frac{\varphi'}{2}\right)}{R^4}$$

donnera, en la changeant de signe, une composante égale suivant Cz' ou GZ, et une composante du second ordre ou négligeable, dans le plan de l'anneau. Il résulte de là que les composantes de l'attraction exercée par Saturne sur m, suivant Gx, Gy, Gz, ont pour composantes

$$X = -\left(\frac{1}{\iota^2} + \frac{E - \frac{\varphi'}{2}}{\iota^3}\right)\left(\frac{x - a}{\iota}\right) m,$$

$$Y = -\left(\frac{1}{\iota^2} + \frac{E - \frac{\varphi'}{2}}{\iota^3}\right)\left(\frac{y - b}{\iota}\right) m,$$

$$Z = -2\left(\frac{E - \frac{\varphi'}{2}}{R^4}\right)\mu m + \left(\frac{1}{R^3} + \frac{E - \frac{\varphi'}{2}}{R^4}\right)\frac{cm}{R}.$$

Il est même inutile d'avoir égard au second terme de Z, qui donnerait pour toutes les molécules de l'anneau une résultante passant par son centre de gravité et qui n'influerait ainsi en aucune façon sur le mouvement de rotation de l'anneau. La projection de ι sur Oz' étant égale à $\mu\iota$ ou à $-c - (y - b)\theta$, il vient

$$\mu = -\frac{c + (y - b)\theta}{R},$$

et, en continuant à négliger dans Z les termes constants,

$$Z = \frac{2\left(E - \dfrac{\varphi'}{2}\right)}{R^5}\, y\theta.$$

On a, par suite, pour les moments, par rapport à Ox et Oy, de l'attraction de Saturne sur l'anneau,

$$\mathfrak{M}_x = S.Zy = \frac{2\left(E - \dfrac{\varphi'}{2}\right)}{R^5}\, \theta S.my^2,$$

$$\mathfrak{M}_y = -S.Zx = -\frac{2\left(E - \dfrac{\varphi'}{2}\right)}{R^5}\, \theta S.mxy,$$

S. ayant la signification ordinaire de somme.

Cela posé, soient

x', y' les coordonnées de m parallèles aux axes principaux Gx', Gy' de l'anneau passant par son centre de gravité ;

A, B les moments d'inertie correspondants ;

φ l'angle formé par Gx, Gx'.

On a

$$A = S.my'^2, \quad B = S.mx'^2,$$
$$x = x' \cos\varphi - y' \sin\varphi, \quad y = x' \sin\varphi + y' \cos\varphi,$$
$$S.my^2 = A \sin^2\varphi + B \cos^2\varphi,$$
$$S.mxy = (A - B) \sin\varphi \cos\varphi,$$

et enfin, en remarquant que les moments de l'attraction de Saturne par rapport à Gx', Gy' ont pour expressions

$$\mathfrak{M}_{x'} = \mathfrak{M}_x \cos\varphi + \mathfrak{M}_y \sin\varphi, \quad \mathfrak{M}_{y'} = \mathfrak{M}_y \cos\varphi - \mathfrak{M}_x \sin\varphi,$$

on trouve

$$(1) \quad \begin{cases} \mathfrak{M}_{x'} = \left(\dfrac{E - \dfrac{\varphi'}{2}}{R^5}\right) A\theta \cos\varphi, \\[4ex] \mathfrak{M}_{y'} = \left(\dfrac{E - \dfrac{\varphi'}{2}}{R^5}\right) B\theta \sin\varphi. \end{cases}$$

173. Il nous reste maintenant à calculer le moment $\mathfrak{M}_z$ autour de Gz ou

$$\mathfrak{M}_z = S.(Xy - Yx);$$

or cette expression, de même que celles de X, Y, étant indépendante de l'orientation des axes Ox, Oy, supposons momentanément que ces axes coïncident avec Ox', Oy', ce qui revient à supposer

$$S.mxy = 0, \quad S.my^2 = A, \quad S.mx^2 = B;$$

on a de plus

$$S.mx = 0, \quad S.my = 0,$$

et comme le triangle $C'Om$ donne

$$\iota = \sqrt{R^2 + \alpha^2 + 2\alpha(y - a)} = R\left[1 + \frac{\alpha(y - a)}{R}\right],$$

il vient

$$\mathfrak{M}_z = -S.m\left(\frac{1}{\iota^3} + \frac{E - \frac{\varphi'}{2}}{\iota^4}\right)(ay + bz)$$

$$= -aA\alpha\left[\frac{3}{R^4} + \frac{4}{R^5}\left(E - \frac{\varphi'}{2}\right)\right].$$

Mais il est inutile d'avoir égard à ce moment; car, puisqu'il dépend de a ou qu'il est périodique, comme le mouvement relatif de Saturne de G, il ne peut affecter la moyenne valeur de la rotation r.

174. Considérons maintenant les valeurs de $\mathfrak{M}_{x'}$, $\mathfrak{M}_{y'}$, $\mathfrak{M}_z$ relatives à un astre quelconque L fort éloigné de l'anneau et supposé rapporté aux axes principaux de l'anneau. On a, d'après le n° 58, en remarquant que $C = A + B$, ι représentant la distance moyenne de L et de G,

$$\mathfrak{M}_z = \frac{3L}{\iota^5}(B - A)y'x',$$

$$\mathfrak{M}_{y'} = -\frac{3L}{\iota^5}Bx'z,$$

$$\mathfrak{M}_{x'} = -\frac{3L}{\iota^5}Ay'z.$$

Dans le calcul de x', y', z, nous pourrons sans erreur sensible supposer que G représente le centre de gravité de Saturne.

Soient (*fig.* 25) :

Gx l'intersection de l'anneau et de l'équateur de Saturne;

GI l'intersection de cet équateur avec l'orbite de L considérée comme fixe;

ψ l'angle formé par GI avec Gx;

θ' l'angle compris sous les plans de l'orbite et de l'équateur;

ν l'angle que forme GL avec GI,

et conservons les autres notations adoptées plus haut.

Le triangle sphérique LxI donne

$$x = \iota \cos L x = \iota (\cos \nu \cos \psi - \sin \nu \sin \psi \cos \theta').$$

La projection de ι sur la perpendiculaire à Gx dans le plan de l'équateur s'obtient en changeant ψ en $- (90° - \psi)$ dans l'expression précédente qui devient

$$\iota (\cos \nu \sin \psi + \sin \nu \cos \psi \cos \theta').$$

Enfin H étant le pied de l'arc de grand cercle abaissé perpendiculairement de L sur l'équateur, on a pour la distance de L à ce plan

$$\iota \sin LH = \iota \sin \nu \sin \theta'.$$

On tire de là, en négligeant le carré de θ,

$$y = \iota (\cos \nu \sin \psi + \sin \nu \cos \psi \cos \theta') - \iota \sin \nu \sin \theta' . \theta,$$
$$z = \iota (\cos \nu \sin \psi + \sin \nu \cos \psi \cos \theta') + \iota \sin \nu \sin \theta'.$$

D'autre part, on a

$$x' = x \cos \varphi - y \sin \varphi,$$
$$y' = x \sin \varphi + y \cos \varphi,$$

d'où l'on déduit, en supprimant les termes en sinus et cosinus de 2φ et des multiples de ν qui deviennent insensibles par les intégrations,

$$(2) \begin{cases} \mathfrak{M}_z = 0, \\[2ex] \mathfrak{M}_{y'} = -\dfrac{3\,\mathrm{LB}}{2\iota^3}\Big[\sin\theta'\cos\theta'\sin(\varphi-\psi) \\[1ex] \qquad\qquad + \Big(\cos^2\theta' - \dfrac{1}{2}\sin^2\theta'\Big)\theta\sin\varphi - \dfrac{\theta}{2}\sin^2\theta'\sin(\varphi-2\psi)\Big], \\[2ex] \mathfrak{M}_{x'} = \dfrac{3\,\mathrm{LA}}{2\iota^3}\Big[\sin\theta'\cos\theta'\cos(\varphi-\psi) \\[1ex] \qquad\qquad + \Big(\cos^2\theta' - \dfrac{1}{2}\sin^2\theta'\Big)\theta\cos\varphi - \dfrac{\theta}{2}\sin^2\theta'\cos(\varphi-2\psi)\Big]. \end{cases}$$

On a donc

$$\frac{dr}{dt} + \frac{(\mathrm{B}-\mathrm{A})}{\mathrm{C}}\,pq = 0,$$

et comme p et q sont supposés très-petits et que leur produit est négligeable, la composante r de la rotation de l'anneau ne subit pas de variations appréciables.

Quant aux autres équations du mouvement, nous les obtiendrons en égalant respectivement aux sommes des valeurs (1) et (2) de $\mathfrak{M}_{x'}$ et $\mathfrak{M}_{y'}$, la première et la seconde des expressions (α) du n° **171**, où l'on a posé

$$s = -\theta\cos\varphi, \quad s' = -\theta\sin\varphi;$$

et en remarquant que $\mathrm{C} = \mathrm{A} + \mathrm{B}$ et posant

$$\lambda^2 = r^2 + \frac{2\Big(\mathrm{E} - \dfrac{\varphi'}{2}\Big)}{\mathrm{R}^5} + \frac{3\,\mathrm{L}}{\iota^5}\Big(\cos^2\theta' - \frac{1}{2}\sin^2\theta'\Big),$$

on trouve

$$\frac{d^2 s'}{dt^2} + \lambda^2 s' = \frac{3\,\mathrm{L}}{2\iota^3}\Big[\sin\theta'\cos\theta'\cos(\varphi-\psi) - \frac{\theta}{2}\sin^2\theta'\cos(\varphi-2\psi)\Big],$$

$$\frac{d^2 s}{dt^2} + \lambda^2 s = \frac{3\,\mathrm{L}}{2\iota^3}\Big[\sin\theta'\cos\theta'\sin(\varphi-\psi) - \frac{\theta}{2}\sin^2\theta'\cos(\varphi-2\psi)\Big],$$

et, en négligeant dans les seconds membres les termes en θ,

$$(3) \quad \begin{cases} \dfrac{d^2 s'}{dt^2} + \lambda^2 s' = \dfrac{3\,\mathrm{L}}{2\,v^3}\,\sin\theta'\cos\theta'\cos(\varphi - \psi), \\[2ex] \dfrac{d^2 s}{dt^2} + \lambda^2 s = \dfrac{3\,\mathrm{L}}{2\,v^3}\,\sin\theta'\cos\theta'\sin(\varphi - \psi). \end{cases}$$

Or, en négligeant le carré de θ, on a $d\varphi - d\psi = rt$, d'où

$$\varphi - \psi = rt + \text{const.};$$

il suit de là que les équations précédentes ont pour intégrales

$$s = \mathrm{M}\sin(\lambda t + \mathrm{N}) + \frac{3\,\mathrm{L}}{2\,v^3}\cdot\frac{\sin\theta'\cos\theta'}{\lambda^2 - r^2}\cos(\varphi - \psi),$$

$$s' = \mathrm{M}\cos(\lambda t + \mathrm{N}') + \frac{3\,\mathrm{L}}{3\,v^3}\cdot\frac{\sin\theta'\cos\theta'}{\lambda^2 - r^2}\cos(\varphi - \psi),$$

M, M', N, N' étant des constantes arbitraires.

Pour que $\theta = \sqrt{s^2 + s'^2}$ reste constamment très-petit, il faut que M, M', $\dfrac{3\,\mathrm{L}\sin\theta'\cos\theta'}{\lambda^2 - r^2}$ soient peu considérables; or cette dernière quantité ne serait pas très-petite si Saturne était parfaitement sphérique, car elle deviendrait

$$\frac{\sin\theta'\cos\theta'}{\cos^2\theta' - \dfrac{1}{2}\sin^2\theta},$$

et serait par conséquent très-sensible.

Si la planète est aplatie par suite de son mouvement de rotation, cette quantité a pour valeur

$$(\beta) \quad \frac{\dfrac{3}{2}\dfrac{\mathrm{L}}{v^3}\sin\theta'\cos\theta'}{\dfrac{2\left(\mathrm{E} - \dfrac{\varphi'}{2}\right)}{\mathrm{R}^5} + \dfrac{3\,\mathrm{L}}{2\,v^3}\left(\cos^2\theta' - \dfrac{1}{2}\sin^2\theta'\right)}.$$

Supposons que L soit le Soleil; soient v_1 la distance du centre de Saturne à son dernier satellite, et T, T' les durées respectives de leurs révolutions sidérales; on a, la masse de Saturne étant toujours prise pour unité,

$$\frac{L}{t^2} = \frac{1}{t_1^2}\left(\frac{T'}{T}\right)^2.$$

Les observations donnent, en prenant le demi-diamètre de Saturne pour unité,

$$T = 10759'',08,$$
$$T' = 79'',3296,$$
$$t_1 = 59,154,$$
$$\theta' = 29°,7.$$

On s'éloigne peu de la vérité en prenant $R = 2$, et l'on trouve pour la valeur de l'expression (β)

$$\frac{0'',0005595}{E - \dfrac{\varphi'}{2} + \dfrac{39824}{10^{13}}}.$$

Pour que cette quantité soit très-petite, il faut que $E - \dfrac{\varphi'}{2}$ ait une valeur sensible, et alors l'anneau, et, par suite, les divers anneaux de Saturne seront maintenus dans un même plan sous l'action de la planète. Telle est la cause de ce phénomène, qui a conduit Laplace au mouvement de rotation de Saturne avant que l'observation de ses taches l'ait fait découvrir.

Il est visible que la coïncidence des anneaux dans un même plan ne sera pas modifiée par le cinquième satellite de Saturne, qui donne un terme analogue à celui du Soleil, ni par leurs actions mutuelles, ni par celle des autres satellites de Saturne qui se meuvent à très-peu près dans leur plan.

Nous empruntons à la *Mécanique céleste* les considérations suivantes, qui termineront ce chapitre :

« Un anneau pouvant être considéré comme une réunion de satellites, on conçoit que l'action de Saturne qui maintient ses divers anneaux dans le plan de son équateur doit

par la même raison maintenir dans le même plan les orbites
de ses satellites situés primitivement dans ce plan. Réciproquement, si les divers satellites d'une planète se meuvent
dans un même plan fort incliné sur celui de son orbite, on
peut en conclure qu'ils y sont maintenus par l'action de son
équateur et qu'ainsi cette planète a un mouvement de rotation à peu près perpendiculaire au plan des orbites de ces
satellites. On peut donc affirmer que la planète Uranus,
dont les satellites se meuvent dans un plan presque perpendiculaire à l'écliptique, tourne elle-même autour d'un axe
très-peu incliné sur l'écliptique.

» Les termes de l'expression de θ qui dépendent de l'action du Soleil et du dernier satellite de Saturne étant insensibles, et les dimensions de l'anneau n'entrant point dans
les autres termes, il est clair que si plusieurs anneaux concentriques sont attachés ensemble et se meuvent à peu près
dans le plan de l'équateur de Saturne, l'action du Soleil et
du dernier satellite ne les en écartera pas sensiblement.
Ainsi le résultat obtenu pour un anneau, en faisant abstraction de sa largeur, a également lieu pour un anneau d'une
largeur quelconque. La seule partie de θ qui puisse être
sensible, dépendant de constantes arbitraires et étant indépendante de la position de l'équateur de Saturne relativement à son orbite et à celle de son dernier satellite, il en
résulte que cet équateur, dans le mouvement très-lent
que l'action du Soleil et de ce satellite lui imprime, emporte avec lui les plans de ces anneaux et des orbites des
satellites situés primitivement dans ce plan. C'est ainsi que
nous avons vu que le plan de l'écliptique dans son mouvement séculaire entraîne les plans de l'équateur et de l'orbite lunaire, de manière à rendre constante l'inclinaison
mutuelle de ces trois plans et la coïncidence de leurs intersections. »

CHAPITRE IX.

DE LA CHALEUR TERRESTRE.

175. RAPPEL DES PRINCIPES FONDAMENTAUX DE LA THÉORIE MATHÉMATIQUE DE LA CHALEUR. — Soient :

$d\varpi$, $d\varpi'$ les volumes de deux éléments matériels m, m' d'un corps homogène, en deux points où les températures sont respectivement V_1 et V'_1, la première étant supposée inférieure à la seconde ;

r la distance de ces deux éléments ;

$F(r)$ une fonction de la distance dépendant de la nature du corps, qui décroît rapidement quand r augmente, et qui devient insensible ou nulle lorsque r atteint ou dépasse une certaine limite r_1 très-petite et du même ordre de grandeur que les intervalles intermoléculaires.

Une induction théorique tirée des résultats de l'expérience conduit à représenter par

$$F(r)(V'_1 - V_1)\, d\varpi\, d\varpi'\, dt$$

la quantité de chaleur envoyée de m' à m dans le temps dt, l'excès de température $V'_1 - V_1$ étant naturellement très-petit comme la limite r_1, en vertu de la continuité que présentent les phénomènes naturels.

Soient Ox, Oy, Oz trois axes rectangulaires, $d\omega$ un élément superficiel d'un plan P parallèle à zOy, et proposons-nous de calculer la quantité de chaleur ε qui traverse cet élément dans le temps dt ; il nous suffira, pour arriver à ce résultat, de faire la somme des quantités de chaleur envoyées par les particules m' du corps inférieures à P, aux molécules m supérieures au même plan, et situées sur les différents rayons partant de m' qui rencontrent $d\omega$ dans l'intérieur de son périmètre.

Soient :

x, y, z les coordonnées du centre de gravité G de $d\omega$;
V la température en ce point;
$x + l, y + h, z + k$ les coordonnées de m ;
$x + l', y + h', z + k'$ celles de m'.

Les quantités l, l', h, h', k, k' étant très-petites d'après le principe élémentaire établi plus haut, on peut en négliger les secondes puissances et les produits entre elles, et poser

$$V_1 = V + \frac{dV}{dx} l + \frac{dV}{dy} h + \frac{dV}{dz} k,$$

$$V'_1 = V + \frac{dV}{dx} l' + \frac{dV}{dy} h' + \frac{dV}{dz} k',$$

et l'on a, par suite, pour la quantité de chaleur cherchée,

$$\varepsilon = dt \left[\frac{dV}{dx} \int (l' - l)\, F(r)\, d\varpi\, d\varpi' \right.$$
$$\left. + \frac{dV}{dy} \int (h' - h) F(r)\, d\varpi\, d\varpi' + \frac{dV}{dz} \int (k' - k) F(r)\, d\varpi\, d\varpi' \right].$$

Les valeurs des intégrales qui entrent dans cette expression sont indépendantes de la forme et des dimensions du corps, puisque les éléments qui composent chacune d'elles deviennent insensibles ou nuls, pour des valeurs de r que l'on doit considérer comme infiniment petites par rapport à ces dimensions.

D'après l'hypothèse de l'homogénéité du corps, ou du groupement symétrique de ses particules, supposées toutes de même volume, par rapport à la parallèle à Oz menée par le point G, il correspond à chaque valeur de r deux systèmes de h, h', k, k' identiques, mais avec des signes contraires, et les deux dernières intégrales de ε s'annulent par suite. Il vient donc tout simplement.

$$\varepsilon = dt \frac{dV}{dx} \int F(r)\,(l' - l)\,d\varpi\,d\varpi'.$$

Déterminons d'abord la portion ε' de l'intégrale relative à celles des molécules m' et m pour lesquelles la distance r reste constante en grandeur et en direction. Les molécules m' forment un cylindre oblique parallèle à r, ayant pour base $d\omega$, et l'on peut prendre

$$d\varpi' = d\omega\,dl';$$

de plus, on a

$$l - l' = r\cos(r, z),$$

et comme la limite de l' est $r\cos(r, z)$, il vient

$$\varepsilon' = -\,dt\,\frac{dV}{dx}\,F(r)\,r^2\cos(r, z)\,d\varpi\,d\omega.$$

On déduit facilement de là

$$\varepsilon = -\,dt\,\frac{dV}{dx}\,d\omega \int F(r)\,r^2\cos^2(r, z)\,d\varpi,$$

l'intégrale s'étendant à toutes les molécules m supérieures à $d\omega$, et à toutes les valeurs de r pour lesquelles $F(r)$ ne devient pas insensible. Mais alors elle a la même valeur pour tous les points du corps ; elle est de plus positive comme tous ses éléments, ce qui devait être, puisque le mouvement de la chaleur a lieu de la plus chaude à la plus froide des deux parties du corps séparées par $d\omega$. Nous sommes ainsi conduit à poser

$$\varepsilon = -\,\alpha\,\frac{dV}{dx}\,d\omega\,dt,$$

α étant une constante positive dont la valeur dépend de la nature du corps que l'on considère.

Le *flux de chaleur* en un point d'un corps, estimé suivant une direction Ox, est la quantité de chaleur $-\alpha \dfrac{dV}{dx}$ rapportée à l'unité de temps et à l'unité de surface qui traverse un élément plan passant par ce point et perpendiculaire à Ox.

Considérons un parallélépipède élémentaire ayant l'un de ses sommets au point g, et pour arêtes correspondantes dx, dy, dz. La quantité de chaleur qui, dans le temps dt, entre dans cet élément de volume par la face $dy\,dz = d\omega$, est

$$- \alpha\,dy\,dz \cdot \frac{dV}{dx},$$

et celle qui en sort par la face opposée,

$$- \alpha\,dy\,dz \left(\frac{dV}{dx} + \frac{d^2V}{dx^2}\,dx \right):$$

d'où, pour la différence,

$$\alpha\,\frac{d^2V}{dx^2}\,dx\,dy\,dz\,dt.$$

En appliquant le même raisonnement aux deux autres systèmes de faces du parallélépipède, on trouve qu'il a absorbé la quantité de chaleur

$$\alpha \left(\frac{d^2V}{dx^2} + \frac{d^2V}{dy^2} + \frac{d^2V}{dz^2} \right) dx\,dy\,dz\,dt,$$

qui a servi à échauffer de dV le volume $dx\,dy\,dz$ ou à produire un effet calorifique mesuré par $\beta\,dx\,dy\,dz\,.\,dV$, β étant une constante spécifique du corps, du moins pour des variations de température qui ne dépassent pas certaines limites, ce que nous supposerons dans ce qui suit. Il vient donc, en égalant ces deux valeurs, et désignant par k le rapport $\dfrac{\beta}{\alpha}$,

$$(a) \qquad \frac{d^2V}{dx^2} + \frac{d^2V}{dy^2} + \frac{d^2V}{dz^2} = k\,\frac{dV}{dt}.$$

Telle est l'équation fondamentale de la théorie mathématique de la chaleur.

Si le corps peut arriver à un état d'équilibre de température, $\frac{dV}{dt}$ devenant alors nul, on retombe sur l'équation aux différentielles partielles à laquelle nous avons été conduit dans l'étude de l'attraction des corps.

En se reportant au n° **72**, dont nous conserverons les notations, on voit de suite que l'on a pour la transformée de cette équation en coordonnées polaires

$$(1) \quad a\,\frac{d^2 aV}{da^2} + \frac{1}{1-\mu^2}\cdot\frac{d^2 V}{d\varpi^2} + \frac{d}{d\mu}\left[(1-\mu^2)\,\frac{dV}{d\mu}\right] = k\,a^2\cdot\frac{dV}{dt}.$$

176. *Condition relative à la surface dans le cas d'une sphère.* — Le flux de chaleur qui s'échappe de l'élément $d\omega$ de la surface de la sphère de rayon a_1, que nous considérerons exclusivement dorénavant, est très-sensiblement proportionnel à l'excès de sa température sur celle V' du milieu ambiant, lorsque cet excès ne dépasse pas une certaine limite, comme nous le supposerons dans ce qui suit. Nous aurons donc, en désignant par h une constante dont la valeur dépend de la nature du corps et de celle du milieu,

$$(2) \quad -\frac{dV}{da} = h\,(V - V') \quad \text{pour } a = a_1,$$

condition qui, jointe à l'équation (1), permettra de déterminer la fonction V.

Les formules (1) et (2) étant linéaires, V se compose de deux parties, l'une dépendante de V' ou des causes échauffantes à l'extérieur, l'autre qui en est indépendante et qui résulte uniquement de la manière dont la chaleur a été primitivement distribuée dans la sphère. Pour déterminer cette dernière, il suffira de remplacer la condition (2) par la suivante

$$(2') \quad -\frac{dV}{da} = h\,V,$$

qui correspond à l'hypothèse d'une température extérieure uniformément nulle ou constante, V représentant, dans ce dernier cas, l'excès de la température variable sur la constante.

177. *Intégration de l'équation du mouvement de la chaleur dans une sphère homogène, primitivement échauffée d'une manière quelconque, en prenant pour zéro la température extérieure.* — On peut supposer que r est exprimé par une suite de termes de la forme $E^{-\alpha t} U_\nu \dfrac{R_\nu}{r}$, E étant la base du système de logarithmes népériens, α une constante, U_ν une fonction sphérique de ϖ et μ, indépendante de r, satisfaisant à l'équation (5) du n° 73, et R_ν une fonction de r seul. En substituant le terme précédent dans l'équation (2), et posant $x = a\sqrt{\alpha k}$, on obtient

$$(3) \qquad \frac{d^2 R_\nu}{dx^2} + R_\nu - \frac{\nu(\nu+1)}{x^2} \cdot R_\nu = 0.$$

Admettons que R_ν soit de la forme

$$(b) \qquad R_\nu = E^{x\sqrt{-1}} \sum A_i x^{-\nu+i},$$

i étant un nombre entier qui peut varier depuis zéro jusqu'à l'infini, et A_i un coefficient indépendant de x. Si l'on substitue cette valeur dans l'équation (3) et que l'on compare les puissances semblables de x, on trouve

$$(i+1)(2\nu-i) A_{i+1} + 2\sqrt{-1}(\nu-i) A_i = 0,$$

formule d'où résulte que : 1° A_0 reste indéterminé; 2° la valeur d'un coefficient quelconque est

$$(c) \qquad A_i = \frac{(-2\sqrt{-1})^i \nu(\nu-1)(\nu-2)\dots(\nu-i+1)A_0}{1.2.3\dots i.2\nu.2\nu-1.2\nu-2\dots 2\nu-i+1};$$

3° pour $i \geqq \nu+1$, A_i est nul, et la valeur ci-dessus de R_ν sera composée d'un nombre fini de termes égal à $\nu+1$.

En remplaçant $\sqrt{-1}$ par $-\sqrt{-1}$ dans la formule (b) ou (c), on aura une seconde valeur de R_ν renfermant également une constante arbitraire A'_0, dont la somme avec la précédente, satisfaisant encore à l'équation (3), en sera par suite l'intégrale complète, et l'on aura ainsi

$$R_\nu = E^{z\sqrt{-1}} A_0 \left[x^{-\nu} + \frac{(-2\sqrt{-1})\nu}{2\nu} x^{-\nu+1} + \frac{(-2\sqrt{-1})^2 \nu(\nu-1)}{1.2 \;\; 2\nu.2\nu-1} x^{-\nu+2} \right.$$
$$\left. + \frac{(-2\sqrt{-1})^3 \nu(\nu-1)(\nu-2)}{1.2.3.2\nu.2\nu-1.2\nu-2} x^{-\nu+3} + \ldots \right]$$
$$+ E^{-z\sqrt{-1}} A'_0 \left[x^{-\nu} + \frac{(2\sqrt{-1})\nu}{2\nu} x^{-\nu+1} + \frac{(2\sqrt{-1})^2 \nu(\nu-1)}{1.2.2\nu.2\nu-1} x^{-\nu+2} \right.$$
$$\left. + \frac{(2\sqrt{-1})^3 \nu(\nu-1)(\nu-2)}{1.2.3.2\nu.2\nu-1.2\nu-2} x^{-\nu+3} + \ldots \right].$$

Si l'on fait maintenant disparaître les imaginaires à l'aide de leurs valeurs en sin et cos, que l'on pose

$$1 - \frac{2^2.\nu(\nu-1).x^2}{1.2.2\nu.2\nu-1}$$
$$+ \frac{2^4.\nu(\nu-1)(\nu-2)(\nu-3).x^4}{1.2.3.4.2\nu.2\nu-1.2\nu-2.2\nu-3} - \ldots = X_\nu,$$

$$\frac{2\nu.r}{2\nu} - \frac{2^3.\nu(\nu-1)(\nu-2).x^3}{1.2.3.2\nu.2\nu-1.2\nu-2}$$
$$+ \frac{2^5\nu(\nu-1)(\nu-2)(\nu-3)(\nu-4).x^5}{1.2.3.4.5.2\nu.2\nu-1.2\nu-2.2\nu-3.2\nu-4} - \ldots = X'_\nu,$$

l'intégrale ci-dessus prend la forme

$$R_\nu = B_\nu x^{-\nu} \left(X_\nu \sin x - X'_\nu \cos x \right)$$
$$+ B'_\nu x^{-\nu} \left(X_\nu \cos x + X'_\nu \sin x \right),$$

en désignant par B_ν, B'_ν deux constantes arbitraires substituées à A_0, A'_0 dont elles dépendent.

Dans le cas qui nous occupe, la fonction $\frac{R_\nu}{r}$ doit conserver une valeur finie au centre de la sphère ou pour $x = 0$; mais comme elle se réduit à $B'_\nu x^{-(\nu+1)}$ pour une valeur infiniment petite de x, en négligeant les puissances de cette variable d'un ordre supérieur à $-(\nu+1)$, on voit que pour qu'elle reste finie il faut que l'on ait $B'_\nu = 0$. Nous devrons donc prendre tout simplement

$$(4) \qquad R_\nu = B_\nu x^{-\nu}\left(X_\nu \sin x - X'_\nu \cos x\right).$$

Substituant cette valeur dans la formule $(2')$ et désignant par x_1 ce que devient x à la surface, ce qui revient à poser

$$x_1 = a_1 \sqrt{a\,k},$$

on trouve

$$(5) \quad \left\{ \begin{aligned} &\sin x_1 \left(h\,X_\nu x_1^{-\nu} + \frac{x_1}{a_1}\,\frac{d.X_\nu x_1^{-\nu}}{dx_1} + \frac{x_1}{a_1}\,X'_\nu\,x_1^{-\nu}\right) \\ &- \cos x_1 \left(h\,X'_\nu\,x_1^{-\nu} + \frac{x_1}{a_1}\frac{d.X'_\nu x_1^{-\nu}}{dx_1} - \frac{x_1}{a_1}\,X'_\nu x_1^{-\nu}\right) \end{aligned} \right\} = 0.$$

Cette équation est transcendante et donne pour x_1 et par suite pour α une infinité de valeurs auxquelles correspondent autant de fonctions U_ν qui se détermineront d'après l'état initial de la chaleur de la sphère, comme nous allons le faire voir.

178. *Détermination des fonctions U_ν par l'état initial de la chaleur.* — Nous supposerons la valeur initiale de la température développée en fonctions sphériques W_ν de ϖ et μ, dont les coefficients seront eux-mêmes des fonctions connues de α.

Soient $R_\nu^{(0)}$, $R_\nu^{(1)}$,..., les valeurs de R_ν correspondant aux différentes racines de l'équation (5). En identifiant à W_ν le terme en U_ν de V après y avoir supposé $t = 0$, on obtient

$$\left(B_\nu^{(0)} R_\nu^{(1)} + B_\nu^{(1)} R_\nu^{(1)} + \dots\right) \frac{U_\nu}{a} = W_\nu,$$

d'où résulte un système d'équations de la forme

$$(d) \qquad a\,\psi(a) = F_\nu^{(\cdot)} R_\nu^{(0)} + F_\nu^{(1)} R_\nu^{(1)} + \dots,$$

$\varphi(a)$ étant un coefficient de W_ν, et $F_\nu^{(0)}, \ldots$, les constantes arbitraires qui se trouvent dans le premier membre de l'équation ci-dessus, en supposant le produit effectué, et qui sont les inconnues de la question.

Maintenant on a

$$\int_0^{a_1} R_\nu^{(0)} R_\nu^{(1)} da = 0.$$

En effet, $R_\nu^{(0)}$ et $R_\nu^{(1)}$ étant nuls pour $x = 0$, on a

$$(e) \quad \int_0^{a_1} \left(R_\nu^{(0)} \frac{d^2 R_\nu^{(1)}}{da^2} - R_\nu^{(1)} \frac{d^2 R_\nu^{(0)}}{da^2} \right) da = \left(R_\nu^{(0)} \frac{d R_\nu^{(1)}}{da} - R_\nu^{(1)} \frac{d R_\nu^{(0)}}{da} \right)_{a=a_1}.$$

Le premier membre de cette équation devient, en y remplaçant les dérivées secondes par leurs valeurs déduites de l'équation (3),

$$(e') \qquad h\left(\alpha^{(0)2} - \alpha^{(1)2} \right) \int_0^{a_1} R_\nu^{(0)} R_\nu^{(1)} da,$$

$\alpha^{(0)}, \alpha^{(1)}$ étant les valeurs de α correspondant aux racines de l'équation (5) qui déterminent $R_\nu^{(0)}$, $R_\nu^{(1)}$.

D'autre part, de l'équation à la surface $(2')$, dans laquelle on substitue $\frac{R_\nu}{r}$ à la place de V, on déduit

$$\left(\frac{d R_\nu^{(0)}}{da} \right)_{a=a_1} = \left(\frac{1}{a_1} - h \right) \left(R_\nu^{(0)} \right)_{a=a_1},$$

$$\left(\frac{d R_\nu^{(1)}}{da} \right)_{a=a_1} = \left(\frac{1}{a_1} - h \right) \left(R_\nu^{(1)} \right)_{a=a_1},$$

d'où résulte que le second membre de l'équation (e) est nul, et que par suite il en est de même du premier (e'), puisque $\alpha^{(0)}$ est différent de $\alpha^{(1)}$, ce qui démontre le théorème énoncé.

En multipliant donc la relation (d) par $R_\nu^{(1)} da$, et intégrant de o jusqu'à a_1, on trouve

$$F_\nu^{(0)} = \frac{\int R_\nu^{(0)} a\varphi(a)\, da}{\int R_\nu^{(0)2}\, da},$$

et l'on obtiendra les autres coefficients, en remplaçant successivement l'indice o par 1, 2, 3,....

On déduit de ce qui précède le théorème suivant :
Si l'on pose

$$Q_\nu = \sum_{s=1}^{s=\infty} E^{-\alpha^{(s)}t} \frac{R_\nu^{(s)}}{a} \frac{\int_0^{a_1} R_\nu^{(s)} a W_\nu\, da}{\int_0^{a_1} \left(R_\nu^{(s)}\right)^2 da},$$

$\alpha^{(s)}$ n'étant pas nul, l'expression de la température V après un temps quelconque sera

$$\sum_{\nu=0}^{\nu=\infty} Q_\nu.$$

Dans le cas où l'état initial de la chaleur ne dépend que de a, W_ν étant nul pour $\nu \gtrless 1$, V se réduit à Q_0.

179. *Température finale de la sphère.* — L'une des racines de l'équation (5) est nulle, et correspond à l'état d'équilibre de température de la sphère. Dans ce cas l'équation (3) devient, après y avoir remplacé x par sa valeur en a,

$$\frac{d^2 R_\nu}{da^2} - \frac{\nu(\nu+1)}{a^2} R_\nu = 0.$$

On trouve facilement, en posant $R_\nu = na_1^\nu$ pour l'intégrale complète de cette équation,

$$R_\nu = \left(C_\nu + C_\nu' a^{-(2\nu+1)}\right) a^{\nu+1};$$

C_ν, C_ν' étant deux constantes arbitraires; mais comme cette fonction doit conserver au centre une valeur finie, il faut que $C'_\nu = 0$, et nous devrons prendre tout simplement

$$(6) \qquad R_\nu = C_\nu\, a^{\nu+1}.$$

La condition $(2')$ donne $C_\nu = 0$, de sorte que l'état initial de la chaleur de la sphère n'a aucune influence sur sa température finale, qui ne dépend dès lors que de la partie de V' qui ne renferme pas le temps. Supposons que cette partie soit développée en une suite de fonctions sphériques U'_ν, l'équation (2) donnera, en comparant les fonctions semblables,

$$-\nu C_\nu\, a_1^{\nu-1}\, U_\nu = h\left(C_\nu\, a_1^\nu\, U_\nu - U'_\nu\right),$$

d'où

$$U_\nu = U'_\nu\,,$$

$$C_\nu = \frac{1}{a_1^\nu\left(1 + \dfrac{\nu}{a_1 h}\right)}\,,$$

et pour la température finale,

$$(7) \qquad V_f = \sum \left(\frac{a}{a_1}\right)^\nu \frac{U'_\nu}{1 + \dfrac{\nu}{a_1 h}}\,,$$

180. *État pénultième de la chaleur dans une sphère d'un grand rayon.* — Lorsque le rayon a_1 de la sphère est très-grand, l'équation (5) se réduit approximativement à la suivante

$$(5') \qquad X_\nu \sin x_1 - X'_\nu \cos x_1 = 0,$$

qui permet de reconnaître que la plus petite valeur de x_1 autre que zéro est π pour $\nu = 0$, est comprise entre π et $\frac{3}{2}\pi$ pour $\nu = 1$, entre $\frac{3}{2}\pi$ et 2π pour $\nu = 2$, etc. Pour une même valeur de ν, les exponentielles disparaîtront les unes après les autres, d'après l'ordre de décroissance des quantités x_1 ou α; de la même manière, tous les termes correspondant aux plus petites valeurs α' de α disparaîtront dans l'ordre de grandeur de ν, de sorte qu'avant l'établissement de la température finale il ne restera de sensible que le terme

$$V = E^{-\alpha' t}\, U_0 \frac{R_0}{a}.$$

A cette époque x_1, comme nous venons de le voir, est sensiblement égal à π, mais l'équation (5) donne plus exactement

$$x_1 = \pi\left(1 - \frac{1}{a_1 h}\right),$$

d'où

$$\alpha' = \frac{\pi^2}{a_1^2 k}\left(1 - \frac{1}{a_1 h}\right)^2,$$

par suite

$$(8)\qquad V = \frac{B_0}{a}\, E^{-\frac{\pi^2 t}{a_1^2 k}\left(1 - \frac{1}{a_1 h}\right)^2} \sin\frac{a}{a_1}\pi\left(1 - \frac{1}{a_1 h}\right),$$

en remarquant que l'arbitraire U_0 peut être supposée égale à l'unité.

A la surface on a

$$(9)\qquad V_1 = \frac{B_0\,\pi}{a_1^2 h}\, E^{-\frac{\pi^2 t}{a_1^2 k}\left(1 - \frac{1}{a_1 h}\right)^2} = G E^{-\frac{\pi^2 t}{a_1^2 k}\left(1 - \frac{1}{a_1 h}\right)^2},$$

en désignant par G la valeur de V_1 à l'origine du temps, et la formule (8) peut encore se mettre sous la forme

$$(8')\qquad V = \frac{G a_1^2 h}{\pi a}\cdot E^{-\frac{\pi^2 t}{a_1^2 k}\left(1 - \frac{1}{a_1 h}\right)^2} \sin\frac{a}{a_1}\pi\left(1 - \frac{1}{a_1 h}\right),$$

d'où

$$V = a_1 h\, G E^{-\frac{\pi^2 t}{a_1^2 k}\left(1 - \frac{1}{a_1 h}\right)^2},$$

pour la température au centre qui est incomparablement plus grande qu'à la surface.

25.

L'augmentation que subit la température lorsque l'on descend à une profondeur ε très-petite au-dessous de la surface est $-\varepsilon \left(\dfrac{d V}{da} \right)_{a=a_1}$ ou, en vertu des formules (2') et (9),

$$(10) \qquad h\varepsilon V_1 = h\varepsilon G E^{-\frac{\pi^2 t}{a_1^2 k}\left(1 - \frac{1}{a_1 h}\right)^2},$$

et l'on voit qu'elle est indépendante du mode d'échauffement de la sphère.

181. *Application au globe terrestre.* — Nous considérerons la Terre comme une sphère composée de couches sphériques concentriques, homogènes, dont la densité augmente de la surface au centre, conformément à ce que nous avons dit au chapitre IV; mais nous admettrons que le coefficient de dilatation, la capacité calorifique et le pouvoir émissif ont respectivement la même valeur pour toutes ces couches. Nous supposerons de plus que la température est la même en chaque point d'une couche ou que V est indépendant de μ et ϖ.

A la surface de la Terre la température moyenne ou la portion de V' indépendante du temps est assez bien représentée, à différentes latitudes, par la formule

$$V' = U_0 + U'_1 = -17°,78 + 45°,28 . \sqrt{1 - \mu^2},$$

déduite d'une autre proposée par M. Brewster, en substituant aux degrés de Fahrenheit les degrés centigrades. Si la Terre avait atteint son état d'équilibre de chaleur, on aurait, d'après le n° 179,

$$V_f = -17°,78 + 45°,28 . \frac{a}{a_1} \frac{\sqrt{1 - \mu^2}}{1 + \frac{1}{a_1 h}},$$

et cette température finale, en raison de la grandeur du rayon terrestre a_1, subirait des variations très-lentes près de la surface et qui seraient insensibles dans les mines les plus profondes. L'augmentation de température observée à mesure que l'on pénètre dans l'intérieur de l'écorce terrestre, et qui est de 1 degré par 33 mètres de profondeur (*), semble donc indiquer que notre globe n'est pas encore arrivé à son état final de température, et nous sommes alors conduit à étudier ce qu'il peut résulter de l'hypothèse où sa chaleur propre serait parvenue à son dernier état de mouvement, défini par les formules du numéro précédent.

Nous pourrons prendre l'époque actuelle pour origine du temps, en considérant t comme négatif ou positif selon qu'il

---

(*) L'opinion émise par Poisson est que la région centrale de la Terre, en raison de sa haute température résultant de cette loi étendue à toutes les profondeurs, ne peut se trouver qu'à l'état gazeux, et il considère la pression due au poids des couches supérieures comme insuffisante pour maintenir cette zone à une densité égale à cinq fois celle de la surface. De cette impossibilité, il conclut que le refroidissement, et, par suite, la solidification, a commencé au centre et s'est étendu progressivement vers la surface. Pour expliquer les températures croissant avec les profondeurs, il admet que le système solaire, dans son mouvement général de translation, traverse des espaces plus ou moins chauds, et que, actuellement, il se trouve dans un milieu plus froid que celui qui l'enveloppait à l'époque antérieure où la Terre a atteint son équilibre de température.

Contrairement au système de Poisson, l'étude des phénomènes géologiques conduit à admettre que l'intérieur de la Terre est liquide, que l'épaisseur de la croûte solide recouvrant le noyau central est relativement peu épaisse (40 kilomètres environ) et continue à croître, et qu'ainsi la solidification a lieu de la surface au centre. (*Voyez* pour plus de détails le savant ouvrage de M. Vézian, intitulé *Prodrome de Géologie*.)

Quelques géologues, par assimilation avec les courants qui se produisent dans les liquides chauffés à leur partie inférieure, et qui tendent à régulariser la température, émettent de plus l'avis que la température est uniforme dans la masse du noyau central.

Mais nous ferons remarquer que ces courants deviennent insensibles dans les fluides qui atteignent un certain degré de viscosité, comme les métaux fondus, etc.; que de pareils fluides transmettent à peu près la chaleur comme les solides; que rien ne s'oppose à ce que la température croissant avec la profondeur, le centre de la Terre ne reste cependant à l'état liquide, puisqu'un excès de pression et un excès de température produisent des effets contraires dans les changements d'état des corps. Telles sont les diverses considérations qui nous ont conduit à faire sur la constitution de la Terre l'hypothèse énoncée dans le texte.

s'agira de temps passés ou à venir, ce qui revient à rem-
placer par G l'expression $GE^{-\frac{\pi_2 t_0}{a_1}\left(1-\frac{1}{a_1 h}\right)}$ dans laquelle t_0
représente le temps écoulé depuis l'instant où l'on a consi-
déré l'état de température comme initial.

La formule (10) donne la relation

$$(f) \qquad\qquad 33^{\mathrm{m}}.\, h\, G = 1^0.$$

Désignons par V'' la portion de V qui est due à l'action solaire dont nous représenterons l'effet thermométrique V'
par $F \sin mt$, F étant une constante et mt la longitude du
Soleil.

Pour des points très-voisins de la surface ou pour de
très-grandes valeurs de a, l'équation (1) donne

$$\frac{d^2 V''}{da^2} = k \frac{d V''}{dt}$$

ou

$$(g) \qquad\qquad \frac{d^2 V''}{dz^2} = k \frac{d V''}{dt},$$

en appelant z la très-petite profondeur $a_1 - a$ au-dessous
de la surface de la Terre. L'équation (2) donne à la surface

$$(h) \qquad\qquad \frac{d V''}{dz} = h\, (V'' - F)\sin mt.$$

On satisfait aux équations (g) et (h) en posant

$$(i) \qquad V'' = \frac{h\,F}{\sqrt{\frac{km}{2}}}\, E^{-z\sqrt{\frac{km}{2}}} \sin\left(mt - z\sqrt{\frac{km}{2}} - \lambda \right),$$

$$(i') \qquad\qquad \operatorname{tang}\lambda = \frac{\sqrt{\frac{km}{2}}}{h + \sqrt{\frac{km}{2}}}.$$

Saussure a trouvé par l'observation qu'à une profondeur de $9^m,60$ le coefficient de la variation annuelle de V'' est égal à $\frac{1}{12}$ de sa valeur, ce qui donne la relation

$$E^{-9.6\sqrt{\frac{km}{2}}} = \frac{1}{12},$$

d'où

$$km = 0,134.$$

En observant le maximum de la température annuelle à Paris, maximum qui correspond à

$$\sin(mt - \lambda) = 1, \quad \text{d'où} \quad mt = \frac{\pi}{2} + \lambda,$$

on a été conduit à prendre

$$\tan\lambda = 0,6,$$

et, par l'élimination de h, les formules (f) et (i') donnent

$$(j) \qquad\qquad G = 0,172,$$

pour la portion de la température actuelle à la surface de la Terre due à sa chaleur centrale.

182. *Diminution de la durée du jour due au refroidissement de la Terre.* — Soient, à une époque quelconque, i le coefficient de dilatation cubique des couches sphériques dont la Terre est censée composée, et que nous considérerons comme sensiblement constant pour les faibles variations de température que nous aurons à considérer; n la vitesse angulaire du globe terrestre autour de son axe; $dM = 4\pi a^2 \rho\, da$ la masse de la couche sphérique de rayon a et de densité ρ. D'après le principe des aires, le produit

$$\frac{n}{3}\int a^2\, dm$$

doit rester constant lorsque la température subit avec le temps la variation δV, que nous supposerons assez petite, de même que les variations correspondantes δa, δn, pour que l'on puisse en négliger les puissances supérieures à la première. On a ainsi

$$\delta n \int a^2 dM + 2n \int a\, dM\, \delta a = 0,$$

d'où

$$\frac{\delta n}{n} = - \frac{2 \int_0^{a_1} \rho a^2 da\, \delta a}{\int_0^{a_1} \rho a^4 da}.$$

La condition relative à la variation du volume de dM avec la température donne

$$\delta (a^2 da) = i a^2 da\, \delta V,$$

ou, en remarquant que le premier membre de cette formule est équivalent à $d(a^2 \delta a)$,

$$a^2 \delta a = i \int_0^{a_1} a^2 \delta V\, da,$$

par suite

$$\frac{\delta n}{n} = - \frac{2i \int_0^{a_1} \rho a\, da \int_0^{a} \delta V . a^2 da}{\int_0^{a_1} \rho a^4 da}.$$

Si nous adoptons l'hypothèse de M. Roche sur la progression de la densité des couches à mesure que l'on s'approche du centre, nous devrons remplacer, dans la première formule du n° 108, A par $\frac{a}{a_1}$, puisque nous ne prenons plus ici le rayon terrestre pour unité. Nous aurons ainsi, en posant $\dfrac{a}{a_1} = x$,

$$\rho = \rho_0 \left(1 - \beta x^2 \right),$$

$$\frac{\delta n}{n} = - \frac{70 i}{7 - 5\beta} \left[\int_0^1 x\,dx \int_0^x \delta V . x^2\,dx \right.$$

$$\left. - \beta \int_0^1 x^3\,dx \int_0^x \delta V\,x^2\,dx \right],$$

ou, en intégrant par parties,

$$\frac{\delta n}{n} = - \frac{35 i}{(7 - 5\beta)} \left[\int_0^1 \delta V . x^2\,dx - \left(1 + \frac{\beta}{2} \right) \int_0^1 \delta V . x^4\,dx \right.$$

$$\left. + \frac{\beta}{2} \int_0^1 \delta V . x^6\,dx \right].$$

D'autre part, si l'on commence à compter le temps lorsque la vitesse angulaire est n, la formule (8') du n° 180 donne, à très-peu près, pour des valeurs de t qui ne dépassent pas certaines limites, et en ayant égard à la grandeur du rayon a_1,

$$\delta V = - \frac{G\,h\,\pi\,t}{h\,a_1\,x} \sin \pi x,$$

et comme on a, en général,

$$\int_0^1 x^s \sin \pi x . dx = \frac{1}{\pi} \left[1 - \frac{s(s-1)}{\pi^2} + \frac{s(s-1)(s-2)(s-3)}{\pi^4} \cdots \right].$$

on trouve, en définitive,

$$\frac{\delta n}{n} = \frac{30 i\,G\,hmt}{\left(1 - \dfrac{5}{7}\beta \right) a_1\,km . \pi^2} \left(1 - \frac{7}{6}\beta + 10\,\frac{\beta}{\pi^2} \right).$$

Nous avons fait l'application de cette formule, dans laquelle a_1 doit être évalué en mètres, pour une période de 2000 années, en remarquant que pour chaque année on peut prendre approximativement $mt = 2\pi$, et nous avons trouvé, en faisant usage des valeurs numériques données au numéro précédent,

$$\frac{\delta n}{n} = \frac{136 i}{10^5}$$ dans l'hypothèse de $\beta = 0$ ou d'une densité uniforme;

$$\frac{\delta n}{n} = \frac{181 i}{10^5}$$ en supposant $\beta = 0,8$, comme au n° 108.

Si nous assimilons, faute d'autres éléments sur les matières en fusion, le fluide qui constitue la presque totalité de la Terre aux liquides dont nous connaissons les coefficients de dilatation, nous pourrons prendre comme chiffre moyen $i = 0,0007$, et les valeurs précédentes de $\frac{\delta n}{n}$ deviennent $\frac{95}{10^8}$, $\frac{117}{10^8}$, et correspondent respectivement à une diminution de $0^s,08$, $0^s,10$ dans le jour moyen, depuis l'ère chrétienne jusqu'à l'époque actuelle, ce qui est insensible.

CHAPITRE X.

ÉQUILIBRE D'ÉLASTICITÉ D'UNE CROUTE PLANÉTAIRE.

183. Supposons que, à la suite du refroidissement, il se soit formé à la surface d'une planète une croûte solide d'une très-faible épaisseur, comme cela a lieu pour la Terre, et proposons-nous de déterminer les conditions d'équilibre d'élasticité de cette croûte, en la supposant homogène et sphérique ; mais auparavant, nous reprendrons aussi brièvement que possible les formules de mécanique moléculaire sur lesquelles nous devons nous appuyer pour résoudre cette question.

184. *Définition de la pression dans les corps solides.* — La *pression* sur un élément plan pris dans l'intérieur d'un corps solide est la résultante des actions des molécules placées au-dessus de l'élément, supposé prolongé indéfiniment dans tous les sens, sur les molécules situées de l'autre côté, dont les directions traversent le même élément dans l'intérieur du périmètre qui le circonscrit.

Soient :

ω un élément plan pris dans l'intérieur d'un corps solide, sur lequel s'exerce une pression que nous nous proposons de déterminer ;

G le centre de gravité de l'élément ω ;

r la distance de deux molécules de masses m', m'' situées de part et d'autre de ω sur une droite qui traverse l'aire de cet élément ;

$f(r)$ la fonction de la distance qui représente l'action mutuelle $m'm''f(r)$ des deux molécules m' et m'' ;

ρ la densité du corps ;

p la pression sur ω rapportée à l'unité de surface ;

X_z, Y_z, Z_z les composantes de p, parallèles à trois axes rectangulaires Ox, Oy, Oz dont les deux premiers sont parallèles et le troisième perpendiculaire à ω.

Nous supposerons le corps homogène dans toutes ses parties.

Pour déterminer la résultante $p\omega$ de toutes les actions telles que $m'\,m''f(r)$, on peut (*) d'abord faire la somme de toutes les actions exercées par les molécules m' situées au-dessus de ω, sur celles m'' situées au-dessous, et pour lesquelles la distance r reste constante en grandeur et en direction. Or, les molécules m'' formant un cylindre oblique ayant pour base ω et pour génératrice une parallèle à r, leur masse totale sera

$$\rho\,\omega\,r\cos(r,\,z)\,;$$

d'un autre côté, puisque le corps est homogène, les masses m' sont équivalentes ; la somme ci-dessus devient ainsi

$$m'\rho\,\omega\,rf(r)\cos(r,\,z),$$

sa composante parallèle aux x,

$$m'\rho\,\omega\,rf(r)\cos(r,\,z)\cos(r,\,x)\,;$$

par suite

$$X_z = \rho\,\mathrm{Som}\,m'\,rf(r)\cos(r,\,z)\cos(r,\,x),$$

le signe Som s'étendant à toutes les molécules m' supérieures à ω et à toutes les valeurs de r pour lesquelles la fonction $f(r)$ ne devient pas insensible. Mais cette somme est équivalente à la moitié de la somme, prise entre les mêmes limites, des produits $mrf(r)\cos(r,\,z)\cos(r,\,x)$

____

(*) Cette démonstration, extrêmement simple, est due à M. de Saint-Venant.

relatifs à toutes les molécules m situées autour du centre de gravité G de ω et à leur distance r à ce même point; on aura donc

$$X_i = \frac{1}{2}\rho \operatorname{Som} mrf(r) \cos(r, z)\cos(r, x),$$

et de même

$$Y_i = \frac{1}{2}\rho \operatorname{Som} mrf(r) \cos(r, z)\cos(r, y),$$

$$Z_i = \frac{1}{2}\rho \operatorname{Som} mrf(r) \cos^2(r, z).$$

185. *Expression de la pression en fonction des déplacements.* — L'élasticité, comme chacun le sait, est cette propriété en vertu de laquelle les molécules qui constituent un corps solide tendent à reprendre leurs positions primitives, lorsque la cause qui les en avait écartées vient à disparaître. Mais les corps ne sont élastiques que dans certaines limites, généralement très-restreintes, des déplacements relatifs de leurs molécules, et au delà desquelles la matière se désagrége. Nous supposerons dans ce qui suit que ces déplacements sont assez faibles pour que l'on puisse négliger les termes qui les renferment à la seconde puissance.

Soient x, y, z les coordonnées primitives du centre de gravité g de ω; $x + h, y + k, z + l$ celles d'une molécule quelconque située dans la sphère d'activité de g. Les expressions ci-dessus, en posant $\dfrac{f(r)}{r} = \varphi(r)$, pourront s'écrire ainsi,

$$X_z^0 = \frac{1}{2}\rho \operatorname{Som} m\,\varphi(r)\,lh,$$

$$Y_z^0 = \frac{1}{2}\rho \operatorname{Som} m\,\varphi(r)\,lk,$$

$$Z_z^0 = \frac{1}{2}\rho \operatorname{Som} m\,\varphi(r)\,l^2,$$

l'indice o étant relatif à l'état naturel du corps.

Supposons que le corps subisse une très-faible déformation : soient δ la caractéristique de la variation de r, h, k, l, ρ ; u, v, w les projections sur les trois axes du déplacement de G.

Le rayon de la sphère d'activité de g étant très-petit, les dérivées partielles de u, v, w, par rapport à x, y, z, pourront être considérées comme constantes dans toute son étendue ; d'ailleurs, ce sont des quantités de même ordre que u, v, w, et dont on peut ainsi négliger les secondes puissances ; il suit de là que le volume $dx\,dy\,dz$, relatif à un point quelconque de la sphère d'activité, devient, après la déformation,

$$dx\,dy\,dz \left(1 + \frac{du}{dx}\right)\left(1 + \frac{dv}{dy}\right)\left(1 + \frac{dw}{dz}\right)$$

$$= dx\,dy\,dz \left(1 + \frac{du}{dx} + \frac{dv}{dy} + \frac{dw}{dz}\right).$$

La *dilatation cubique*

$$\Delta = \frac{du}{dx} + \frac{dv}{dy} + \frac{dw}{dz},$$

égale à la somme des dilatations linéaires dans les trois directions rectangulaires des axes, restera donc constante pour tous les points de la sphère d'activité de g, il en sera de même de la nouvelle densité

$$\rho + \delta\rho = \frac{\rho}{1 + \Delta} = \rho\,(1 - \Delta) = \rho \left(1 - \frac{du}{dx} - \frac{dv}{dy} - \frac{dw}{dz}\right),$$

que l'on pourra ainsi laisser en facteur commun devant les signes Som.

On aura donc, pour les composantes de la pression après

la déformation,

$$X_2 = \frac{1}{2}\rho\big[\text{Som}\,m\varphi(r)\,lh + \text{Som}\,m\varphi'(r)\,lh\delta r$$

$$+ \text{Som}\,m\varphi(r)(l\delta h + h\delta l)\big] + \frac{1}{2}\delta\rho\,\text{Som}\,m\varphi(r)\,lh,$$

$$Y_t = \frac{1}{2}\rho\big[\text{Som}\,m\varphi(r)\,lk + \text{Som}\,m\varphi'(r)\,lk\delta r$$

$$+ \text{Som}\,m\varphi(r)(l\delta k + k\delta l)\big] + \frac{1}{2}\delta\rho\,\text{Som}\,m\varphi(r)\,lk,$$

$$Z_2 = \frac{1}{2}\rho\big[\text{Som}\,m\varphi(r)\,l^2 + \text{Som}\,m\varphi'(r)\,l^2\delta r$$

$$+ 2\,\text{Som}\,m\varphi(r)\,l\delta l\big] + \frac{1}{2}\delta\rho\,\text{Som}\,m\varphi(r)\,l^2.$$

δh, par exemple, n'étant autre chose que l'accroissement que prend u quand on y remplace x, y, z par $x+h$, $y+k$, $z+l$, on a, en négligeant les termes du deuxième ordre,

$$\delta h = \frac{du}{dx}h + \frac{du}{dy}k + \frac{du}{dz}l,$$

$$\delta k = \frac{dv}{dx}h + \frac{dv}{dy}k + \frac{dv}{dz}l,$$

$$\delta l = \frac{dw}{dx}h + \frac{dw}{dy}k + \frac{dw}{dz}l,$$

et enfin

$$\delta r = \frac{h\delta h + k\delta k + l\delta l}{r} = \frac{1}{r}\bigg[h^2\frac{du}{dx} + k^2\frac{dv}{dy} + l^2\frac{dw}{dz} + hk\bigg(\frac{du}{dy} + \frac{dv}{dx}\bigg)$$

$$+ hl\bigg(\frac{du}{dz} + \frac{dw}{dx}\bigg) + kl\bigg(\frac{dv}{dz} + \frac{dw}{dy}\bigg)\bigg];$$

valeurs qu'il faudra substituer dans les expressions ci-dessus, en mettant en facteur commun les dérivées partielles de u, v, w.

Les résultats de ces substitutions se simplifient beaucoup si l'on remarque : 1° que, en raison de la symétrie, les Som renfermant l'un des facteurs h, k, l à une puissance impaire sont nulles; 2° que le corps, avant la déformation, n'étant sollicité par aucune force, la constante qui représente la pression est nulle, ou autrement que

$$\text{Som } m\,\varphi(r)\, l^2 = \text{Som } m\,\varphi(r)\, h^2 = \text{Som } m\,\varphi(r)\, k^2$$

$$= \frac{1}{3}\,\text{Som } m\,\varphi(r)\, r^2 = 0;$$

3° que l'on néglige les termes du deuxième ordre en $\dfrac{du}{dx}$, $\dfrac{dv}{dx}$, $\dfrac{dw}{dx}$, $\dfrac{du}{dy}$, etc., et en posant

$$\text{Som } m\,\frac{\varphi'(r)}{r}\, h^2 l^2 = \text{Som } m\,\frac{\varphi'(r)}{r}\, h^2 k^2 = \text{Som } m\,\frac{\varphi'(r)}{r}\, l^2 k^2 = \frac{2}{\rho}\,\mu,$$

$$\text{Som } m\,\frac{\varphi'(r)}{r}\, h^4 = \text{Som } m\,\frac{\varphi'(r)}{r}\, k^4 = \text{Som } m\,\frac{\varphi'(r)}{r}\, l^4 = \frac{2}{\rho}\,\nu,$$

on trouve

$$\mathbf{X}_z = \mu\left(\frac{du}{dz} + \frac{dw}{dx}\right),$$

$$\mathbf{Y}_z = \mu\left(\frac{dv}{dz} + \frac{dw}{dy}\right),$$

$$\mathbf{Z}_z = \mu\left(\frac{du}{dx} + \frac{dv}{dy} + \frac{dw}{dz}\right) + \frac{dw}{dz}\,(\nu - \mu).$$

Or il existe entre les constantes μ et ν une relation résultant de ce qu'elles sont indépendantes du choix des axes coordonnés.

Soient, en effet, α, β, γ les angles de l'axe des z avec trois nouveaux axes; h', k', l' les coordonnées relatives à ces axes et correspondant à h, k, l. On a

$$l' = h'\cos\alpha + k'\cos\beta + l'\cos\gamma,$$

$$\nu = \frac{\rho}{2}\,\text{Som } m\,\frac{\varphi'(r)}{r}\, l^4$$

$$= \nu\,(\cos^4\alpha + \cos^4\beta + \cos^4\gamma)$$

$$\qquad + 6\mu\,(\cos^2\alpha\cos^2\beta + \cos^2\alpha\cos^2\gamma + \cos^2\beta\cos^2\gamma),$$

et comme

$$\cos^2 \alpha + \cos^2 \beta + \cos^2 \gamma = 1,$$

$$1 - \cos^4 \alpha - \cos^4 \beta - \cos^4 \gamma = 2 \left(\cos^2 \alpha \cos^2 \beta + \cos^2 \alpha \cos^2 \gamma + \cos^2 \beta \cos^2 \gamma \right),$$

il vient

$$\nu = 3\mu,$$

et, par suite,

$$(A) \qquad \begin{cases} X_z = \mu \left(\dfrac{du}{dz} + \dfrac{dw}{dx} \right), \\[2mm] Y_z = \mu \left(\dfrac{dv}{dz} + \dfrac{dw}{dy} \right), \\[2mm] Z_z = \mu \left(\dfrac{du}{dx} + \dfrac{dv}{dy} + 3\dfrac{dw}{dz} \right). \end{cases}$$

Remarques. — 1° On trouvera, par une simple permutation de lettres, les pressions X_y, Y_y, Z_y et X_x, Y_x, Z_x relatives aux éléments respectivement perpendiculaires aux y et aux x. On déduit de là les relations suivantes entre les composantes tangentielles :

$$(B) \qquad X_z = Z_x, \quad Y_z = Z_y, \quad X_y = Y_x.$$

Ces relations sont indépendantes des hypothèses que nous avons faites plus haut sur la constitution et la grandeur des déplacements du corps, car elles se déduisent des équations des moments appliqués à l'équilibre d'un parallélépipède élémentaire d'un corps supposé soumis à l'action des forces qui en sollicitent les molécules, et des pressions, quelle que soit d'ailleurs leur nature, exercées sur ses faces (*).

(*) La propriété qu'expriment ces relations se généralise, en cherchant les conditions d'équilibre d'un tétraèdre élémentaire dont trois arêtes partant d'un même sommet sont parallèles aux axes coordonnés. On arrive de cette manière au théorème suivant :

Si en un point d'un solide on conçoit deux éléments plans, la force élastique relative au premier, projetée sur la normale au deuxième, est égale à la force élastique correspondant à ce dernier projetée sur la normale au premier.

2° On a

$$Z_i = \frac{5}{2}\,\mu\,\frac{d\alpha}{dz} + \frac{X_x + Y_y}{4};$$

et dans le cas où

$$X_x = 0, \quad Y_y = 0,$$

il vient

$$Z_z = \frac{5}{2}\,\mu\,\frac{dw}{dz},$$

formule applicable au cas d'un fil élastique chargé verticalement d'un poids. Si donc E désigne le coefficient d'élasticité de la substance, on a

$$\frac{5}{2}\,\mu = E, \quad \text{d'où} \quad \mu = \frac{2}{5}\,E(^*).$$

(*) *Note sur l'application de la théorie des fonctions isotropes de M. Cauchy à la recherche des pressions dans un corps élastique homogène.*

On peut, en faisant usage de la théorie des fonctions isotropes de M. Cauchy, arriver très-simplement aux expressions qui représentent les composantes de la pression sur un élément plan compris dans l'intérieur d'un corps élastique.

Concevons, pour cela, que l'on projette les composantes X_x, Y_x, Z_x sur une droite OA dont les cosinus des angles avec les trois axes coordonnés soient respectivement a, b, c; représentons par α, β, γ les symboles $\frac{d}{dx}$, $\frac{d}{dy}$, $\frac{d}{dz}$ ou D_x, D_y, D_z, en adoptant la notation plus commode de M. Cauchy.

La projection

$$\Gamma_x = a\,X_x + b\,Y_x + c\,Z_x$$

devra conserver constamment la même valeur, en faisant subir un déplacement angulaire quelconque autour de l'axe des x, au système des deux autres axes; en d'autres termes, Γ_x est une fonction *isotrope* par rapport à l'axe des x des grandeurs u, v, w, a, b, c dont elle dépend et une fonction symbolique de D_x, D_y, D_z. D'ailleurs Γ_x est linéaire par rapport à a, b, c et u, v, w, ou du moins approximativement pour les déplacements, en raison de leur petitesse; elle sera donc représentée symboliquement par une fonction isotrope par rapport à l'axe des x de α, β, γ, a, b, c, u, v, w, et sera ainsi de la forme

$$\Gamma_x = Gau + (bv + cw) + K(bw - cv) + [La + M(\beta b + \gamma c) + N(\beta c - \gamma b)](\beta v + \gamma w)$$
$$+ Pu(\beta b + \gamma c) + [Qa + R(\beta b + \gamma c)](\gamma v - w\beta),$$

G, H, K, L, M, N, P, Q, R étant des fonctions symboliques de α, $\beta^2 + \gamma^2$.

Si nous supposons que la fonction Γ_x ne renferme que les dérivées pre-

186. *Équations de l'élasticité en coordonnées polaires.* — Soit r le rayon mené de l'origine des coordonnées à un point M du corps, point qui sera en outre défini par sa latitude λ et sa longitude L comptée à partir d'un méridien pris pour origine. Les équations cherchées s'obtiendront en exprimant que l'élément de volume déterminé par deux plans méridiens consécutifs distants de dL, par deux sphères concentriques de rayons r et $r + dr$ et deux cônes circulaires ayant pour sommet le centre des sphères, pour axe la ligne des pôles et pour demi-ouverture $\frac{\pi}{2} - \lambda$, $\frac{\pi}{2} - (\lambda + d\lambda)$, est en équilibre.

Cela posé, appelons R_r, M_r, P_r les composantes de la

---

mières de u, v, w, ou qu'elle soit du premier ordre en α, β, γ, les coefficients M, N, R devront être nuls; L, P, Q se réduiront à des constantes; G, H, K seront de la forme

$$G = g + g'\alpha,$$
$$H = h + h'\alpha,$$
$$K = k + k'\alpha,$$

g, g', h, h', k, k' étant des constantes; et l'on aura, par suite,

$$(1)\quad \begin{cases} \Gamma_x = gau + g'a\alpha u + h(bv + cw) + h'\alpha(bv + cw) + k(bw - vc) + h\alpha(bw - vc) \\ \qquad + La(\beta v + \gamma w) + Pu(\beta b + \gamma c) + Qa(\gamma v - w\beta). \end{cases}$$

En raison de l'homogénéité du corps, Γ_y, Γ_z se déduiront de cette formule par une simple permutation de lettres.

La projection sur OA des pressions relatives aux six faces du parallélépipède $dxdydz$ devant être égale, pour l'équilibre de cet élément de volume, à la projection semblable de l'accélération des forces sollicitant le solide au point (x, y, z), est indépendante de la direction des axes; en d'autres termes, $D_x\Gamma_x + D_y\Gamma_y + D_z\Gamma_z$ ou l'expression symbolique $\alpha\Gamma_x + \beta\Gamma_y + \gamma\Gamma_z$ est isotrope, relativement aux trois axes, en α, β, γ, u, v, w, a, b, c, linéaire par rapport aux six dernières de ces quantités, et du second ordre par rapport aux trois premières. Cette expression est donc nécessairement de la forme

$$\begin{aligned} \alpha\Gamma_x + \beta\Gamma_y + \gamma\Gamma_z &= [m + m'(\alpha^2 + \beta^2 + \gamma^2)](au + bv + cw) \\ &\quad + n(\alpha a + \beta b + \gamma c)(\alpha u + \beta v + \gamma w) \\ &\quad + p[a(\gamma v - \beta w) + (\alpha w - \beta u) + c(\beta u - \alpha v)], b \end{aligned}$$

m, m', n, p étant des constantes.

Remplaçant dans cette égalité Γ_x, Γ_y, Γ_z par leurs valeurs déduites de la

force élastique respectivement dirigées suivant le prolongement du rayon, la méridienne en allant vers le pôle et la tangente au parallèle dans le sens du mouvement du méridien mobile par rapport au méridien fixe, pour un élément plan perpendiculaire à r; R_m, M_m, P_m les composantes analogues pour un élément plan perpendiculaire à la méri-

---

formule (1), puis identifiant les coefficients de a, on arrive à une équation entre α, β, γ, u, v, w qui doit se réduire à une identité.

En suivant cette marche, on est conduit aux relations

$$g = 0, \quad h = 0, \quad k = 0, \quad k' = 0, \quad Q = 0, \quad g' = m' + n, \quad h' = m', \quad L + P = n,$$

d'où

$$g' = h' + (L + P).$$

Substituant dans la formule (1), à la place de Γ_x, sa valeur $a X_x + b Y_x + c Z_x$, puis identifiant les coefficients de a, b, c, on trouve, en ayant égard aux conditions ci-dessus,

$$X_x = (h' + L + P)\alpha u + L(\beta v + \gamma w),$$
$$Y_x = h'\alpha v + P\beta u,$$
$$Z_x = h'\alpha w + P\gamma u;$$

et comme

$$Y_x = X_y, \quad Z_x = X_z,$$

il faut que

$$h' = P,$$

d'où

$$X_x = 2 P D_x u + L(D_x u + D_y v + D_z w),$$
$$Y_x = P(D_x v + D_y u),$$
$$Z_x = P(D_x + D_z u).$$

Ces formules sont celles dont M. Lamé fait usage dans ses Leçons sur l'élasticité ; elles rentrent dans celles que nous avons trouvées plus haut, en y supposant égales les deux constantes indépendantes P et L.

L'égalité entre ces deux constantes, à laquelle nous sommes arrivé par notre première méthode, ne paraît pas complétement d'accord avec l'expérience. Ainsi M. Wertheim a trouvé, à la suite de plusieurs expériences, que le rapport $\dfrac{L}{P}$ est sensiblement égal à 2.

Dans l'incertitude où nous nous trouvons sur la valeur de ce rapport, dont la connaissance est indispensable pour pouvoir calculer L et P en fonctions du *coefficient d'élasticité*, la seule constante que l'on a l'habitude de faire entrer dans les questions de résistance des matériaux, nous avons cru devoir continuer à admettre la relation théorique $L = P$, trouvée par MM. Navier, Poisson et Cauchy.

dienne; enfin R_p, M_p, P_p les mêmes composantes pour un élément situé dans le plan méridien.

Les composantes de la pression pour la face $r^2\cos\lambda\, d\lambda\, dL$ perpendiculaire à r, de l'élément de volume considéré, sont

$$-R_r r^2\cos\lambda\, d\lambda\, dL,\quad -M_r r^2\cos\lambda\, d\lambda\, dL,\quad -P_r r^2\cos\lambda\, d\lambda\, dL;$$

pour la face $r\cos\lambda\, dr\, dL$, perpendiculaire à la méridienne, on a de même

$$-R_m r\cos\lambda\, dr\, dL,\quad -M_m r\cos\lambda\, dr\, dP,\quad -P_m r\cos\lambda\, dr\, dL;$$

enfin pour la face $r\, dr\, d\lambda$ située dans le plan méridien,

$$-R_p r\, dr\, d\lambda,\quad -M_p r\, dr\, d\lambda,\quad -P_p r\, dr\, d\lambda.$$

Soient Ox', Oy', Oz' la trace du méridien fixe sur l'équateur, la perpendiculaire menée par le centre O à ce dernier plan, et la ligne des pôles. On a, en supprimant les indices qui affectent les pressions,

$$(C)\begin{cases} \cos(R, x') = \cos\lambda\cos L, & \cos(R, y') = \cos\lambda\sin L, & \cos(R, z') = \sin\lambda, \\ \cos(M, x') = -\sin\lambda\cos L, & \cos(M, y') = -\sin\lambda\sin L, & \cos(M, z') = \cos\lambda, \\ \cos(P, x') = -\sin L, & \cos(P, y') = \cos L, & \cos(P, z') = 0. \end{cases}$$

D'après cela, on pourra très-facilement obtenir les composantes des forces ci-dessus suivant Ox', Oy', Oz'; en les changeant de signe et les augmentant de leurs différentielles par rapport à r pour celles qui proviennent du premier groupe, à λ pour le deuxième, à L pour le troisième, on aura les expressions analogues pour les faces opposées à celles que nous avons considérées; en faisant la somme des composantes suivant chacune des directions Ox', Oy', Oz', les différentielles seules restent et l'on trouve ainsi :

$$\left.\begin{array}{l} \cos^2\lambda\cos L\,\dfrac{d R_r r^2}{dr} + r\cos L\,\dfrac{d(R_m\cos^2\lambda)}{d\lambda} + r\cos\lambda\,\dfrac{d(R_p\cos L)}{dL} \\[2ex] -\cos\lambda\sin\lambda\cos L\,\dfrac{d M_r r^2}{dr} - r\cos L\,\dfrac{d(M_m\sin\lambda\cos\lambda)}{d\lambda} - r\sin\lambda\,\dfrac{d(M_p\cos L)}{dL} \\[2ex] -\cos\lambda\sin L\,\dfrac{d P_r r^2}{dr} - r\sin L\,\dfrac{d P_m\cos\lambda}{d\lambda} - r\,\dfrac{d P_p\sin L}{dL} \end{array}\right\}\ \text{pour } Ox',$$

$$\cos^2\lambda\sin L\,\frac{d\mathrm{R}_r\,r^2}{dr}+r\sin L\,\frac{d\,(\mathrm{R}_m\sin\lambda\cos\lambda)}{d\lambda}+r\cos\lambda\,\frac{d\,(\mathrm{R}_p\sin L)}{d\mathrm{L}}$$

$$-\cos\lambda\sin\lambda\sin L\,\frac{d\mathrm{M}_r\,r^2}{dr}-r\sin L\,\frac{d\,(\mathrm{M}_m\sin\lambda\cos\lambda)}{d\lambda}-r\sin\lambda\,\frac{d\,(\mathrm{M}_p\sin L)}{d\mathrm{L}}\qquad\Bigg\}\ \text{pour } \mathrm{O}y',$$

$$\cos\lambda\cos L\,\frac{d\mathrm{P}_r\,r^2}{dr}+r\cos L\,\frac{d\mathrm{P}_m\cos\lambda}{d\lambda}+r\,\frac{d\mathrm{P}_p\cos L}{d\mathrm{L}}$$

$$\cos\lambda\sin\lambda\,\frac{d\mathrm{R}_r\,r^2}{dr}+r\,\frac{d\,(\mathrm{R}_m\cos\lambda\sin\lambda)}{d\lambda}+r\sin\lambda\,\frac{d\mathrm{R}_p}{d\mathrm{L}}\qquad\Bigg\}\ \text{pour } \mathrm{O}z'.$$

$$\cos^2\lambda\,\frac{d\mathrm{M}_r\,r^2}{dr}+r\,\frac{d\mathrm{M}_m\cos^2\lambda}{d\lambda}+r\cos\lambda\,\frac{d\mathrm{M}_p}{d\mathrm{L}}$$

Soient maintenant R_0, M_0, P_0 les composantes respectivement parallèles aux R, M, P de l'accélération des forces qui sollicitent la masse élémentaire $\rho\,r^2\cos\lambda\,dr\,d\lambda\,d\mathrm{L}$; on aura pour les équations d'équilibre :

$$(\mathrm{D})\begin{cases}\begin{aligned}&\cos^2\lambda\cos L\,\frac{d\mathrm{R}_r\,r^2}{dr}+r\cos L\,\frac{d\mathrm{R}_m\cos^2\lambda}{d\lambda}+r\cos\lambda\,\frac{d\mathrm{R}_p\cos L}{d\mathrm{L}}\\ &-\cos\lambda\sin\lambda\cos L\,\frac{d\mathrm{M}_r\,r^2}{dr}-r\cos L\,\frac{d\,(\mathrm{M}_m\sin\lambda\cos\lambda)}{d\lambda}-r\sin\lambda\,\frac{d\mathrm{M}_p\cos L}{d\mathrm{L}}\\ &-\cos\lambda\sin L\,\frac{d\mathrm{P}_r\,r^2}{dr}-r\sin L\,\frac{d\mathrm{P}_m\cos\lambda}{d\lambda}-r\,\frac{d\mathrm{P}_p\sin L}{d\mathrm{L}}\\ &+\rho\,r^2\cos\lambda\,(\mathrm{R}_0\cos L-\mathrm{M}_0\sin\lambda\cos L-\mathrm{P}_0\sin L)=0,\\[4pt] &\cos^2\lambda\sin L\,\frac{d\mathrm{R}_r\,r^2}{dr}+r\sin L\,\frac{d\mathrm{R}_m\cos^2\lambda}{d\lambda}+r\cos\lambda\,\frac{d\mathrm{R}_p\sin L}{d\mathrm{L}}\\ &-\cos\lambda\sin\lambda\,\frac{d\mathrm{M}_r\,r^2}{dr}-r\sin L\,\frac{d\,(\mathrm{M}_m\sin\lambda\cos\lambda)}{d\lambda}-r\sin\lambda\,\frac{d\mathrm{M}_p\sin L}{d\mathrm{L}}\\ &\cos\lambda\sin L\,\frac{d\mathrm{P}_r\,r^2}{dr}+r\cos L\,\frac{d\,(\mathrm{P}_m\cos\lambda)}{d\lambda}+r\,\frac{d\mathrm{P}_p\cos L}{d\mathrm{L}}\\ &+\rho\,r^2\cos\lambda\,(\mathrm{R}_0\cos\lambda\sin L-\mathrm{M}_0\sin\lambda\sin L+\mathrm{P}_0\cos L)=0,\\[4pt] &\cos\lambda\sin\lambda\,\frac{d\mathrm{R}_r\,r^2}{dr}+r\,\frac{d\,(\mathrm{R}_m\sin\lambda\cos\lambda)}{d\lambda}+r\sin\lambda\,\frac{d\mathrm{R}_p}{d\mathrm{L}}\\ &\cos^2\lambda\,\frac{d\mathrm{M}_r\,r^2}{dr}+r\,\frac{d\mathrm{M}_m\cos^2\lambda}{d\lambda}+r\cos\lambda\,\frac{d\mathrm{M}_p}{d\mathrm{L}}\\ &+\rho\,r^2\cos\lambda\,(\mathrm{R}_0\sin\lambda+\mathrm{M}_0\cos\lambda)=0.\end{aligned}\end{cases}$$

Si l'on élimine successivement M_0 et P_0, R_0 et P_0, M_0

et R_0 entre ces équations, on obtient les relations plus simples :

$$(E)\begin{cases} \dfrac{dR_r}{dr} + \dfrac{1}{r}\dfrac{dR_m}{d\lambda} + \dfrac{1}{r\cos\lambda}\dfrac{dR_p}{dL} + \dfrac{2R_r - R_m\,\mathrm{tang}\,\lambda - M_m - P_p}{r} + \rho R_0 = 0, \\[2.2ex] \dfrac{dM_r}{dr} + \dfrac{1}{r}\dfrac{dM_m}{d\lambda} + \dfrac{1}{r\cos\lambda}\dfrac{dM_p}{dL} + \dfrac{2M_r - M_m\,\mathrm{tang}\,\lambda + R_m + P_p\,\mathrm{tang}\,\lambda}{r} + \rho M_0 = 0, \\[2.2ex] \dfrac{dP_r}{dr} + \dfrac{1}{r}\dfrac{dP_m}{d\lambda} + \dfrac{1}{r\cos\lambda}\dfrac{dP_p}{dL} + \dfrac{2P_r - P_m\,\mathrm{tang}\,\lambda + R_p - M_p\,\mathrm{tang}\,\lambda}{r} + \rho P_0 = 0. \end{cases}$$

Ces équations expriment que les sommes des projections des forces sur le rayon, la méridienne, la tangente ou parallèle, sont séparément nulles. On aurait pu y arriver directement sans passer par les axes de projection auxiliaires, mais les calculs sont plus simples et plus uniformes en suivant la marche que nous avons adoptée.

Aux équations (E) il faut joindre les relations (B), qui deviennent ici

$$(B)\qquad\qquad R_m = M_r, \quad R_p = P_r, \quad M_p = P_m.$$

Il nous reste maintenant à exprimer les pressions en fonction des déplacements W, U, V estimés respectivement suivant le rayon, la méridienne et la tangente au parallèle; ce qui revient à déterminer, en fonction de ces déplacements, les dérivées partielles, par rapport à x, y, z, des déplacements w, u, v rapportés aux directions ci-dessus prises pour axes des z, des y et des x, pour $z = r$, $x = 0$, $y = 0$. Le tout se réduit donc à une transformation de coordonnées, dont nous simplifierons les calculs en ayant recours aux axes auxiliaires des x', y', z' qui nous ont servi plus haut. Les formules (C) donnent

$$(C')\begin{cases} \cos(x,x') = -\sin\lambda\cos L, & \cos(x,y') = -\sin\lambda\sin L, & \cos(x,z') = \cos\lambda, \\[1ex] \cos(y,x') = -\sin L, & \cos(y,y') = \cos L, & \cos(y,z') = 0, \\[1ex] \cos(z,x') = \cos\lambda\cos L, & \cos(z,y') = \cos\lambda\sin L, & \cos(z,z') = \sin\lambda. \end{cases}$$

D'un autre côté, si l'on appelle r', λ', L' les coordonnées polaires d'un point quelconque de la sphère, on a

$$x' = r'\cos\lambda'\cos L',$$
$$y' = r'\cos\lambda'\sin L',$$
$$z' = r'\sin\lambda'.$$

Les coordonnées de ce même point rapporté aux axes x, y, z seront, par suite, en substituant et réduisant,

$$x = x'\cos(x, x') + y'\cos(x, y') + z'\cos(x, z')$$
$$= r'[\sin\lambda'\cos\lambda - \sin\lambda\cos\lambda'\cos(L' - L)],$$
$$y = x'\cos(y, x') + y'\cos(y, y') + z'\cos(y, z')$$
$$= r'\cos\lambda'\sin(L' - L),$$
$$z = x'\cos(z, x') + y'\cos(z, y') + z'\cos(z, z')$$
$$= r'[\sin\lambda\sin\lambda' + \cos\lambda\cos\lambda'\cos(L' - L)].$$

Si l'on différentie ces équations successivement par rapport à x, y, z, puisque dans les résultats on suppose $\lambda' = \lambda$, $L' = L$, $r' = r$, on obtient

$$(\text{F}) \quad \begin{cases} \dfrac{d\lambda}{dx} = \dfrac{1}{r}, & \dfrac{d\lambda}{dy} = 0, & \dfrac{d\lambda}{dz} = 0, \\[2mm] \dfrac{dL}{dx} = 0, & \dfrac{dL}{dy} = \dfrac{1}{r\cos\lambda}, & \dfrac{dL}{dz} = 0, \\[2mm] \dfrac{dr}{dx} = 0, & \dfrac{dr}{dy} = 0, & \dfrac{dr}{dz} = 1. \end{cases}$$

Par suite, si F est une fonction quelconque de x, y, z, on a, pour les valeurs ci-dessus des variables,

$$(\text{G}) \quad \begin{cases} \dfrac{dF}{dx} = \dfrac{dF}{d\lambda}\cdot\dfrac{1}{r}, \\[2mm] \dfrac{dF}{dy} = \dfrac{dF}{dL}\cdot\dfrac{1}{r\cos\lambda}, \\[2mm] \dfrac{dF}{dz} = \dfrac{dF}{dr}, \end{cases}$$

formules dont nous trouverons tout à l'heure l'application.

On a, d'autre part,

$$u \cos(x, x') + v \cos(y, x') + w \cos(z, x')$$
$$= W \cos(W, x') + U \cos(U, x') + V \cos(V, x'),$$

$$u \cos(x, y') + v \cos(y, y') + w \cos(z, y') \cdot$$
$$= W \cos(W, y') + U \cos(U, y') + V \cos(V, y'),$$

$$u \cos(x, z') + v \cos(y, z') + w \cos(z, z')$$
$$= W \cos(W, z') + U \cos(U, z') + V \cos(V, z).$$

Pour obtenir les cosinus qui multiplient W, U, V, il suffit de recourir aux formules (B) posées plus haut, en y remplaçant, dans les termes symboliques, R, M, P par les déplacements correspondants, et accentuant les λ, L, r; en ayant égard à ces formules ainsi qu'aux relations (C′), les équations ci-dessus combinées par addition donnent les suivantes :

$$u = W \left[\sin\lambda' \cos\lambda - \cos\lambda' \sin\lambda \cos(L' - L) \right]$$
$$+ U \left[\cos\lambda \cos\lambda' + \sin\lambda \sin\lambda' \cos(L' - L) \right] + V \sin\lambda \sin(L' - L),$$

$$v = W \cos\lambda' \sin(L' - L) - U \sin\lambda' \sin(L' - L) + V \cos(L' - L),$$

$$w = W \left[\sin\lambda \sin\lambda' + \cos\lambda \cos\lambda' \cos(L' - L) \right]$$
$$+ U \left[\sin\lambda \cos\lambda' - \sin\lambda' \cos\lambda \cos(L' - L) \right] - V \cos\lambda \sin(L' - L).$$

Si l'on différentie ces équations par rapport à l'une quelconque des variables x, y, z, on a, pour $r' = r$, $\lambda' = \lambda$, $L' = L$, les relations symboliques

$$du = dU + V \sin\lambda \, dL + W \, d\lambda,$$

$$dv = dV + (W \cos\lambda - U \sin\lambda) \, dL,$$

$$dw = dW - U \, d\lambda - V \cos\lambda \, dL;$$

par suite, en ayant égard aux formules (F) et (G),

$$(\text{H})\;\left\{\begin{aligned}
\frac{du}{dx} &= \frac{1}{r}\frac{dU}{d\lambda} + \frac{W}{r},\\[4pt]
\frac{du}{dy} &= \frac{1}{r\cos\lambda}\frac{dU}{dL} + \frac{V}{r}\tang\lambda,\\[4pt]
\frac{du}{dz} &= \frac{dU}{dr},\\[4pt]
\frac{dv}{dx} &= \frac{1}{r}\frac{dV}{d\lambda},\\[4pt]
\frac{dv}{dy} &= \frac{1}{r\cos\lambda}\frac{dV}{dL} + \frac{1}{r}\left(W - U\tang\lambda\right),\\[4pt]
\frac{dv}{dz} &= \frac{dV}{dr},\\[4pt]
\frac{dw}{dx} &= \frac{1}{r}\frac{dW}{d\lambda} - \frac{U}{r},\\[4pt]
\frac{dw}{dy} &= \frac{1}{r\cos\lambda}\frac{dW}{d\lambda} - \frac{V}{r},\\[4pt]
\frac{dw}{dz} &= \frac{dW}{dr}.
\end{aligned}\right.$$

La dilatation cubique et les pressions sont alors exprimées [formules (A)] par

$$(\text{I})\;\left\{\begin{aligned}
\Delta &= \frac{1}{r}\frac{dU}{d\lambda} + \frac{1}{r\cos\lambda}\cdot\frac{dV}{dL} + \frac{2W - U\tang\lambda}{r} + \frac{dW}{dr},\\[6pt]
R_r = Z_s &= \mu\left(\Delta + 2\frac{dW}{dr}\right),\\[6pt]
M_m = X_z &= \mu\left(\Delta + 2\cdot\frac{1}{r}\frac{dU}{d\lambda} + 2\frac{W}{r}\right),\\[6pt]
P_p = Y_r &= \mu\left(\Delta + 2\cdot\frac{1}{r\cos\lambda}\cdot\frac{dV}{dL} + 2\frac{W - U\tang\lambda}{r}\right),\\[6pt]
R_m = M_r = Z_z = X_s &= \frac{dU}{dr} + \frac{1}{r}\frac{dW}{d\lambda} - \frac{U}{r},\\[6pt]
R_p = P_r = Z_y = Y_s &= \frac{dV}{dr} + \frac{1}{r\cos\lambda}\cdot\frac{dW}{dL} - \frac{V}{r},\\[6pt]
M_p = P_m = X_r = Y_z &= \frac{1}{r\cos\lambda}\cdot\frac{dU}{dL} + \frac{V}{r}\tang\lambda + \frac{1}{r}\frac{dV}{d\lambda}.
\end{aligned}\right.$$

Ces formules s'obtiennent habituellement en déterminant, en fonction de λ, L, r, les pressions exercées sur trois éléments respectivement perpendiculaires aux x', aux y' et aux z', puis passant de ces pressions aux R, M, P, en faisant usage des relations auxquelles conduit la considération du tétraèdre élémentaire. Mais la marche que nous avons suivie nous a paru au moins aussi naturelle et aussi simple.

Les équations générales de l'élasticité en coordonnées polaires s'obtiendront en substituant les valeurs ci-dessus des pressions dans les équations (L); on trouve ainsi

$$(\mathrm{J})\begin{cases}\mu\left[3\,r^2\cos\lambda\,\dfrac{d\Delta}{dr}+\cos\lambda\,\dfrac{d}{d\lambda}\left(\dfrac{d\mathrm{W}}{d\lambda}-\dfrac{dr\mathrm{U}}{dr}\right)\right.\\[2ex]\qquad\left.-\sin\lambda\left(\dfrac{d\mathrm{W}}{d\lambda}-\dfrac{dr\mathrm{U}}{dr}\right)-\dfrac{d}{d\mathrm{L}}\left(\dfrac{dr\mathrm{V}}{dr}-\dfrac{1}{\cos\lambda}\dfrac{d\mathrm{W}}{d\mathrm{L}}\right)\right]\\[2ex]\qquad\qquad\qquad\qquad\qquad+\rho\cos\lambda\,r^2\mathrm{R}_0=0,\\[2ex]\mu\left[3\cos\lambda\,\dfrac{d\Delta}{d\lambda}+\dfrac{1}{r^2\cos\lambda}\dfrac{d}{d\mathrm{L}}\left(\dfrac{dr\mathrm{U}}{d\mathrm{L}}-\dfrac{dr\cos\lambda\,\mathrm{V}}{d\lambda}\right)\right.\\[2ex]\qquad\left.-\cos\lambda\,\dfrac{d}{dr}\left(\dfrac{d\mathrm{W}}{d\lambda}-\dfrac{dr\mathrm{U}}{dr}\right)\right]+\rho\cos\lambda\,r\mathrm{M}_0=0,\\[2ex]\mu\left[3\dfrac{1}{\cos\lambda}\dfrac{d\Delta}{d\mathrm{L}}+\dfrac{d}{dr}\left(\dfrac{dr\mathrm{V}}{dr}-\dfrac{1}{\cos\lambda}\dfrac{d\mathrm{W}}{d\mathrm{L}}\right)\right.\\[2ex]\qquad\left.-\dfrac{1}{r^2}\dfrac{d}{d\lambda}\left(\dfrac{1}{\cos\lambda}\dfrac{dr\mathrm{U}}{d\mathrm{L}}-\dfrac{1}{\cos\lambda}\dfrac{dr\cos\lambda\,\mathrm{V}}{dr}\right)\right]+\rho\,r\mathrm{P}_0=0.\end{cases}$$

Les conditions relatives à la surface s'obtiendront en exprimant que les forces élastiques R_r, R_m, R_p sont égales aux composantes estimées suivant leurs directions des forces qui sollicitent le même point de cette surface.

Les formules que nous venons d'établir peuvent maintenant nous permettre d'aborder la question suivante.

187. *Équilibre d'élasticité d'une croûte planétaire sphérique animée d'un mouvement de rotation uniforme autour d'un diamètre, sollicitée par la gravité et soumise à* *des pressions normales intérieure et extérieure.* — Soient :

g la gravité à la surface ;

r_1 et r_0 les rayons extérieur et intérieur ;

P_1 et P_0 les pressions extérieure et intérieure ;

ε l'épaisseur de la croûte ;

n la vitesse angulaire de la rotation ; l'accélération centrifuge sera exprimée par $n^2 r \cos\lambda$.

Il est manifeste que, après la déformation, la croûte restera toujours un solide de révolution autour de l'axe des
pôles, et que les molécules qui la constituent ne seront dé-
placées que dans leurs méridiens primitifs.

Il résulte de là que $V = 0$ et que les autres déplacements W et U sont indépendants de L ; les formules (I)
deviennent ainsi

$$(\text{K})\begin{cases} \Delta = \dfrac{1}{r}\dfrac{dU}{d\lambda} + \dfrac{2W - U\tan\lambda}{r} + \dfrac{dW}{dr}, \\[2mm] R_r = \mu\left(\Delta + 2\dfrac{dW}{dr}\right), \\[2mm] M_m = \mu\left[\Delta + \dfrac{2}{r}\left(\dfrac{dU}{d\lambda} + W\right)\right], \\[2mm] P_p = \mu\left(\Delta + 2\dfrac{W - U\tan\lambda}{r}\right), \\[2mm] R_m = M_r = \mu\left(\dfrac{dU}{dr} + \dfrac{1}{r}\dfrac{dW}{d\lambda} - \dfrac{U}{r}\right), \\[2mm] R_p = P_r = 0, \quad M_p = P_m = 0, \end{cases}$$

et les équations (E), qui se réduisent aux deux premières,

$$(\text{L})\begin{cases} \dfrac{dR_r}{dr} + \dfrac{1}{r}\dfrac{dR_m}{d\lambda} + \dfrac{2R_r - R_m\tan\lambda - M_m - P_r}{r} \\[3mm] \qquad\qquad\qquad + \rho n^2 r\cos^2\lambda - \rho g\dfrac{r}{r_1} = 0, \\[4mm] \dfrac{dM_r}{dr} + \dfrac{1}{r}\dfrac{dM_m}{d\lambda} + \dfrac{2M_r - M_m\tan\lambda + R_m + P_p\tan\lambda}{r} \\[3mm] \qquad\qquad\qquad - \rho n^2 r\cos\lambda\sin\lambda = 0, \end{cases}$$

auxquelles il faut ajouter les conditions

$$(M) \quad \begin{cases} R_m = 0 & \text{pour} \quad r = r_1 \text{ et } r = r_0, \\ R_r = P_0 & \text{pour} \quad r = r_0, \\ R_r = P_1 & \text{pour} \quad r = r_1. \end{cases}$$

Si l'on pose

$$U = U' + U'', \quad W = W' + W'',$$

on pourra profiter de l'indétermination qui existe entre ces nouvelles fonctions pour décomposer chacune des deux équations linéaires auxquelles conduit l'élimination des pressions entre (K) et (L) en deux autres : l'une en U' et W', renfermant seulement la gravité, l'autre en U'' et W'', contenant uniquement les termes relatifs à la force centrifuge. Quant aux équations de condition, on pourra de même les décomposer en deux autres, de telle sorte que P_0 et P_1 restent seulement dans celles en U' et W'.

Les quantités U' et W' ainsi définies ne seront autre chose que les déplacements qui résulteraient de la seule considération de la gravité et des pressions intérieure et extérieure, et U'' et W'' les déplacements analogues auxquels donnerait lieu la force centrifuge agissant isolément; nous sommes ainsi ramené à résoudre séparément les deux problèmes suivants.

188. *Équilibre d'une croûte sphérique soumise à l'action de la gravité et des pressions normales constantes intérieure et extérieure.* — La croûte restant nécessairement sphérique et les déplacements ne pouvant avoir lieu que dans le sens du rayon, U est nul et W est indépendant de λ.

Les formules (K) et (L) se réduisent à

$$(K') \begin{cases} \Delta = \dfrac{dW}{dr} + 2\,\dfrac{W}{r}, \\[2ex] R_r = \mu\left(\Delta + 2\,\dfrac{dW}{dr}\right) = \mu\left(3\,\dfrac{dW}{dr} + 2\,\dfrac{W}{r}\right), \\[2ex] M_m = P_p = \mu\left(\Delta + 2\,\dfrac{W}{r}\right) = \mu\left(\dfrac{dW}{dr} + 4\,\dfrac{W}{r}\right), \\[2ex] R_m = M_r = o, \quad R_p = P_r = o, \quad M_p = P_m = o, \end{cases}$$

$$(L') \qquad \frac{dR_r}{dr} + 2\,\frac{(R_r - M_m)}{r} - \rho g\,\frac{r}{r_1} = o.$$

L'élimination des pressions entre (K') et (L') conduit à

$$\frac{d\Lambda}{dr} + 2\left[\frac{d^2 W}{dr^2} + \frac{2}{r}\left(\frac{dW}{dr} - \frac{W}{r^2}\right)\right] = \frac{\rho g\,\dfrac{r}{r_1}}{\mu},$$

ou

$$3\,\frac{d\Delta}{dr} = \frac{\rho g\,\dfrac{r}{r_1}}{\mu};$$

d'où, en posant

$$m = \frac{1}{6}\,\frac{\rho g}{\mu r_1} = \frac{1}{6}\,\frac{\varpi}{\mu r_1},$$

ϖ étant le poids spécifique de la substance, et en appelant a une constante arbitraire,

$$\Delta = mr^2 + a.$$

Si dans cette équation on remplace Δ par sa valeur en fonction de W, puis qu'on la multiplie par r^2, on aura

$$r^2\frac{dW}{dr} + 2Wr = \frac{dW\,r^2}{dr} = mr^4 + ar^2,$$

d'où, en intégrant et désignant par b une nouvelle constante arbitraire,

$$W = \frac{1}{5}\,mr^3 + \frac{1}{3}\,ar^2 + \frac{b}{r^2};$$

par suite,

$$R_r = \mu \left(\frac{11}{5} \, mr^2 + \frac{5}{3} \, a - \frac{4\,b}{r^3} \right).$$

Les conditions relatives à la surface donneront

$$- P_0 = \mu \left(\frac{11}{5} \, mr_0^2 + \frac{5}{3} \, a - \frac{4\,b}{r_0^3} \right),$$

$$- P_1 = \mu \left(\frac{11}{5} \, mr_1^2 + \frac{5}{3} \, a - \frac{4\,b}{r_1^3} \right),$$

d'où

$$4\,b = - \frac{11}{5} \, m \, \frac{(r_1^2 - r_0^2)\, r_1^2 \, r_0^2}{r_1^3 - r_0^3} + \frac{(P_0 - P_1)\, r_1^3 \, r_0^3}{\mu \,(r_1^3 - r_0^3)},$$

$$\frac{5}{3} \, a = - \frac{11}{5} \, m \, \frac{(r_1^5 - r_0^5)}{r_1^3 - r_0^3} + \frac{P_0 \, r_0^3 - P_1 \, r_1^3}{\mu \,(r_1^3 - r_0^3)};$$

par suite,

$$R_r = \frac{11}{5} \, m\mu \, \frac{r^5(r_1^5 - r_0^3) - r^5(r_1^5 - r_0^5) + (r_1^2 - r_0^2)r_1^3 \, r_0^3}{r^2 (r_1^3 - r_0^3)}$$

$$- \frac{P_0 \, r_0^3 (r_1^3 - r^3) + P_1 \, r_1^3 (r^3 - r_0^3)}{r^3 (r_1^3 - r_0^3)}.$$

Le numérateur du terme en m de cette expression est divisible par $(r - r_1)$ et $(r - r_0)$, puisqu'il doit s'annuler pour $r = r_0$ et $r = r_1$; d'ailleurs égalé à o, il donne une équation du cinquième degré en r qui, ne présentant que deux variations, ne peut avoir d'autres racines positives que r_0 et r_1. Donc ce numérateur reste constamment négatif pour toutes les valeurs de r comprises entre ces deux limites, et, par suite, R_r est une pression sur toute la sphère de rayon r.

Nous avons maintenant tous les éléments nécessaires pour déterminer le déplacement W et les deux forces élastiques principales d'égale intensité M_m, P_p. Mais pour simplifier les formules, nous supposerons l'épaisseur e de la croûte assez faible pour que l'on puisse en négliger le carré.

Posant donc

$$r = r_0 + \varepsilon,$$

on aura

$$r^2 = r_0^2 + 2r_0\varepsilon, \quad \frac{1}{r^2} = \frac{1}{r_0^2} - \frac{2\varepsilon}{r_0^3},$$

$$W = \left(\frac{1}{5} mr_0^3 + \frac{1}{3} ar_0 + \frac{b}{r_0^2} \right) + \varepsilon \left(\frac{3}{5} mr_0^2 + \frac{1}{3} a - \frac{2b}{r_0^3} \right),$$

$$R_r = \mu \left[\frac{11}{5} mr_0^2 + \frac{5}{3} a - \frac{4b}{r_0^3} + \varepsilon \left(\frac{22}{5} mr_0 + \frac{12\,b}{r_0^4} \right) \right],$$

$$- P_0 = \mu \left(\frac{11}{5} mr_0^2 + \frac{5}{3} a - \frac{4b}{r_0^3} \right),$$

$$- P_1 = \mu \left[\frac{11}{5} mr_0^2 + \frac{5}{3} a - \frac{4b}{r_0^3} + e \left(\frac{22}{5} mr_0 + \frac{12\,b}{r_0^4} \right) \right],$$

d'où l'on déduit

$$b = \left(\frac{P_0 - P_1}{\mu e} - \frac{22}{5} mr_0 \right) \frac{r_0^4}{12} = \left(\frac{P_0 - P_1}{e} - \frac{22}{30} \varpi \right) \frac{r_0^4}{12\mu},$$

$$a = \frac{3}{5\mu} \left[- P_0 + (P_0 - P_1) \frac{r_0}{3e} - \frac{11}{18} \varpi r_0 \right].$$

Ces valeurs substituées dans R_r conduisent à

$$R_r = - P_0 + \frac{\varepsilon}{e} (P_0 - P_1),$$

ce qui était évident *à priori*.

Enfin on a, pour le déplacement W,

$$W = \frac{1}{\mu e} \left[\frac{3r_0^2}{20} (P_0 - P_1 - \varpi e) - \frac{P_0 r_0 e}{5} \right.$$

$$\left. - \frac{\varepsilon r_0}{10} \left(P_0 - P_1 - \varpi e + 2 \frac{e}{r_0} P_0 \right) \right],$$

ou, en négligeant P_0 devant $\dfrac{P_0\, r_0}{e}$,

$$W = \frac{1}{20}\frac{r_0}{\mu}\left(P_0 - P_1 - \varpi e\right)\left(\frac{3 r_0}{e} - \frac{2\varepsilon}{e}\right),$$

$$\frac{W}{r} = \frac{1}{20\mu}\left(P_0 - P_1 - \varpi e\right)\left(\frac{3 r_0}{e} - \frac{5\varepsilon}{e}\right),$$

$$W_0 = \frac{3}{20}\frac{r_0^2}{\mu e}\left(P_0 - P_1 - \varpi e\right),$$

$$W_1 = \frac{1}{20}\frac{r_0}{\mu}\left(P_0 - P_1 - \varpi e\right)\left(\frac{3 r_0}{e} - 2\right),$$

$$\frac{W_0}{r_0} = \frac{3}{20}\frac{r_0}{\mu e}\left(P_0 - P_1 - \varpi e\right),$$

$$\frac{W_1}{r_1} = \frac{1}{20\mu}\left(P_0 - P_1 - \varpi e\right)\left(\frac{3 r_0}{e} - 5\right),$$

et la variation subie par l'épaisseur e est représentée par

$$W_1 - W_0 = - \frac{1}{10}\frac{r_0}{\mu}\left(P_0 - P_1 - \varpi e\right).$$

Si nous appelons Q la valeur commune aux deux forces élastiques principales M_m, P_p, nous aurons, en continuant la même approximation,

$$Q = \frac{R_r}{3} + \frac{10}{3}\mu\frac{W}{r} = \frac{1}{3}\left[- P_0 + \frac{3}{2}\frac{r_0}{e}\left(P_0 - P_1 - \varpi e\right)\right.$$
$$\left. - \frac{3}{2}\left(P_0 - P_1 - \varpi e\right)\frac{\varepsilon}{e}\right],$$

d'où, en négligeant P_0 devant $P_0\dfrac{r_0}{e}$,

$$Q_0 = \frac{1}{2}\frac{r_0}{e}\left(P_0 - P_1 - \varpi e\right), \quad Q_1 = Q_0 + \frac{5}{6}\varpi e.$$

Supposons que $P_0 - P_1 - \varpi e$ devienne nul, après avoir été primitivement différent de 0; on aura

$$W = 0, \quad Q_0 = 0, \quad Q_1 = \frac{5}{6}\varpi;$$

ce qui revient à dire que si, en se déformant, la Terre ne s'était désagrégée ni fissurée, elle reprendrait dans les conditions actuelles sa forme primitive, les forces élastiques perpendiculaires au rayon devenant nulles à la surface intérieure, et des tractions à la surface extérieure.

Admettons maintenant que, par suite du refroidissement du noyau liquide intérieur de la Terre et de la contraction qui en résulte, P_0 aille en diminuant; W deviendra négatif; l'épaisseur e ira en augmentant; Q_0 sera une pression croissante en intensité, tandis que Q_1 restera une traction ou finira par devenir une compression. L'écorce terrestre pourra donc se rompre de deux manières différentes : 1° par arrachement à l'extérieur et écrasement à l'intérieur, ce qui donne une explication fort simple des tremblements de terre; 2° par écrasement sur toute son épaisseur.

Dans ce dernier mode de rupture, la matière liquide du noyau, comprimée par les roches supérieures, tendra à en soulever les différentes parties dans lesquelles ces dernières ont été divisées, et à arriver jusqu'à la surface de la Terre. On retombe ainsi sur la théorie relative à la formation des chaînes de montagnes due à M. Élie de Beaumont.

L'ellipsoïde d'élasticité (*) correspondant à un point quelconque de la surface extérieure de la croûte a pour équation

$$\frac{z^2}{P_1^2} + \frac{x^2 + y^3}{Q_1^2} = 1;$$

'la surface à laquelle est tangent l'élément pour lequel un rayon vecteur de cet ellipsoïde représente la force élastique, est déterminée par

$$\frac{z_2}{P_1} + \frac{x^2 + y^2}{Q_1} = \pm\, K,$$

K étant une constante positive.

(*) *Voyez les Leçons sur l'élasticité, de M. Lamé.*

Si nous supposons que Q_1 soit une traction, cette équation correspond à deux hyperboloïdes de révolution asymptotiques, l'un à deux nappes, l'autre à une nappe, et l'on a pour l'équation de leur cône asymptote

$$\frac{z^2}{P_1} + \frac{x^2 + y^2}{Q_1} = 0,$$

et la force élastique sera tangentielle pour tous les éléments tangents à ce cône. L'inclinaison α de ses génératrices sur la méridienne sera donnée par

$$\operatorname{tang}\alpha = \sqrt{-\frac{P_1}{Q_1}}.$$

C'est à cette force élastique tangentielle T, représentée par le rayon vecteur de l'ellipsoïde d'élasticité déterminé par la droite

$$\frac{z}{\sqrt{-P_1}} + \frac{x}{\sqrt{Q_1}} = 0,$$

et dont la valeur est

$$T = \sqrt{-P_1 Q_1},$$

que paraissent dues les *ruptures par glissement,* connues en géologie sous le nom de *failles.*

Nous n'insisterons pas davantage sur ces considérations basées sur l'hypothèse d'une homogénéité constante et d'une sphéricité parfaite.

189. *Équilibre d'élasticité d'une enveloppe homogène animée d'un mouvement uniforme de rotation autour de l'un de ses diamètres* (*). — Si l'on remarque

---

(*) M. Lamé a donné dans le *Journal de Mathématiques pures et appliquées* (1854) les intégrales des équations d'équilibre d'élasticité des enveloppes sphériques, quelles que soient les conditions relatives à la surface, et dans ce qui suit nous ne ferons qu'appliquer la belle méthode qui l'a conduit à ce résultat.

que

$$R_0 = n^2 r \cos\lambda, \quad M_0 = -n^2 r \sin\lambda \cos\lambda,, \quad P_0 = 0, \quad V = 0,$$

$$\frac{dW}{dL} = 0, \quad \frac{dU}{dL} = 0,$$

et que l'on désigne, pour abréger, $\cos\lambda$ par c, les équations (J) deviennent

$$(\mathbf{1}) \quad \begin{cases} 3 r^2 \dfrac{d\Delta}{dr} + \dfrac{1}{c} \dfrac{dcZ}{d\lambda} = -\dfrac{\rho n^2}{\mu} \cos^2\lambda\, r^3, \\[2ex] 3 \dfrac{d\Delta}{d\lambda} - \dfrac{dZ}{dr} = \dfrac{\rho n^2}{\mu} \sin\lambda \cos\lambda\, r^2, \end{cases}$$

en posant comme plus haut

$$(\mathbf{2}) \quad \begin{cases} \Delta = \dfrac{1}{r^2} \dfrac{dr^2 W}{dr} + \dfrac{1}{rc} \dfrac{dcU}{d\lambda}, \\[2ex] \text{et, de plus,} \\[2ex] Z = \dfrac{dW}{d\lambda} - \dfrac{drU}{dr}. \end{cases}$$

Or il est facile de trouver des intégrales particulières des équations (1), et, par suite, d'en ramener l'intégration à celles de ces mêmes équations privées de leur second membre. En effet, on voit que ces équations peuvent être vérifiées par $Z = 0$ et par une valeur de Δ de la forme $a r^2 \cos^2\lambda$, a étant une constante déterminée par la relation

$$6a = -\frac{\rho n^2}{\mu}.$$

On a alors

$$\frac{dW}{d\lambda} = \frac{drU}{dr},$$

$$\frac{1}{r^2} \frac{dr^2 W}{dr} + \frac{1}{rc} \frac{dcU}{d\lambda} = -\frac{1}{6} \frac{\rho n^2 r^2}{\mu} \cos^2\lambda,$$

équations qui doivent être évidemment satisfaites par des

expressions de la forme

$$W = br^3 + fr^3\cos^2\lambda, \quad U = h\sin\lambda\cos\lambda\, r^3,$$

b, f, h étant des constantes liées par les relations

$$-f = 2h, \quad 5b - 2h = 0, \quad 5f + 3h = -\frac{1}{6}\frac{\rho n^2}{\mu},$$

d'où

$$f = -\frac{1}{21}\frac{\rho n^2}{\mu}, \quad h = \frac{1}{42}\frac{\rho n^2}{\mu}, \quad b = \frac{1}{105}\frac{\rho n^2}{\mu}.$$

On a ainsi le système de valeurs particulières

$$(3) \quad \begin{cases} Z_0 = 0, \\[2mm] \Delta_0 = -\dfrac{1}{6}\dfrac{\rho n^2 r^2}{\mu}\cos^2\lambda, \\[3mm] W_0 = \dfrac{\rho n^2 r^3}{21\,\mu}\left(\dfrac{1}{5} - \cos^2\lambda\right), \\[3mm] U_0 = \dfrac{1}{42}\dfrac{\rho n^2 r^3}{\mu}\sin\lambda\cos\lambda. \end{cases}$$

Si donc on pose

$$(4) \quad \begin{cases} U = U_0 + u, \\ W = W_0 + w, \\ \Delta = \Delta_0 + \delta, \\ Z = Z_0 + \zeta, \end{cases}$$

les équations (1) et (2) deviendront

$$(5) \quad \begin{cases} 3r^2\dfrac{d\delta}{dr} + \dfrac{1}{c}\dfrac{dc\,\zeta}{d\lambda} = 0, \\[3mm] 3\dfrac{d\delta}{d\lambda} - \dfrac{d\zeta}{dr} = 0; \end{cases}$$

$$(6) \quad \begin{cases} \delta = \dfrac{1}{r^3}\dfrac{dr^2 w}{dr} + \dfrac{1}{rc}\dfrac{dcu}{d\lambda}, \\[3mm] \zeta = \dfrac{dw}{d\lambda} - \dfrac{dru}{dr}. \end{cases}$$

Les formules (K) seront remplacées par les suivantes :

$$(7)\quad \begin{cases} R_r = \dfrac{\rho\, n^2 r^2}{7}\left(\dfrac{2}{5} - \dfrac{19}{6}\cos^2\lambda\right) + \mu\left(\delta + 2\dfrac{dw}{dr}\right), \\[2ex] M_m = -\,\rho\, n^2 r^2\left(\dfrac{1}{35} + \dfrac{1}{6}\cos^2\lambda\right) + \mu\left[\delta + \dfrac{2}{r}\left(\dfrac{du}{d\lambda} + w\right)\right], \\[2ex] P_p = -\dfrac{\rho\, n^2 r^2}{7}\left(\dfrac{1}{5} + \dfrac{9}{6}\cos^2\lambda\right) + \mu\left[\delta + \dfrac{2\,(w - u\tan\lambda)}{r}\right], \\[2ex] R_m = M_r = \dfrac{\rho\, n^2 r^2}{7}\sin\lambda\cos\lambda + \mu\left(\dfrac{du}{dr} + \dfrac{1}{r}\dfrac{dw}{d\lambda} - \dfrac{u}{r}\right), \\[2ex] R_p = P_r = 0, \quad M_p = P_m = 0, \end{cases}$$

et pour

$$r = r_0 \quad \text{et} \quad r = r_1$$

on aura les deux conditions

$$(8)\quad \begin{cases} \delta + 2\dfrac{dw}{dr} = -\dfrac{\rho\, n^2 r^2}{7\mu}\left(\dfrac{2}{5} - \dfrac{19}{6}\cos^2\lambda\right), \\[2ex] \dfrac{du}{dr} - \dfrac{u}{r} + \dfrac{1}{2}\dfrac{dw}{dr} = -\dfrac{\rho\, n^2 r^2}{7\mu}\sin\lambda\cos\lambda. \end{cases}$$

Cela posé, occupons-nous de la recherche de déplacements u, w, ζ, δ. Si l'on ajoute les équations (5), respectivement différentiées par rapport à r et λ, on obtient, en supposant que la seconde ait été multipliée par c avant la différentiation, puis divisée par c après cette opération,

$$\frac{dr^2\,\dfrac{d\delta}{dr}}{dr} + \frac{1}{c}\frac{dc\,\dfrac{d\delta}{d\lambda}}{d\lambda} = 0,$$

ou, en posant $\sin\lambda = \alpha$,

$$(9)\quad \frac{dr^2\,\dfrac{d\delta}{dr}}{dr} + \frac{d\,(1 - \alpha^2)\,\dfrac{d\delta}{d\alpha}}{d\alpha} = 0.$$

En faisant dans cette équation

$$\delta = Q_\nu\, r^\nu.$$

ν étant un nombre entier positif et Q_ν une certaine fonction de α, on aura, pour déterminer cette dernière,

$$(10) \quad \begin{cases} \dfrac{d(1-\alpha^2)\dfrac{dQ_\nu}{d\alpha}}{d\alpha} + \nu(\nu+1)Q_\nu = 0, \\[2em] \text{ou} \\[1em] (1-\alpha^2)\dfrac{d^2Q_\nu}{d\alpha^2} - 2\alpha\dfrac{dQ_\nu}{d\alpha} + \nu(\nu+1)Q_\nu = 0. \end{cases}$$

On sait (86) que cette équation linéaire est vérifiée par le polynôme

$$X_\nu = \alpha^\nu - \frac{\nu(\nu-1)}{2(2\nu-1)} \cdot \alpha^{\nu-2} + \frac{\nu(\nu-1)(\nu-2)(\nu-3)}{2.4.(2\nu-1)(2\nu-3)} \cdot \alpha^{\nu-4} \ldots$$

Pour trouver l'intégrale complète de l'équation (10), posons

$$Q_\nu = z X_\nu;$$

il vient

$$(1-\alpha^2)X_\nu \cdot \frac{d^2z}{d\alpha^2} + 2\left[(1-\alpha^2)\frac{dX_\nu}{d\alpha} - \alpha X_\nu\right]\frac{dz}{d\alpha} = 0,$$

ou, en représentant $\dfrac{dz}{d\alpha}$ par t,

$$\frac{dt}{d\alpha} + 2\left(\frac{1}{X_\nu} \cdot \frac{dX_\nu}{d\alpha} - \frac{\alpha}{1-\alpha^2}\right)t = 0,$$

$$\frac{dt}{t} + 2\left(\frac{1}{X_\nu} \cdot dX_\nu - \frac{\alpha\,d\alpha}{1-\alpha^2}\right) = 0,$$

et, A'_ν étant une constante arbitraire,

$$\log t + \log X_\nu^2 + \log(1-\alpha^2) = \log A'_\nu,$$

$$t = \frac{A'_\nu}{X_\nu^2(1-\alpha^2)};$$

d'où, en désignant par A_ν une autre constante arbitraire,

$$z = A_\nu + A'_\nu \int_0^\alpha \frac{d\alpha}{X_\nu^2(1-\alpha^2)};$$

et

$$Q_\nu = A_\nu X_\nu + A'_\nu X_\nu \int_0^\alpha \frac{d\alpha}{X_\nu^2 (1 - \alpha^2)}.$$

Le second terme de Q_ν devenant infini (*) pour $\alpha = 1$, il faut nécessairement que $A'_\nu = 0$; nous ne pouvons donc prendre que

$$Q_\nu = A_\nu X_\nu;$$

tandis que si la sphère était limitée vers le pôle, par un cône de latitude par exemple, il y aurait lieu de conserver le second terme. Ainsi l'équation aux différentielles partielles (9) est vérifiée par

$$\delta = A_\nu X_\nu r^\nu.$$

On reconnaît sans peine qu'elle est de même satisfaite par cette autre valeur

$$\delta = B_{\nu+1} X_\nu \cdot \frac{1}{r^{\nu+1}},$$

$B_{\nu+1}$ étant une seconde constante arbitraire; nous pourrons donc prendre pour l'intégrale générale de cette équation la série indéfinie

$$(11) \qquad \delta = \sum_{\nu=0}^{\nu=\infty} X_\nu \left(A_\nu r^\nu + \frac{B_{\nu+1}}{r^{\nu+1}} \right).$$

Dans le cas d'une sphère pleine, il faudra supprimer le deuxième terme $\dfrac{B_{\nu+1}}{r^{\nu+1}}$, qui deviendrait infini pour le centre du solide.

(*) Car soit $X_\nu'^2$ la plus grande valeur de X_ν^2, pour les valeurs de la variable comprises entre 0 et 1, on a

$$\int_0^1 \frac{d\alpha}{X_\nu^2 (1 - \alpha^2)} > \frac{1}{X_\nu'^2} \int_0^1 \frac{d\alpha}{1 - \alpha^2} = \frac{1}{2} \cdot \frac{1}{X_\nu'^2} \int_0^1 d\log \frac{1 + \alpha}{1 - \alpha},$$

qui n'a pas de limite.

Les équations (5), qui rentrent maintenant l'une dans l'autre, puisque l'expression (11) vérifie l'équation (9), qui résulte de leur combinaison, donnent, en posant $\chi = c\zeta$,

$$(5')\begin{cases}\dfrac{d\chi}{d\alpha} = -3r^3\dfrac{d\delta}{dr} = -3\displaystyle\sum_{\nu=0}^{\nu=\infty} X_\nu\left[\nu A_\nu r^{\nu+1} - (\nu+1)\dfrac{B_{\nu+1}}{r^\nu}\right],\\[2em] \dfrac{d\chi}{dr} = 3(1-\alpha^2)\dfrac{d\delta}{d\alpha} = 3\displaystyle\sum_{\nu=0}^{\nu=\infty}\dfrac{dX_\nu}{d\alpha}(1-\alpha^2)\left(A_\nu r^\nu + \dfrac{B_{\nu+1}}{r^{\nu+1}}\right).\end{cases}$$

De cette dernière formule on déduit, en représentant par $\varphi(\alpha)$ une fonction arbitraire de α,

$$\chi = \varphi(\alpha) + 3\sum_{\nu=0}^{\nu=\infty}\frac{dX_\nu}{d\alpha}(1-\alpha^2)\left(\frac{A_\nu r^{\nu+1}}{\nu+1} - \frac{B_{\nu+1}}{\nu r^\nu}\right);$$

en portant cette valeur dans la première, pour obtenir $\varphi(\alpha)$, on trouve

$$\varphi'(\alpha) = -3\sum_{\nu=0}^{\nu=\infty}\left(\frac{A_\nu r^{\nu+1}}{\nu+1} - \frac{B_\nu}{\nu r^\nu}\right)\left[(1-\alpha^2)\frac{d^2X_\nu}{d\alpha^2} - 2\alpha\frac{dX_\nu}{d\alpha} + \nu(\nu+1)X_\nu\right] = 0.$$

$\varphi(\alpha)$ est donc une constante arbitraire que nous représenterons par C; nous pourrons alors écrire

$$(12)\quad \chi = C + 3\sum_{\nu=0}^{\nu=\infty}\frac{dX_\nu}{d\alpha}(1-\alpha^2)\left(\frac{A_\nu r^{\nu+1}}{\nu+1} - \frac{1}{\nu}\cdot\frac{B_{\nu+1}}{r^\nu}\right).$$

Il nous reste maintenant à trouver u et w; remarquons pour cela que

$$(13)\begin{cases}\dfrac{dw}{dr} - \dfrac{dru}{dr} = \dfrac{1}{c}\chi,\\[1em] \dfrac{1}{r^2}\dfrac{dr^2w}{dr} + \dfrac{1}{rc}\dfrac{dcu}{d\lambda} = \delta,\end{cases}$$

et

$$(13')\quad \begin{cases} (1-\alpha^2)\,\dfrac{dw}{d\alpha} - \dfrac{drcu}{dr} = \chi, \\[2ex] \dfrac{dr^2 w}{dr} + \dfrac{dc\,ru}{d\alpha} = r^2\delta. \end{cases}$$

Pour intégrer ces équations, posons

$$w = w' + w'', \quad u = u' + u'',$$

w' et u' étant des intégrales particulières qui doivent en rendre identiques les deux membres, et w'' et u'' les intégrales générales des mèmes équations sans second membre.

D'après la première des équations (13), on a

$$\frac{dw''}{d\lambda} = \frac{dru''}{dr},$$

ce qui suppose que w'' et ru'' sont les dérivées respectives d'une même fonction F par rapport à r et à λ. Cette fonction sera déterminée par la seconde des équations (13) ou par la suivante :

$$\frac{1}{r^2}\,\frac{dr^2\dfrac{dF}{dr}}{dr} + \frac{1}{rc}\,\frac{dc\dfrac{dF}{d\lambda}}{d\lambda} = 0,$$

qui est identique à l'équation (9); on a donc, pour son intégrale générale, A'_ν et $B'_{\nu+1}$ étant des constantes arbitraires,

$$(14)\quad \begin{cases} F = \displaystyle\sum_{\nu=0}^{\nu=\infty} X_\nu \left(A'_\nu\, r^\nu + \frac{B'_{\nu+1}}{r^{\nu+1}} \right), \\[3ex] \text{par suite,} \\[2ex] w'' = \dfrac{dF}{dr} = \displaystyle\sum_{\nu=0}^{\nu=\infty} X_\nu \left(\nu A'_\nu\, r^{\nu-1} - (\nu+1)\,B'_{\nu+1}\,\frac{1}{r^{\nu+2}} \right), \\[3ex] u'' = \dfrac{1}{r}\,\dfrac{dF}{d\lambda} = \displaystyle\sum_{\nu=0}^{\nu=\infty} \sqrt{1-\alpha^2}\cdot\dfrac{dX_\nu}{d\lambda}\left(A'_\nu\, r^{\nu-1} + B'_{\nu+1}\cdot\frac{1}{r^{\nu+2}} \right). \end{cases}$$

Si nous ajoutons les équations (13′) respectivement différentiées par rapport à α et r, nous obtiendrons, en ayant égard aux formules (5′),

$$\frac{d\left(1-\alpha^2\right)\dfrac{dw'}{d\alpha}}{d\alpha}+\frac{d^2 r^2 w'}{dr^2}=\frac{d\chi}{d\alpha}+\frac{dr^2\delta}{dr}=-3r^2\frac{d\delta}{dr}+\frac{dr^2\delta}{dr}$$

$$=\sum_{\nu=0}^{\nu=\infty}X_\nu\left[\,2A_\nu(1-\nu)\,r^{\nu+1}+2B_{\nu+1}(\nu+2)\,\frac{1}{r^\nu}\right].$$

Posant

$$w'=S_{\nu+1}\,r^{\nu+1}+\frac{T_\nu}{r^\nu},$$

on aura, pour déterminer les coefficients $S_{\nu+1}$, T_ν, supposés uniquement fonction de α,

$$\frac{d\left(1-\alpha^2\right)\dfrac{dS_{\nu+1}}{d\alpha}}{d\alpha}+(\nu+3)(\nu+2)S_{\nu+1}=X_\nu\,.\,2A_\nu(1-\nu),$$

$$\frac{d\left(1-\alpha^2\right)\dfrac{dT_\nu}{d\alpha}}{d\alpha}+(\nu-2)(\nu-1)T_\nu=X_\nu\,.\,2B_{\nu+1}(\nu+2).$$

Si l'on compare respectivement ces deux équations aux deux suivantes :

$$\frac{d\left(1-\alpha^2\right)\dfrac{dX_\nu A_\nu}{d\alpha}}{d\alpha}+\nu(\nu+1)X_\nu A_\nu=0,$$

$$\frac{d\left(1-\alpha^2\right)\dfrac{dX_\nu B_{\nu+1}}{d\alpha}}{d\alpha}+\nu(\nu+1)X_\nu B_{\nu+1}=0,$$

on reconnaît sans peine qu'elles seront vérifiées par des expressions de la forme

$$S_{\nu+1}=\gamma\,A_\nu X_\nu,\qquad T_\nu=\gamma'\,B_{\nu+1}X_\nu,$$

γ et γ' étant des constantes déterminées par

$$(\nu + 3)(\nu + 2)\gamma - \nu(\nu + 1)\gamma = 2(1 - \nu),$$
$$(\nu - 2)(\nu - 1)\gamma' - \nu(\nu + 1)\gamma' = 2(\nu + 2),$$

d'où

$$\gamma = - \frac{\nu - 1}{2\nu + 3},$$

$$\gamma' = - \frac{\nu + 2}{2\nu - 1}.$$

Nous aurons donc

$$(15) \quad w' = \sum_{\nu = 0}^{\nu = \infty} X_\nu \left[- A_\nu \frac{(\nu - 1)}{2\nu + 3} r^{\nu+1} - B_{\nu+1} \frac{(\nu + 2)}{2\nu - 1} \frac{1}{r^\nu} \right].$$

Enfin, pour avoir u', nous aurons recours à la première des équations $(13')$ qui donne

$$- cru' = \int \chi\, dr - (1 - \alpha^2) \int \frac{dw}{d\alpha}\, dr = Cr + \sum_{\nu = 0}^{\nu = \infty} \frac{dX_\nu}{d\alpha} (1 - \alpha^2)$$

$$\times \left[A_\nu \frac{(\nu + 4)}{(\nu + 1)(2\nu + 3)} r^{\nu+2} - B_{\nu+1} \frac{(\nu - 3)}{\nu(2\nu - 1)} \frac{1}{r^{\nu-1}} \right],$$

d'où

$$u' = \frac{-C}{\sqrt{1 - \alpha^2}} + \sum_{\nu = 0}^{\nu = \infty} \sqrt{1 - \alpha^2} \frac{dX_\nu}{d\alpha} \left[- A_\nu \frac{(\nu + 4)}{(\nu + 1)(2\nu + 3)} r^{\nu+1} + \frac{B_{\nu+1}(\nu - 3)}{\nu(2\nu - 1)} \frac{1}{r^\nu} \right],$$

et comme u' doit rester fini pour $\alpha = 1$, il faut que $C = 0$ et l'on a tout simplement

$$(16) \quad u' = \sum_{\nu = 0}^{\nu = \infty} \sqrt{1 - \alpha^2} \frac{dX_\nu}{d\alpha} \left[- \frac{A_\nu(\nu + 4)}{(\nu + 1)(2\nu + 3)} r^{\nu+1} + \frac{B_{\nu+1}(\nu - 3)}{\nu(2\nu - 1)} \frac{1}{r^\nu} \right].$$

Par conséquent, les valeurs les plus générales de u et w

seront

$$(17)\begin{cases} w = \sum_{\nu=0}^{\nu=\infty} \mathbf{X}_\nu \left[\nu \mathbf{A}'_\nu\, r^{\nu-1} - \mathbf{A}_\nu \frac{(\nu-1)}{2\nu+3} r^{\nu+1} \right. \\ \qquad\qquad\qquad \left. - (\nu+1)\,\mathbf{B}'_{\nu+1} \frac{1}{r^{\nu+2}} - \mathbf{B}_\nu \frac{\nu+2}{2\nu-1} \frac{1}{r^\nu} \right], \\[2em] u = \sum_{\nu=0}^{\nu=\infty} \sqrt{1-\alpha^2}\, \frac{d\mathbf{X}_\nu}{d\alpha} \left[\mathbf{A}'_\nu r^{\nu-1} - \frac{\mathbf{A}_\nu(\nu+4)}{(\nu+1)(2\nu+3)} r^{\nu+1} \right. \\ \qquad\qquad\qquad \left. + \mathbf{B}'_{\nu+1} \frac{1}{r^{\nu+2}} + \mathbf{B}_{\nu+1} \frac{(\nu-3)}{\nu(2\nu-1)} \frac{1}{r^\nu} \right]. \end{cases}$$

Il nous reste maintenant à calculer les constantes indéterminées $\mathbf{A}_\nu$, $\mathbf{A}'_\nu$, $\mathbf{B}_{\nu+1}$, $\mathbf{B}'_{\nu+1}$ au moyen des équations de condition (8) qui, en ayant égard aux valeurs précédentes, et représentant par r_i l'une ou l'autre des limites de r, deviennent

$$(18)\begin{cases} \sum_{\nu=0}^{\nu=\infty} \mathbf{X}_\nu \left[2\nu(\nu-1)\,\mathbf{A}'_\nu r_i^{\nu-2} - \mathbf{A}_\nu \frac{2\nu(\nu-1)-5}{2\nu+3} r_i^\nu \right. \\ \qquad\qquad + 2(\nu+1)(\nu+2)\,\mathbf{B}'_{\nu+1} \frac{1}{r_i^{\nu+3}} \\ \qquad\qquad\qquad \left. + \frac{2(\nu+1)(\nu+2)-5}{2\nu-1}\,\mathbf{B}_{\nu+1} \frac{1}{r_i^{\nu+1}} \right] \\ \qquad = -\frac{\rho\, n^2 r_i^2}{7\mu} \left(\frac{2}{5} - \frac{19}{6} \cos^2\lambda \right), \\[2em] \sum_{\nu=0}^{\nu=\infty} \sqrt{1-\alpha^2}\, \frac{d\mathbf{X}_\nu}{d\alpha} \left[\mathbf{A}'_\nu\, 2(\nu-1) r_i^{\nu-3} - \mathbf{A}_\nu \frac{2(\nu+1)^2-3}{(2\nu+3)(\nu+1)} r_i^\nu \right. \\ \qquad\qquad \left. - \mathbf{B}'_{\nu+1} \frac{2(\nu+2)}{r_i^{\nu+3}} - \mathbf{B}_{\nu+1} \frac{2\nu^2-3}{\nu(2\nu-1) r_i^{\nu+1}} \right] \\ \qquad = -\frac{\rho\, n^2 r_i^2}{7\mu} \sin\lambda \cos\lambda. \end{cases}$$

Pour simplifier l'écriture, nous représenterons, dans ce

qui suit, respectivement par H_ν et K_ν les coefficients de X_ν

et $\sqrt{1-\alpha^2}\dfrac{dX_\nu}{d\alpha}$ des expressions ci-dessus.

La détermination de H_ν s'effectuera très-facilement au moyen du théorème connu (84)

$$\int_{-1}^{+1} X_\nu X_{\nu'} d\alpha = \begin{cases} 0 & \text{si} \quad \nu \gtrless \nu', \\ \displaystyle\int_{-1}^{+1} X_\nu^2 \, d\alpha & \text{si} \quad \nu = \nu'. \end{cases}$$

Nous aurons ainsi, en multipliant la première équation (18) par $X_\nu d\alpha$ et intégrant entre les limites -1 et $+1$,

$$(19) \qquad H_\nu = \frac{\rho n^2 r_i^2}{7\mu} \frac{\displaystyle\int_{-1}^{+1} X_\nu \left(\frac{83}{30} - \frac{19}{6}\alpha^2\right) d\alpha}{\displaystyle\int_{-1}^{+1} X_\nu^2 \, d\alpha}.$$

Pour obtenir K_ν, nous nous servirons de la propriété suivante des fonctions X_ν,

$$\int_{-1}^{+1} \sqrt{1-\alpha^2}\frac{dX_\nu}{d\alpha} \sqrt{1-\alpha^2}\frac{dX_{\nu'}}{d\alpha} d\alpha = \begin{cases} 0 & \text{si} \quad \nu \gtrless \nu' \, (^*) \\ \nu(\nu+1)\displaystyle\int_{-1}^{+1} X_\nu^2 \, d\alpha & \text{si} \quad \nu = \nu', \end{cases}$$

qui n'est qu'un cas particulier d'un théorème plus général

---

dû à M. Lamé (*); on arrive de cette manière à

$$K_\nu = - \frac{\rho\, n^2 r_i^2}{7\mu}\, \frac{1}{\nu(\nu+1)} \cdot \frac{\displaystyle\int_{-1}^{+1} \frac{dX_\nu}{d\alpha}\, \alpha\,(1-\alpha^2)\, d\alpha}{\displaystyle\int_{-1}^{+1} X_\nu^2\, d\alpha} \cdots$$

ou, en intégrant par parties,

$$(20) \qquad K_\nu = \frac{\rho\, n^2 r_i^2}{7\mu}\, \frac{1}{\nu(\nu+1)} \cdot \frac{\displaystyle\int_{-1}^{+1} X_\nu\,(1-3\alpha^2)\, d\alpha}{\nu(\nu+1)\displaystyle\int_{-1}^{+1} X_\nu^2\, d\alpha} \cdot$$

Nous sommes ainsi conduit à calculer $\displaystyle\int_{-1}^{+1} X_\nu \alpha^p\, d\alpha$ (p étant un nombre entier que l'on devra successivement prendre égal à o et à 2) et $\displaystyle\int_{-1}^{+1} X_\nu^2\, d\alpha$.

190. *Détermination de* $\displaystyle\int_{-1}^{+1} X_\nu \alpha^p\, d\alpha$, $\displaystyle\int_{-1}^{+1} X_\nu^2\, d\alpha$. — L'équation

$$(10) \qquad \frac{d\left[(1-\alpha^2)\dfrac{dX_\nu}{d\alpha}\right]}{d\alpha} + \nu(\nu+1)\, X_\nu = 0,$$

multipliée par $\alpha^p d\alpha$, donne, en intégrant par parties,

$$\nu(\nu+1)\int X_\nu \alpha^p\, d\alpha = -\int \alpha^p\, d\left[(1-\alpha^2)\frac{dX_\nu}{d\alpha}\right]$$

$$= -\alpha^p(1-\alpha^2)\frac{dX_\nu}{d\alpha} + p\int (1-\alpha^2)\alpha^{p-1}\frac{dX_\nu}{d\alpha}\, d\alpha$$

$$= -\alpha^p(1-\alpha^2)\frac{dX_\nu}{d\alpha} + pX_\nu(1-\alpha^2)\alpha^{p-1}$$

$$-p\int X_\nu\cdot\left[(p-1)\alpha^{p-2} - (p+1)\alpha^p\right] d\alpha;$$

(*) *Journal de Mathématiques pures et appliquées*, 1854.

d'où

$$(21) \quad \begin{cases} \nu\left[(\nu+1)-p(p+1)\right]\displaystyle\int_{-1}^{+1} X_\nu \alpha^p d\alpha \\[2mm] = -p(p-1)\displaystyle\int_{-1}^{+1} X_\nu \alpha^{p-2} d\alpha. \end{cases}$$

Cette formule permet de voir que :

1° Pour toute valeur de ν différente de l'unité, on a

$$\int_{-1}^{+1} X_\nu \alpha\, d\alpha = 0;$$

2° $\displaystyle\int_{-1}^{+1} X_\nu \alpha^2 d\alpha = 0$ pour toutes les valeurs de ν autres

que $\nu = 0$, $\nu = 2$.

La même formule donne

$$\int_{-1}^{+1} X_0 \alpha^2 d\alpha = \frac{1}{3}\int_{-1}^{+1} X_0 d\alpha;$$

mais elle ne fait pas connaître $\displaystyle\int_{-1}^{+1} X_2 \alpha^2 d\alpha$; mais on a

$$X_0 = 1, \quad X_1 = \alpha, \quad X_2 = \alpha^2 - \frac{1}{3}\alpha;$$

d'où l'on déduit pour les intégrales $\displaystyle\int_{-1}^{+1} X_\nu \alpha^p d\alpha$, différentes de zéro,

$$(a) \quad \begin{cases} \displaystyle\int_{-1}^{+1} X_0 d\alpha = 2, \\[3mm] \displaystyle\int_{-1}^{+1} X_1 \alpha\, d\alpha = \frac{2}{3}, \\[3mm] \displaystyle\int_{-1}^{+1} X_0 \alpha^2 d\alpha = \frac{2}{3}, \\[3mm] \displaystyle\int_{-1}^{+1} X_2 \alpha^2 d\alpha = \frac{2}{5} - \frac{2}{3}\cdot\frac{1}{3}. \end{cases}$$

Il suit de ce qui précède que H_ν, K_ν seront nuls pour toutes les valeurs de ν différentes de o et 2. Nous n'avons donc à calculer $\displaystyle\int_{-1}^{+1} X_\nu^2\, d\alpha$ que pour $\nu = 0$, $\nu = 2$.

On voit facilement que

$$(b) \begin{cases} \displaystyle\int_{-1}^{+1} X_0^2\, d\alpha = 2, \\[2ex] \displaystyle\int_{-1}^{+1} X_2^2\, d\alpha = \int_{-1}^{+1} X_2 \alpha^2\, d\alpha - \frac{1}{3}\int_{-1}^{+1} X_2\, d\alpha = \frac{2}{5} - \frac{2}{3}\cdot\frac{1}{3}. \end{cases}$$

En portant les valeurs (a) et (b) dans les formules (19) et (20), on trouve

$$(22)\begin{cases} H_0 = \dfrac{11}{45}\,\dfrac{\rho\, n^2 r_i^2}{\mu}, \\[2ex] H_2 = -\dfrac{19}{42}\cdot\dfrac{\rho\, n^2 r_i^2}{\mu}, \\[2ex] K_0 = \dfrac{0}{0}\;(^*), \\[2ex] K_2 = -\dfrac{1}{14}\cdot\dfrac{\rho\, n^2 r_i^2}{\mu}. \end{cases}$$

191. *Calcul des coefficients A_ν, A'_ν, $B_{\nu+1}$, $B'_{\nu+1}$.* — On reconnaîtra sans difficulté que ces coefficients sont nuls lorsque $\nu > 2$; de sorte qu'il nous suffit de considérer successivement les cas où $\nu = 0$, $\nu = 1$, $\nu = 2$.

Pour $\nu = 0$, on a

$$\frac{5}{3}\,A_0 + 4\,B'_1\,\frac{1}{r_1^3} + \frac{B_1}{r_i} = \frac{11}{45}\,\frac{\rho\, n^2 r_i^2}{\mu};$$

le terme en B_1 étant infini dans la deuxième des équations (18), il est nécessaire que

$$B_1 = 0.$$

<hr>

On a ensuite

$$(A) \quad \begin{cases} B'_1 = -\dfrac{1}{4}\cdot\dfrac{11}{45}\dfrac{\rho n^2}{\mu}\cdot\dfrac{r_0^3 r_1^3 (r_1^2 - r_0^3)}{r^3 - r_0^2}, \\[2ex] A_0 = \dfrac{3}{5}\cdot\dfrac{11}{45}\cdot\dfrac{\rho n^2}{\mu}\cdot\dfrac{r_1^5 - r_0^5}{r_1^3 - r_0^3}. \end{cases}$$

Quant à la constante A'_0, elle n'existe ni dans w ni dans u, puisque $\dfrac{dP_0}{d\alpha} = 0$.

Pour $\nu = 1$, on a

$$A_1 r_i + 12 B'_2 \cdot \frac{1}{r_i^4} + 7 B_2 \frac{1}{r_i^2} = 0,$$

$$-\frac{1}{2} A_1 r_i - 6 B'_2 \frac{1}{r_i^4} + \frac{B_2}{r_i^2} = 0;$$

par suite,

$$A_1 = 0, \quad B'_2 = 0, \quad B_2 = 0.$$

A'_1 reste indéterminé, et cela devait être, car il est facile de s'assurer que ce coefficient correspond à des déplacements des points du corps compatibles avec l'hypothèse de sa solidité.

Pour $\nu = 2$, on a les équations

$$(B) \quad \begin{cases} 2A'_2 + \dfrac{1}{7} A_2 r_i^2 + 24 B'_3 \cdot \dfrac{1}{r_i^5} + \dfrac{19}{3} B_3 \cdot \dfrac{1}{r_i^2} = -\dfrac{19}{42}\dfrac{\rho n^2 r_i^2}{\mu}, \\[2ex] 2A'_2 - \dfrac{5}{7} A_2 r_i^2 - 8 B'_3 \cdot \dfrac{1}{r_i^5} - \dfrac{5}{6} B_3 \cdot \dfrac{1}{r_i^3} = -\dfrac{1}{14}\dfrac{\rho n^2 r_i^2}{\mu}, \end{cases}$$

qui, en y supposant successivement $i = 0$, $i = 1$, donneront quatre relations entre les coefficients A'_2, A_2, B'_3, B_3, au moyen desquelles on les déterminera. Mais, avant d'aller plus loin, nous ferons remarquer que les autres coefficients étant nuls, w et u ont pour valeurs

$$w = \frac{1}{3} A_0 r - \frac{B'_1}{r^2} + \left(\alpha^2 - \frac{1}{3}\right)\left(2 A'_2 r - \frac{A_2}{7} r^3 - 3 B'_3 \cdot \frac{1}{r^4} - \frac{4}{3} B_3 \cdot \frac{1}{r^2}\right),$$

$$u = 2\sin\lambda\cos\lambda \left(A'_2 r - \frac{2}{7} A_2 r^3 + B'_3 \cdot \frac{1}{r^4} - \frac{1}{6} B_3 \cdot \frac{1}{r^2}\right).$$

Le calcul des coefficients A'_2, A_2, B_3 B'_3, ne présente aucune difficulté; mais, comme il conduit à des expressions très-complexes, nous laisserons de côté le cas général pour ne considérer que celui d'une enveloppe très-mince, dont l'épaisseur soit négligeable devant le rayon intérieur ou extérieur. Si nous posons

$$ r = r_0 + \varepsilon, $$

il vient, en supprimant les secondes puissances de ε et laissant de côté les coefficients indéterminés,

$$ w = \frac{1}{3} A_0 r_0 - \frac{B'_1}{r_0^2} + \left(\alpha^2 - \frac{1}{3} \right) \left(2 A'_2 r_0 - \frac{A_2}{7} r_0^3 - 3 B'_3 \frac{1}{r_0^4} - \frac{4}{3} B_3 \frac{1}{r_0^2} \right) $$
$$ + \frac{\varepsilon}{r_0} \left[\frac{1}{3} A_0 r_0 + \frac{2 B'_1}{r_0^2} + \left(\alpha^2 - \frac{1}{3} \right) \right. $$
$$ \left. \times \left(2 A'_2 r_0 - \frac{3 A_2}{7} r_0^3 + 12 \frac{B'_3}{r_0^4} + \frac{8}{3} B_3 \frac{1}{r_0^2} \right) \right], $$

$$ u = 2 \sin \lambda \cos \lambda \left[A'_2 r_0 - \frac{2}{7} A_2 r_0^3 + B'_3 \frac{1}{r_0^4} - \frac{1}{6} B_3 \frac{1}{r_0^2} \right. $$
$$ \left. + \frac{\varepsilon}{r_0} \left(A'_2 r_0 - \frac{6}{7} A_2 r_0^3 - 4 B'_3 \frac{1}{r_0^4} + \frac{1}{3} \frac{B_3}{r_0^2} \right) \right]. $$

Les formules au moyen desquelles on calculera les coefficients A'_2, A_2, etc., s'obtiendront en supposant $i = 0$, dans les équations (B), et en joignant aux deux équations obtenues leurs dérivées par rapport à r_0, on a ainsi

$$ 2 A'_2 r_0 + \frac{1}{7} A_2 r_0^3 + 24 B'_3 \frac{1}{r_0^4} + \frac{19}{3} B_3 \frac{1}{r_0^2} = - \frac{19}{42} \frac{\rho n^2 r_0^3}{\mu}; $$
$$ \frac{1}{7} A_2 r_0^3 - 60 B'_3 \frac{1}{r_0^4} - \frac{19}{2} B_3 \frac{1}{r_0^2} = - \frac{19}{42} \frac{\rho n^2 r_0^3}{\mu}, $$
$$ 2 A'_2 r_0 - \frac{5}{7} A_2 r_0^3 - 8 B'_3 \frac{1}{r_0^4} - \frac{5}{6} B_3 \frac{1}{r_0^2} = - \frac{1}{14} \frac{\rho n^2 r_0^3}{\mu}, $$
$$ - \frac{5}{7} A_2 r_0^3 + 20 B'_3 \frac{1}{r_0^4} + \frac{5}{4} B_3 \frac{1}{r_0^2} = - \frac{1}{14} \frac{\rho n^2 r_0^3}{\mu}; $$

d'où

$$A'_2 r_0 = -\frac{161}{450}\frac{\rho n^2 r_0^3}{\mu},$$

$$A_2 r_0^3 = -\frac{37}{50}\frac{\rho n^2 r_0^3}{\mu}$$

$$\frac{B'_3}{r_0^4} = -\frac{4}{75}\frac{\rho n^2 r_0^3}{\mu},$$

$$\frac{B_2}{r_0^2} = \frac{28}{75}\frac{\rho n^2 r_0^3}{\mu}.$$

Les formules (A) donnent

$$\frac{B'_1}{r_0^2} = -\frac{1}{6}\frac{11}{45}\frac{\rho n^2 r_0^3}{\mu},$$

$$A_0 r_0 = \frac{11}{45}\frac{\rho n^2 r_0^3}{\mu},$$

et en faisant les substitutions on trouve

$$w = \frac{\rho n^2 r_0^3}{\mu}\left[\frac{1}{210}(92-199\alpha^2) + \frac{\varepsilon}{r_0}\frac{1}{70}(1-3\alpha^2)\right].$$

$$u = \frac{\rho n^2 r_0^3}{\mu}\sin\lambda\cos\lambda\left(-\frac{11}{21}+\frac{43}{35}\frac{\varepsilon}{r_0}\right).$$

Si l'on se reporte aux valeurs (3) et (4), on obtient

$$(23)\quad\begin{cases} W = \dfrac{\rho n^2 r_0^3}{\mu}\dfrac{1}{10}\left[4-9\alpha^2-\dfrac{\varepsilon}{r_0}(1-\alpha^2)\right], \\[2ex] U = \dfrac{\rho n^2 r_0^3}{\mu}\dfrac{1}{2}\left(-1+\dfrac{13}{5}\dfrac{\varepsilon}{r_0}\right)\sin\lambda\cos\lambda. \end{cases}$$

L'approximation avec laquelle nous avons calculé les coefficients inconnus exige que nous prenions tout simplement

$$(24)\quad\begin{cases} W = \dfrac{1}{10}\dfrac{\rho n^2 r_0^3}{\mu}(4\cos^2\lambda-5\sin^2\lambda), \\[2ex] U = -\dfrac{1}{2}\dfrac{\rho n^2 r_0^3}{\mu}\sin\lambda\cos\lambda, \end{cases}$$

et la variation de l'épaisseur a pour expression

$$(25) \qquad \frac{W_1 - W_0}{e} = - \frac{1}{10} \frac{\rho\, n^2 r_0^2}{\mu} \cos^2\lambda.$$

Les formules (24) et (25) conduisent aux théorèmes suivants :

192. 1° *L'aplatissement au pôle est égal à cinq fois le quart du gonflement de l'équateur, et le point de la croûte pour lequel le rayon n'a pas varié correspond à* $\tang\lambda = \sqrt{\dfrac{4}{5}}$, *soit* $\lambda = 41°48'37''$.

2° *L'épaisseur est restée constante au pôle, mais elle a subi une diminution qui va constamment en augmentant à mesure que l'on s'approche de l'équateur.*

3° *Le déplacement maximum dans le sens de la méridienne et la différence maximum des déplacements analogues à l'intérieur et à l'extérieur de la croûte correspondent à* $\lambda = 45$ *degrés ; ces déplacements sont négatifs.*

Il est maintenant aisé de voir que la courbe méridienne déformée est *une ellipse* : en effet, si l'on désigne par r' et λ' les nouvelles valeurs de r et λ, on a, en posant $\dfrac{\rho\, n^2 r_0^2}{\mu} = a$,

$$r' = r_0 + W = R_0 + a\,(4\cos^2\lambda - 5\cos^2\lambda),$$

$$\lambda' = \lambda + \frac{U}{r} = \lambda - 5\frac{a}{r_0}\sin\lambda\cos\lambda\,;$$

ou, en négligeant la deuxième puissance de la quantité a, qui est très-petite dans le cas de la Terre,

$$r' = r_0 + a\,(4\cos^2\lambda' - 5\sin^2\lambda').$$

Soient x, y les coordonnées d'un point de la courbe méridienne rapportée à l'axe des pôles et à sa perpendiculaire au centre de la sphère. Il est clair que l'on aura avec la même approximation

$$\sqrt{x^2 + y^2} = r_0 + \frac{a}{r_0^2}(4y^2 - 5x^2),$$

$$x^2 + y^2 = r_0^2 + \frac{2a}{r_0}(4y^2 - 5x^2),$$

et enfin

$$y^2\left(1 - 8\frac{a}{r_0}\right) + x^2\left(1 + 10\frac{a}{r_0}\right) = r_0^2,$$

équation qui représente une ellipse dont les deux demi-axes, respectivement égaux à

$$y' = r_0\left(1 + 4\frac{a}{r_0}\right), \quad x' = r_0\left(1 - 5\frac{a}{r_0}\right),$$

sont dans le rapport $1 + 9\dfrac{a}{r_0}$ à 1.

Quelques géologues, qui n'admettaient pas la doctrine des soulèvements, avaient cherché à expliquer les faits qui ont accompagné la formation de l'écorce terrestre en supposant que la Terre a éprouvé à différentes époques, dans son axe de rotation, des dérangements dus à des causes astronomiques. De cette explication, qui est peu vraisemblable, il résulterait que l'aplatissement aux pôles observé actuellement est dû à l'action de la force centrifuge sur l'écorce terrestre arrivée à l'état solide, et que l'on a par conséquent

$$\frac{w}{r_0} = \frac{1}{299} = 5\frac{\rho\, n^2 r_0^2}{10\,\mu}.$$

Or on sait que

$$n\, r_0 = \frac{40000000}{3600 \times 24}, \quad \rho = \frac{5440}{9,818};$$

en substituant ces valeurs, on trouve que le coefficient d'élasticité $E = \dfrac{5}{2}\mu$, rapporté au millimètre carré, est égal à $44,330$; ce coefficient est environ égal à deux fois et demie celui du fer, qui est de tous les métaux connus celui qui offre le plus de roideur. On ne paraît pas s'être occupé jusqu'ici de la recherche des coefficients d'élasticité des espèces minéralogiques et de leurs composés ; mais il y a tout lieu de croire que les limites entre lesquelles varie le coefficient moyen d'élasticité des variétés prédominantes du granite, qui forme l'élément principal de la croûte terrestre, sont très-différentes du chiffre trouvé plus haut.

On déduit facilement de ce qui précède

$$\Delta = \frac{1}{5} \frac{\rho\, n^2\, r_0^2}{\mu} \cos^2 \lambda,$$

$$M_m = 0,$$

$$P_p = \frac{1}{5} \rho\, n^2\, r_0^2 \cos^2 \lambda.$$

Si $\lambda = 90$ degrés, $M_m = P_p$; ce qui devait être. Quant aux pressions R_r, P_p, elles sont de l'ordre e, et, par suite, négligeables par rapport à P_p, dans le genre d'approximation que nous avons adopté ; nous avons donc ces trois nouveaux theorèmes :

193. 1° *La dilatation cubique est positive ; elle est nulle au pôle et maximum à l'équateur.*

2° *Les forces élastiques principales se réduisent à une seule, dirigée suivant la tangente au parallèle, et qui est constamment une traction. Les points de rupture par arrachement se trouvent à l'équateur.*

3° *Les forces élastiques correspondant à un même point sont dirigées suivant la tangente au parallèle, et chacune d'elles s'obtiendra* (*) *en projetant* P_p *sur la normale au plan sur lequel elle s'exerce, puis reportant cette projection sur la tangente ci-dessus.*

Ici il ne peut y avoir de rupture uniquement par glissement. Les failles ne peuvent donc servir d'argument en faveur de l'hypothèse des changements survenus dans l'axe de rotation de la Terre dont nous avons parlé plus haut.

(*) Voyez la note de la page 401.

L'augmentation du volume $4\pi r_0^2 e$ de l'enveloppe aura
pour expression

$$2\pi r_0^2 e \int_{-\frac{\pi}{2}}^{\frac{\pi}{2}} \cos^3\lambda \, d\lambda \cdot \frac{1}{5} \frac{\rho n^2 r_0^2}{\mu} = 4\pi r_0^2 e \cdot \frac{1}{15} \frac{\rho n^2 r_0^2}{\mu};$$

en d'autres termes, l'augmentation de volume a eu lieu dans
le rapport de 1 à $\dfrac{1}{15} \cdot \dfrac{\rho n^2 r_0^2}{\mu}$.

Il serait maintenant facile de poser les formules relatives
aux pressions et aux déplacements de la Terre lorsque l'on
veut faire entrer simultanément en ligne de compte la gravité, la force centrifuge, les pressions intérieure et extérieure. Sans insister sur cette question, que nous pouvons
considérer comme résolue, nous ferons remarquer seulement que le cône de glissement (*) devient ici elliptique, et
que l'inclinaison sur l'horizon des directions du glissement
varie avec la latitude du lieu.

(*) *Voyez* les *Leçons sur l'élasticité*, de M. Lamé.

NOTES.

NOTE I.

SUR LE DÉVELOPPEMENT DE CERTAINES FONCTIONS IMPLICITES.
(Formules de Lagrange.)

Soit

$$(1) \qquad z = x + ef(z)$$

l'équation qui détermine une fonction de x, f étant une fonction quelconque, et e une constante supposée assez petite par rapport à des valeurs de x comprises entre certaines limites, pour que l'on puisse développer z en série convergente ordonnée suivant les puissances ascendantes de e.

En indiquant par l'indice 0 les valeurs de z des dérivées pour $e = 0$, on a

$$z = z_0 + \left(\frac{dz}{de}\right)_0 e + \left(\frac{d^2 z}{de^2}\right)_0 \frac{e^2}{1.2} + \dots + \left(\frac{d^n z}{de^n}\right)_0 \frac{e^n}{1.2.3\dots n} + \dots;$$

or on a, en différentiant l'équation (1),

$$\frac{dz}{dx} = 1 + ef'(z)\frac{dz}{dx}, \quad \frac{dz}{de} = f(z) + ef'(z)\frac{dz}{de},$$

d'où

$$(2) \qquad \frac{dz}{de} = f(z)\frac{dz}{dx}.$$

Cette dernière équation donne, en ayant égard aux précédentes,

$$(3) \qquad \frac{d^2 z}{de\,dz} = f'(z)\left(\frac{dz}{dx}\right)^2 + f(z)\frac{d^2 z}{dx^2}.$$

Soit $\varphi(z)$ une fonction quelconque de z, on a

$$\frac{d\varphi(z)\frac{dz}{dx}}{de} = \varphi'(z)\frac{dz}{de}\frac{dz}{dx} + \varphi(z)\frac{d^2z}{dx\,de},$$

ou, en vertu des équations (1) et (3),

$$(4) \qquad \frac{d\varphi(z)\frac{dz}{dx}}{de} = \frac{d}{dx}\left[\varphi(z)f(z)\frac{dz}{dx}\right],$$

en remarquant que

$$\varphi'(z)f(z)\left(\frac{dz}{dx}\right)^2 + \varphi(z)f'(z)\left(\frac{dz}{dx}\right)^2 + \varphi(z)f(z)\frac{d^2z}{dx^2}$$

n'est autre chose que la dérivée de $\varphi(z)f(z)\dfrac{dz}{dx}$, par rapport à x.

En différentiant l'équation (2) par rapport à e, on obtient, en vertu de l'équation (4), en y supposant $\varphi(z)=f(z)$,

$$\frac{d^2z}{de^2} = \frac{d}{de}\left[f(z)\frac{dz}{dx}\right] = \frac{df(z)^2\frac{dz}{dx}}{dx},$$

et en différentiant cette dernière, et supposant $\varphi(z)=f(z)^2$ dans la formule (4),

$$\frac{d^3z}{de^3} = \frac{d}{dx}\left[\frac{df(z)^2\frac{dz}{dx}}{de}\right] = \frac{df(z)^3\frac{dz}{dx}}{dx};$$

on a donc, en général,

$$\frac{d^nz}{de^n} = \frac{d^{n-1}f(z)^n\frac{dz}{dx}}{dx^{n-1}}.$$

Mais pour $e=0$, on a $z=x$, $\dfrac{dz}{dx}=1$; par suite,

$$\left(\frac{d^nz}{de^n}\right)_0 = \frac{d^{n-1}[f(x)^n]}{dx^{n-1}}$$

et enfin le développement de z sera

$$(5)\; z = x + cf(x) + \frac{c^2}{1.2}\frac{df(x)^2}{dx} + \ldots + \frac{c^n}{1.2.3\ldots n}\frac{d^{n-1}}{dx^{n-1}}f(x)^n + \ldots$$

Proposons-nous maintenant de trouver le développement d'une fonction quelconque $F(z)$ de z suivant les puissances ascendantes de c; la formule de Mac-Laurin donne

$$F(z) = F(z)_0 + \left(\frac{dF}{dc}\right)c + \left(\frac{d^2F}{dc^2}\right)\frac{c^2}{1.2} + \ldots + \left(\frac{d^nF}{dc^n}\right)\frac{c^n}{1.2.3\ldots n} + \ldots$$

Mais en ayant égard à l'équation (4) on a

$$\frac{dF}{dc} = F'(z)\frac{dz}{dc} = F'(z)f(z)\frac{dz}{dx},$$

$$\frac{d^2F}{dc^2} = \frac{d\left[F'(z)f(z)\frac{dz}{dx}\right]}{dc} = \frac{d}{dx}\left[F'(z)f(z)^2\frac{dz}{dx}\right],$$

et, en général,

$$\frac{d^nF}{dc^n} = \frac{d^{n-1}}{dx^{n-1}}\left[F'(z)f(z)^n\frac{dz}{dx}\right],$$

d'où, en remarquant que $z = x$, $\frac{dz}{dx} = 1$ pour $c = 0$,

$$\left(\frac{d^nF}{dc^n}\right)_0 = \frac{d^{n-1}}{dx^{n-1}}\left[F'(x)f(x)^n\right].$$

Il vient donc pour le développement cherché

$$(6)\; F(z) = F(x) + cF'(x)f(x) + \ldots + \frac{c^n}{1.2.3\ldots n}\cdot\frac{d^{n-1}}{dx^{n-1}}\left[F'(x)f(x)^n\right].$$

NOTE II.

SUR L'APPLICATION DU THÉORÈME D'HAMILTON ET DE JACOBI
A LA THÉORIE DES PERTURBATIONS.

———

1. Nous allons exposer dans cette Note les résultats remarquables auxquels Hamilton et Jacobi sont arrivés dans leurs recherches sur l'intégration de la dynamique et montrer avec quelle facilité ils conduisent aux expressions des variations des éléments elliptiques des planetes dues aux forces perturbatrices.

2. *Des équations de la dynamique dans un systéme de coordonnées quelconques. (Formules de Lagrange.)* — Considérons un systéme matériel libre dans l'espace, formé des masses $m, m_1, m_2,\ldots,$ et dont les coordonnées sont $(x, y, z), (x_1, y_1, z_1),\ldots$; appelons $(X, Y, Z), (X_1, Y_1, Z_1),\ldots,$ les composantes parallèles aux trois axes des forces qui sollicitent respectivement ces points.

Les équations du mouvement de tous ces points seront comprises dans la suivante

$$\sum m \left[\frac{d^2 x}{dt^2} \delta x + \frac{d^2 y}{dt^2} \delta y + \frac{d^2 z}{dt^2} \delta z \right] = \sum (X \delta x + Y \delta y + Z \delta z),$$

où la caractéristique δ indique des déplacements virtuels et infiniment petits.

Dans ce qui suit, nous admettrons que l'on a, comme dans l'attraction universelle,

$$X = \frac{dU}{dx}, \quad Y = \frac{dU}{dy}, \quad Z = \frac{dU}{dz}, \quad X_1 = \frac{dU}{dx_1}, \ldots,$$

U étant une fonction exacte des coordonnées des points du systéme indépendante du temps, ce qui donne

$$(1) \qquad \sum m \left[\frac{d^2 x}{dt^2} \delta x + \frac{d^2 y}{dt^2} \delta y + \frac{d^2 z}{dt^2} \delta z \right] = \delta U.$$

Supposons maintenant que, aux coordonnées rectangles, on substitue un même nombre ν de variables indépendantes $u, u_1, u_2, \ldots, u_{\nu-1}$, liées à ces coordonnées par ν équations pouvant contenir implicitement le temps, et appelons, pour abréger, $x', y', \ldots, u', u'_1, \ldots,$ les dérivées de $x, y, \ldots, u, u_1, \ldots,$ par rapport au temps.

On a

$$\delta x = \sum \frac{dx}{du_i}\,\delta u_i, \quad \delta y = \sum \frac{dy}{du_i}\,\delta u_i, \quad \delta z = \sum \frac{dz}{du_i}\,\delta u_i,$$

$$\delta x_1 = \sum \frac{dx_1}{du_i}\,\delta u_i, \dots\dots\dots\dots\dots\dots\dots\dots\dots\dots\dots\dots$$

$$\dots\dots\dots\dots\dots\dots\dots\dots\dots\dots\dots\dots\dots\dots\dots\dots$$

$$\delta U = \sum \frac{dU}{du_i}\,\delta u_i,$$

i étant un nombre entier quelconque compris entre 0 et $\nu - 1$.

A la suite de ces substitutions, l'équation (1) donne, en identifiant dans les deux membres les coefficients des variations δu_i,

$$(\alpha) \quad \left\{ \begin{aligned} \frac{dU}{du} &= \sum m_i\left(\frac{d^2x}{dt^2}\frac{dx}{du_i} + \frac{d^2y}{dt^2}\frac{dy}{du_i} + \frac{d^2z}{dt^2}\frac{dz}{du_i}\right) \\ &= \frac{d}{dt}\sum m_i\left(\frac{dx}{dt}\frac{dx}{du_i} + \frac{dy}{dt}\frac{dy}{du_i} + \frac{dz}{dt}\frac{dz}{du_i}\right) \\ &\quad - \sum m_i\left(\frac{dx}{dt}\frac{d\frac{dx}{du_i}}{dt} + \frac{dy}{dt}\frac{d\frac{dy}{du_i}}{dt} + \frac{dz}{dt}\frac{d\frac{dz}{du_i}}{dt}\right). \end{aligned} \right.$$

Or, en employant des parenthèses pour distinguer les dérivées partielles des dérivées totales par rapport au temps, on a

$$x' = \left(\frac{dx}{dt}\right) + \sum \frac{dx}{du_i}\frac{du_i}{dt} = \left(\frac{dx}{dt}\right) + \sum \frac{dx}{du_i}\,u'_i,$$

d'où

$$(2) \quad \left\{ \begin{aligned} \frac{dx'}{du'} &= \frac{dx}{du} \\ \frac{dx'}{du} &= \frac{d^2x}{dt\,du} + \sum \frac{d^2x}{dt\,du_i}\,u'_i, \end{aligned} \right.$$

mais

$$\frac{d\frac{dx}{du}}{dt} = \left(\frac{d^2x}{dt\,du}\right) + \sum \frac{d^2x}{dt\,du_i}\frac{du_i}{dt};$$

la dernière des équations précédentes devient donc

$$(3) \quad \frac{dx'}{du} = \frac{d\frac{dx}{du}}{dt},$$

ce qui prouve que l'on peut intervertir l'ordre de la différentia-tion par rapport à u et t, comme s'il s'agissait de deux variables indépendantes. L'équation (α) donne par suite, en ayant égard aux valeurs (2) et (3),

$$\frac{d\mathrm{U}}{du} = \frac{d}{dt} \sum m_i \left(x'_i \frac{dx'_i}{du'} + y'_i \frac{dy'_i}{du'} + z'_i \frac{dz'_i}{du'} \right)$$
$$- \sum m_i \left(x'_i \frac{dx'_i}{du} + y'_i \frac{dy'_i}{du} + z'_i \frac{dz'}{du} \right),$$

ou, en représentant par

$$\mathrm{T} = \frac{1}{2} \sum m \left(x'^2_i + y'^2_i + z'^2_i \right)$$

la demi-force vive du système,

$$(4) \qquad \frac{d\dfrac{d\mathrm{T}}{du'}}{dt} - \frac{d\mathrm{T}}{du} = \frac{d\mathrm{U}}{du}.$$

Cette équation et ses analogues pour les autres variables $u_1, u_2 \ldots$, sont comprises dans la formule

$$(5) \qquad \sum \left(\frac{d\dfrac{d\mathrm{T}}{du'}}{dt} - \frac{d\mathrm{T}}{du} \right) \delta u = \delta \mathrm{U},$$

obtenue en faisant leur somme après les avoir multipliées res-pectivement par les variations des variables correspondantes.

3. *Forme donnée par Hamilton aux équations du mouvement dans le cas où les relations entre les deux systèmes de variables sont indépendantes du temps.* — Dans ce cas, T ne dépend que de $u, u_1, \ldots, u', u'_1, \ldots$, et comme c'est de plus une fonction homo-gène du second degré en $u', u'_1, \ldots$, on a

$$(6) \qquad 2\mathrm{T} = \sum p u',$$

en posant, pour abréger,

$$\frac{d\mathrm{T}}{du'} = p.$$

Mais les dérivées p, p_1, ..., étant des fonctions linéaires de u', u'_1, ..., on peut réciproquement exprimer ces dernières quantités par des fonctions linéaires de ces dérivées, et, par suite, T en fonction de u, u_1, ..., p, p_1, ...; soit

$$(\beta) \qquad T = F(p, p_1, \ldots u, u_1, \ldots).$$

En désignant par une parenthèse les dérivées de T prises sous ce nouveau point de vue, on a

$$\left(\frac{dT}{du}\right) = \frac{dT}{du} + \sum \frac{dT}{du'_i} \frac{du'_i}{du} = \frac{dT}{du_i} + \sum p \frac{du'_i}{du},$$

$$\left(\frac{dT}{dp}\right) = \sum \frac{dT}{du'_i} \frac{du'_i}{dp} = \sum p_i \frac{du'_i}{dp}.$$

Mais en différentiant l'équation (6) par rapport à u et p, on trouve

$$2\left(\frac{dT}{du}\right) = \sum p \frac{du'_i}{du},$$

$$2\left(\frac{dT}{dp}\right) = u' + \sum p \frac{du'_i}{dp},$$

d'où, en comparant ces équations aux précédentes,

$$(7) \qquad \left(\frac{dT}{du}\right) = -\frac{dT}{du}, \quad \frac{dT}{dp} = u',$$

et, par suite, l'équation (4) se trouve remplacée par les deux suivantes :

$$(8) \qquad \frac{dp}{dt} = -\left(\frac{dT}{du}\right) + \frac{dU}{du}, \quad \frac{du}{dt} = \left(\frac{dT}{dp}\right).$$

En faisant, pour abréger,

$$T - U = H,$$

et remarquant que U est indépendant de u', u'_1, ..., par suite de p, p_1, ou que $\left(\dfrac{dT}{dp}\right) = \dfrac{dH}{dp}$, les équations (8) deviennent

$$(9) \qquad \frac{dp}{dt} = -\frac{dH}{du}, \quad \frac{du}{dt} = \frac{dH}{dp}.$$

On voit facilement que ces équations et leurs analogues établies pour les autres variables $u_1, u_2, \ldots$, sont comprises dans la formule

$$(10) \qquad \sum (du\,\delta p - dp\,\delta u) = dt\,\delta \mathbf{H}.$$

4. **Théorème d'Hamilton et de Jacobi.** — *Lorsque, dans un problème de Mécanique, le travail élémentaire des forces est la différentielle exacte d'une fonction des coordonnées, les intégrales du problème peuvent s'exprimer en égalant à des constantes les dérivées partielles d'une même fonction, prises par rapport à d'autres constantes.* — Soit, en ayant égard à l'équation (5),.

$$(11)\ \ \mathbf{S} = \int_0^t \left(\sum p\,du - p\,dt \right) = \int_0^t (2\mathbf{T} - \mathbf{H})\,dt = \int_0^t (\mathbf{T} + \mathbf{U})\,dt;$$

l'équation (10), mise sous la forme

$$(12) \qquad \delta \sum p\,du - \delta \mathbf{H}\,dt = d \sum p\,\delta u,$$

donne par l'intégration

$$(13) \qquad \delta \mathbf{S} = \sum (p\,\delta u - p^0\,\delta u^0);$$

u^0, p^0 représentant les valeurs initiales de u et de p.

En supposant connues les intégrales des équations du mouvement, les quantités $u, u_1, \ldots, p, p_1, \ldots$, par suite T, U, S, seront exprimées en fonction de t et de 2ν constantes arbitraires qui ne seront en résumé que les valeurs initiales $u^0, u_1^0, \ldots, p^0, p_1^0, \ldots$ La formule (13) sera identiquement vérifiée si l'on y remplace S, u, $p, \ldots, \delta u, \delta p, \ldots$, par leurs valeurs en fonction de $t, u^0, p^0, \ldots, \delta u^0, \delta p^0, \ldots$, mais les relations qui lient $u, u_1, \ldots$, avec $t, u^0, p^0, \ldots$, et celles qui résultent de leur différentiation par δ permettent d'exprimer $p^0, p_1^0, \ldots, \delta p^0, \delta p_1^0, \ldots$, par suite S et $p, p_1, \ldots$ en fonction de $u, u_1, \ldots, \delta u, \delta u_1, \ldots, u^0, u_1^0, \ldots, \delta u^0, \delta u_1^0, \ldots$, d'où il suit que les δu restent arbitraires, comme l'étaient les δu^0, et qu'enfin l'équation (13) se décompose en 2ν autres de la forme

$$(\gamma) \qquad \frac{d\mathbf{S}}{du^0} = -p^0, \qquad \frac{d\mathbf{S}}{du_1^0} = -p_1^0, \ldots,$$

$$(\gamma') \qquad \frac{d\mathbf{S}}{du} = p, \qquad \frac{d\mathbf{S}}{du} = p_1, \ldots.$$

La fonction S, dans la supposition actuelle, ne renfermant que les ν arbitraires u^0, u_1^0,..., les équations du premier groupe ne sauraient être des identités, et comme elles constituent n relations entre les coordonnées et le temps et 2ν constantes arbitraires u^0,...,p^0..., elles ne peuvent être que les intégrales finies des équations du mouvement. Les équations du second groupe, formant ν relations entre les coordonnées, le temps et ν arbitraires u^0, u_1^0,..., sont les intégrales premières des équations du mouvement.

Cela posé, l'équation (11) donne, en se rappelant que U est indépendant de u',

$$T + U = \frac{dS}{dt} = \left(\frac{dS}{dt}\right) + \sum \frac{dS}{du} u',$$

$$\frac{dT}{du'} = \frac{dS}{du} = p,$$

et l'équation (6) devient par suite

$$(\delta) \qquad \frac{dS}{dt} + T = U.$$

Si dans l'expression (β) de T on remplace $p, p_1, \ldots$ par leurs valeurs (γ'), on trouve

$$(14) \qquad \frac{dS}{dt} + F\left(\frac{dS}{du}, \frac{dS}{du_1}, \ldots, u, u_1, \ldots\right) = U,$$

équation qui sera identiquement vérifiée lorsque l'on y remplacera S par sa valeur en fonction de T, u, u_1,..., u^0, u_1^0,..., car, d'après la forme des intégrales (γ), on ne peut en éliminer les arbitraires p^0,..., de manière à arriver à une équation non identique entre t, u, u_1,..., u^0, u_1^0,.... Donc l'équation (14) est une équation aux différentielles partielles à laquelle doit satisfaire la fonction S.

D'après le principe des forces vives on a $T - U = T_0 - U_0$, T_0 et U_0 étant les valeurs de T et U correspondant à l'instant initial ; d'où,

$$\frac{dS}{dt} + T_0 = U_0,$$

ou,

$$(15) \qquad \frac{dS}{dt} + F\left(\frac{dS}{du^0}, \frac{dS}{du_1^0}, \ldots, u^0, u_1^0, \ldots\right) = U_0,$$

seconde équation aux différentielles partielles à laquelle doit satisfaire la fonction U; mais il est inutile d'y avoir égard, et l'équation (14) suffit pour déterminer la fonction S, de manière à en tirer par la différentiation les intégrales premières et finales des équations du mouvement.

Au lieu de considérer S comme une fonction de $2\nu+1$ variables, $t, u, u_1, \ldots, u^0, u_1^0, \ldots$, devant satisfaire aux équations (14) et (15), on peut la regarder comme une fonction de $\nu+1$ quantités $t, u, u_1, \ldots$, par rapport auxquelles elle est différentiée dans l'équation (14). Une solution complète de cette équation qui renferme $\nu+1$ variables indépendantes devra renfermer $\nu+1$ constantes arbitraires, dont l'une sera nécessairement jointe à S par addition, puisque la même équation est aussi satisfaite par toute valeur de la forme S$+$ constante. Faisons abstraction de cette dernière constante, et désignons les ν autres par α, $\alpha_1, \ldots$, soit

$$S = f(t, u, u_1, \ldots, \alpha, \alpha_1, \ldots)$$

une solution complète de l'équation (14); nous allons démontrer qu'en désignant par α', $\alpha'_1, \ldots$, ν autres constantes arbitraires, les équations

$$(16) \qquad \frac{dS}{d\alpha} = \alpha', \quad \frac{dS}{d\alpha_1} = \alpha'_1, \ldots$$

seront les intégrales finies des équations du mouvement. En effet, en différentiant les équations (14) et (16) respectivement, par rapport à α, $\alpha_1, \ldots$ et t, on a

$$\frac{d^2S}{d\alpha\,dt} = \sum \frac{dF}{d\left(\dfrac{dS}{du}\right)} \frac{d^2S}{d\alpha\,du} = 0, \quad \frac{d^2S}{d\alpha\,dt} + \sum u' \frac{d^2S}{du\,d\alpha} = 0,$$

. . . .

c'est-à-dire deux systèmes d'équations linéaires identiques, dont les inconnues seraient d'une part $\dfrac{dF}{d\left(\dfrac{dS}{du}\right)} \cdots$ et de l'autre $u'\ldots$, ce qui exige que

$$u' = \frac{d\mathrm{F}}{d\left(\dfrac{d\mathrm{S}}{du}\right)}, \quad u'_i = \ldots;$$

mais la seconde des équations (7) donne

$$u' = \frac{d\mathrm{F}}{dp}, \quad u'_i = \ldots,$$

d'où deux nouveaux systèmes d'équations identiques dont les inconnues ont par suite les mêmes valeurs, et l'on retombe enfin sur l'équation (γ').

Les équations (γ') et (14), respectivement différentiées par rapport à t et u, donnent

$$\frac{d^2\mathrm{S}}{du\,dt} + \sum \frac{d^2\mathrm{S}}{du\,du_i} u'_i = \frac{dp}{dt},$$

$$\frac{d^2\mathrm{S}}{du\,dt} + \sum \frac{\dfrac{d\mathrm{F}}{d\left(\dfrac{d\mathrm{S}}{du_i}\right)} \dfrac{d^2\mathrm{S}}{du\,du_i}}{} + \frac{d\mathrm{F}}{du} = \frac{d\mathrm{U}}{du},$$

d'où

$$\frac{dp}{dt} = \frac{d\mathrm{U}}{du} - \frac{d\mathrm{F}}{du} = - \frac{d\mathrm{H}}{du},$$

et c'est la seconde des équations (9). Donc les valeurs des inconnues déterminées par les équations (16) satisfont aux équations différentielles du mouvement, ce qu'il fallait établir.

En supposant la fonction S définie par la formule (14), on a, en vertu des équations (6) et (γ'),

$$\frac{d\mathrm{S}}{dt} = \mathrm{U} - \mathrm{T} = - \mathrm{H},$$

$$\frac{d\mathrm{S}}{dt} = \left(\frac{d\mathrm{S}}{dt}\right) + \sum u' \frac{d\mathrm{S}}{du} = \left(\frac{d\mathrm{S}}{dt}\right) + \sum p u' = 2\mathrm{T} - \mathrm{H},$$

d'où

$$\mathrm{S} = \int_0^t (2\mathrm{T} - \mathrm{H})\,dt = \int_0^t (\mathrm{T} + \mathrm{U})\,dt,$$

ce qui s'accorde avec la définition de S donnée au n° 4.

Les équations (16) et (γ') sont comprises dans la suivante,

$$(17) \qquad \delta S = \sum (p\,\delta u + \alpha'\,\delta\alpha),$$

qui représente ainsi à la fois les intégrales premières et finales.

5. *De la fonction caractéristique.* — L'équation (11) donne, en remarquant que H est une constante d'après le principe des forces vives,

$$S = 2 \int T\,dt - Ht,$$

mais on a aussi, en vertu de l'équation (δ) du n° 4,

$$\frac{dS}{dt} = - H;$$

par suite,

$$V = 2 \int T\,dt$$

est une *fonction* des coordonnées et des arbitraires, qui ne renferme pas le temps explicitement. On pourra, dans la recherche de la *fonction principale* $S = V - Ht$, substituer la fonction *caractéristique* V qui renferme une variable de moins.

De ce que $\dfrac{dS}{du} = \dfrac{dV}{du}$, l'équation (14) donne pour l'équation aux différentielles partielles de V

$$(18) \qquad F\left(\frac{dV}{du}, \frac{dV}{du_1}, \dots, u, u_1, \dots\right) = U + H,$$

dont l'intégrale contiendra, en dehors de H qui joue ici le rôle de constante déterminée, $\nu - 1$ constantes arbitraires, plus celle qui s'ajoutera à V. Connaissant cette fonction, on trouvera

$$S = V - Ht,$$

expression dans laquelle H jouera le rôle d'une arbitraire, par suite de l'introduction de la nouvelle variable t.

Le temps n'entrera pas explicitement dans les intégrales des équations (9) mises sous la forme

$$dp : dp_1 \dots : du : du_1 \dots = - \frac{dH}{du} : - \frac{dH}{du_1} \dots : \frac{dH}{dp} : \frac{dH}{dp_1} \dots,$$

et il ne sera introduit qu'accompagné d'une seule arbitraire l à la fin du calcul, par les quadratures

$$(\varepsilon) \quad \begin{cases} t + l = -\int \dfrac{d\mathrm{H}}{du}\,dp = -\int \dfrac{d\mathrm{H}}{du_1}\,dp_1 \ldots = \int \dfrac{d\mathrm{H}}{dp}\,dp \\[2ex] \qquad = \int \dfrac{d\mathrm{H}}{dp_1}\,dp_1 \ldots\,; \end{cases}$$

mais

$$\frac{d\mathrm{S}}{d\mathrm{H}} = -t + \frac{d\mathrm{V}}{d\mathrm{H}},$$

et, comme H est l'une des constantes arbitraires de la solution complète de l'équation (14), on obtiendra (5) une des intégrales en égalant cette dérivée à une constante. Cette intégrale devant coïncider avec l'une de celles qui sont comprises dans la formule (ε), doit, par suite, être de la forme

$$(19) \qquad \frac{d\mathrm{S}}{d\mathrm{H}} = l, \quad \text{ou} \quad \frac{d\mathrm{V}}{d\mathrm{H}} = t + l.$$

6. *Méthode d'intégration de Jacobi.* — En général, la détermination de S ou de V suppose résolu le problème du mouvement; car la théorie connue des équations aux différentielles partielles, appliquée à l'équation (14) ou (18), conduit à des équations différentielles simultanées qu'il faut d'abord intégrer, mais qui ne sont autre chose que les équations (8) du mouvement. Cependant les propriétés des fonctions S et V permettent dans un certain nombre de cas, connaissant un certain nombre d'intégrales, de trouver les autres à l'aide d'une méthode générale due à Jacobi, et que nous allons appliquer seulement au cas de deux variables u et u_1, le seul qui se présente dans la théorie du système du monde.

On a (3), pour les équations du mouvement,

$$(a) \quad \begin{cases} \dfrac{du}{dt} = \dfrac{d\mathrm{H}}{dp}, \qquad \dfrac{du_1}{dt} = \dfrac{d\mathrm{H}}{dp_1}, \\[2ex] \dfrac{dp}{dt} = -\dfrac{d\mathrm{H}}{du}, \qquad \dfrac{dp_1}{dt} = -\dfrac{d\mathrm{H}}{du_1}, \end{cases}$$

en se rappelant que

$$p = \frac{d\mathrm{T}}{du'}, \quad p_1 = \frac{d\mathrm{T}}{du'_1}.$$

Supposons que, en outre de l'intégrale,

$$\mathrm{H} = \text{const.},$$

fournie par le principe des forces vives, ou en connaisse une autre de la forme

$$\mathrm{K} = \text{const.},$$

K étant une fonction de u, u_1, p, p_1, qui ne renferme pas t; on a

$$d\mathrm{K} = \frac{d\mathrm{K}}{du}\, du + \frac{d\mathrm{K}}{du_1}\, du_1 + \frac{d\mathrm{K}}{dp}\, dp + \frac{d\mathrm{K}}{dp_1}\, dp_1 = 0,$$

ou, en vertu des équations (a),

$$(b) \quad (\mathrm{H}, \mathrm{K}) = \frac{d\mathrm{H}}{dp}\frac{d\mathrm{K}}{du} - \frac{d\mathrm{H}}{du}\frac{d\mathrm{K}}{dp} + \frac{d\mathrm{H}}{dp_1}\frac{d\mathrm{K}}{du_1} - \frac{d\mathrm{H}}{du_1}\frac{d\mathrm{K}}{dp_1} = 0.$$

Mais si l'on suppose p et p_1 exprimés en fonction de u et u_1 au moyen des deux intégrales ci-dessus, on a aussi

$$0 = \frac{d\mathrm{H}}{du} + \frac{d\mathrm{H}}{dp}\frac{dp}{du} + \frac{d\mathrm{H}}{dp_1}\frac{dp_1}{du},$$

$$0 = \frac{d\mathrm{K}}{du} + \frac{d\mathrm{K}}{dp}\frac{dp}{du} + \frac{d\mathrm{K}}{dp_1}\frac{dp_1}{du},$$

$$0 = \frac{d\mathrm{H}}{du_1} + \frac{d\mathrm{H}}{dp}\frac{dp}{du_1} + \frac{d\mathrm{H}}{dp_1}\frac{dp_1}{du_1},$$

$$0 = \frac{d\mathrm{K}}{du_1} + \frac{d\mathrm{H}}{dp}\frac{dp}{du_1} + \frac{d\mathrm{K}}{dp_1}\frac{dp_1}{du_1};$$

d'où, en éliminant $\dfrac{dp}{du}$ entre les deux premières de ces équations,

et $\dfrac{dp_1}{du_1}$ entre les deux autres, puis faisant la différence des résultats,

$$0 = (\mathrm{H}, \mathrm{K}) + \left(\frac{d\mathrm{H}}{dp}\frac{d\mathrm{K}}{dp_1} - \frac{d\mathrm{H}}{dp_1}\frac{d\mathrm{K}}{dp}\right)\left(\frac{dp_1}{du} - \frac{dp}{du_1}\right),$$

et enfin, en ayant égard à la relation (b),

$$\frac{dp_1}{du} = \frac{dp}{du_1}.$$

Il suit de là que $p\,du + p_1\,du_1$ est une différentielle exacte, et que l'on peut obtenir l'intégrale

$$(c) \qquad V = \int (p\,du + p_1\,du_1),$$

qui, substituée dans l'équation (18) en ayant égard à la valeur (β) de T, la transforme en une identité; et comme elle renferme deux constantes arbitraires, l'une K, l'autre introduite par l'intégration, V est la fonction caractéristique. Donc, d'après les nᵒˢ 5 et 6, on aura, pour les deux intégrales qu'il restait à trouver,

$$(20) \qquad \frac{dS}{dK} = \frac{dV}{dK} = \text{const.}, \qquad \frac{dV}{dH} = t + l\ (^*).$$

Connaissant la fonction V, on en déduira immédiatement

$$S = V - Ht.$$

7. *Application au mouvement des planètes autour du Soleil.* — Proposons-nous de déterminer le mouvement relatif d'une planète m autour du Soleil, l'attraction mutuelle variant proportionnellement aux masses et en raison inverse du carré de la distance. Continuons, comme au chapitre Iᵉʳ, à appeler M la masse du Soleil, et à poser $\mu = (M + m)$; la force apparente qui sollicite m étant $\frac{m\mu}{r^2}$, on a

$$V = \frac{m\mu}{r}$$

et

$$T = \frac{m}{2}(x'^2 + y'^2 + z'^2), \qquad H = T - \frac{m\mu}{r}.$$

$(^*)$ C'est ce que l'on peut vérifier en remarquant que l'équation (c) donne

$$d\frac{dV}{dK} = \frac{dp}{dK}\,du + \frac{dp_1}{dK}\,du_1 = \left(\frac{dp}{dK}\frac{dH}{dp} + \frac{dp_1}{dK}\frac{dH}{dp_1}\right)dt = \frac{dH}{dK}\,dt = 0,$$

$$d\frac{dV}{dH} = \frac{dp}{dH}\,du + \frac{dp_1}{dH}\,du_1 = \left(\frac{dp}{dH}\frac{dH}{dp} + \frac{dp_1}{dH}\frac{dH}{dp_1}\right)dt = \frac{dH}{dH}\,dt = dt.$$

Remplaçons les coordonnées rectilignes par les coordonnées polaires, et appelons à cet effet λ l'angle formé par r avec sa projection sur le plan xy, L l'angle compris sous cette projection et l'axe des x : on a

$$x = r\cos L, \quad y = r\cos\lambda\sin L, \quad z = r\sin\lambda,$$

et en affectant d'un accent les nouvelles variables r, λ, L pour désigner leurs dérivées par rapport au temps,

$$T = \frac{m}{2}\left[r'^2 + r^2\left(L'^2\cos^2\lambda + \lambda'^2\right)\right],$$

et enfin, en introduisant les dérivées,

$$\frac{dT}{dr'} = mr' = p,$$

$$\frac{dT}{dL'} = mr^2\cos^2\lambda\,L' = p_1,$$

$$\frac{dT}{d\lambda} = mr^2\lambda' = p_2,$$

ou trouve

$$H = \frac{1}{2m}\left(p^2 + \frac{p_1^2}{r^2\cos^2\lambda} + \frac{p_2^2}{r}\right) - \frac{m\mu}{r}.$$

Les équations du mouvement, d'après les formules (9) du n° 3, prennent par suite la forme suivante, en supposant que u, u_1, u_2 représentent r, L, λ :

$$dt = m\frac{dr}{p} = m\frac{r^2\cos^2\lambda\,dL}{p_1} = m\frac{r^2\,d\lambda}{p_2}$$

$$= \frac{dp}{-\left(\dfrac{dH}{dr}\right)} = \frac{dp_1}{0} = -2m\frac{r^2\,dp_2}{p_1^2\dfrac{d\sec^2\lambda}{d\lambda}};$$

on tire de là : 1° $dp_1 = 0$, d'où $p_1 = m\gamma$, γ étant une constante ;

2° $\dfrac{d\lambda}{p_2} = -\dfrac{2\,dp_2}{p_1^2\dfrac{d\sec^2\lambda}{d\lambda}}$, d'où

$$(n) \qquad\qquad p_2^2 = m^2\left(c^2 - \frac{\gamma^2}{\cos^2\lambda}\right);$$

c étant une seconde constante; 3° $\dfrac{\cos^2\lambda\, d\mathrm{L}}{p_1} = \dfrac{d\lambda}{p_2}$, d'où, en po·

sant $\dfrac{\gamma}{c} = \cos\varphi$ et désignant par α une troisième constante,

$$(\theta)\qquad\qquad \operatorname{tang}\lambda = \operatorname{tang}\varphi \sin(\mathrm{L} - \alpha),$$

ce qui exprime que la trajectoire est comprise dans   ·n in·
cliné de l'angle φ sur le plan xy, qu'il coupe suivan   .roite
faisant l'angle α avec l'axe des x.

Les trois intégrales ci-dessus ne sont autre chose que celles qui sont fournies par le principe des aires.

La variable L, n'entrant que par sa différentielle dans les équations du mouvement, se trouvera toujours ajoutée à la constante — α, de sorte que l'on aura

$$\frac{d\mathrm{S}}{d\mathrm{L}} = -\frac{d\mathrm{S}}{d\alpha},$$

mais (n⁰ˢ 4 et 6)

$$\frac{d\mathrm{S}}{d\mathrm{L}} = \frac{d\mathrm{T}}{d\mathrm{L}'} = p_1 = m\gamma;$$

donc

$$(\iota)\qquad\qquad \frac{d\mathrm{S}}{d\alpha} = -m\gamma.$$

Prenons maintenant pour plan fixe le plan même de la courbe, pour réduire à deux le nombre des coordonnées et rentrer dans le cas du n° 7, et soit v la longitude de la planète comptée à partir du nœud, on aura

$$(\varkappa)\qquad\qquad \cos v = \cos\lambda \cos(\mathrm{L} - \alpha).$$

Si l'on remplace, dans l'expression ci-dessus de H, L par v, λ par o, et que l'on pose

$$q = \frac{d\mathrm{T}}{dv'} = mr^2 v',$$

on trouve

$$\mathrm{H} = \frac{1}{2m}\left(p^2 + \frac{q^2}{r^2}\right) - \frac{\mu m}{r},$$

et les équations du mouvement deviennent par suite

$$dt = m\,\frac{dr}{p} = mr^2\,\frac{dv}{dq} = \frac{dp}{\left(\dfrac{d\dfrac{m\mu}{r} - \dfrac{q}{r^2}}{dr}\right)} = \frac{dq}{0},$$

d'où l'on tire d'abord l'équation des aires, k étant une con-stante,

$$(\lambda) \qquad q = mk.$$

En différentiant l'équation ($\varkappa$) par rapport à t, le résultat peut se mettre sous la forme

$$\sin v.\,q = \sin\lambda\,p_2\cos(\mathrm{L}-\alpha) + \frac{p_1}{\cos\lambda}.$$

Pour $\mathrm{L}-\alpha = 90°$, on a $v = 90°$; et, d'après la formule (θ), $\lambda = \varphi$; par suite,

$$q = \frac{p_1}{\cos\varphi} = \frac{m\gamma}{\cos\varphi'}, \quad \text{d'où} \quad k = \frac{\gamma}{\cos\varphi}.$$

En remplaçant, dans l'expression ci-dessus de H, q par sa va-leur, l'équation des forces vives

$$\mathrm{H} = mh,$$

dans laquelle h est une constante, donne

$$(\mu) \qquad p = m\rho,$$

en posant

$$\rho^2 = \frac{2\mu}{r} + 2h - \frac{k^2}{r^2}.$$

En appliquant aux intégrales (λ) et (μ) le théorème du n° 7, on a pour déterminer la fonction caractéristique

$$\mathrm{V} = \int (p\,dr + q\,dv) = m\left(\int \rho\,dr + kv\right),$$

et par suite

$$(21) \qquad \mathrm{S} = m\left(\int \rho\,dr + kv - ht\right).$$

La valeur de v étant censée donnée par l'équation ($\varkappa$), S se trouve ainsi exprimé au moyen des coordonnées r, L, λ et des trois constantes α, h, k. On a donc (6) pour les deux intégrales cherchées, en appelant v_1 et l deux nouvelles constantes arbitraires,

$$\frac{dS}{dk} = m\left(v - \frac{d}{dk}\int \rho\, dr\right) = mv_1,$$

$$\frac{dS}{dh} = m\left(\frac{d}{dh}\int \rho\, dr - t\right) = ml.$$

Si nous choisissons pour origine des intégrales qui entrent dans ces formules celle des deux racines de l'équation

$$p = m\rho = \frac{dr}{dt} = 0, \quad \text{ou} \quad \rho = 0,$$

qui correspond à un minimum de r ou au périhélie,

$$\frac{d}{dk}\int_{r_0}^{r} \rho\, dr, \quad \frac{d}{dh}\int_{r_0}^{r} \rho\, dr$$

se réduisent respectivement à

$$\int_{r_0}^{r} \frac{d\rho}{dk}\, dr, \quad \int_{r_0}^{r} \frac{d\rho}{dh}\, dr,$$

par suite de ce que les termes $-\rho_0\,\dfrac{dr_0}{dk}$, $-\rho_0\,\dfrac{dr_0}{dh}$ résultant de la variation de la limite inférieure sont nuls.

L'intégrale $\displaystyle\int_{r_0}^{r} \frac{d\rho}{dk}\, dr$ étant un angle qui s'évanouit au périhélie, v_1 n'est autre chose que la longitude du périhélie, comptée à partir du nœud ascendant, et l'on voit de même que $-l$ est l'époque du passage au périhélie.

En résumé, S étant déterminé par l'équation (21), les intégrales des équations du mouvement seront

$$(22) \qquad \frac{dS}{d\theta} = -mi, \quad \frac{dS}{dk} = mv_1, \quad \frac{dS}{dh} = ml.$$

Les considérations précédentes sont indépendantes de la loi de l'attraction; nous allons maintenant développer le calcul dans l'hypothèse admise relative à la gravitation. Posant

$$h = -\frac{\mu}{2a}, \quad k^2 = \mu a (1 - e^2),$$

$$r = a (1 - e \cos u), \quad \sqrt{\frac{\mu}{a^3}} = n,$$

il vient

$$S = m \left\{ \sqrt{\mu a}(u + e \sin u) - k \arc\left(\cos = \frac{a(1-e^2) - r}{er}\right) + kv - ht \right\},$$

d'où

$$\frac{1}{m}\frac{dS}{dk} = -\arc\cos\frac{a(1-e^2)-r}{er} + v = v_1,$$

$$\frac{1}{m}\frac{dS}{dh} = \sqrt{\frac{a^3}{\mu}}(u - e \sin u) - t = l,$$

$$\frac{1}{m}\frac{dS}{d\alpha} = k\frac{dv}{d\alpha} = -\frac{k \cos\lambda \sin(L - \alpha)}{\sin v} = -\gamma,$$

ou

$$r = \frac{a(1-e^2)}{1 + e\cos(v - v_1)}, \quad t + l = n(u - e \sin u),$$

$$\sin v = \frac{\cos\lambda \sin(L - \alpha)}{\cos\varphi},$$

et ce sont bien les formules du mouvement elliptique que nous avons trouvées au chapitre Ier.

8. *Méthode de la variation des constantes arbitraires.* — Supposons que H se composant de deux parties, ou que H $= H_1 + H_2$, on connaisse les intégrales des équations

$$(a) \qquad \frac{du}{dt} = \frac{dH_1}{dp}, \quad \frac{dp}{dt} = -\frac{dH_1}{dt},$$

$$\dotsb\dotsb\dotsb\dotsb\dotsb\dotsb,$$

qui seraient celles du mouvement si H_2 était nul, et soit

$$(b) \qquad 0 = f(t, u, u_1, \dots, p, p_1, \dots, \alpha, \alpha_1, \dots, \alpha', \alpha'_1, \dots)$$

l'une de ces intégrales.

Proposons-nous de représenter les intégrales relatives à la valeur totale de H par des équations de la forme (b), dans lesquelles

α, α_{i}, ..., α', α'_{i}, ..., ne représenteront plus des constantes, mais des fonctions du temps qu'il faudra déterminer.

Les variations que du et dp éprouveront par suite de la considération du terme H_2, représentées par le symbole d', auront pour valeurs

$$(c) \qquad d'u = \frac{d\,H_2}{du}\,dp, \quad d'p = -\frac{d\,H_2}{du}\,dt,$$

et ces formules et leurs analogues seront toutes comprises dans la suivante

$$(d) \qquad \sum (d'u\,\delta p - d'p\,\delta u) = dt\,d\,H_2.$$

D'autre part, les différentielles (c) résulteront des accroissements $d\alpha, ..., d\alpha', ...$ donnés à $\alpha, ..., \alpha', ...$ dans les équations (b), sans faire varier le temps, ou encore s'obtiendront par une opération identique à celle par laquelle on obtient les δu, δp, ... en remplaçant δ par d devant les constantes. La formule (17) donne par suite

$$d'S = \sum (pdu + \alpha'\,d\alpha).$$

Différentiant respectivement ces deux formules par δ et d', et remarquant que $\delta d'S = d'\delta S$, $\delta d'u = d'\delta u$, elles donnent par différence

$$\sum (d'u\,\delta p - d'p\,\delta u) = \sum (d\alpha'\,\delta\alpha - d\alpha\,\delta\alpha'),$$

ou, en vertu de l'équation (d),

$$\sum (d\alpha'\,\delta\alpha - d\alpha\,\delta\alpha') = dt\,d\,H_2,$$

équation qui se décompose en 2ν autres de la forme

$$(23) \qquad \frac{d\alpha}{dt} = -\frac{d\,H_2}{d\alpha}, \quad \frac{d\alpha'}{dt} = \frac{d\,H_2}{d\alpha}.$$

Ainsi la fonction principale S dans l'hypothèse $H_2 = o$ jouit de cette propriété que, étant mise sous la forme

$$\alpha' = \frac{dS}{d\alpha},$$

les arbitraires se trouvent partagées en deux séries qui se correspondent deux à deux de manière à satisfaire aux équations (23).

Si, au lieu de α, α_1, ..., α', α'_1, on introduit d'autres arbitraires
β_1, β_2, ..., celles-ci ne pourront être que des fonctions des premières et leurs différentielles seront de la forme

$$d\beta_m = \sum_i \left(\frac{d\beta_m}{d\alpha_i} \, d\alpha_i + \frac{d\beta_m}{d\alpha'_i} \, d\alpha'_i \right),$$

ou, en vertu des équations (23),

$$d\beta_m = -\, dt \sum_k \left(\frac{d\beta_m}{d\alpha_i} \frac{dH_2}{d\alpha'_i} - \frac{d\beta_m}{d\alpha'_i} \frac{dH_2}{d\alpha_i} \right);$$

mais on a

$$\frac{dH_2}{d\alpha_i} = \sum_i \frac{dH_2}{d\beta_k} \frac{d\beta_k}{d\alpha_i}, \quad \frac{dH_2}{d\alpha'_i} = \sum \frac{dH_2}{d\beta_k} \frac{d\beta_k}{d\alpha'_i};$$

si donc on pose

$$(24) \qquad (\beta_m, \beta_k) = \sum_i \left(\frac{d\beta_m}{d\alpha'_i} \frac{d\beta_k}{d\alpha_i} - \frac{d\beta_m}{d\alpha'_i} \frac{d\beta_k}{d\alpha_i} \right),$$

on a

$$(25) \qquad d\beta_m = \sum_k (\beta_m, \beta_k) \frac{dH_2}{d\beta_k} \, dt,$$

formule due à Lagrange et dont l'équation (2) du n° 27, chap. II,
n'est qu'un cas particulier.

9. *Application aux perturbations planétaires.* — La théorie
précédente s'applique immédiatement aux perturbations planétaires. En considérant H_2 comme la portion de H qui provient des
forces perturbatrices et en appelant R la fonction perturbatrice,
on a

$$H_2 = -\, mR.$$

D'autre part, en comparant les équations (22) du n° 7 au
type $\dfrac{dS}{d\alpha} = \alpha'$, on voit que si l'on prend pour les constantes α les
quantités h, k, α, les α' correspondants seront ml, mv_1, $-\, m\gamma$;

les mêmes équations donneront par suite

$$(26)\quad\begin{cases}\dfrac{dh}{dt}=\dfrac{d\mathrm{R}}{dl}, & \dfrac{dk}{dt}=\dfrac{d\mathrm{R}}{dv_{\scriptscriptstyle|}}, & \dfrac{d\alpha}{dt}=-\dfrac{d\mathrm{R}}{d\gamma},\\[3mm] \dfrac{dl}{dt}=-\dfrac{d\mathrm{R}}{dh}, & \dfrac{dv_{\scriptscriptstyle|}}{dt}=-\dfrac{d\mathrm{R}}{dk}, & \dfrac{d\gamma}{dt}=\dfrac{d\mathrm{R}}{d\alpha}.\end{cases}$$

On a d'ailleurs, comme dans le texte (33),

$$\omega=v_{\scriptscriptstyle|}+\alpha,\qquad \varepsilon=nl+\omega=nl+v_{\scriptscriptstyle|}+\alpha.$$

Si maintenant nous désignons par $p,\ q$ deux quelconques des six constantes $a,\varepsilon,e,\omega,\alpha,\varphi$ que nous substituerons aux variables des équations (26), nous aurons, en vertu de l'équation (24),

$$(27)\quad\begin{cases}(p\cdot q)=\dfrac{dp}{dl}\dfrac{dq}{dh}+\dfrac{dp}{dv_{\scriptscriptstyle|}}\dfrac{dq}{dk}-\dfrac{dp}{d\gamma}\dfrac{dq}{d\alpha},\\[3mm] \qquad-\dfrac{dp}{dh}\dfrac{dq}{dl}-\dfrac{dp}{dk}\dfrac{dq}{dv_{\scriptscriptstyle|}}+\dfrac{dp}{d\alpha}\dfrac{dq}{d\gamma},\end{cases}$$

avec les relations ci-dessus et la suivante :

$$\gamma=k\cos\varphi.$$

Nous poserons, pour abréger,

$$\sqrt{1-e^{2}}=f,$$

en nous rappelant que $a^{3}n^{2}=\mu$ ou $\dfrac{dn}{da}=-\dfrac{3\,n}{a}$. On obtient ainsi

$$\dfrac{da}{dh}=\dfrac{2a^{2}}{\mu},\quad \dfrac{da}{dl}=0,\quad \dfrac{da}{dk}=0,\qquad \dfrac{da}{dv_{\scriptscriptstyle|}}=0,\quad \dfrac{da}{d\alpha}=0,\quad \dfrac{da}{d\gamma}=0,$$

$$\dfrac{d\varepsilon}{dh}=-\dfrac{3\,anl}{\mu},\quad \dfrac{d\varepsilon}{dl}=n,\quad \dfrac{d\varepsilon}{dk}=0,\qquad \dfrac{d\varepsilon}{dv_{\scriptscriptstyle|}}=1,\quad \dfrac{d\varepsilon}{d\alpha}=1,\quad \dfrac{d\varepsilon}{d\gamma}=0,$$

$$\dfrac{de}{dh}=\dfrac{af^{2}}{\mu e},\quad \dfrac{de}{dl}=0,\quad \dfrac{de}{dk}=\dfrac{anf}{\mu e};\qquad \dfrac{de}{dv_{\scriptscriptstyle|}}=0,\quad \dfrac{de}{d\alpha}=0,\quad \dfrac{de}{d\gamma}=0,$$

$$\dfrac{d\omega}{dh}=0,\quad \dfrac{d\omega}{dl}=0,\quad \dfrac{d\omega}{dk}=0,\qquad \dfrac{d\omega}{dv_{\scriptscriptstyle|}}=1,\quad \dfrac{d\omega}{d\alpha}=1,\quad \dfrac{d\omega}{d\gamma}=0,$$

$$\dfrac{d\alpha}{dh}=0,\quad \dfrac{d\alpha}{dl}=0,\quad \dfrac{d\alpha}{dk}=0,\qquad \dfrac{d\alpha}{dv_{\scriptscriptstyle|}}=0,\quad \dfrac{d\alpha}{d\alpha}=1,\quad \dfrac{d\alpha}{d\gamma}=0,$$

$$\dfrac{d\varphi}{dh}=0,\quad \dfrac{d\varphi}{dl}=0,\quad \dfrac{d\varphi}{dk}=-\dfrac{an\cot\varphi}{\mu f},\qquad \dfrac{d\varphi}{dv_{\scriptscriptstyle|}}=0,\quad \dfrac{d\varphi}{d\alpha}=0,\quad \dfrac{d\gamma}{d\gamma}=\dfrac{an\operatorname{cosec}\varphi}{\mu e}.$$

Remplaçant dans l'expression (27) p successivement par a, ε, e, ω, α, on trouve

$$(a, q) = -\frac{2a^2}{\mu}\frac{dq}{dl},$$

$$(\varepsilon, q) = n\frac{dq}{dh} + \frac{3\,anl}{\mu}\frac{dq}{dl} + \frac{dq}{dk} + \frac{dq}{d\gamma},$$

$$(e, q) = -\frac{af^2}{\mu e}\frac{dq}{dl} - \frac{anf}{\mu e}\frac{dq}{dv_1},$$

$$(\omega, q) = \frac{dq}{dk} + \frac{dq}{d\gamma},$$

$$(\alpha, q) = \frac{dq}{d\gamma}.$$

Remplaçant enfin dans ces dernières formules q successivement par ε, e, ϖ, α, φ, et portant les valeurs obtenues dans la formule (25), dans laquelle on supposera que $H_2 = -R$, et que les variables β_m, β_k représentent les quantités a, ε, e, ω, α, φ, on obtiendra les variations du mouvement elliptique sous la même forme que dans le texte.

FIN.

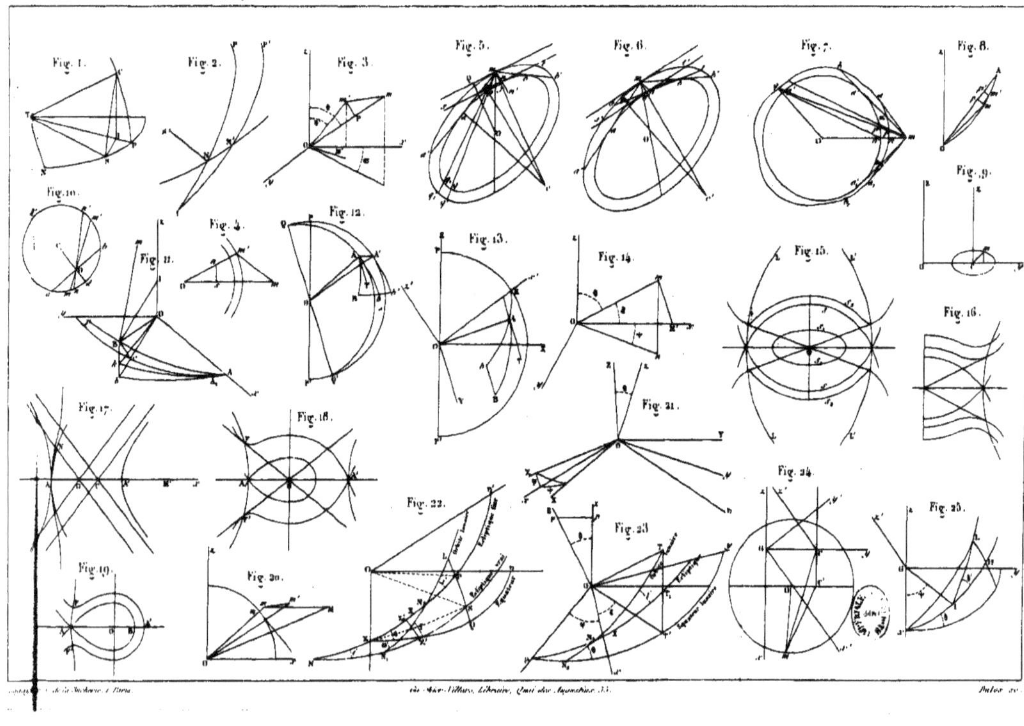

Fig. 1.
Fig. 2.
Fig. 3.
Fig. 5.
Fig. 6.
Fig. 7.
Fig. 8.
Fig. 9.
Fig. 10.
Fig. 11.
Fig. 4.
Fig. 12.
Fig. 13.
Fig. 14.
Fig. 15.
Fig. 16.
Fig. 17.
Fig. 18.
Fig. 19.
Fig. 20.
Fig. 21.
Fig. 22.
Fig. 23.
Fig. 24.
Fig. 25.